寒地早粳稻
生产实用技术 1000 问

潘国君　主编

中国农业出版社
北　京

图书在版编目（CIP）数据

寒地早粳稻生产实用技术1000问 / 潘国君主编 . —
北京：中国农业出版社，2020.5
ISBN 978-7-109-26837-1

Ⅰ.①寒⋯　Ⅱ.①潘⋯　Ⅲ.①寒冷地区－粳稻－水稻
栽培－问题解答　Ⅳ.①S511.2-44

中国版本图书馆 CIP 数据核字（2020）第 079239 号

中国农业出版社出版

地址：北京市朝阳区麦子店街 18 号楼
邮编：100125
责任编辑：魏兆猛　张洪光
版式设计：杜　然　责任校对：周丽芳
印刷：北京中兴印刷有限公司
版次：2020 年 5 月第 1 版
印次：2020 年 5 月北京第 1 次印刷
发行：新华书店北京发行所
开本：700mm×1000mm　1/16
印张：26.75
字数：496 千字
定价：78.00 元

版权所有·侵权必究

凡购买本社图书，如有印装质量问题，我社负责调换。

服务电话：010 - 59195115　010 - 59194918

主　　编　潘国君

副 主 编　张淑华

编写人员（以姓氏笔画为序）

<table>
<tr><td>马文东</td><td>王　翠</td><td>王立楠</td><td>王桂玲</td><td>王瑞英</td></tr>
<tr><td>刘乃生</td><td>关世武</td><td>孙海正</td><td>孙淑红</td><td>杜晓东</td></tr>
<tr><td>杨　庆</td><td>杨丽敏</td><td>宋　宁</td><td>宋成艳</td><td>张兰民</td></tr>
<tr><td>张希瑞</td><td>张淑华</td><td>陆文静</td><td>陈书强</td><td>周　通</td></tr>
<tr><td>周雪松</td><td>赵凤民</td><td>赵海新</td><td>郭俊祥</td><td>郭震华</td></tr>
<tr><td>鄂文顺</td><td>蔡永盛</td><td>潘国君</td><td>薛菁芳</td><td></td></tr>
</table>

前　言

　　寒地稻作区是指北纬 43°以北，11 月至翌年 7 月季节性冻土层地带，包括黑龙江省全部和吉林省图们市、桦甸市以北的部分地区。而寒地早粳稻作区就是指黑龙江省区域内的第一积温带到第五积温带的全部种植区域。

　　黑龙江省是我国寒地粳稻区，也是世界上最寒冷的稻作区，特殊的地理位置、土地资源和稻作生态环境形成特有的寒地早粳稻品种和栽培生态型，为其他稻区品种和技术所不能替代，常年种植面积在 5 600 万～6 000 万亩*，占全国粳稻种植面积的 40%左右，亩产 475 千克左右，总产在 2 600 万～2 800 万吨。因此，寒地早粳稻生产对国家口粮安全起着重要作用。

　　近年来，寒地早粳稻作区培育出一大批优质高产多抗水稻新品种，研发出许多先进实用的生产新技术，大面积亩产 600 千克以上的高产地块随处可见。但是全省水稻的平均亩产还达不到 500 千克，究其原因主要是先进实用技术推广速度慢、普及率低，技术标准化达标率不高以及各地生产技术发展不平衡。为此，黑龙江省农业科学院水稻研究所组织专家编写了这本《寒地早粳稻生产实用技术 1000 问》，供基层农业技术推广人员、管理人员、种粮大户和广大稻农朋友在生产实际中遇到问题时参考。

　　本书共包括寒地粳稻生产基础知识、旱育苗技术、移栽技术、肥水管理技术、病虫草害防治技术、直播栽培技术、"三化一管"栽培技术、节水种稻技术、优质生产技术及稻田养殖技术、逆境条件下水稻生产技术、生产机械应用技术、良种繁育技术、品种选择技术以及收获、储藏、加工技

---

　　*　亩为非法定计量单位，1 亩=1/15 公顷。——编者注

术 14 部分。

　　寒地旱粳稻作区涵盖 5 个水稻积温带，各积温带生态条件、技术水平差异大，生产区域性强，技术涉及面广、更新快、问题多，由于编者学识水平有限，书中错谬在所难免，恳请读者批评指正。

编　者

2019 年 10 月

目 录

三、寒地粳稻移栽技术 ………………………………………… 113

七、寒地粳稻"三化一管"栽培技术 275

十三、寒地粳稻品种选择技术

十四、寒地粳稻收获、储藏、加工技术 ·················· 375

一、寒地粳稻生产基础知识

（一）寒地粳稻概述

1. 什么是寒地粳稻？

黑龙江省位于我国东北部、欧亚大陆东部，属于高纬度大陆季风气候，年平均气温由北向南在－5～4℃之间，土壤冻结时间长达半年之久，是全国气温最低的省份，也是世界上最寒冷的稻作区，被称为寒地粳稻区。特殊的地理位置，特殊的稻作生态环境，长期的自然选择和人工选择，逐渐保留下了与之相适应的水稻品种类型，即一年一季早熟粳稻，被称为寒地粳稻。

2. 什么是寒地粳稻区？

寒地粳稻区在我国主要是指地处冻土带的黑龙江省稻作区，是全国最北部的寒冷稻作区，也是世界最北部的稻作区之一，是适于光温钝感性早熟粳稻品种生育的特殊生态区。这一生态区就全国稻区而言有其明显的特殊性，就北方稻区而言有其广泛的代表性，所代表的生态区域范围广、面积大。在这一生态区育成的品种光温反应钝感、适应性广、可塑性强、早熟耐冷、品质优良。目前该区生产上种植的基本上都是寒地粳稻区育成的品种，其他稻区品种很难适应该稻作区的生态条件。

3. 什么是寒地早粳稻？

早粳稻是指生长期较短、收获期较早的粳稻。适于在寒地粳稻区种植的早熟粳稻称为寒地早粳稻。我国黑龙江省稻区为寒地粳稻区。该区位于北纬43°25′～53°33′，无霜期100～150天，≥10℃活动积温2 000～2 800℃，可以种植主茎叶片为9～14片的粳稻品种。

4. 寒地粳稻是从什么时候开始种植的？

水稻是喜温短日照作物，水稻种植起源于我国南方。据考证，在有历史记载以前就传到了北方，由黄河流域向东北扩散。唐朝前期至中期，以黑龙江省宁安市为中心的渤海国就已有水稻种植。近代水稻种植，则是由吉林省舒兰县扩展到黑龙江省五常市（1895 年）、宁安市（1897 年）等地，其后继续扩展北移，逐渐发展起来。

5. 寒地粳稻生产经历了几个发展时期？

寒地粳稻生产大致经历了 5 个阶段：大力发展期（1949—1960 年），种植面积由中华人民共和国成立之初的 12.7 万公顷增加到 33.3 万公顷。生产徘徊期（1961—1983 年），水稻种植面积一直徘徊在 12.3 万～24.5 万公顷，发展缓慢。快速发展期（1984—1996 年），种植面积由 1984 年的 27.8 万公顷增加到 1996 年的 110.8 万公顷，年均增加 6.9 万公顷。高速发展期（1997—2016 年），种植面积由 139.7 万公顷发展到 317.6 万公顷。稳定发展期（2017—2018 年），种植面积稳定在 380 万公顷以上，占全国水稻种植总面积的 10.4%～10.6%，占北方稻区的 50% 以上，位居全国第三，仅次于湖南和江西，黑龙江成为北方稻区第一水稻大省。

6. 寒地粳稻品种演变过程如何？

在 1949 年前后，寒地粳稻是直播栽培，主要种植品种是从日本引进的，如石狩白毛、弥荣、坊主以及从吉林省引入的国主、富国和兴国等。引种的主要目标是早熟性和耐冷性，这个时期的品种大部分茎秆较高，单株分蘖少，穗较大。到 20 世纪 50 年代，先后成立了省级和地方的水稻育种机构，开始进行系统育种，选育早熟、耐冷和适应性强的直播用高产品种，育成的代表性品种有北海 1 号、合江 1 号、合江 3 号、牡丹江 2 号等。

20 世纪 60 年代，系统育种和杂交育种并用，以丰产、耐肥、抗病为主攻目标，选育适合插秧和直播栽培兼顾的品种，株型从传统的穗重型变为中间型或穗数型，多属于植株高、生长繁茂、叶角大、利于与杂草竞争和主穗发达的品种，代表性品种有合江 10 号、合江 14、牡丹江 6 号、丰产 4 号等。

20 世纪 70 年代，以杂交育种为主，辅之以系统育种，并以早熟、高产、抗病、质佳为育种目标，在加强抗稻瘟病性和耐冷性研究的同时，开展了以矮化植株、改善受光态势为中心的株型改良育种，该期育成的品种株高普遍变矮、分蘖中等，是兼顾直播、插秧栽培较为典型的中间型品种，育成了具有划时代意义的代表性品种合江 19、合江 20 等，此外还有各地农民育种家选育的普选 10 号、城建 6 号和太阳 3 号等。

20 世纪 80 年代，黑龙江省大力推广水稻旱育稀植栽培技术，生产上需求具有 7 500～8 000 千克/公顷产量潜力、抗病性强及抗性稳定和适应性广的高水平新品种。为此，各育种单位进一步重视对高抗稻瘟病、抗谱广、抗性稳定和耐冷、抗倒、适应性强等性状的选择。育成了一系列突破性品种，此期育成的主要品种有合江 21、合江 22、合江 23、松粳 2 号、牡丹江 17、东农 413 和东农 415 等。

20 世纪 90 年代是黑龙江省水稻高速发展的阶段，旱育稀植和超稀植栽培技术的不断发展，对矮秆大穗或偏大穗型品种的需求更加迫切，因此把选育高产、优质、多抗水稻新品种作为重要研究课题。此期育成的主要品种有龙粳 3 号、龙粳 4 号、龙粳 7 号、龙粳 8 号、龙粳 10 号、绥粳 3 号、绥粳 4 号、东农 416、东农 419、垦稻 8 号等。总的来看，这个阶段优质米品种选育工作有了很大的进展，审定推广的龙粳 8 号、龙粳 10 号、东农 419 等品种，品质的主要指标达到国家一级优质米标准。

进入 21 世纪，黑龙江省水稻种植面积仍呈稳步发展趋势，这个阶段生产上还面临诸多严峻的问题，低温冷害和稻瘟病发生非常频繁，对水稻产量和品质造成严重威胁。因此，生产上迫切需要耐冷性强、整精米率高、对稻瘟病抗性强的高产优质早熟新品种。应用综合育种技术，育成了一大批标志性品种，代表性品种有龙粳 14、龙粳 20、龙粳 21、龙粳 25、龙粳 26、龙粳 29、龙粳 31、龙粳 39、龙粳 46、松粳 6 号、松粳 9 号、松粳 19、垦稻 12、绥粳 14、绥粳 18、牡丹江 28、东农 428、龙稻 3 号、龙稻 5 号、龙稻 18、三江 1 号、空育 131、北稻 2 号、五优稻 1 号、五优稻 4 号等。这些高产优质水稻品种的选育与推广标志着黑龙江省优质超高产育种取得了实质性成果，为黑龙江省优质高效农业的发展做出了突出贡献。

7. 寒地粳稻生产技术演变过程如何？

（1）种植方法 直播栽培是黑龙江省固有的水稻种植方法，最初是撒播，以后逐渐采用点播、条播及旱直播，从而形成了水直播、旱直播及水稻旱种 3 种直播栽培体系。到 20 世纪 40 年代初开始有了育苗插秧栽培，50 年代以后插秧面积逐渐扩大，逐步发展成直播与插秧并存的两大栽培体系。80 年代以后，插秧面积迅速扩大，到 90 年代初以旱育苗稀植栽培为主体的插秧面积已扩大到水稻种植面积的 2/3 以上，从此基本上结束了直播粗放栽培的历史，走向了以育苗插秧为主的精耕细作高产栽培新阶段，寒地水稻旱育稀植栽培技术的推广成为黑龙江省稻作划时代的重大变革。进入 21 世纪，大力推广大、中棚旱育苗技术，育苗质量有了明显提高，为水稻单产的提高奠定了良好的基础。2010 年以来水稻直播等轻简栽培技术研究与应用也取得了一定进展，直播栽培在黑龙江省的抚远市等地已大面积应用。

（2）栽培技术 20 世纪 50 年代开始逐步采用机械耕翻整地，选用良种，改进播种方法，进行合理密植，使水稻产量有了明显提高。60 年代推广水稻大垄栽培畜力中耕除草、塑料薄膜保温育苗和拖拉机水耙地 3 项新技术，同时使用化学药剂除草，综合措施防治稻瘟病，提高了稻作技术水平。70 年代积极进行灌区整理和方田、条田建设，同时广泛应用化学除草、增加化肥施用量以及改进施肥方法和灌溉技术等，为恢复和发展水稻生产创造了条件。80 年代积极示范和推广盘育苗机械插秧、旱育苗稀植栽培等技术，大幅度地提高了水稻产量，促进了水稻生产的发展。90 年代以后插秧方式主要有机械插秧、人工手插秧、钵育摆栽和人工抛秧等，其中机械插秧具有操作方便、不误农时、省工省力且适合大面积种植的特点，到 21 世纪 10 年代已基本上全面实现机械插秧。在栽培方式上主要采用了旱育稀植"三化"栽培技术、超稀植栽培技术、叶龄诊断栽培技术、"三化一管"栽培技术、抗病保优栽培技术、稳健高产栽培技术、绿色稻米标准化生产技术、精确定量栽培技术等。在施肥方式上有较大的转变，测土配方平衡施肥技术正逐渐取代常规施肥方法。在灌溉方式上主要采用淹水灌溉和浅湿干灌溉，大力推广节水灌溉技术。在病虫草防治上采用以化学药剂为主的综合防治，近年来生物防治技术研究也取得了一定进展。

8. 寒地粳稻育种有哪些成就？

1949—2019 年，黑龙江省共审（认）定推广水稻品种 550 个，其中黑龙江省农垦总局审定推广 64 个。通过国家认定的寒地超级稻品种有 10 个，即龙粳 14、松粳 9 号、松粳 15、龙稻 5 号、垦稻 11、龙粳 18、龙粳 21、龙粳 31、龙粳 39 和莲稻 1 号，目前，龙粳 14、松粳 9 号、龙稻 5 号、垦稻 11、龙粳 18 已被取消了超级稻冠名。获省部级以上奖励的品种 63 个。合江 19、东农 416 和五优稻 1 号获黑龙江省重大经济效益奖暨省长特别奖，合江 19 获国家科技发明三等奖，"寒地早粳稻优质高产多抗龙粳新品种选育及应用""北方粳型优质超级稻新品种培育与示范推广（参加）"获国家科技进步二等奖，水稻品种东农 416、松粳 6 号、龙粳 14、垦稻 12、龙稻 5 号、龙粳 21、龙粳 25、龙粳 31、绥粳 18 等获省科技进步一等奖。申请植物新品种保护权 518 项，获得植物新品种保护权 367 项。据统计，至 2019 年，累计推广面积超过 200 万公顷的品种有 5 个，即合江 19、空育 131、垦稻 12、龙粳 31 和绥粳 18，其中合江 19 累计面积达到 248.6 万公顷，连续 8 年占全省水稻面积的 20% 以上；空育 131 连续 9 年推广面积在 66.7 万公顷左右；龙粳 31 年累计推广面积达到 570.7 万公顷，2013 年推广面积达到 112.8 万公顷，创粳稻品种年种植面积的历史纪录，实现寒地早粳稻育种的重大突破；绥粳 18 年推广面积达到 67.6 万公顷，是黑龙江省年推广面积最大的香稻品种；龙粳 14、龙粳 25、龙粳 26、龙粳 46、绥粳 14 等年最大推广面积超过 33.5 万公顷，东农 416、龙粳 21、龙粳 29、龙粳 39、龙粳 43、垦稻 8 号、垦稻 12、绥粳 3 号、绥粳 10、龙稻 18

等年最大推广面积超过 20 万公顷；超级稻龙粳 14、松粳 9 号、龙稻 5 号高产攻关地块产量超过 12 000 千克/公顷；龙选 948（龙粳 8 号）在 1994 年黑龙江省优质米评选中总分名列第一；1995 年在日本举行的国际粳米鉴评会上，龙选 948（龙粳 8 号）、龙粳长粒（龙粳 9 号）等被评为优质粳米品种；龙稻 18、松粳 28 米质全部指标达到国家一级优质米标准；2017 年在"黑龙江省首届优质粳稻品种品评会"上，五优稻 4 号、龙稻 18、松粳 22 被评为特等优质品种，龙稻 16、绥粳 15、龙粳 21 被评为一等优质品种，龙稻 21、龙粳 52、龙粳 46、绥粳 18 被评为二等优质品种；2018 年在中国·黑龙江首届国际大米节品评品鉴活动中，五常市的五优稻 4 号（稻花香 2 号）等获得金奖。

9. 寒地粳稻区有什么生态特点？

寒地稻作区属于大陆型季风气候区，夏季气温高、昼夜温差大、光照充足、雨热同季、日照时间长、水资源充足、土质肥沃、地势平坦，这些都有利于发展水稻生产，尤其有利于优质米品种的选育和生产。

（1）地处冻土带，半年休闲期，环境污染小，土壤无污染 寒地粳稻区土地在 10 月到翌年 4 月的 180～210 天的时间里为休闲、风化、干燥、冻结时间。此间水稻本田完全处于非淹水的风化休闲状态，且大部分实行秋翻地，尤其是 11 月到翌年 3 月的 5 个月时间里，土壤全部处于冻结状态，不同地区最低温度可达－20～－30℃，使大多数病虫害难以发展蔓延。长时间的休闲风化，可以改变耕层土壤的氧化还原状态，保持土壤肥力，加速潜在养分的转化，有利于优质稻米生产。

（2）日照时间长，光照充足 寒地粳稻区全年太阳辐射总量一般在 410～502 千焦/厘米^2，可被绿色植物吸收用于光合作用的有效辐射为 218～230 千焦/厘米^2。全年日照时数为 2 400～2 800 小时，水稻生育旺季昼间日照时间长达 15～16 小时，昼间光合作用的时间约占一天的 2/3，夜间异化作用时间约占一天的 1/3。5～9 月日照时数为 1 150～1 350 小时。太阳辐射量大，光照时间长，有利于稻米干物质积累，有利于稻米品质优化。

（3）昼夜温差大 水稻生育季节的 4～9 月，昼夜温差的平均值为 12℃左右。水稻在生育旺季，昼间的相对高温，有利于光合作用的增强和干物质积累。夜间的相对低温可以降低呼吸作用强度，减少干物质的消耗，从而提高代谢积累，既有利于增加单产，也有利于提高稻米品质。

（4）开花受精期温度较高 北方粳稻开花受精最适宜的温度为 30～32℃，寒地粳稻区大部分稻区 7 月下旬昼间高温大都在 26～30℃，接近粳稻开花所需的最适宜温度，基本可以满足优质稻米生产所需要的开花受精温度。

(5) 灌浆结实期温度最适宜 粳型水稻出穗后 40 天间的日平均气温最适值是 21.2～22.0℃，寒地粳稻区的第一、二、三、四积温带的广大稻区，出穗后 40 天间平均气温在 19～22℃，接近适宜值。

(6) 土壤类型丰富，土质肥沃 寒地粳稻区大部分在江河两岸的平原地区，分布于三江、松嫩两大平原。开垦时间较晚，种稻历史较短，土壤养分比较丰富，腐殖质含量较高。水稻主要有 7 种类型的土壤，包括黑土、黑钙土、草甸土、沼泽土等。土体湿润、疏松，具有良好的保湿性和团粒结构，易于耕种；土层深厚，土质肥沃，养分储量高。

(7) 水资源较丰富，水质优良 寒地粳稻区年平均降水量在 530 毫米左右，雨热同季，水稻生育季节的 5～9 月降水量占全年降水量的 85%。灌溉水资源较丰富，是全国北方稻区 14 个省份中水资源最丰富的省份。

(8) 无霜期短，冷害发生频繁 寒地粳稻区地处我国最北部，无霜期 100～150 天，南北差异较大，积温年际变化在 300℃左右。低温冷害每隔 3～5 年发生 1 次，特别是 2010 年以来障碍型冷害发生频繁，对水稻生产危害较大，严重年份造成减产可达到 30%～50%。

10. 寒地粳稻种植是怎样区划的?

20 世纪 80 年代中期，位于寒地粳稻区的黑龙江省农牧渔业厅组织相关专家，通过对该区 1949—1978 年的水稻产量分析，提出与水稻产量关系密切的 5～9 月份平均气温、降水、水稻稳产度、水稻延迟型冷害减产幅度、水稻障碍型冷害出现概率、水稻单产、旱田作物单产比值、水利工程设计面积、干燥指数 9 个因子作为区划指标，并根据区划的原则，将寒地粳稻区划分为 5 个主区、4 个亚区：一是南部温暖湿润稻作区；二是中部温和半湿润稻作区，该区按地形地貌又分为中部平原稻作区和半山间稻作区 2 个亚区；三是西部温暖半干旱稻作区；四是北部冷凉稻作区，该区按湿润状况又分为湿润冷凉稻作区和干旱冷凉稻作区 2 个亚区；五是最北部高寒稻作区。

11. 寒地粳稻区积温带是怎样区划的?

20 世纪 80 年代，在寒地粳稻种植区划的同时黑龙江省气象局组织相关研究人员对黑龙江省农作物品种积温带进行了区划，主要是依据各地活动积温划分为 6 个积温带，每个积温带相差 200℃，即第一积温带活动积温为 2 700℃以上，第二积温带活动积温为 2 500～2 700℃，第三积温带活动积温为 2 300～2 500℃，第四积温带活动积温为 2 100～2 300℃，第五积温带活动积温为 1 900～2 100℃，第六积温带活动积温为 1 900℃以下。根据当时气候条件和品种熟期寒地粳稻品种只能在第一、二、三、四积温带种植，进入 21 世纪以来各地气温普遍升高 $100\sim200$℃，大棚育苗提前了播种期和插秧期，因此在寒地粳稻区第五积温带已经开始大面积种植水稻，2000 年以来新品种适宜种植的积温带和原来区划中品种适宜种植的积温带变化较大，大约提高 $0.5\sim1$ 个积温带。

12. 寒地粳稻第一积温带主要包括哪些市县和农场？

寒地粳稻第一积温带位于寒地粳稻区南部，包括哈尔滨市、齐齐哈尔市、牡丹江市、绥化市、大庆市 5 个地级市 28 个县（市、区）的 174 个乡（镇）和黑龙江农垦总局 3 个分局的 10 个农场（表 1-1）。该积温带有松花江、牡丹江、拉林河和绥芬河等水系，适宜水稻生产，$\geqslant10$℃活动积温为 2 700℃以上，无霜期 150 天，水资源丰富，年降水量 $500\sim600$ 毫米，干燥指数为 $0.9\sim1.0$。水稻生育关键期热量充足，冷害频率较低，障碍型冷害频率为 $5\%\sim10\%$，延迟型冷害频率$\leqslant30\%$，水稻单产明显高于其他作物，安全齐穗期为 8 月 10 日，可种植 $13\sim14$ 片叶的中晚熟品种和晚熟品种。

表 1-1　第一积温带所含市、县（市、区）、乡（镇）

市	县（市、区）	乡（镇）
哈尔滨市	道里区	太平镇、新发镇、新农镇、榆树镇
	南岗区	王岗镇、红旗满族乡
	道外区	团结镇、永源镇、巨源镇、民主镇
	平房区	平房镇
	松北区	对青山镇、乐业镇、松浦镇、万宝镇、松北镇
	香坊区	成高子镇、朝阳镇、幸福镇、向阳镇
	呼兰区	二八镇（部分）、方台镇、杨林乡、许堡乡、孟家乡
	阿城区	平山镇（部分）、松峰山镇、红星镇、金龙山镇
	双城区	韩甸镇、单城镇、东官镇、农丰满族锡伯族乡、杏山镇、西官镇、联兴满族镇、永胜镇、胜丰镇、金城乡、青岭满族乡、临江乡、水泉乡、乐群满族乡、万隆乡、希勒满族乡、同心满族乡
	宾县	宾州镇、居仁镇、宾西镇、糖坊镇、平坊镇（部分）、满井镇、永和乡、鸟河乡
	五常市	五常镇、拉林满族镇、山河镇（部分）、安家镇、牛家满族镇、杜家镇、背荫河镇、兴盛乡、卫国乡、常堡乡、民意乡、红旗满族乡、八家子乡、民乐朝鲜族乡、营城子满族乡、长山乡（部分）、兴隆乡、二河乡
	巴彦县	松花江乡（部分）

（续）

市	县（市、区）	乡（镇）
齐齐哈尔市	昂昂溪区	水师营满族镇、榆树屯镇
	铁锋区	扎龙镇
	富拉尔基区	长青乡、杜尔门沁达斡尔族乡
	泰来县	泰来镇、平洋镇、汤池镇、江桥镇、塔子城镇、大兴镇、和平镇、克利镇、胜利蒙古族乡、宁姜蒙古族乡
牡丹江市	东宁市	东宁镇、三岔口镇
大庆市	龙凤区	龙凤镇
	让胡路区	喇嘛甸镇
	红岗区	杏树岗镇
	大同区	大同镇、高台子镇、太阳升镇、林源镇、祝三乡、老山头乡、八井子乡、双榆树乡
	肇源县	肇源镇、三站镇、二站镇、茂兴镇、古龙镇、新站镇、头台镇、古恰镇、福兴镇、薄荷台乡、和平乡、超等蒙古族乡、民意乡、义顺蒙古族乡、浩德蒙古族乡、大兴乡
	肇州县	肇州镇、永乐镇、丰乐镇、朝阳沟镇、兴城镇、二井镇、双发乡、托古乡、朝阳乡、永胜乡、榆树乡、新福乡
	林甸县	红旗镇（部分）、花园镇（部分）
	杜尔伯特蒙古族自治县	杜尔伯特镇、胡吉吐莫镇、烟筒屯镇、他拉哈镇、连环湖镇、一心乡、克尔台乡、敖林西伯乡、巴彦查干乡、腰新乡、江湾乡
绥化市	肇东市	肇东镇、昌五镇、宋站镇、五站镇、尚家镇、姜家镇、里木店镇、四站镇、涝州镇、五里明镇、西八里镇、太平乡、海城镇、向阳乡、洪河乡、跃进乡、黎明乡、德昌乡、宣化乡、安民乡、明久乡
	兰西县	榆林镇、康荣镇（部分）、奋斗乡
	安达市	安达镇、万宝山镇、昌德镇、升平镇、羊草镇、卧里屯镇、古大湖镇（部分）、先源乡
黑龙江农垦总局	哈尔滨分局	阎家岗农场、青年农场、红旗农场、香坊农场、阿城原种场、四方山农场
	绥化分局	肇源农场、安达牧场、和平种畜场
	齐齐哈尔分局	泰来农场

13. 寒地粳稻第二积温带主要包括哪些市县和农场？

寒地粳稻第二积温带主要包括哈尔滨市、齐齐哈尔市、牡丹江市、佳木斯市、大庆市、绥化市、鸡西市、双鸭山市和七台河市 9 个地级市 50 个县（市、区）的 325 个乡（镇）和黑龙江农垦总局 6 个分局的 19 个农场（表 1-2）。该积温带共分为 2 个稻作区，一是中部平原稻作区，主要分布在松花江平原广大地区，包括绥化、庆安、呼兰、巴彦、宾县、木兰、通河、依兰、汤原、桦川、集贤、绥滨、富锦、宝清、佳木斯、勃利、桦南、双鸭山、鸡西、鸡东、密山 21 个市（县）。区内有松花江、乌苏里江、呼兰河、汤旺河、倭肯河等水系，水资源丰富，热量资源也较适宜，≥10℃活动积温为 2 500～2 700℃，年降水量 550 毫米左右，干燥指数为 0.9 左右。无霜期 140～150 天，以种植 11～12 片叶的中熟粳稻品种为宜。二是半山间稻作区，主要位于黑龙江省中部的张广才岭和老爷岭山间及半山间的山谷地带，包括方正、延寿、尚志、海林、林口、穆棱 6 个县（市）。区内有牡丹江、蚂蚁河、穆棱河等水系，水资源丰富，年降水量为 550～600 毫米，气候湿润，干燥指数为 0.9 左右，≥10℃活动积温约为 2 600℃，无霜期 135 天，适宜种植 11～12 片叶的中早熟粳稻品种，安全齐穗期为 8 月 5 日。

表 1-2　第二积温带所含市、县（市、区）、乡（镇）

市	县（市、区）	乡（镇）
哈尔滨市	呼兰区	二八镇（部分）、石人镇、白奎镇、莲花镇、大用镇，阿城区的平山镇（部分）
	宾县	宾安镇、新甸镇、胜利镇、宁远镇、摆渡镇、平坊镇（部分）、常安镇、民和乡、经建乡、三宝乡
	五常市	山河镇（部分）、小山子镇、冲河镇、沙河子镇（部分）、向阳镇、龙凤山镇、志广乡、长山乡（部分）
	方正县	方正镇、会发镇、大罗密镇、得莫利镇、天门乡、松南乡、德善乡、宝兴乡
	依兰县	依兰镇、达连河镇、江湾镇、三道岗镇、道台桥镇、宏克力镇、团山子乡、愚公乡、迎兰朝鲜族乡（部分）
	木兰县	木兰镇、利东镇、柳河镇、建国乡、吉兴乡
	通河县	通河镇、浓河镇、富林镇
	延寿县	加信镇
	巴彦县	巴彦镇、兴隆镇、西集镇、龙泉镇、巴彦港镇、龙庙镇、万发镇、天增镇、松花江乡（部分）、富江乡、华山乡、丰乐乡、德祥乡、红光乡、镇东乡
齐齐哈尔市	梅里斯达斡尔族区	雅尔塞镇、卧牛吐镇、达呼店镇、共和镇、梅里斯镇、莽格吐达斡尔族乡
	龙江县	龙江镇、景星镇、龙兴镇、山泉镇、七棵树镇、杏山镇、白山镇、头站镇、黑岗乡、广厚乡、华民乡、哈拉海乡、鲁河乡、济沁河乡

（续）

市	县（市、区）	乡（镇）
齐齐哈尔市	甘南县	甘南镇、兴十四镇、长山乡、中兴乡
	富裕县	富裕镇、富路镇、富海镇、龙安桥镇、塔哈镇、繁荣乡、绍文乡、忠厚乡（部分）、友谊达斡尔族柯尔克孜族乡
牡丹江市	东安区	兴隆镇
	阳明区	铁岭镇、桦林镇、磨刀石镇、五林镇
	爱民区	三道关镇、西安区的温春镇、海南朝鲜族乡
	海林市	海林镇、柴河镇、二道镇、三道镇
	宁安市	宁安镇、东京城镇（部分）、渤海镇、石岩镇、海浪镇、兰岗镇、镜泊镇（部分）、江南朝鲜族满族乡、卧龙朝鲜族乡
	东宁市	大肚川镇（部分）、道河镇（部分）
	林口县	刁翎镇、三道通镇、建堂镇
佳木斯市	东风区	建国镇、松江乡
	郊区	大来镇、敖其镇、望江镇、长发镇、莲江口镇、西格木镇、长青乡、沿江镇、平安乡、四丰乡、群胜乡
	桦南县	驼腰子镇、石头河子镇、桦南镇、闫家镇、大八浪乡
	桦川县	横头山镇、苏家店镇、悦来镇、新城镇、四马架镇、东河乡、梨丰乡、创业乡、星火朝鲜族乡
	汤原县	鹤立镇、汤原镇、胜利乡、吉祥乡、振兴乡、太平山乡、永发乡
	富锦市	富锦镇、长安镇、锦山镇、上街基镇
大庆市	林甸县	林甸镇、红旗镇（部分）、花园镇（部分）、四季青镇、鹤鸣湖镇、东兴乡、宏伟乡、四合乡
绥化市	北林区	宝山镇、绥胜镇、西长发、永安镇、太平川镇、秦家镇、双河镇、三河镇、四方台镇、津河镇、张维镇、东津镇、东富镇、兴福镇、红旗满族乡、连岗乡、新华乡、三井镇、五营乡、兴和朝鲜族乡
	望奎县	望奎镇、通江镇、卫星镇、海丰镇、莲花镇、惠七满族镇、先锋镇、火箭镇、东郊镇、灯塔镇、灵山满族乡、后三乡、东升乡、厢白满族乡
	兰西县	兰西镇、临江镇、平山镇、远大镇、红光镇、康荣镇（部分）、燎原镇、北安乡、长江乡、兰河乡、红星乡、长岗乡、星火乡
	青冈县	青冈镇、兴华镇、芦河镇、柞岗镇、民政镇、劳动镇、建设乡、昌盛镇
	庆安县	民乐镇、大罗镇、平安镇、勤劳镇（部分）、久胜镇、庆安镇、同乐镇、柳河镇、建民乡、巨宝山乡、丰收乡、致富乡、欢胜乡
	安达市	任民镇、吉兴岗镇、老虎岗镇、中本镇、太平庄镇、火石山镇、古大湖镇（部分）

（续）

市	县（市、区）	乡（镇）
鸡西市	鸡冠区	红星乡、西郊乡
	恒山区	红旗乡、柳毛乡
	城河子区	长青乡、永丰朝鲜族乡
	滴道区	滴道河乡、兰岭乡
	密山市	密山镇、连珠山镇、当壁镇、知一镇、黑台镇、裴德镇、白鱼湾镇、柳毛乡、杨木乡、兴凯湖乡、承紫河乡、二人班乡、太平乡、和平朝鲜族乡
	鸡东县	鸡东镇、平阳镇、向阳镇、哈达镇、永安镇、永和镇、东海镇、兴农镇、鸡林朝鲜族乡、明德朝鲜族乡、下亮子乡
	虎林市	杨岗镇、宝东镇（部分）
双鸭山市	尖山区	安邦乡
	岭东区	长胜乡
	四方台区	太保镇
	宝山区	七星镇
	集贤县	福利镇、集贤镇、升昌镇、丰乐镇、太平镇、腰屯乡、兴安乡、永安乡
	宝清县	宝清镇、七星泡镇、青原镇、夹信子镇、龙头镇、小城子镇、万金山乡、尖山子乡、七星河乡
	友谊县	友谊镇、兴隆镇、龙山镇、凤岗镇、兴盛乡、东建乡、庆丰乡、建设乡、友邻乡、新镇乡、成富朝鲜族满族乡
七台河市	新兴区	红旗镇、长兴乡
	茄子河区	茄子河镇
	勃利县	勃利镇、小五站镇、大四站镇、双河镇、倭肯镇、青山乡、永恒乡、抢垦乡、杏树朝鲜族乡、吉兴朝鲜族满族乡
农垦总局	哈尔滨分局	岔林河农场、松花江农场
	牡丹江分局	兴凯湖农场、八五七农场、八五一〇农场、双峰农场
	红兴隆分局	友谊农场、曙光农场、江川农场、二九一农场、双鸭山农场、五九七农场、宝山、北兴农场
	宝泉岭分局	汤原农场、依兰农场
	齐齐哈尔分局	哈拉海农场、富裕农场
	农垦科学院	佳南农场

14. 寒地粳稻第三积温带主要包括哪些市县和农场?

寒地粳稻第三积温带主要包括哈尔滨市、齐齐哈尔市、牡丹江市、佳木斯市、绥化市、鸡西市、双鸭山市、七台河市、伊春市和鹤岗市 10 个地级市 40 个县(市、区)的 212 个乡(镇)和农垦总局 7 个分局的 31 个农场(表 1-3)。该区分为 3 个稻作区,一是东部湿润稻作区,该区主要分布在松花江平原和三江平原,区内有松花江、乌苏里江、汤旺河等水系,水资源丰富,年降水量 550～600 毫米,干燥指数 0.9,常年≥10℃活动积温为 2 300～2 500℃,无霜期 125～135 天,年日照时数 2 200～2 400 小时,生态环境适宜水稻生长。二是中部半湿润稻作区,该区位于松花江平原和张广才岭、老爷岭山间及半山间的山谷地带,区内有松花江、呼兰河等,年降水量 500～600 毫米,常年≥10℃活动积温为 2 400～2 500℃,无霜期 130～135 天,生育季节日照时数 1 100～1 250 小时,生态环境适宜水稻生长。三是西部干旱稻作区,该区位于松嫩平原北部,区内有嫩江、乌裕尔水系,土壤为淋溶黑钙土、黑土、草甸土。水资源偏少,年降水量 400～500 毫米,干燥指数 0.9～1.0,常年≥10℃活动积温为 2 400～2 500℃,无霜期 125～135 天,生育季节日照时数 1 100～1 200 小时,生态环境比较适宜水稻生长。第三积温带适宜种植 10～11 片叶的早熟粳稻品种,安全齐穗期为 7 月 31 日。

表 1-3 第三积温带所含市、县(市、区)、乡(镇)

市	县(市、区)	乡(镇)
	依兰县	迎兰朝鲜族乡(部分)
	五常市	沙河子镇(部分)
	木兰县	东兴镇、大贵镇、新民镇
	通河县	乌鸦泡镇、清河镇、凤山镇、祥顺镇、三站镇
哈尔滨市	延寿县	延寿镇、六团镇(部分)、中和镇、延河镇、安山乡、寿山乡、玉河镇、青川乡
	尚志市	尚志镇、一面坡镇、帽儿山镇、庆阳镇、元宝镇、长寿乡、乌吉密乡、马延乡、河东朝鲜族乡
	巴彦县	洼兴镇、黑山镇、山后乡
	富裕县	二道弯镇、忠厚乡(部分)
	依安县	依安镇、依龙镇、双阳镇、三兴镇、中心镇、新兴镇、富饶乡、解放乡、阳春乡、新发乡、太东乡、上游乡、红星乡、先锋乡、新屯乡
齐齐哈尔市	甘南县	平阳镇、东阳镇、巨宝镇、兴隆镇、宝山乡、查哈阳乡
	拜泉县	拜泉镇、三道镇、兴农镇、长春镇、龙泉镇、国富镇、富强镇、新生乡、兴国乡、上升乡、兴华乡、大众乡、丰产乡、永勤乡、爱农乡、时中乡

（续）

市	县（市、区）	乡（镇）
齐齐哈尔市	讷河市	拉哈镇、二克浅镇、学田镇、龙河镇、讷南镇、六合镇、长发镇、通南镇、同义镇、九井镇、老莱镇、孔国乡、和盛乡、同心乡、兴旺鄂温克族乡
	克山县	克山镇、北兴镇（部分）、西城镇、古城镇、北联镇、西河镇、双河镇、河南乡、河北乡、古北乡、西联乡、发展乡、西建乡、向华乡、曙光乡
	克东县	乾丰镇
牡丹江市	东宁市	大肚川镇（部分）、老黑山镇（部分）、道河镇（部分）
	海林市	横道镇、山市镇、新安朝鲜族镇
	宁安市	东京城镇（部分）、沙兰镇（部分）、镜泊镇（部分）、马河乡、三陵乡
	绥芬河市	绥芬河镇、阜宁镇
	穆棱市	八面通镇、穆棱镇（部分）、下城子镇、兴源镇、河西镇、福禄朝鲜族满族乡、共和乡
	林口县	林口镇、古城镇、柳树镇、龙爪镇、莲花镇、青山镇、奎山镇
佳木斯市	桦南县	土龙山镇、孟家岗镇、柳毛河镇、五道岗乡、金沙乡、梨树乡、明义乡
	汤原县	香兰镇、竹帘镇、汤旺朝鲜族乡
	富锦市	砚山镇、头林镇、兴隆岗镇、宏胜镇、向阳川镇、二龙山镇、大榆树镇
	同江市	同江镇、乐业镇、三村镇、向阳镇、青河镇、街津口赫哲族乡
绥化市	海伦市	伦河镇、祥富镇、百祥镇、永富镇、共荣镇、海南乡、福民乡、丰山乡、永和乡
	望奎县	恭六乡
	青冈县	中和镇、祯祥镇、永丰镇、迎春镇、德胜镇、新村乡、连丰乡
	庆安县	勤劳镇（部分）、发展乡
	明水县	明水镇、兴仁镇、永兴镇、崇德镇、通达镇、双兴镇、永久乡、树人乡、光荣乡、繁荣乡、通泉乡、育林乡
	绥棱县	绥棱镇、上集镇、靠山乡、后头乡、克音河乡、泥尔河乡
鸡西市	梨树区	梨树镇
	麻山区	麻山镇
	密山市	兴凯镇
	虎林市	虎林镇、宝东镇（部分）、东诚镇（部分）、新乐乡

（续）

市	县（市、区）	乡（镇）
双鸭山市	宝清县	朝阳乡
伊春市	铁力市	双丰镇
七台河市	茄子河区	宏伟镇、铁山乡、中心河乡
	桃山区	万宝河镇
鹤岗市	东山区	新华镇、蔬园乡、东方红乡
	绥滨县	绥滨镇、绥东镇、忠仁镇、连生乡、北岗乡、富强乡、北山乡、福兴满族乡、新富乡
农垦总局	哈尔滨分局	庆阳农场
	牡丹江分局	八五六农场、庆丰农场、八五四农场、云山农场、八五八农场、八五〇农场、八五一一农场、宁安农场
	红兴隆分局	北兴农场、双鸭山农场、八五二农场、八五三农场
	宝泉岭分局	宝泉岭农场、二九〇农场、军川农场、延军农场、江滨农场、共青农场、普阳农场、新华农场、绥滨农场、梧桐河农场
	建三江分局	七星农场、大兴农场
	绥化分局	铁力农场、柳河农场
	齐齐哈尔分局	查哈阳农场、克山农场、依安农场

15. 寒地粳稻第四积温带主要包括哪些市县和农场？

寒地粳稻第四积温带主要包括哈尔滨市、齐齐哈尔市、牡丹江市、佳木斯市、绥化市、鸡西市、双鸭山市、伊春市、鹤岗市和黑河市 10 个地级市 25 个县（市、区）的 132 个乡（镇）和黑龙江农垦总局 7 个分局的 35 个农场（表 1-4）。分布于黑龙江省的中东部和中北部的山区和半山区以及东部和北部的平原地带，气候较为寒冷，≥10℃活动积温为 2 100～2 300℃，无霜期不足 125 天，冷害较重，适宜种植 10 片叶的超早熟耐冷品种，安全齐穗期为 7 月 25 日。

表 1-4　第四积温带所包括的市、县（市、区）、乡（镇）

市	县（市、区）	乡（镇）
哈尔滨市	延寿县	六团镇（部分）
	尚志市	苇河镇、亚布力镇、亮河镇、石头河子镇、黑龙宫镇、鱼池朝鲜族乡、珍珠山乡、老街基乡
齐齐哈尔市	克山县	北兴镇（部分）
	克东县	克东镇、宝泉镇、玉岗镇、蒲峪路镇、润建乡、昌盛乡

（续）

市	县（市、区）	乡（镇）
牡丹江市	海林市	长汀镇
	宁安市	沙兰镇（部分）、镜泊镇（部分）
	穆棱市	穆棱镇（部分）、马桥河镇
	东宁市	老黑山镇（部分）、绥阳镇（部分）
佳木斯市	同江市	临江镇、八岔赫哲族乡、金川乡、银川乡
绥化市	海伦市	海伦镇、海北镇、共和镇、海兴镇、东风镇、向荣镇、长发镇、前进镇、联发镇、东林乡、乐业乡、爱民乡、扎音河乡、双录乡
	绥棱县	四海店镇、双岔河镇、阁山镇、长山镇、绥中乡
鸡西市	密山市	富源乡
	虎林市	东方红镇、迎春镇、虎头镇、东诚镇（部分）、伟光乡、珍宝岛乡、阿北乡
双鸭山市	饶河县	饶河镇、小佳河镇、西丰镇、五林洞镇、西林子乡、四排赫哲族乡、大佳河乡、山里乡、大通河乡
伊春市	南岔县	南岔镇、晨明镇、浩良河镇、迎春乡
	铁力市	铁力镇、桃山镇、神树镇、日月峡镇、年丰朝鲜族乡，工农乡、王杨乡
	大箐山县	朗乡镇、带岭镇
	嘉荫县	朝阳镇、乌云镇、保兴镇、常胜乡、向阳乡、红光乡
鹤岗市	萝北县	凤翔镇、鹤北镇、名山镇、团结镇、肇兴镇、云山镇、东明朝鲜族乡
黑河市	爱辉区	西岗子镇、罕达汽镇、幸福乡、新生鄂伦春族乡、二站乡
	北安市	通北镇、赵光镇、海星镇、石泉镇、二井镇、城郊乡、东胜乡、杨家乡、主星朝鲜族乡
	逊克县	干岔子乡、松树沟乡（部分）、车陆乡、新兴鄂伦春族乡
	五大连池市	龙镇、和平镇、五大连池镇、双泉镇、新发镇、团结镇、兴隆镇、建设乡、太平乡、兴安乡、朝阳乡
	嫩江县	嫩江镇、伊拉哈镇、双山镇、多宝山镇、海江镇、前进镇、长福镇、科洛镇、临江乡、联兴乡、白云乡、塔溪乡、长江乡
	孙吴县	沿江满族达斡尔族乡
农垦总局	牡丹江分局	海林农场
	绥化分局	嘉荫农场、海伦农场、红光农场、绥棱农场
	北安分局	逊克农场、赵光农场、红色边疆农场、格球山农场、二龙山农场、五大连池农场、锦河农场、襄河农场、尾山农场、建设农场、引龙河农场

（续）

市	县（市、区）	乡（镇）
农垦总局	宝泉岭分局	名山农场
	九三分局	鹤山农场、大西江农场、尖山农场、荣军农场、红五月农场、七星泡农场（部分）、嫩江农场、山河农场（部分）
	建三江分局	胜利农场、前进农场、青龙山农场、红卫农场、浓江农场、洪河农场、创业农场、鸭绿河农场
	红兴隆分局	饶河农场、红旗岭农场

16. 寒地粳稻第五积温带主要包括哪些市县和农场？

寒地粳稻第五积温带主要包括牡丹江市、佳木斯市、伊春市、鹤岗市和黑河市 5 个地级市 9 个县（市、区）的 39 个乡（镇）和黑龙江农垦总局 4 个分局的 12 个农场（表 1-5）。主要是黑龙江畔的逊克、嘉荫、萝北和小兴安岭南坡的嫩江、小兴安岭山间的孙吴以及乌苏里江畔的抚远等。该积温带气候严寒，≥10℃活动积温为 1 900～2 100℃，无霜期不足 120 天，冷害严重，只能种植 9 片叶的极早熟耐冷品种，安全齐穗期为 7 月 20 日。

表 1-5　第五积温带所包括的市、县（市、区）、乡（镇）

市	县（市、区）	乡（镇）
牡丹江市	东宁市	绥阳镇（部分）
	林口县	朱家镇
佳木斯市	抚远市	抚远镇、寒葱沟镇、浓桥镇、乌苏镇、黑瞎子岛镇、通江乡、浓江乡、海青乡、别拉洪乡、鸭南乡
伊春市	嘉荫县	乌拉嘎镇、沪嘉乡、青山乡
鹤岗市	萝北县	太平沟乡
黑河市	爱辉区	瑷珲镇、四嘉子满族乡、坤河达斡尔族满族乡、上马场乡、张地营子乡、西峰山乡
	逊克县	逊河镇、奇克镇、克林镇、松树沟乡（部分）、新鄂鄂伦春族乡、宝山乡
	嫩江县	霍龙门镇
	孙吴县	孙吴镇、辰清镇、西兴乡、腰屯乡、卧牛河乡、群山乡、奋斗乡、红旗乡、正阳山乡、清溪乡
农垦总局	牡丹江分局	八五五农场
	建三江分局	八五九农场、勤得利农场、二道河农场、前锋农场、前哨农场
	北安分局	龙镇农场、红星农场
	九三分局	建边农场、嫩北农场、山河农场（部分）、七星泡农场（部分）

17. 寒地粳稻品种有哪些特性?

(1) 早熟性 寒地粳稻区显著的特点就是生育期短,活动积温少,要求品种的光反应弱,温反应中或弱,只有这样的品种才能较好地适应低温长日照的特点。寒地粳稻品种区别于辽宁、吉林等北方稻区及南方稻区水稻品种最大的特点是早熟性,对品种熟期的要求要比其他稻区严格得多,品种熟期可塑性小也是寒地粳稻育种中重要的育种目标之一。寒地粳稻品种必须满足以下两个条件才能在有效的生育期内正常成熟,一是要满足抽穗到成熟需要的 700~800℃积温,大约需要 40 天的时间,二是抽穗前 15 天的花粉母细胞形成和减数分裂的开花授粉时期需处于当地最低气温稳定在 17℃以上的高温季节。因此,根据各积温区活动积温情况,第一积温带品种安全齐穗期为 8 月 10 日,需活动积温 2 650℃以上,育苗移栽生育日数 142 天以上;第二积温带品种安全齐穗期为 8 月 5 日,需活动积温 2 450~2 650℃,育苗移栽生育日数 134~141 天;第三积温带品种安全齐穗期为 7 月 31 日,需活动积温 2 250~2 450℃,育苗移栽生育日数 127~133 天;第四积温带品种安全齐穗期为 7 月 25 日,需活动积温 2 150~2 250℃,育苗移栽生育日数 123~126 天;第五积温带品种安全齐穗期为 7 月 20 日,需活动积温约 2 050℃,育苗移栽生育日数约 119 天。

(2) 耐冷性 寒地粳稻区春季气温回暖晚并常常伴有倒春寒,夏季常有阶段性低温,秋季降温速度快。因此,寒地粳稻品种必须具有较强的耐冷性。在育苗移栽情况下,寒地粳稻品种一是要耐障碍型冷害,二是要耐灌浆结实期冷害。育成的品种在抽穗前 15 天的花粉母细胞形成期和减数分裂的开花授粉时期要耐 17℃以下的低温冷害,同时还要具有低温下灌浆速度快的特点,保证在秋季温度下降速度快时快速灌浆结实。在直播条件下,除了耐障碍型冷害和灌浆结实期冷害外,苗期也要耐冷,能在低温条件下发芽和出苗,并且还要成苗率高,做到早生快发。

(3) 适应性 水稻是短日照作物,高温短日促进水稻生长发育,低温长日延迟水稻生长发育。寒地粳稻区不仅是长日照,而且地域分布复杂,温度变化大。因此,要求品种必须感温性弱、感光性弱和基本营养生长性强,才能适应寒地稻作区。多年研究结果表明,寒地粳稻品种多是感温性中到弱,感光性弱,年际间产量波动小,适应性强,这也是寒地粳稻的特性之一。

(4) 优质性 优质性是寒地粳稻品种最为突出的特性,也被国内外广大消费者所认可。寒地粳稻品种是在寒地特定的生态环境中选育出来的,因此决定了寒地粳稻品种所具有的特点。寒地稻作区属于大陆型季风气候区,夏季气温高、昼夜温差大、光照充足、雨热同季、日照时间长、水资源充足、土质肥沃、地势平坦,这些都有利于发展水稻生产,尤其有利于优质稻品种的选育和优质稻的生产。

18. 寒地粳稻区为什么不种籼稻?

南方的籼稻品种引到东北种植,由于光、温反应强烈,表现为生育期明显延长,一般不能成熟。但有些对光、温反应迟钝的早籼稻品种引到东北稻区是可以种植的。那为什么寒地粳稻区不种籼稻呢?原因如下:

(1)籼稻品种耐冷性差,在黑龙江种植时易受早春寒潮和晚秋低温的影响,生育安全性和稳产性差。

(2)籼稻易落粒,收获不及时容易造成较大的产量损失,不适宜大面积机械化收获。

(3)籼米直链淀粉含量高,米饭黏性差,不符合东北人口味,市场小。在东北消费者心目中,籼米的品质和价值远不如粳稻。

19. 寒地粳稻生产有哪些优势?

(1)自然资源优势 寒地稻作区属于大陆型季风气候区,夏季气温高、昼夜温差大、光照充足、雨热同季、日照时间长、水资源充足、土质肥沃、地势平坦,冬季冻结时间长,病虫害发生少及频率低,适宜发展水稻生产,尤其有利于优质米品种的选育和生产。

(2)规模生产优势 黑龙江省是我国北方稻区第一水稻大省,水稻生产全程机械化程度在全国处于领先地位,标准化程度高,尤其是垦区方田、条田建设规范,适宜大规模标准化作业。在地方,近年来的土地流转和大面积的土地整理也逐步向标准化、集约化、智能化方向发展。

(3)生态环境优势 黑龙江省森林覆盖率高达45%,有良好的农业生态环境,土地开垦时间短、土质肥沃,人口密度较小,工业化程度低,工业排污和生活垃圾对空气、水资源和土壤资源的污染也少,化学污染少,最适合生产绿色食品。生态环境优势是黑龙江省绿色品牌稻米较多的根本因素之一。

(4)稻米品质优势 黑龙江省气候昼夜温差大,与南方水稻主产区相比较,没有高温障碍,具备选育和生产优质米品种的先决条件。生产的稻米整米率高,透明度好,垩白较少,外观品质好,拥有寒地早粳稻米的独特食味品质,这是其他省份无法比拟的。

(5)科技优势 寒地粳稻区现有水稻科研单位和院校十几个,分布于全省各个生态区,负责本生态区的水稻科研工作,源源不断育成新品种,满足生产对品种更新换代的需求。2000年以来育成的品种在产量、品质、抗性上都有新的突破。研发推广的配套旱育稀植"三化"栽培技术、叶龄诊断栽培技术、"三化一管"栽培技术、抗病保优栽培技术、绿色稻米标准化生产技术、高产优质栽培技术、精确定量栽培技术等，保证了水稻生产持续稳定发展。

（6）商品优势 黑龙江省水稻种植面积大，稻谷总产量 2 250 万吨左右，基本上都是食用大米，本省实际消费仅占生产量的 30％左右，商品率达到 70％左右。商品量大，有利于开拓稳定的市场。寒地粳稻在全国商品粳稻市场占绝对优势，具有产地品牌效益。

20. 寒地粳稻区科研机构有哪些？

根据黑龙江省水稻区域分布特点和各地生态条件，在全省各地分别设立了水稻科研机构。规模较大的主要有：东部稻区的黑龙江省农业科学院水稻研究所、黑龙江省农垦科学院水稻研究所；南部稻区的黑龙江省农业科学院生物技术研究所（原五常水稻研究所并入）、黑龙江省农业科学院牡丹江分院；西部稻区的黑龙江省农业科学院齐齐哈尔分院、黑龙江八一农垦大学；北部边陲的黑龙江省农业科学院黑河分院；中部稻区的黑龙江省农业科学院耕作栽培研究所、黑龙江省农业科学院绥化分院、东北农业大学等。这些单位分布于全省各个生态区，承担着本生态区的水稻科研工作，服务于所在区域的水稻生产。2000 年以来各地、市、县的农业科学研究所、种子企业和民营科研所也逐步发展起来，开展水稻育种工作，相继育成了一些水稻品种，如黑龙江省北方稻作研究所、庆安县北方绿洲稻作研究所、北大荒垦丰种业股份有限公司、黑龙江省莲江口种子有限公司等。

21. 寒地粳稻生产有哪些特点？

（1）必须有足够的水资源条件 水稻起源于低洼沼泽地区，属于半水生植物，适宜于在有水层或湿润的条件下生长发育。虽然水稻也可以旱种或旱作，但产量、品质和稳产性等都不如有灌溉条件时。因此，水稻生产必须在有足够的灌水或充足的雨水条件下进行。

（2）适应性较广，抗逆性较强 高寒高纬地区以及低洼易涝区等不适宜种植旱田作物，由于寒地粳稻适应性广、抗逆性强，这些地区可以开发种稻。

（3）技术性强 水稻生产与旱田作物生产不同，一般需要育苗移栽，生产中有育秧期和本田期两大生产环节。在北方，育秧期多在早春进行，寒地粳稻区早春气温低，秧苗在覆盖条件下生长发育，管理难度大。因此，寒地粳稻生产技术性强。

22. 寒地粳稻和籼稻有什么不同？

粳稻和籼稻是亚洲栽培稻的两个亚种，两者在形态特征、生理功能以及栽培特点上均有很大区别。

从形态特征和经济性状上看，一般籼稻的茎秆较粗，分蘖力较强，叶色较淡，谷粒细长，出米率较低。籼米的直链淀粉含量高，煮饭时胀饭性大，黏性小，米饭散落。粳稻一般茎秆较细，传统粳稻品种的分蘖力不如籼稻，叶色较深，谷粒短圆，不容易落粒，出米率较高，碎米少。粳米的直链淀粉含量低，米饭黏性大，胀饭性小。

从生理特征和适应性上看，籼稻一般吸肥性强，而耐肥性差，易倒伏，耐冷性较差，温度在 12℃ 以上时才能发芽。粳稻则耐肥力强而吸肥性差，较抗倒伏，耐冷力较强，温度达到 10℃ 即可发芽。在温度适宜的条件下，籼稻叶片的光合速率高于粳稻，繁茂性好，易早生快发。

从分布地区上看，籼稻适于在低纬度、低海拔的湿热地区栽培，如我国的南方稻区。粳稻则适于在高纬度、高海拔地区栽培，如我国的东北稻区、华北稻区和西北稻区，也可在云贵高原的高海拔地区和江淮流域双季稻区作中粳或晚粳种植。

23. 世界上有多少国家生产水稻？

据联合国粮农组织（FAO）统计，截至 2014 年，全世界共有 100 多个国家生产水稻，总收获面积 16 324 万公顷，总产 74 095.5 万吨，单产 4 530 千克/公顷。水稻在世界上分布非常广泛，世界各大洲都有水稻种植，主产区集中在亚洲，播种面积占世界的 88.36%，非洲占 7.10%，美洲占 4.10%，欧洲占 0.39%，大洋洲占 0.05%。在亚洲，印度、中国、印度尼西亚、孟加拉国、泰国五国水稻播种面积均在 1 000 万公顷以上，也是全球水稻播种面积较多的国家。中国是世界上水稻总产量最高的国家，水稻产量占全球总量的 27.9%。印度是全球播种面积最大的国家，水稻播种面积占全球总播种面积的 26.6%。从全球水稻单产情况来看，澳大利亚是水稻单产量最高的国家，单产达到 10 920 千克/公顷，其后依次是埃及（9 529.5 千克/公顷）、美国（8 487.0 千克/公顷）、秘鲁（7 551.0 千克/公顷）、韩国（6 913.5 千克/公顷）、中国（6 748.5 千克/公顷）、日本（6 697.5 千克/公顷）。其中，澳大利亚、埃及单产量在一个层次，达 9 000 千克/公顷以上，其他五国在第二个层次，6 000~8 000 千克/公顷。印度由于单产量只有 3 622.5 千克/公顷，尽管面积很大，总产量也只有 1.57 亿吨左右。泰国也由于单产量只有 3 010.5 千克/公顷，总产量在 3 262 万吨，但由于泰国米质优良，其稻米的国际贸易量在世界贸易中占有很大的份额，常年比例在 30% 以上。

24. 全世界稻谷单产和总产量是多少？

由于受种植面积和气候等因素的影响，世界稻谷总产量的年度间变化幅度较大。根据联合国粮食及农业组织（FAO）统计，2014年度世界水稻播种面积约16 324万公顷，总产量约74 095万吨，平均单产约4 530千克/公顷，世界水稻生产主要集中在亚洲，播种面积、产量分别占世界总播种面积、总产量的88.4%和90.1%，其中，中国是世界水稻播种面积第二、稻谷产量第一的国家。国家统计局统计数据显示，2014年中国水稻播种面积3 031万公顷、总产量20 651万吨，分别占世界总播种面积、总产量的18.6%和27.9%。

25. 寒地粳稻区单产和总产量是多少？

据《中国农业年鉴》数据，2016年位于寒地粳稻区的黑龙江省水稻种植面积为320.3万公顷，平均单产7 041.2千克/公顷，总产量2 255.3万吨，分别占黑龙江省粮食作物的27.1%和37.2%。

26. 中国水稻生产在世界上居何种地位？

根据联合国粮食及农业组织（FAO）统计，2014年中国是世界上生产水稻最多的国家，产量位居第一位，面积位居第二位，仅次于印度。世界上水稻种植面积较大的国家是印度和中国，其水稻种植面积分别占全球水稻种植面积的26.6%和18.7%。产量最多的国家是中国和印度，分别占全球水稻总产的27.9%和21.2%。

水稻是我国最重要的粮食作物之一，稻米历来是我国人民的主食。2016年我国水稻种植面积占粮食作物总面积的26.7%，稻谷产量却占粮食总产量的33.6%。发展水稻生产对于保障我国粮食安全和社会稳定具有重要意义。

27. 寒地粳稻生产在全国居何种地位？

我国粳稻分布广泛，全国各地均有种植。分布地区主要有3个：以黑龙江为核心的北方粳稻区，以江苏为核心的南方粳稻区和以云南为核心的云贵高原粳稻区。其中，黑龙江、吉林、辽宁、江苏、浙江、安徽、云南七省粳稻播种面积和产量约占全国粳稻的85%。2016年全国粳稻种植面积891.3万公顷，总产量6 815万吨，分别占全国水稻面积和产量的29.5%和32.9%。黑龙江省粳稻种植面积320.3万公顷，产量2 255.3万吨，分别占全国水稻种植面积和产量的10.6%和10.9%，占北方稻区的面积和产量的55.4%和51.6%，为北方稻区第一水稻大省。面积位居全国第三，仅次于湖南和江西；总产量位居第二，仅次于湖南。

28. 水稻有哪几种类型？

按照植物学分类划分，我国种植的水稻品种都属于亚洲栽培稻，有两个亚种，即籼亚种和粳亚种，也就是我们通常所说的籼稻和粳稻。粳稻中又包括两个生态型，即温带粳稻和热带粳稻。热带粳稻也叫爪哇稻，主要分布于东南亚一带。温带粳稻就是我们通常所说的粳稻。寒地粳稻区种植的水稻，都是温带粳稻。

我国南方各省无霜期长，有些省份甚至全年无霜，终年均可种稻。因此，这些地方种植的水稻，一般按生长季节的不同划分为早稻、中稻和晚稻。寒地粳稻区种植的均属于早熟类型。

此外，同一类型品种又可根据栽培方式不同分为水稻和陆稻；根据淀粉含量类型分为黏稻（非糯稻）和糯稻；根据生育期长短分为早熟品种、中熟品种和晚熟品种等。

29. 什么是陆稻？与水稻的主要差别是什么？

陆稻俗称"粳子"（jing zi），又称旱稻，是适于旱地种植的栽培稻。其生物学特性、外部形态和内部解剖结构与水稻基本相似，如陆稻也有适宜在沼泽地生长的裂生通气组织，由根部通过茎叶与气孔连接，以吸收空气来补充淹水条件下氧气之不足。因此，可以认为陆稻是由水稻演变而来的适于旱作的"土壤生态型"。

陆稻与水稻的最大不同点是完全在旱田条件下栽培，只要土壤中含有一定量的水分，就可以生长良好。由于有通气组织，陆稻比其他旱田作物更适宜在多雨、低洼或淹水条件下栽培。目前，世界上许多国家都有陆稻栽培。特别是巴西，以其陆稻栽培面积大、产量高而著称于世。

30. 什么是杂交稻？杂交稻有哪几种类型？

杂交稻是指两个遗传组成不同的亲本杂交产生的具有强优势的子一代杂交组合的统称。按照种子生产的途径不同，杂交稻可分为三系杂交稻、两系杂交稻和化杀杂交稻等类型。三系杂交稻即利用不育系、保持系和恢复系三系配套生产杂交稻种子；两系杂交稻即利用光温敏核不育系和恢复系生产杂交稻种子；化杀杂交稻即利用化学物质杀雄生产杂交稻种子。

按照亲缘关系，杂交稻又可分为杂交籼稻、杂交粳稻、籼粳亚种间杂交稻等不同类型。杂交籼稻的父母本遗传背景主要为籼稻，杂交粳稻的父母本遗传背景主要为粳稻，籼粳亚种间杂交稻的父母本分别为籼稻和粳稻。

31. 杂交稻与常规稻的主要区别是什么？

杂交稻利用的是杂交一代，田间外观上看是整齐一致的，但是遗传基础是杂合的。如果用杂交稻（F_1代）生产的稻谷做种子，F_2代会产生很大的性状分离，产量明显下降。因此，杂交稻必须年年换种。常规稻是纯合品种，其遗传基础基本上是一致的，田间外观整齐一致，上一代和下一代长势长相一样，产量也不会有较大的波动。因此，常规稻可不用年年换种。

32. 寒地粳稻区限制杂交粳稻推广的因素有哪些?

（1）寒地粳稻区年有效积温少，水稻生育期内前期升温慢，后期降温快，而杂交粳稻普遍生育期偏长（特别是灌浆期），生长优势强，产量优势弱。

（2）籼粳交类型的杂交粳稻在寒地稻作区温光反应敏感，耐冷性差，结实率低，籽粒充实度不好。

（3）目前杂交粳稻的抗病性、米质等指标不及常规粳稻。

（4）杂交粳稻繁殖制种产量低，种子纯度难控制。

（5）缺少适合寒地应用的恢复系（R）材料，配组的杂种 F_1 不能实现短生育期、耐低温及强优势三者的有机结合。

33. 为什么把粳稻（jing dao）叫做粳稻（geng dao）?

在北方稻区，人们常常把"粳稻"称作"jing dao"，因为在现代汉语中"粳稻"只有"jing dao"一种拼音标注，找不到与"粳稻（geng dao）"相对应的拼音标注。但对于水稻科技工作者来说，叫"粳稻（geng dao）"比叫"粳稻（jing dao）"更专业。因为早在1949年，我国稻作科技先驱丁颖教授就在他所做的"中国古来粳籼稻种栽培及分布之探讨与现代栽培稻分类法预测"中明确提出：此粳籼两种，由其分布区域、米饭黏度和植物形态生理病理等种种不同，认定其应分为粳、籼两大派系，并由2000年来之名词专用关系，定之为粳（*O. sativa* L. subsp. *keng*）、籼（*O. sativa* L. subsp. *sen*）两个亚种。"2000年来之名词专用"! 说明了我们的祖先早已把"粳稻"的称谓定格在（geng dao）上。正所谓"世界上本来没有路，走的人多了便成了路"。千百年来，"粳稻（geng dao）"已成为约定俗成的叫法。

另外，在东北地区，人们常把陆稻称为"粳子（jing zi）"。因此，把"粳稻（geng dao）"称为"粳稻（jing dao）"，反而容易与陆稻混淆。

34. 什么是超级稻?

超级稻品种（含组合）是指采用理想株型塑造与杂种优势利用相结合的技术路线等途径，育成的产量潜力大、配套超高产栽培技术后比现有水稻品种在产量上有大幅度提高，并兼顾品质与抗性的水稻新品种。超级稻品种在产量、品质和抗性等方面都有具体的指标要求，并且通过农业农村部认定，对达到各项指标的品种确认为"超级稻"品种。

35. 超级稻概念是怎么提出来的?

超级稻的概念和培育源自水稻超高产育种。水稻超高产育种最早于 1981 年由日本人提出,他们试图通过籼、粳稻亚种间杂交的方法育成比秋光品种增产 50% 或生产 10 吨/公顷糙米的超高产品种。1989 年国际水稻研究所也正式启动"新株型稻"育种计划(New Plant Type),实际上就是超高产育种计划,目标是育成比当时推广的品种增产 20%~30%,产量潜力在 13~15 吨/公顷,综合抗性好,生育期 110 天的超高产品种。1994 年国际水稻研究所宣布育成了新株型超高产品种。西方媒体立即用 Super Rice(译为超级稻)来宣布这一成果。此后,"超级稻"一词就成了超高产品种的代名词,广泛出现在媒体中。实际上超级稻、超高产品种和新株型稻是同一事物的三种不同说法。

36. 超级稻有几种类型?

截至 2019 年,全国已通过农业农村部确认的超级稻品种有 186 个,其中因推广面积未达要求已取消超级稻冠名的品种 54 个,目前经农业农村部确认、可冠名超级稻的水稻品种为 132 个。超级稻品种类型有 6 种:一是粳型常规稻,如松粳 9 号、龙粳 31、吉粳 88、沈农 265、宁粳 1 号等;二是籼型常规稻,如中早 22、中嘉早 17、中早 39 等;三是籼型两系杂交稻,如两优培九、扬两优 6 号、Y 两优 087 等;四是籼型三系杂交稻,如协优 9308、五优 308、中 9 优 8012 等;五是籼粳杂交稻,如甬优 6 号、甬优 12、甬优 15 等;六是粳型三系杂交稻,如辽优 5218、辽优 1052、Ⅲ优 98 等。

37. 超级稻是怎样认定的?

根据农业农村部《超级稻品种确认办法》(农办科〔2008〕38 号),超级稻品种在产量、品质和抗性等方面达到相应的指标要求,经各地推荐和专家评审,农业农村部认定,对达到各项指标的品种确认为"超级稻"品种。

在省级(含)以上品种区域试验中,生育期与对照相近、两年平均增产 8% 以上的水稻品种,可进行一年百亩示范方验收;区试产量平均增产低于对照 8% 的品种,需进行两年不同地点的百亩示范方验收。北方粳稻在相同生育期内百亩示范方产量可在表 1-6 产量指标基础上降低 20 千克/亩。表 1-6 中所列品种的区域、生育期、品质和抗性指标,均以省级(含)以上区域试验及品种审定相关指标为依据。生产应用面积需由省级(含)以上农作物种子管理部门出具证明材料。

省级人民政府农业行政主管部门将审核通过的申请确认"超级稻"的品种有关材料,以正式文件形式统一报送农业农村部科技教育司。农业农村部科技教育司和种植业管理司联合组织专家，对省级人民政府农业行政主管部门报送的有关材料进行书面评审，达到超级稻主要指标要求并经专家评审通过的品种确认为新增超级稻品种。

表 1-6   超级稻品种各项主要指标

区域	长江流域早熟早稻	长江流域中迟熟早稻	长江流域中熟晚稻；华南感光型晚稻	华南早晚兼用稻；长江流域迟熟晚稻；东北早熟粳稻	长江流域一季稻；东北中熟粳稻	长江上游迟熟一季稻；东北迟熟粳稻
生育期	≤105	≤115	≤125	≤132	≤158	≤170
百亩方产量	≥550	≥600	≥660	≥720	≥780	≥850
品质	北方粳稻达到部颁 2 级米以上（含）标准，南方晚籼稻达到部颁 3 级米以上（含）标准，南方早籼和一季稻达到部颁 4 级米以上（含）标准					
抗性	抗当地 1～2 种主要病虫害					
生产应用面积	品种审定后 2 年内生产应用面积达到年 5 万亩以上					

38. 超级稻品种与其他品种有什么区别？

按超级稻品种在产量、品质和抗性等方面都有具体的指标要求（表 1-6）。超级稻品种与其他品种相比，在产量上有更高的要求，需进行 1 年或 2 年的百亩示范方测产验收，达到规定产量指标的还需专家评审通过的品种才能确认为超级稻品种。

39. 国家认定的超级稻品种有哪些？

截至 2019 年，寒地粳稻区的黑龙江省通过国家认定的超级稻品种有 10 个，其中龙粳 14（龙 D99-904）、龙稻 5 号（哈 99-774）、松粳 9 号（松 98-122）和垦稻 11（垦 00-1113）于 2006 年认定；龙粳 18（龙交 01B-1330）于 2007 年认定；龙粳 21（龙花 99-454）于 2009 年认定；龙粳 31（龙花 01-687）和松粳 15（松 06-308）于 2013 年认定；龙粳 39（龙生 01-030）和莲稻 1 号（绿研长粒 02-02）于 2014 年认定。目前龙粳 14、龙粳 18、垦稻 11、龙稻 5 号、松粳 9 号 5 个品种因推广面积达不到要求已被取消超级稻冠名。

（二）寒地粳稻的生长发育

40. 寒地粳稻是怎样演变而来的？

寒地粳稻经历了极其复杂而漫长的演化过程，从高气温短日照的低纬度地区逐渐向高纬度地区发展。在长期的自然选择和人工选择过程中，保留了适应新的生态因子的变异个体。这一变化的总趋势，在光温反应上的表现是对日照逐渐钝感，对适温的要求逐渐降低，基本营养生长期逐渐缩短，在株型上由高变矮，营养生长期和生殖生长期交错，这些是寒地粳稻的共性。水稻栽培区域也从历史划定的极限地一再北移。目前，已发展到北纬 50°的黑河地区。

41. 寒地粳稻的一生划分为几个时期？

水稻从种子萌动、发芽经生长发育到新种子成熟的一个生命周期被称为水稻的一生。根据其一生不同时期生长发育状况，通常划分为营养生长阶段和生殖生长阶段。同时，根据其外部形态发生显著变化的情况，又将其划分为：出苗期、分蘖期、拔节期、孕穗期、抽穗期、开花期和灌浆成熟期等。

42. 寒地粳稻品种的生育期是按什么标准划分的？

寒地粳稻品种的生育期可按以下三个标准来划分：一是水稻生长发育全过程所需的总天数，即生育日数；二是不同水稻品种植株的主茎总叶数；三是生长发育全过程所需要的活动积温数。这里需要强调的是，生育日数是指从出苗到成熟的天数，而不是从播种到成熟的天数，寒地粳稻品种的生育日数从 119天到 150 天不等，主茎叶片数从 9 片叶到 14 片叶不等，所需活动积温数从 1 900℃到 2 750℃不等。在生产实践中，往往将这三个方面统一起来更有意义，不要只看一个或两个方面。例如目前第三积温带主栽品种龙粳 31 的生育期应该这样描述：主茎 11 片叶，生育日数 130 天左右，所需活动积温 2 350℃左右。

43. 寒地粳稻品种熟期类型（早、中、晚）是怎样划分的？

寒地粳稻品种可根据主茎叶片数、生育日数和活动积温数划分为极早熟品种、早熟品种、中熟品种和晚熟品种。一般早熟品种主茎叶片数少、生育日数短、需要的活动积温少，晚熟品种主茎叶片数多、生育日数长、需要的活动积温多。按照黑龙江省种子管理部门统一规定的审定标准，寒地粳稻品种熟期类型是这样来划分的。

第一，极早熟品种。一般主茎为 9 片叶，生育日数 119 天左右，需要活动积温 2 050℃左右的为极早熟类型品种，如黑粳 10 号等。

第二，早熟品种。一般主茎 10～11 片叶，生育日数 123～130 天，需要活动积温 2 150～2 350℃的为早熟类型品种，如龙粳 47、龙粳 46、龙粳 31 等。

第三，中熟品种。主茎 12 片叶，生育日数 134～138 天，需要活动积温 2 450～2 550℃为中熟类型品种，如龙粳 21、龙稻 5 号等。

第四，晚熟品种。主茎 13～14 片叶及以上，生育日数 142～146 天，需要活动积温 2 650～2 750℃为晚熟类型品种，如龙稻 18、松粳 9 号等。

总之，水稻品种熟期划分很复杂，各地划分标准也不尽统一，应根据实际情况，运用相应标准进行划分，确保服务于生产实际。

44. 什么是生育时期？寒地粳稻的生育时期包括哪些？

生育时期是指水稻一生中外部形态发生显著变化的若干个时期。从种子萌发开始，经过一系列的生长发育过程直到新种子形成为止，经历了出苗期、分蘖期、拔节期、孕穗期、抽穗期、开花期和灌浆成熟期。根据水稻各生育时期生长发育状况的不同，通常将其一生划分为营养生长阶段和生殖生长阶段。水稻营养生长阶段是指营养器官根、茎、叶的生长阶段，一般是从种子萌发到幼穗分化以前，这一阶段包括出苗期、分蘖期和拔节期。水稻生殖生长阶段是指生殖器官幼穗、花、种子的生长阶段，一般是从幼穗分化开始到新种子形成。这一阶段包括孕穗期、抽穗期、开花期和灌浆成熟期。

45. 水稻的生育类型有哪些？寒地粳稻属于哪种类型？

水稻营养生长阶段的分蘖终止、拔节与幼穗分化之间，有重叠、衔接、分离三种关系，形成了三种不同的生育类型。

重叠型：营养生长与生殖生长部分重叠，幼穗分化后才拔节、分蘖终止，地上部伸长节间为 5 个以内，寒地粳稻均为此类型。因此，在栽培上应注意前期促进，从壮苗出发培育健壮个体是高产的关键。

衔接型：分蘖终止、拔节，与幼穗分化衔接进行，地上部伸长节间一般为 6 个以上，营养生长与生殖生长间矛盾较小，栽培上宜促控结合。

分离型：营养生长与生殖生长间略呈分离，分蘖终止、拔节后的 10～15 天才进入幼穗分化，地上部节间为 7 个以上，为晚熟品种类型。在栽培上应促中有控，促控结合。

46. 什么叫营养生长期和生殖生长期？

营养生长期是指营养器官根、茎、叶的生长时期，一般指从种子萌发到幼穗分化以前。这一阶段包括出苗期、分蘖期和拔节期。

生殖生长期是指生殖器官幼穗、花、种子的生长时期，一般指从幼穗分化开始到新种子形成。这一阶段包括孕穗期、抽穗期、开花期和灌浆成熟期。

47. 为什么水稻的营养生长期会发生变化？

水稻一生分为营养生长期和生殖生长期，水稻的生殖生长期基本不发生变化，而营养生长期则变化较大，所以水稻品种生育期的差异，主要是营养生长期的长短变化。营养生长期又分为基本营养生长期和可变营养生长期。一般水稻品种，在一定范围内都会随着温度的升高、日照缩短而生育进程加快，营养生长期缩短，但缩短到一定天数后，尽管温度和日照再适宜，营养生长期也不会再缩短了，这段营养生长期叫做基本营养生长期，也称短日高温生育期。由高温短日消去的那一部分营养生长期便叫做可变营养生长期。不同熟期类型品种之间，生育期差异很大，其主要原因是基本营养生长期和可变营养生长期的长短不同，甚至同一品种在不同年份间也会出现生育期长短变化的现象，也是这个道理。

48. 什么是水稻的感温性、感光性和基本营养生长性？在生产上有何意义？

水稻的感温性是指水稻的生育转变（营养生长转为生殖生长）受温度条件显著影响的特性。水稻是喜温作物，高温可以促进其生育转变，使生育期缩短。如果温度始终保持在生长起点和发育起点之间，水稻就只能生长而不能开花结实。有些水稻品种感温性强，有些品种感温性弱。我国的大部分水稻品种都是感温性强的，感温性弱的只是少数。

水稻的感光性是指水稻对日照长度的反应特性。水稻是短日照作物，只有在日照长度短于一定临界值时，才能进行幼穗分化和抽穗。缩短日照可提早这一进程，延长日照则延迟这一进程。有些水稻品种感光性强，有些水稻品种感光性弱。

基本营养生长性是指水稻即使是在最适合的光照和温度条件下，其品种也必须经过一个最短营养生长期，才能进入生殖生长，开始幼穗分化，这个短日、高温下的最短营养生长期称为基本营养生长期，又称短日高温生长期，水稻这种特性称为基本营养生长性。

水稻的感光性和感温性在生产上可以指导科学引种。南方的品种向北引种时，往往生育期会延长，而北方或高海拔地区的品种向南方或低海拔地区引种时，往往生育期会缩短。因此，引种通常应在同纬度同海拔地区间进行。南北方进行引种时要注意根据情况选择不同熟期类型或温光反应类型，以确保在引种后能够正常生长发育。基本营养生长性强的品种，适应性较强，远距离引种较易成功。在生产上的另一个应用就是在栽培上合理地选择品种，确定合适的播期和秧龄，制定合理的栽培措施。

49. 什么是活动积温和有效积温？二者关系怎样？

农业气象上通常把某一时间段内符合一定条件的日平均温度直接累加或处理后累加所得的总和称为积温。积温有多种，在农业生产上常用的有活动积温和有效积温。

活动积温是指作物全生育期内或某一生育时期内活动温度的总和，其中活动温度是指高于作物生物学下限温度（或称生物学起点温度，水稻一般为10℃）的日平均温度。

有效积温是指作物全生育期内或某个生育时期内有效温度的总和，其中有效温度是指活动温度与生物学下限温度之差。对于水稻来说，活动积温 $Y = \sum T_{>10}$，有效积温 $A = \sum (T_{>10} - 10)$。

活动积温统计比较方便，常用来估算某一地区的热量资源和反映品种的生育特性；有效积温在用来表示作物生长发育对热量的需求时稳定性较强，比较确切。

50. 活动积温是怎样计算的？

作物都有一个生长发育的下限温度（或称生物学起点温度，水稻一般为10℃），这个下限温度一般用日平均气温表示。低于下限温度时，作物便停止生长发育，但不一定死亡。高于下限温度时，作物才能生长发育。我们把高于生物学下限温度的日平均气温值叫做活动温度。对于水稻来说，把生育期内≥10℃持续期内日平均气温累加起来，得到的气温总和就是其所需活动积温。计算公式为：$Y = \sum T_{>10}$。计算活动积温最关键的问题是在生育期间的计算起点温度时间和终点温度时间，并不是把生育期间所有≥10℃的日平均气温累加，而是在生育期间的起点时间和终点时间≥10℃的日平均气温累加。起点时间是4～5月以5日内滑动平均气温超过10℃的第一天起算，而终点时间是在8～9月以5日滑动平均气温超过10℃的最后一天起算。如：某地起点时间约为5月4日，终点时间约为9月20日，那么将从5月4日到9月20日之间≥10℃的日平均气温累加起来就是该地区的活动积温。

51. 品种积温与年活动积温有什么区别？

品种积温是指作物生长发育阶段内逐日平均气温的总和，它是衡量作物生长发育过程热量条件的一种标尺，也是表征地区热量条件的一种标尺，以℃为单位。在作物生长发育所需要的其他条件均得到满足时，在一定温度范围内，气温和发育速度成正相关，并且要积累到一定的温度总和，才能完成其发育期。通常使用的有活动积温和有效积温两种。年活动积温是指一年内日平均气温≥10℃持续期间日平均气温的总和，即活动温度总和。

52. 寒地粳稻各生育期需要多少活动积温？

寒地粳稻生育类型为重叠型，就是说分蘖未结束已经进入孕穗和拔节阶段了，要严格将各生育时期需要多少积温搞清楚难度很大，只能大概加以划分，在生产实际中仅供参考。结合佳木斯地区 1986—2018 年 4～9 月份积温情况，以当前生产主栽品种龙粳 31 为例，其主茎 11 片叶，需要活动积温 2 350℃左右，生育日数约 130 天。若将其一生分为苗期、分蘖期、长穗期、结实期等，如果按照 4 月 15 日播种，22 日左右出苗，5 月 15 日左右移栽，5 月 25 日左右开始分蘖，6 月 28 日左右开始孕穗，7 月 28 日左右抽穗，8 月 29 日左右成熟，各生育时期需要活动积温大致分别为苗期约 200℃，分蘖期约 700℃，长穗期约 650℃，结实期约 800℃，累计为 2 350℃。

53. 水稻的籽粒和种子是不是一回事？水稻种子由哪几部分构成？

水稻的籽粒通常也称为谷粒，植物学上叫做果实，从外到内依次包括颖壳、果皮、种皮、糊粉层、胚乳和胚几部分。准确地说，水稻种子是指除去颖壳和果皮后的种皮及其以内的诸部分，但农业生产上常以谷粒为播种和收获对象，实际上根本无法将果皮与种皮分开，因而，水稻的种子和籽粒可以说是一回事。

颖壳包括内颖（内稃）和外颖（外稃），有些品种在外颖上着生或长或短的芒。芒的有无、长短和色泽，是鉴别水稻品种的依据之一。

谷粒去掉颖壳后便是糙米，植物学上称为颖果。糙米重量的 98% 是胚乳。胚乳含有丰富的淀粉及少量的蛋白质和脂肪等，是人类食用的主要部分，也是秧苗生长初期的营养来源。

胚位于米粒腹面的基部，包括胚芽、胚轴、胚根、盾片（子叶）等几部分，是发育成幼苗的雏体。种子发芽时，胚根向下生长发育成种子根，胚芽向上生长，发育成秧苗的地上部分。

54. 什么叫萌发？什么叫发芽？

水稻种子由种皮、果皮、胚乳、胚所构成，胚又由胚芽、胚轴、胚根、盾片（子叶）等构成。在适宜的水分、温度、氧气条件下，胚乳中的养分经过酶的活动分解，变成可溶性物质被胚吸收利用，胚中胚芽、胚轴、胚根生长点的细胞得到了丰富的养分后，开始进行细胞分裂，使胚根、胚芽伸长，突破种皮，伸出颖外即称萌发或破腹露白。胚芽向上生长先形成一片筒状叶叫做芽鞘。胚根向下生长，先形成一条粗根，叫做种子根。芽鞘和种子根伸出颖外叫做发芽。

55. 种子是怎样发芽的？何时具备发芽能力？

水稻开花受精以后，卵细胞发育非常迅速，一般在开花后 8～10 小时便开始细胞分裂。开花 8～10 天，胚部便分化出胚芽、胚根、盾片及其他器官，这时便已具备了发芽能力。

56. 水稻根系包括哪几种？其生长和分布有哪些规律？

水稻根系属于须根系。据其发生的先后和部位的不同，可分为种子根（胚根）和节根（不定根、冠根）两种。

种子根分为初生胚根和次生胚根。初生胚根为 1 条，直接由胚根长成，次生胚根为 1～4 条，由中胚轴上长出。种子根垂直向下生长，作用是吸收水分、支持幼苗，一般待节根形成后即萎枯。节根是从基部茎节（包括分蘖节）上长出的不定根，数目较多，是水稻根系的主要部分，因其环生于节部，形似冠状，故又称冠根。节根按着生位置可分为上位根和下位根。上位根较细较短，一般横向或斜向伸长，分布于土壤的上层和中层。下位根较粗较长，多分布于土壤的中层或斜下层。随着分蘖的增加，根群也逐渐发展，可以有多极分枝。直接由茎节上伸出的称为一级根，自一级根伸出的称为二级根，依次可以生出六级根。一般老根呈褐色，新根呈白色，新根近根尖部分生有根毛，次级越高则根毛越少，六级根不生根毛。土壤疏松或通气性好时根毛较多，长期淹水或氧气缺乏时根毛很少甚至没有，分枝根的级数和数量也少。

在水稻不同生育时期，根系的分布不同。在分蘖期，一级根大量发生，但分布较浅，多数在 0～20 厘米土层内横向扩展呈扁椭圆形；在拔节期，分枝根大量发生，并向纵深发展，至抽穗期，根系转变为倒卵圆形，横向幅度达40 厘米，深度达 50 厘米以上；在开花期，根部不再继续伸展，活动能力逐渐减退；接近成熟期时，根系吸收养分的能力几乎完全停止，这时所需的养分全靠植株体内的养分转移维持。从总体上看，水稻根系主要分布在 0～20厘米土层中，约占总根量的 90%。从全生育期看，水稻在抽穗期根量达最大值。

57. 为什么说白根有劲、黄根保命、黑根有病、灰根要命？

稻田中水稻的根系由不同年龄的根组成，由于土壤氧化还原性质的影响，各年龄的根有白色、黄褐色、黑色和灰色等。根的不同颜色，反映了根的不同活力状况。

白根一般都是新根或老根的尖端部分，这些根泌氧能力强，能使周围的土壤呈氧化状态，形成一个氧化圈，将其周围的可溶性二价铁氧化成三价铁沉淀，使其不聚集在根的表面，保持了根的白色。白根有很强的生理功能，生命力和吸收能力都很强，所以说白根有劲。

黄根一般出现在老根和根的基部。这些根因为老化，外皮层细胞壁增厚，泌氧能力下降，氧化范围缩小到贴近根表，三价铁沉积在根上，成为黄褐色铁膜。这层铁膜有保护作用，可防止有毒物质侵入根的内部，但这种根系吸收能力大大减弱，所以说黄根保命。

长期淹水以后，由于土壤内氧气不足，二价铁较多，同时，有机质进行厌氧分解，产生硫化氢等一系列有毒物质。当硫化氢和二价铁相结合时，便生成硫化亚铁（黑褐色）沉积在根表，使根变成黑褐色。这种根生理机能进一步衰退，所以说黑根有病。

当土壤中还有一定数量的二价铁存在时，可以及时消除硫化氢的毒害作用，对水稻生长是有益的。若土壤缺少铁元素硫化氢得不到消除，对根的毒害作用就会更大，能抑制根系的呼吸作用和吸收功能，使稻根中毒死亡。硫化氢中毒症状是，拔起稻苗观察根系呈灰色水渍状，有臭鸡蛋气味，所以说灰根要命。

58. 怎样才能减少黑根的发生？

水稻在长期淹水的情况下，土壤通气状况不良，氧气不足，就会产生大量的还原性物质如硫化氢和二价铁离子，当硫化氢和二价铁相结合时，就生成了黑色的硫化亚铁，硫化亚铁沉积在根表面，使根变成了黑色。所以，水稻黑根的产生归根结底是由于土壤通气状况不良造成的。这就要求水稻的栽培管理无论在秧田还是本田都不能长期淹水，秧田要尽量保持良好的通气状态，本田则应保持浅湿干或湿润状态，必要时还要晾田或晒田，以调节土壤的通气状况，从而减少黑根的发生。

59. 什么叫出苗期？

稻种发芽后，从芽鞘内长出一片只有叶鞘没有叶片的叶叫做不完全叶，接着从不完全叶内长出一片具有叶鞘和叶片的完全叶，叫做第一叶。当全田有50％的植株第一叶展成喇叭筒状时，称为出苗期。

60. 什么叫离乳期？掌握离乳期在水稻育苗中有什么意义？

离乳期指的是幼苗2.5叶以后，胚乳养分已经耗尽，幼苗由异养到自养的转变期。离乳期要求秧苗过好断奶关，顺利地进入独立生活，增强抗性，防止死苗。在管理上应注意的是，温度不超过25℃，以免出现"旱穗"现象。水分管理要做到"三看"浇水，一看早晚叶尖有无水珠；二看午间高温时新展开叶片是否卷曲；三看床土表面是否发白或根系生长状况。如早晚不吐水、午间新展开叶片卷曲、床土表面发白，宜早晨浇水并一次浇足。由于胚乳养分已经耗尽，因此秧苗需大量吸水吸肥，可结合浇水再追施一次壮秧剂或每平方米施用 25 克硫酸铵对水 2.5 千克浇施，施肥后要用清水洗苗。

61．水稻叶片分为几种？都由哪几部分构成？各部分具有哪些生理功能？

水稻的叶分为鞘叶（即芽鞘）、不完全叶和完全叶三种。

鞘叶即芽鞘在发芽时最先出现，白色，有保护幼苗出土的作用，特别是在旱播情况下。

不完全叶是从芽鞘中抽出的第一片绿叶，一般只有叶鞘而没有叶片。在计算主茎叶片数时通常不计入。

完全叶由叶鞘和叶片组成。叶鞘和叶片连接处为叶枕，在叶枕处长有叶舌和叶耳。叶鞘抱茎，有保护分蘖芽、幼叶、嫩茎、幼穗和增强茎秆强度支持植株的作用。同时，叶鞘又是重要的储藏器官之一，叶鞘内同化物质的蓄积情况与灌浆结实和抗倒伏能力有很大关系。叶片为长披针形，是进行光合作用和蒸腾作用的主要器官。在栽培中，叶片的长短、大小和数量对产量的形成有重要的作用。

叶片、叶鞘、叶枕、叶耳、叶舌以及芽鞘常有绿、红、紫等不同颜色，是识别品种的重要特征。

62．什么是叶龄和秧龄？二者是什么关系？怎样计算叶龄和秧龄？

水稻叶龄是指主茎的出叶数目，水稻秧龄是指秧苗的生育天数。二者都是用来表示水稻植株生育进程的。

叶龄的计算是以主茎上长出的最新叶片为准，如主茎上长出第六片叶片时，叶龄为 6，长出第七片叶片时，叶龄为 7；当第八片叶片未完全展开时，以展开部分占第七叶的比例计为小数，如展开叶长度达第七叶长度的 1/3 时，叶龄计为 7.3，展开叶的长度达第七叶长度一半时，叶龄为 7.5。秧龄的计算是以播种至移栽期间秧苗生长的天数来计。以上是单个植株计算叶龄和秧龄的方法，在实际应用中往往是针对群体，一般要同时调查多株（大于 20 株），用其平均值来表示。

叶龄比秧龄更能准确地反映植株的生理年龄和实际生育进程。原因在于天数表示的秧龄受外界环境影响较大，相同天数的秧苗实际生育进程往往并不完全相同，而对于叶龄来说，由于其与分蘖、根系、节间和穗分化之间的同伸关系比较稳定，不易受外界环境的影响，叶龄相同的秧苗生育进程基本相同。因此，在生产上常用叶龄来推算植株的生育进程。

第一，用叶龄代替秧龄，确定适宜的移栽期。

第二，出叶速度可作为肥水管理的一项动态指标。如在分蘖期，肥水管理适当，外界环境条件适宜，主茎出叶速度，一般 5 天左右出 1 片新叶，标志着分蘖增长速度，有利于提高成穗率。相反，出叶速度慢，就应采取措施加以促进。

第三，用叶龄指数预测幼穗分化开始日期，进而采取相应的栽培措施，达到促花保花、提高结实率的目的。

叶龄指数是指水稻主茎上所观察到的叶片数占该品种主茎总叶片数的百分数，用公式表示为：

$$叶龄指数（\%）=已出主茎叶片数÷主茎总叶片数×100\%$$

生产上用这种方法比较准确。据观察，如主茎为 12 片叶，不论品种、栽培时期如何，叶龄指数达到 75% 时，即为苞分化期，达 83% 时为二次枝梗分化期，达 92% 左右为颖花分化期，叶龄指数为 100%，是减数分裂及花粉母细胞充实并形成外壳的时期，即剑叶伸长终止期。

63. 为什么说后期的功能叶片对产量影响更大？

与其他作物一样，水稻产量形成的本质无非是通过光合作用把太阳光能转化为化学能固定在有机体中。一般来说，水稻物质生产有 3 个 90%，一是水稻一生中固定的所有干物质中，有 90% 来自光合产物；二是在光合产物中，有 90% 来自叶片的光合作用；三是最终形成的籽粒产量中，有 90% 来自抽穗后生产的干物质。由此可见，抽穗后水稻的功能叶片对籽粒的产量形成具有重要的影响。其中，上部三片叶即剑叶、倒 2 叶和倒 3 叶是主要的功能叶片，三者提供营养物质的比例由上而下大致为 2 份、2 份和 1 份。上部 3 叶的平均综合灌浆能力，约为每平方厘米叶面积承担 1 粒稻米所需的营养。上部 3 叶以下的叶片参与灌浆极少，但对保持根系活力很有帮助，也是不可忽视的。

因此，水稻后期叶片存在多少和生长健壮与否，极大地关系着水稻产量的高低。加强后期田间管理，保护好后期功能叶片的旺盛活力，是获得水稻丰产的重要保证。

64. 寒地粳稻品种生育日数与叶片数有什么关系？怎样划分品种生育日数？

按照黑龙江省种子管理部门给出的审定用标准，品种生育日数与叶片数及所需活动积温数存在这样的对应关系。9 片叶品种生育日数为 119 天，所需活动积温为 2 050℃；10 片叶品种生育日数为 123 天，所需活动积温为 2 150℃；11 叶品种生育日数为 127~130 天，所需活动积温为 2 250~2 350℃；12 叶品种生育日数为 134~138 天，所需活动积温为 2 450~2 550℃；13 叶品种生育日数为 142 天，所需活动积温为 2 650℃；14 叶及以上品种生育日数为 146 天以上，所需活动积温大于 2 750℃。

65. 什么叫出叶间隔时间？寒地粳稻各叶间的出叶间隔时间是多少天？

出叶间隔时间就是相邻两叶完全抽出状态时的时间之差。叶的分化、生长分为叶原基形成、叶组织分化、叶片伸长、叶鞘伸长 4 个阶段，且有明显的层次和发育规律。当第一叶的叶片抽出、叶鞘伸长时，其叶鞘内包裹的第二叶的叶片在伸长，第三叶的组织已经分化，第四叶的组织开始分化，第五叶的原基分化。各相邻的叶都有着相同的发育规律。主茎各叶，前 3 叶在分蘖前抽出，最后 3 叶在幼穗发育期抽出，其余的叶在分蘖期抽出。主茎各叶出叶速度与温度关系密切，一般在营养生长期 4～6 天出一片叶，即出叶间隔时间为 4～6 天，生殖生长期 6～8 天出一片叶，即出叶间隔时间为 6～8 天。

66. 什么是分蘖？什么是分蘖期？

水稻在茎节上长叶，从叶腋上生出腋芽即分蘖。主茎从第一完全叶的节位起以上，除伸长节外的各节上的腋芽都可以发育成分蘖（地上部各茎节上的腋芽在通常环境下不发育成分蘖）。发育成穗的分蘖为有效分蘖，未能发育成穗的分蘖叫做无效分蘖。从主茎上生出的分蘖叫做第一次分蘖；从第一次分蘖上生出的分蘖叫做第二次分蘖；从第二次分蘖上生出的分蘖叫做第三次分蘖。全田有 50％的植株分蘖叶露出叶鞘的时期称为分蘖期。

67. 影响水稻分蘖的因素有哪些？

影响水稻分蘖发生的因素有内因和外因两类条件。内因包括品种的分蘖特性、秧苗素质、干重多少、充实度（干物质与株高的比值）高低、秧苗大小等。外因主要包括温度、光照、水分和养分等。

水稻分蘖的最适气温为 30～32℃，最适水温为 32～34℃。气温低于 20℃、水温低于 22℃，分蘖发生缓慢；气温低于 15℃、水温低于 16℃或气温超过 40℃、水温超过 42℃，分蘖会停止。

保持 3 厘米浅水层对分蘖有利，浅水可增加泥温，缩小昼夜温差，提高土壤营养元素的有效性。无水或深水会降低泥温，抑制分蘖发生。阴雨寡照时，分蘖发生延迟，光强低于自然光强 5％时，分蘖停止。

在营养元素中，氮、磷、钾对分蘖的影响最明显。水稻分蘖期体内三要素的临界量分别为：氮 2.5％，磷（P_2O_5）0.25％，钾（K_2O）0.5％。叶片含氮量为 3.5％时分蘖旺盛。钾含量在 1.5％时分蘖顺利。

插秧深度和叶面积指数对分蘖也有很大影响。当秧田叶面积指数达到

3.5、本田叶面积指数达到 4.0 时分蘖会停止；插秧深度为 2 厘米左右时对分蘖有利，超过 3 厘米分蘖节位上移，分蘖延迟，分蘖质量变差，弱苗深插还会造成僵苗。

因此，分蘖期的田间管理就是有效地利用上述各种条件，促进分蘖的早生快发，提高有效分蘖率，为最终高产和优质奠定坚实的基础。

68. 什么是有效分蘖和无效分蘖？怎样区分？在寒地水稻生产上有什么意义？

有效分蘖是指最后能形成有效穗并结实的分蘖，不能形成有效穗或中途死亡的分蘖均为无效分蘖。有效分蘖决定最终的单位面积有效穗数，是构成产量的主要因素。在生产上应采取促进措施，争取更多的有效分蘖，减少无效分蘖。水稻有效分蘖期一般在最高分蘖期前 7～15 天，此时的叶龄指数在 70～75 之间。因此，生产上应从两个方面采取措施：一方面，在生育前期要尽量促进分蘖早生快发，使茎蘖数尽快达到预期要求，在有效分蘖终止期，全田总茎数应大体上和预期计划的穗数相近。另一方面，在分蘖中后期要适当控制分蘖，防止分蘖发生过多，一般到最高分蘖期，每亩总茎数控制在计划穗数的 1.2 倍以下。

69. 什么叫分蘖力和分蘖势？生产上有什么意义？

分蘖力是指水稻单株的分蘖能力，分蘖力越强的品种，单株分蘖个数就越多。分蘖势是指水稻单株在单位时间内分蘖的个数，是反映水稻植株分蘖整齐度和分蘖活力的一个指标。分蘖势越强，说明分蘖越集中，越整齐，未来形成的穗头也越一致。就与产量的关系来说，分蘖势比分蘖力更为重要。目前生产上广泛应用的龙粳 31 就是典型的分蘖势强的品种。

尽管品种的分蘖力强弱与产量没有必然联系，但在生产上，品种分蘖力的强弱常用来确定插秧基本苗和栽插的适宜密度。分蘖力强的品种，插秧的基本苗数可适当少些，栽插的密度可适当稀些。分蘖势强的品种，在相同的条件下，比较容易快速达到高产要求的穗数，穗头也较整齐，因此，选用分蘖势强的品种有利于获得高产。

70. 寒地粳稻什么时期出生的分蘖才能形成有效穗？

什么样的分蘖才能成穗，主要决定于分蘖出现的时间和独立生活能力。分蘖具有 3 片叶以前，生长所需要的养料主要是由主茎供给，到了 3 叶或 3 叶以后，分蘖便陆续从自己的第一叶叶节（叶鞘与茎节连接处）上发出冠根，同时分蘖本身也已具有一定的叶面积，能制造有机物，满足本身生长发育的需要，维持独立生活，所以一般必须有 3 片叶的分蘖才可能成为有效分蘖。一般主茎每长一片新叶需 5～6 天，分蘖每长一片叶也要 5 天左右。这样便要求分蘖至少在长穗、拔节前 15 天左右出生，才能长到 3 片叶而成为有效分蘖。必须指出，分蘖有效与否，除与发生时期有关外，还与当时的生长环境有密切关系。如有些稻田由于前期施肥过量，分蘖过多，有些分蘖即使具有 4 片叶，也会因光照不足而成为无效分蘖。相反，秧插得较稀，肥水条件又能跟上，有些只有 2～3 片叶的分蘖，也有可能成为有效分蘖。

71. 什么是叶蘖同伸规律？对寒地粳稻栽培有何指导意义？

水稻的出叶与分蘖的发生存在一定的规律性，就是叶蘖同伸规律，当 N 叶伸出，$N-3$ 叶出现分蘖，如 4 叶伸出，$4-3=1$，即 1 叶叶腋处出现分蘖。有效分蘖临界叶位＝总叶数－伸长节间数（总叶数÷3），如 12 叶品种龙粳 21 的有效分蘖临界叶位＝$12-4$，即 8 叶的同伸分蘖有效，8 叶以后的分蘖一般无效。分蘖的盛蘖叶位＝总叶数÷2，即 12 叶的品种其盛蘖叶位是 6 叶，即在正常栽培条件下，6 叶为分蘖盛期，在施用蘖肥时应考虑将肥效主要反应在 6 叶期是合适的。

72. 寒地粳稻分蘖为什么有"过时不发"现象？

水稻分蘖能否发生并成穗，与秧苗当时所处的外界环境条件及插秧密度有关。对于正常发育的植株来说，某一分蘖应该发生，而且也有可能成穗，但是由于环境条件不好，满足不了分蘖生成所需的条件，这个节位的分蘖芽就不能萌发，处于休眠状态，分蘖芽一旦处于休眠状态，以后即使有适宜的条件，也不再产生分蘖，这就是通常所说的"过时不发"现象。因此，生产上要掌握好分蘖的有效时期，及时促进、适量追肥、科学给水、改善稻株营养条件和环境条件，避免发生"过时不发"现象。

73. 什么叫拔节和拔节期？

水稻在幼苗期和分蘖期茎节密集于基部，每节生一叶，叶鞘重重包围，形成扁圆的"假茎"。直到抽穗前 25～30 天才开始节间伸长，第一个伸长节达 0.5 厘米以上时叫做拔节。全田植株有 50% 以上开始拔节为拔节期。拔节后水稻基部节间迅速伸长，节上的叶也依次生出，同时，幼穗开始分化发育直到抽穗，茎秆到齐穗期才停止伸长。

74. 什么叫节和节间？各起什么作用？

水稻的茎为中空的髓腔。表面充实隆起的部位叫节，两节之间叫做节间。

茎最基部的 3~4 节主要生冠根也生分蘖；中下部的 3~4 节主要生分蘖也生冠根，最上部 3~4 节为伸长节。从解剖上看，茎的组织分通气组织（气腔）、输导组织（维管束）、机械组织，起着支撑、储藏和运输的作用。

75. 寒地粳稻有几个伸长节间？为什么拔节前后要控制肥水？

知道了品种的主茎叶龄数，即可求出该品种的伸长节间数。伸长节间数＝总叶数÷3；如 12 片叶的龙粳 21 其伸长节间数为 12÷3＝4 个，11 片叶的龙粳 31 的伸长节间数为 11÷3＝3.6 个，即以 4 个伸长节间为主，有部分 3 个节间的。生产上水稻倒伏与节间长短关系很大，尤其与基部节间的长短关系更为密切，造成基部节间伸长的原因主要与施氮肥的时间及施用量有关，特别是拔节前后这段时间尤为敏感；另外，长期深水也会带来倒伏的隐患，这就是拔节前后要控制肥水的原因。

76. 什么叫晒田？晒田有哪几种形式？

晒田是水稻栽培中的一项技术措施，又称烤田、搁田、落干。即通过排水和曝晒田块，增加土壤的含氧量，提高土壤氧化还原电位，抑制无效分蘖和基部节间伸长，促使茎秆粗壮、根系发达，从而调整稻株长势长相，达到增强抗倒伏能力以及提高结实率和粒重的目的。

晒田应选择在水稻对水分反应不很敏感的时期，即水稻有效分蘖末期至节间开始伸长的期间进行。一般当有效分蘖数达到预定要求时，即可排水干田或自然落干进行晒田。对于田土软烂、长势过旺的稻田，除移栽后至有效分蘖末期外，其他时期均可进行。晒田的程度应根据土质情况、长势灵活掌握，时间一般为 3~5 天，多的可达 20 天以上。对耕层浅、保肥保水能力弱的沙质土及水稻生长较差的瘠薄稻田，只能轻晒或排水晾田，以不现裂缝或仅现丝毛裂缝为度。对耕层深厚、保肥保水能力强的黏质土及水稻生长过旺的稻田则要重晒，以达到稻苗叶色褪淡、土表出现裂缝、人踩不陷脚为度。复水后，如田土仍趋于软烂或长势仍旺，可反复轻晒。对盐碱土的老稻田，如耕层盐分已明显下降，也可轻晒，但要慎防由此引起返盐。寒冷地区稻田在幼穗分化后不宜晒田，以防冷害。

77. 什么是幼穗分化？什么是幼穗分化期？

幼穗分化是水稻生殖生长开始的重要标志，水稻植株在完成一定的营养生长量的基础上，当满足其发育特性对光照、温度的要求后，茎端生长点在生理和形态上发生质变，由原来分化叶原基等营养器官转而分化幼穗。幼穗分化期则是水稻一生中最为重要的时期之一，在外形上包括拔节期和孕穗期。幼穗分化开始后，水稻进入营养生长和生殖生长并进时期。这个时期植株生长量迅速增大，叶片相继长出。幼穗分化末期根的生长量达到一生中的最大值，全田叶面积也达到最高峰，植株干物质的积累将近干物质总量的50%。这一时期也是水稻一生中需肥量最多的时期。据测定，此期水稻对氮、磷、钾的吸收量约占一生中总吸收量的50%左右。

78. 寒地粳稻幼穗分化一般分成几个时期?

寒地粳稻穗从分化开始到发育成穗，可以划分为5期:

第一期，苞原基分化期。穗轴分化分节，处于倒4叶出生一半后，倒6节间伸长，经历半个出叶期。

第二期，枝梗分化期。先后分化形成一次和二次枝梗，处于倒3叶出生到定长，倒5节间伸长，经历一个出叶周期。

第三期，颖花分化期。分化形成花器，即颖花，以及雌、雄蕊，一般在倒2叶出生至定长，倒4节间伸长，经历一个出叶周期。

第四期，花粉母细胞形成及减数分裂期。分化形成性细胞，一般在倒1叶出生至定长，倒3节间伸长，经历一个出叶周期。

第五期，花粉粒充实完成期。配子体进一步发育成熟，外形上孕穗，倒1叶定长到穗顶露出，倒2节间伸长，相当于一个出叶周期左右。

在生产实践中，对穗分化各期的准确把握，有利于采取正确的栽培措施进行调控和保护，如颖花分化期是水分敏感期，晒田处理必须在此前结束；减数分裂期是温度敏感期，对低温反应敏感，此期要注意采取措施加以保护。穗分化各期的判断可以根据器官同伸规律从植株形态上加以确认，如颖花分化期在形态上表现为倒2叶露尖，减数分裂盛期在形态上表现为剑叶伸出（叶耳露出）。

79. 影响寒地粳稻幼穗分化的因素有哪些?

幼穗分化是水稻生殖生长开始的重要标志，幼穗分化期则是水稻一生中最为重要的时期之一，此期水稻对氮、磷、钾的吸收量约占一生中总吸收量的50%。这个时期，不仅需要大量的矿质营养，而且对周围环境条件反应也十分敏感。

第一，温度。最适温度为28～32℃。昼温35℃、夜温25℃左右有利于形成大穗。幼穗分化过程对低温的敏感时期是在减数分裂期以后2～3天，即花粉四分体和小孢子发育期。此期如遇17℃以下低温，花粉粒的正常发育就会受到影响，如遇15℃以下低温，花粉粒的发育将会受到严重影响，导致雄性不育，从而引起结实率大大降低。在幼穗分化期特别是幼穗分化前期遭遇低温，可在夜间灌水 20 厘米左右，对分化部位进行保护。

第二，日照时数和光照强度。光照强度和日照时数对枝梗和颖花的发育有很大影响，日照时数过短或光照不足，都会造成分化的枝梗及颖花退化，这种现象以大穗型品种更为突出。

第三，水分。水稻进入幼穗分化期，植株生长量急剧增大，此期为水稻一生中生理需水最多的时期，不能缺水，但长期淹水也是不利的。

第四，矿质营养。幼穗发育期间，需要较多的氮、磷、钾等矿质营养，特别在减数分裂前后，养分不足会导致枝梗和颖花的退化。正确施用穗肥进行促花和保花，是增产的有效措施。

此外，水稻在幼穗分化期间，植株根系若被踩断则不易再发新根，从而影响后期生长。所以，幼穗分化开始后，应尽量减少下田次数。

80. 什么是减数分裂？水稻的减数分裂期在什么时候？生产上有什么意义？

减数分裂是连续的两次有丝分裂，其中一次发生染色体数目减半，于是由一个母细胞分裂成四个染色体减半的子细胞。这种特殊的分裂仅发生在生殖器官产生配子的时候。如水稻的原始生殖细胞中有 24 条染色体，经过减数分裂形成的卵细胞或精子中，只有 12 条染色体。

寒地水稻抽穗前 30 天左右幼穗原基组织开始活动，剑叶原基突起出现。剑叶由出生到定长这一阶段为减数分裂期。颖花长约 2 毫米、幼穗长 1.5~4 厘米，进入花粉母细胞的减数分裂前期。随后至颖花长 3 毫米、幼穗长 5 厘米时，进入花粉母细胞第一分裂期、第二分裂期、4 分子期，花粉外壳的开始形成到定长，颖花长和穗长能达到出穗期的长度。

准确把握减数分裂期在生产上具有重要的意义。因为此期是水稻对环境胁迫最为敏感的时期。需要注意的是：第一，要防止低温；第二，要加强水肥管理，特别是要及时施肥。防止低温是因为低温影响减数分裂的正常进行，使花粉粒不能正常发育，造成雄性不育，最终导致结实率下降；加强水肥管理是出于保证每穗粒数的需要。每穗粒数的多少是由二次枝梗分化期增加的颖花数和减数分裂期减少的颖花数共同决定的，而造成减数分裂期颖花数减少的主要原因就是该期缺少营养，特别是氮素营养。因此，在减数分裂期前追施氮肥，往往可以防止颖花退化，使最终每穗粒数提高。

81. 如何判断穗分化时期？准确判断穗分化时期和进度有何意义？

判断水稻穗发育进度的方法有两种：一是镜检法，在解剖镜或显微镜下检查，这种方法准确可靠，但需要一定的技术和设备，大面积生产中不易做到；

二是田间间接检查法，即根据水稻植株内部发育与外部形态的相关关系进行判断，此法简便易行，实用性强。田间间接检查法主要有：

第一，根据拔节情况推断幼穗发育时期。水稻拔节后，自上而下第五个节间开始伸长时，幼穗开始分化。例如，具有 3 个或 4 个伸长节间的 11 叶或 12 叶品种，拔节时已处于幼穗分化期；具有 5 个伸长节间的 13 叶、14 叶或 15 叶品种，拔节时正是幼穗开始分化的时候；具有 6 或 7 个伸长节间的 16 叶及以上品种，则第二或第三个节间拔节时，幼穗才开始分化。

第二，根据叶龄指数推断幼穗的发育进程。对于主茎 12 叶的品种来说，叶龄指数为 75 时，幼穗分化为苞原基分化期；83 时为枝梗分化期；92 时为颖花分花期；100 时进入减数分裂期及花粉充实期。

准确判断穗分化时期对于施好穗肥，增加颖花数、防止颖花退化有重要意义，为适时安全抽穗和提高结实率、粒重打好基础。

82. 什么叫抽穗和抽穗期？

水稻穗顶部露出剑叶叶鞘时为抽穗，全田植株出穗达到 10% 为始穗期，达到 50% 为抽穗期，达到 80% 为齐穗期。

83. 俗话说"豆打旁秆麦打齐"，在水稻高产栽培上有何意义？

"豆打旁秆麦打齐"，这是广大农民从多年生产实践中总结出来的经验。这个经验说明，大豆要高产，植株必须具有一定数量的分枝。小麦要高产穗头要整齐一致。那么，这句俗语用在水稻高产栽培上仍具有重要指导意义。过去生产上进行稀植或超稀植栽培时，靠的是水稻的分蘖能力，很多分蘖能力强的品种能成为主栽品种，如合江 19、空育 131、龙粳 25 等。但随着人们对水稻目标产量要求的提高和对肥料投入量的加大，一些分蘖势强的品种，如龙粳 31、龙粳 46 等更适合水稻高产栽培需要。也就是说种植这类品种时不仅要保证一定数量的基本苗数，而且要求有效分蘖发生快而集中，无效分蘖少，主蘖穗差异小，整齐一致，只有这样类型的品种才更适合当前生产中高肥足水和机械化收获的要求。所以说，这句俗语对品种和技术都做了具体要求，对水稻高产具有一定的借鉴意义。

84. 怎样才能使水稻抽穗整齐一致？

要做到水稻抽穗整齐一致可以从以下几项栽培措施入手。

第一，适期早栽，合理密植，争取低位分蘖，为获得大穗奠定基础。

第二，适当增加每穴基本苗数，提高主茎和早期低节位、低位次分蘖在最终成穗数中的比例。

第三，选用分蘖势强的品种，使分蘖能在早期集中快速抽出，为后期控制无效分蘖和小穗创造条件。

第四，在水稻生长前期，加强水肥管理，促进植株早生快发，在有效分蘖终止期，及时撒水晒田，必要时要进行搁田，以抑制无效分蘖和小穗的发生。

▌85. 什么叫结实期？寒地粳稻结实期需要多少天？

水稻出穗至成熟为结实期，这个时期为生殖生长期。结实期又可分为扬花授粉和灌浆成熟两个阶段。寒地粳稻从出穗到成熟一般需要 40～45 天。结实期是水稻籽粒建成的物质充实积累时期，是决定产量高低的关键时期，为水稻产量的生产期。

▌86. 水稻是怎么开花的？开花的时间和顺序如何？

水稻外颖内侧基部的两个浆片吸水膨胀，使外颖张开，从开始开颖到全开约需 20 分钟，从开颖到闭合的时间一般需 1～2 个小时（气温高开颖时间短，反之则长），水稻开花的顺序是每穗上部枝梗的颖花先开，中下部的后开，各枝梗上均以上数第二颖花和基部颖花开花最晚。因其维管束发育较差，属弱势花，多为空秕粒。

▌87. 寒地粳稻一天中什么时候开花？有什么规律性？

一天内开花时间通常是上午 9 时开始开花，10～12 时是开花盛期，一般下午 2 时左右停止开花，寒地水稻停止开花时间较南方稻明显提前。

▌88. 水稻颖花由几部分构成？

水稻颖花由副护颖、护颖、外颖、内颖、浆片、雌蕊、雄蕊等部分组成。副护颖两片，在小穗柄顶端呈杯状膨大，其大小与脱粒难易有关。在副护颖上边有两片披针形护颖，护颖内有内颖和外颖各一片（也叫内稃和外稃）。颖花中间有雌蕊 1 枚、雄蕊 6 枚。雌蕊由子房、花柱和柱头三部分组成，子房在基部，上伸为花柱先端是分为两叉的羽毛状柱头。雄蕊由细长成条形的花丝和囊状花药构成。

▌89. 什么叫授粉和受精？

水稻开花时，花丝和柱头急速伸长，花药下端裂开，花粉落在柱头上叫做授粉，花药散出花粉后，花丝即凋萎。

花粉落在柱头上很快就伸出花粉管，花粉管进入雌蕊子房中的胚囊，释放两个精核，其中一个精核与胚囊中的卵细胞结合受精，以后发育成胚，另一个精核与两个极核结合为胚乳原核，以后发育成胚乳。通常在授粉后 2～3 个小时就完成了受精过程。

90. 什么叫灌浆？寒地粳稻从灌浆到成熟分为几个时期？怎样判断？

水稻受精后 5 天，胚的幼芽和幼根可以辨认，到第十天胚即可发育形成。胚乳于受精后 5 天开始形成淀粉，到第十天胚乳细胞迅速累积淀粉，逐渐发育成熟。这一过程称为水稻灌浆。从灌浆到成熟可分为乳熟期、蜡熟期和黄熟期。乳熟期胚乳为白色乳浆状，蜡熟期胚乳呈蜡质状，黄熟期谷壳金黄，胚乳呈玻璃质状，硬且实。

91. 寒地粳稻生理成熟的标准是什么？什么时候收获最好？

寒地粳稻生理成熟的标准是籽粒内干物质达到最大，也就是通常所说的黄熟期或完熟期。从外观上看，当每穗谷粒颖壳 95％以上变黄或 95％以上谷粒小穗轴及副护颖变黄，米粒定形变硬呈透明状，即为生理成熟的标准，此时为水稻收获的最佳时期。

92. 寒地粳稻种子发芽对环境条件有什么要求？

种子在水分、温度、氧气适宜的条件下即可打破休眠状态，胚开始活动，进入发芽过程。种子发芽分为 3 个阶段。一是吸水期：种子充分吸收水分时期；二是发芽准备期：种子中的酶迅速活动，胚乳中的养分向胚的生长部分输送；三是生长期：胚体膨胀出现幼芽和幼根。寒地粳稻种子发芽对环境的具体要求如下：

第一，对水分的需求。水稻种子发芽最少要吸收自身重量 25％的水分，吸水达到自身重量 40％时对发芽最为适宜。稻种发芽阶段的吸水过程是和发芽进程同步的 3 个过程，即急剧吸水、缓慢吸水和大量吸水 3 个阶段。吸水所用时间与所处温度有关，水温 10℃时需 10～15 天，15℃时需 6～8 天，20℃时需 4～5 天。在浸种催芽过程中，浸种时间过长，种子养分容易溶解损失，时间过短，又不利于充分吸水正常生长。一般认为浸种水温 15～20℃浸 5～7 天，既能取得良好的消毒效果又能实现充分吸水。

第二，对温度的需求。水稻种子发芽是在酶参与下的生物化学过程。酶的生物活性与温度有十分密切的关系。水稻发芽最适宜的温度，日本人认为是32～34℃，黑龙江地区多数人认为是 30℃左右，发芽最高临界温度为 40℃，42℃以上种子生命力大幅度减弱并致死。经试验，黑龙江省有些耐冷品种种子发芽最低起点温度可在平均 8.1℃的变温条件下 11 天后发芽率达到 60％以上，个别品种也有达到 90％以上的，平均 7.6℃的变温条件下 15 天发芽率达到

60%以上的品种也较多。

因此，水稻发芽期间，浸种温度可控制在 15～20℃条件下浸 5～7 天，催芽温度 30℃条件下催 1～2 天。在没有良好催芽设备时，以浸种不催芽直接播种的方法为最好。因为在农膜覆盖的苗床上，温度最均匀，也相对比较适宜且安全，有利于发芽整齐一致。

第三，对氧气的需求。水稻种子发芽所需的全部能量，都是通过呼吸作用来实现能量转化的。水稻的一生中，植物体单位面积呼吸量发芽期最大，氧气浓度大，幼根的伸长发育良好，21%左右的高浓度最为理想。水稻种子发芽需氧量比旱田作物相对少些，在氧气不够的水中也能发芽，可在无氧状态下进行呼吸，然而，在缺氧条件下发芽率则大大降低，且幼芽形态异常，幼根不能伸长，生长点不形成叶绿素，鞘叶过长，对芽期生长十分不利。因此，落后的水育苗被改为湿润育苗，进而发展成旱育苗，其根本目的就是为了充分满足发芽期稻种对氧气的需求。

93. 寒地粳稻幼苗生长对环境条件有什么要求？

幼苗期对环境条件的要求可概括为：土壤酸碱度保持 pH 4.5～5 的偏酸性，有利于幼苗生长发育。幼苗从小到大，温度控制是由高到低即 30℃→25℃→20℃→15℃，到移栽前应完全适应当时的外界低温环境。水分管理应是湿→干→湿的过程，播前浇足水，达到充分饱和，出苗至 2 叶 1 心控制浇水，促进扎根生根，满足氧气需要，第一叶鞘矮化。2 叶 1 心后浇足水以适应离乳的生理变化。

94. 寒地粳稻叶片生长对环境条件有什么要求？

叶片的生长离不开光照、温度、水分和养分等。

第一，光照。光照与叶片生长关系密切，强光对叶的生长有抑制作用，使叶片生长缓慢。光照充足碳代谢旺盛，叶片短厚质硬，有利于抗病防倒；光照不足叶片伸长，氮代谢旺盛，叶片长薄质软易病，且不利于群体光合效率的提高。总之，晴好天气多，日照时数多，容易使水稻生长有一个最佳碳氮比，使叶的生长合理适度。相反，阴雨寡照，光照不足，叶片披软不利于水稻生长。

第二，温度。稻叶生长发育对温度的要求比较严格。随着叶片数的增加，所要求的适宜温度值也在提高，随着叶龄的增加，叶片耐低温的能力在下降，生育前期以 28～30℃为适宜，生育中期以 30～32℃为适宜，寒地稻区外界环境所能提供的日平均温度实际状况是 1～3 叶 20～25℃，4～6 叶 15～20℃，7 叶以后是 20～25℃。可见寒地水稻在移植到拔节期间环境温度低于稻叶发育最适温度，应通过浅水灌溉、间歇灌溉、设置井灌晒水池等措施提高水温、地温，以适应稻叶的生长和寿命的延长。

第三，水分。水是稻叶生长发育及完成其功能所不可缺少的物质。稻叶的自身代谢需要水分，光合作用、蒸腾作用、养分输送都离不开水分。当稻田缺水时，稻叶的蒸腾作用更为加剧。因此，在苗期控水促根时应注意叶片的忍受能力。在生育中期晒田和生育后期排水时都应注意掌握时间分寸，采取对叶的生长和寿命延长有利的合理促控措施。

第四，养分。叶片是光合作用的主要器官，需要各种养分维持生命并完成各种功能，主要是氮含量不能少于 2%，其次是磷（P_2O_5）、钾（K_2O），磷（P_2O_5）不能少于 0.5%，钾（K_2O）不能少于 1.5%，还应有硅、镁、钙、硫、锌、钼、硼等，为保证稻叶正常生长发育，完成各种功能并延长寿命，应努力满足各种养分需求。

95. 寒地粳稻分蘖对环境条件有什么要求？

寒地粳稻低节位分蘖发生较早，利于分蘖的有效；高节位的分蘖发生较晚，不利于分蘖的有效。分蘖节位的高低，在很大程度上受栽培条件所左右；当条件不适宜时，则分蘖发生的节位被迫上移，一般秧龄老、插植深、肥不足、灌水深、叶鞘长等都是促成分蘖节位高、分蘖发生晚的因素。直播时，苗密、草荒、水深、药害等都是抑制分蘖的原因，故仅有 10%～20% 的分蘖。旱育苗时炼苗控制叶鞘长度，正是为了促进分蘖早生快发。浅插、早插、浅灌等措施也是为促进分蘖。

分蘖期对环境条件的要求以光、温、肥、水、氧为主。在高肥、浅水、高温、强光、足氧的条件下，白根多、支根多、根毛多，整个根系发达，分蘖节位低，发生早、快且多。浅水才有足氧、高泥温，有利于育根、促蘖。强光时叶鞘短厚，稻苗墩实，也利于扎根分蘖。以氮肥为主，磷、钾肥为辅，合理增施肥料，是增加分蘖的关键措施。在整个有效分蘖期间土壤持水量应不低于60%，理想气温是 20℃以上。

96. 寒地粳稻根系生长对环境条件有什么要求？

寒地粳稻根系的生长发育离不开氧气、养分、温度和光照等。

第一，氧气。氧气是根系发育最为重要的条件。氧气充足时，根系生长发育良好，白根多、根毛多，根的寿命长，吸收输导功能也强，从而保证地上部正常生长和地上与地下部的养分交流。通常要求稻田土壤结构良好，通气透水性能好，栽培上采取加深耕层，活水、浅水间歇灌溉，合理晒田，以保证根系发育中对氧气的需要。

在长期深水、还原性物质多、通气透水性能差的条件下，土壤中有机物分解时消耗大量氧气产生大量硫化氢等有害气体及乳酸、丁酸、亚铁离子等有害物质。这时根系将中毒变黑甚至腐烂。尤其在生育中期（抽穗前）生长最旺盛时，气温高土壤中有机物大量腐烂分解，根中毒现象多有发生。应及时排水晒田，增加氧含量，促使稻体多生新根、白根、泥面根。长远治理措施是改良土壤，使土质松散、通透性好，加深耕层，修渠排水，降低地下水位。

第二，养分。施用腐熟有机肥既能改良土壤，又能保证养分含量全，且有利于有益微生物存活，有利于根的生长发育。氮素用量应适中，过多则地上部生长繁茂，根系分布浅、短、弱、早衰、寿命短。氮素适量时根系发育好且壮。合理增施磷、钾肥可以壮根，增加根数，根伸长，层次分布合理，寿命也长。在施肥方法上深层施和全层施肥有利于下层根的生长发育和根系均衡协调分布。

第三，温度。寒地水稻根的生长发育最适宜的温度是 25～30℃，根的细胞伸长最适宜温度为 30℃，根的细胞分裂最适宜温度为 25℃。而寒地粳稻根的生长发育实际温度，苗期只有 25℃左右，移栽后至拔节前仅有 15～20℃，拔节后可达 20～25℃，30℃左右的时间很短，而在低于 15℃时，不仅根生长缓慢接近停滞，而且吸收、输导等功能也明显减弱。因此，移栽后应合理调节水层，以适应气温变化，晴好天气撤水增温，冷凉阴雨天气以水保温，利于根系良好发育。

第四，光照。光照充足有利于根系发育，地上部光合作用产物多，运往根部的光合作用产物比例也大。因此，根的发育与光照虽无直接关系，但光照通过对茎叶生长的影响以及光照对温度的影响间接影响根的发育。

97. 寒地粳稻茎秆生长对环境条件有什么要求?

寒地粳稻茎秆承上启下是稻体生育的骨干器官和中心部位，起到支撑、连接、储藏、输导等重要作用。茎秆生长发育要求的主要条件是光照、温度和养分。

第一，光照。光照不足的年份，节间徒长、伸长，出穗前后稻体抗病能力弱，茎秆向穗部运输营养的能力低下，影响正常成熟。而且由于光照不足同化物少，木质素、纤维素形成量少，造成茎秆细弱。只有光照充足，光合作用强，茎秆节间短而质硬，才能抗病、抗倒、输送养分能力强。

第二，温度。低温年茎秆生长量不足，茎变矮，穗也变短。出穗时遇不利条件，结实成熟都受到不良影响。

第三，养分。茎秆伸长期，氮素过多下位节间伸长快、伸长异常，分蘖茎多，有效分蘖低，秆粗，但纤维素少、质软、徒长倒伏、早衰。钾肥对保持细胞含水量和调节渗透压有重要作用，若缺钾则细胞没有渗透压，根的吸水能力被切断且质软不坚，茎秆生长发育必然受到严重危害。缺磷时茎数少，茎秆变矮、变细。适量的氮素和足够的磷、钾肥是保证茎秆正常生长的重要条件。

98. 寒地粳稻幼穗分化与发育对环境条件有什么要求？

寒地粳稻幼穗分化期是寒地水稻营养生长和生殖生长交错重叠同时进行的生育时期，是细胞分裂新陈代谢最旺盛的时期，此期对温度最敏感，对养分、水分和光照需求量增大。

第一，温度。幼穗分化与发育期对温度最敏感。最适宜的温度是 28～32℃。黑龙江省大部分稻区在幼穗分化发育的 7 月份平均温度为 22.5℃左右。哈尔滨地区历年 7 月平均温度为 22.8℃，佳木斯地区为 22.4℃，夜间大体在 14～22℃，平均 18℃左右，昼间大体在 24～32℃，平均 28℃左右。这样的温度条件可以满足寒地水稻品种在幼穗分化发育期对温度的需求。多数研究者认为，水稻幼穗分化发育期特别是花粉母细胞减数分裂期若遇到低温，幼穗发育将出现生理障碍称障碍型冷害。黑龙江省属于大陆性季风气候，7 月份温度较高，除山间冷凉地区和黑河地区外，极少出现障碍型冷害。此期，一般平均温度低于 20℃，日最低温度低于 15℃就会出现生理障碍，若日平均气温低于 17℃，日最低温度低于 12℃，配子形成将造成严重的生理障碍。1971 年，哈尔滨地区 7 月下旬日最低温度平均 16.5℃，佳木斯地区 7 月中旬日最低温度 15.5℃、下旬 16.0℃，出现了障碍型冷害，使部分品种空壳率高达 40%～50%，这种情况大体上 20 年左右一遇。此期遇低温冷害可灌深水护胎，水深 7～10 厘米，则可防止低温造成的危害。

第二，光照。幼穗分化发育期需要充足的光照，以满足叶片光合作用和幼穗迅速发育的需要。配子的形成、颖花的分化形成都必须在充足的光照下进行。光照不足时颖花数减少、花粉充实度不良，并引起枝梗退化、颖花退化、不孕花增加。

第三，水分。幼穗分化发育期水层管理十分关键，此期稻体生理用水量为一生中最大的时期。光合作用、蒸腾作用、吸收和运输作用都需要足够的水分。此期缺水有效分蘖率降低、穗数减少、颖花和枝梗大量退化、着粒数减少、结实率降低。但长期深水将导致根部缺氧，根系变黑腐烂，也将大大影响幼穗发育。应合理调控，及时采用间歇灌溉、活水灌溉、晒田等措施保证幼穗健壮发育。

第四，养分。幼穗分化发育期需要大量的营养，营养不足，则穗变小，空秕率增加。如果经推测发现缺肥，应在颖花分化期施入穗肥，穗肥以氮肥为主加入适量钾肥，可增加枝梗和颖花数、减少颖花退化、增加每穗粒数，结实率和千粒重也可提高。为防止中部叶片过度伸长，施用穗肥时期应躲开幼穗分化始期，在幼穗形成期的颖花分化期施入比较适宜。

99. 寒地粳稻抽穗结实期对环境条件有什么要求？

抽穗、开花、受精、结实是水稻一生中决定产量的关键时期，影响开花结实的主要因素是气温、湿度、日照和养分等。

第一，温度。抽穗开花时遇到降雨和低温等不利条件开花就不能正常进行。开花最适宜的温度是 30℃左右，花粉发育最适宜温度是 30～35℃，低于20℃推迟发芽，花药裂开的最低温度为 22℃。黑龙江省 7 月底和 8 月初是一年中气温最高的时候，这个时期水稻开花的 10～14 时气温大都在 25～32℃间，是比较适宜的温度。此时若遇低温和降雨，水稻会自身调节推迟开花时间，有时可推迟 2～3 天，待温度升高，天气晴好时一起开放，被称为"满开"现象。若连续 3 天以上阴雨低温，会由于花粉成熟度不充分、花药开裂状态不佳等原因造成空壳率增加。灌浆期昼夜温差大，有利于灌浆。夜间气温低，叶片老化慢、呼吸强度弱、养分消耗少。昼间气温高，光合作用强度大，养分向穗部运输快、淀粉形成快积累多。蜡熟以前（8 月）夜间 14～18℃、昼间24～28℃，可以满足寒地水稻品种结实前期对温度的要求，有利于水稻生长。但灌浆结实后期的 9 月上中旬温度迅速下降，黑龙江夜间仅 8～12℃，昼间也只有 18～22℃，因此寒地稻区必须选用较低温度下灌浆速度快、后熟快的品种，以适应成熟期的低温。

第二，湿度。水稻开花时最适宜的相对湿度为 70%，在 40%～70% 的范围内对开花不会有较大影响。因此，在开花时不仅需要生理用水，也需要足够的生态用水，以保证环境湿度。开花期生理用水量较大，缺水会大大增加空壳率。要及时灌水，保持水层，通常称为"花水"。结实期为满足灌浆需要不应过早排水，一般在收获前 7～10 天停止灌水，自然落干较为适宜。

第三，光照。水稻开花期和灌浆结实期对光照的要求十分严格。天气晴好、光照充足有利于正常开花受精，光照直接影响开颖、花粉发芽和受精过程。阴雨天光照不足开花推迟或受精状态不良大大降低结实率，也容易感染稻瘟病。灌浆结实期天气晴好有利于光合作用和养分向穗部集中、加速淀粉转化、加快灌浆速度。

第四，养分。抽穗、开花、受精、灌浆期的养分状况大都是在颖花分化期推断预测，以决定施肥量。如果氮肥过量则后 3 叶伸长徒长，表现倒 3～4 叶早衰、根系早衰、出穗期拖后、空秕率增多、茎秆软、易倒伏，并容易感染稻瘟病。黑龙江省稻区大多表现氮肥偏多而磷、钾肥不足。缺磷时，穗数减少、穗变短、每穗粒数少、抽穗期及成熟期拖后。缺钾时，推迟抽穗和成熟、每穗粒数减少、谷粒色泽不佳、显现不出金黄色。应在颖花分化期施入穗肥时，合理控制氮肥用量，适当增施磷、钾肥及其他微肥，以保证获得好的产量。

（三）寒地粳稻产量构成因素

▌100．什么是产量构成四要素？

水稻产量构成四要素是指单位面积有效穗数、每穗粒数、千粒重和结实率，这些产量构成因素之间存在一定的负相关关系，只有充分协调好四要素关系，才能获得较高的产量水平。

▌101．什么叫千粒重？怎样测品种千粒重？

千粒重是以克表示的 1 000 粒种子的重量，它是体现种子大小与饱满程度的一项指标，是检验种子质量和作物考种的内容，也是田间预测产量时的重要依据。一般水稻千粒重测定时是随机取代表性籽粒，数出 2 个 1 000 粒种子，分别称重（精确至 0.1 克），求其平均值，其差值应不大于其平均值的 3%，如超出 3%需重新取样称重。穗数、粒数在齐穗后就可以测定，而千粒重则要完熟之后，经过脱水处理后才能测定。

▌102．什么是有效穗数？怎样测量？

单个稻穗上实粒数至少有 5 粒（包括 5 粒）的稻穗为有效穗。小区试验每小区选代表性 5 穴，两次重复，调查每穴有效穗数，计算平均值。

大面积调查，根据地块面积确定调查点数，采取对角线或梅花采点方式选代表性点进行调查，选连续 5 穴调查每穴有效穗数，计算平均值，折算成公顷有效穗数。公顷有效穗数＝公顷穴数×每穴有效穗数。

▌103．什么是每穗粒数？怎样测量？

每穗粒数是指每穗上的实粒、秕粒和空粒的总和。小区试验每小区取代表性 5 穴测定，取其平均值。大田生产根据面积选点，点内取代表性 10 穴测定穗粒数，计算平均值。

▌104．什么是结实率？怎样计算？

结实率是指实粒数与总粒数（实粒数加空秕粒数）的比值的百分数。计算公式如下。

$$结实率＝实粒数/总粒数×100\%$$

取具有代表性的植株 3～5 株，脱粒后，数出每株的实粒数和总粒数，计算每株结实率，再取平均值。

大样本取 10 株或者 5 株作为样本量，然后分出空秕粒及实粒，分别称重，再分别测千粒重，以总重除以千粒重得到空秕粒及实粒的粒数。

105. 寒地粳稻产量结构及其相互之间有什么关系？

寒地粳稻产量由单位面积内有效穗数、每穗粒数、千粒重和结实率构成，它们之间相互联系、相互制约和相互补偿。并不是单位面积穗数越多或每穗粒数越多，或结实率越高，或千粒重越高，产量就越高。而是当单位面积有效穗数超过一定数量时，每穗粒数、千粒重和结实率并不增加，反而有所下降或减轻，反之穗数不足时，虽能穗大粒多，但因穗数不足，也不能高产。因此，只有各个因素协调增长，当全田总实粒数达到最高时，千粒重相对稳定或有所提高的情况下，才能获得高产。千粒重是一个相对稳定的因素，但如气候条件差、栽培管理不当，千粒重降低，也能对产量造成一定影响。产量构成因素中穗数是由群体发展所决定的，而群体是由个体所组成，群体的发展反过来又影响了个体发育，影响到每个个体的每穗粒数和粒重。因此，它们之间的关系也是群体与个体对立统一关系的反映。

由此可知，只有合理选择品种，加强栽培管理，正确协调个体与群体的关系，调整产量构成要素之间的关系，使之达到最佳，才能获得高产。

106. 寒地粳稻的产量潜力究竟有多高？

水稻产量潜力是指单位土地面积上的稻株在其生育时期内形成稻谷产量的潜在能力。在充分理想的条件下有可能形成的最高的稻谷产量，称为潜在生产力或理论生产潜力；在具体生态和生产条件下所能形成的稻谷产量，称为现实生产力，亦即理论生产潜力中已经实现了的产量部分。

估算水稻最高潜在产量是重要的，因为它能告诉我们在提高水稻现实产量上还能有多大空间。为此，科学家们从多种角度进行了估算，其中最常见的是光合产量潜力估算法。目前，国内外科学家估算的结果大致相同。一般认为在 3％光能利用率条件下，亩产可达到 1 075～1 775 千克，我国东北稻区亩产 1 250～1 500 千克。现实中，黑龙江省超级稻品种验收百亩连片实收产量也超过 10 000 千克/公顷。2007 年，黑龙江省水稻专家组在超级稻高产攻关地块测产，单产超过 12 000 千克/公顷。大面积生产中，高产地块产量也能达到 10 000～11 000 千克/公顷。可见，寒地粳稻的产量潜力还是很大的。

107. 水稻测产有几种方法？各自优缺点是什么？

水稻测产有理论测产和实收测产。

理论测产：根据田块大小及田间生长状况选取样点（调查点），取样点力求具有代表性和均匀分布。常用的取样方法有 5 点取样法、8 点取样法和随机取样法等，对所取样本测定穗数、穗粒数、千粒重及结实率，就可求出理论产量。这种方法优点是比较简单，需要人力物力较少，容易操作，但误差偏大，测定值往往高于实际产量。

实收测产：大面积测产可根据被测地块自然情况将其划分为 5～10 个片，随机选择 3 个片，在每个片随机选取 3 块田进行实收测产，每块田实收 1 亩以上，一般用收割机收获。如被测地块较小，可按延长米或按平方米采点实收。这种方法优点是准确性高、误差小，更接近实际，但所需人力物力投入大，甚至还要动用机械，一般对产量测定有严格要求的采用此法。

108. 怎样估测水稻产量？

估测水稻产量有卫星遥感估产、气象估产和田间现场估产等多种形式。田间现场估产比较常用，是农民和专家在田间现场操作，根据理论公式和实践经验由小面积产量推测大面积产量的方法。这里主要介绍田间现场估测水稻产量的一些方法。

第一步，根据被测田块面积确定样点的数量、大小和取样方法。被测田块的面积大，则样点的数量就多些、大些，反之则少些、小些。一般每亩可以取 3 点，面积再大时可取 5 点或 8 点。取点方法用三角法或梅花五点法，再多时可采用棋盘法。

第二步，测量每个样点的准确面积，调查基本数据，如每点穴数、平均每穴穗数等，然后取接近于平均穴穗数的 2～3 穴进行产量结构调查。最后将各样点分别收割，单独脱粒并称其鲜重。有测水仪时，测定鲜重含水量；无测水仪时，将其自然风干至标准含水量，再称其干重。

第三步，根据上述基本数据，估算被测田块产量和产量结构。被测田产量＝各样点风干重量之和×欲测田面积/各样点面积之和，如测得各样点的鲜重和当时含水量，则先将鲜重换算成标准含水量下的籽粒重量，然后再代入公式中，同样可求得被测田块的产量。干、鲜重的换算公式为：干重＝（1－鲜重含水量）×鲜重/（1－标准含水量）。

如果想了解该品种的产量结构，根据上述基本数据可以分别获得两因素、三因素和四因素产量结构。二因素产量结构：单位面积有效穗数×平均穗粒重。三因素产量结构：单位面积有效穗数×平均每穗实粒数×千粒重。四因素产量结构：单位面积有效穗数×平均每穗总粒数×结实率×千粒重。三因素产量结构比较常用。

具体操作方法：①五点随机取样（对角线、梅花形），离地头 5 米以上。②平均行距：测 21 行距离（连续），除以 20。③每平方米折行长：1 米² 除以行距（米），查穴数。④每穴穗数：（连续）查取 10 穴，取平均值。⑤穗粒数：调查 3 穴（穴穗数接近平均值）。⑥千粒重：以常年千粒重为依据计算理论产量。⑦八五折后即为估产产量。计算公式：估产产量（千克）＝平方米穗数（穗）×穗粒数（粒）×结实率（％）×千粒重（克）×10^{-6}×85％。

109. 什么叫延长米？怎样根据延长米测产？

延长米就是按长度以米为单位计算，针对按行种植的水稻来说，一般是指一定行距（行宽）下 1 米² 面积所需行的长度，在测产时经常用到，以准确获得样点面积。如行距为 33.3 厘米时，3 延长米等于 1 米²，行距为 30 厘米时，则 3.33 延长米所占面积为 1 米²。一定面积延长米的准确获得是建立在行距的准确测量基础上的，一般需同时测量 20 行以上，然后除以行数，以获得较为准确的行距。收获 1 延长米稻谷实测产量，采点数量根据被测田块的面积大小而定（同上）。

实收产量（千克）＝鲜稻谷重（千克）×（1－杂质率）×（1－空秕率）×（1－含水率）÷（1－14.5％）。

110. 什么是理论产量？与实际产量有什么关系？

理论产量是指在各种条件最优化时，忽略各种操作误差、损耗所得出的产量。理论产量总是比实际产量高。

穗数、粒数、粒重测产法：水稻单位面积产量是单位面积有效穗数、平均每穗实粒数和千粒重的乘积，对这三个因子进行调查测定，就可求出理论产量。

理论产量＝单位面积有效穗数×平均每穗实粒数×千粒重

实际产量是指田间实际收获到的产量，折标产量是达到标准水分要求后的产量，例如田间水稻实际收获的产量是 700 千克/亩，此时的含水量为 20％，折标产量要求含水量达到 14.5％，所以折标产量为 700－700×（20％－14.5％）＝661.5 千克/亩。

111. 什么是生物产量？

生物产量是指在单位面积土地上所收获地上部分的干物质总量。是指水稻在生育期间生产和积累有机物的总量，即整个植株（不包括根系）总干物质的收获量。其中，有机物质占 90％～95％，矿物质占 5％～10％，故有机物质是形成产量的主要物质基础。生物产量是作物茎叶光合产物不断运输、储存累积的结果，它体现该作物品种的总生产力。

112. 什么是经济产量？

经济产量是指在单位面积土地上所收获作物被利用器官的重量，具体在水稻上是指稻谷的重量，是生物产量的一部分。经济产量是茎叶光合产物运输、储存到被利用器官的结果。经济产量体现该作物品种的有效生产力。

113. 什么是经济系数？在水稻生产上有何意义？与经济产量是什么关系？

经济系数是经济产量与生物产量的比值，通常用下式表示：经济系数＝经济产量/生物产量。

水稻在正常生长情况下，经济系数是相对稳定的。一般情况下，生物产量高，经济产量也较高，经济系数也提高。水稻的经济系数在 0.35～0.6 之间（平均为 0.47）。所以提高生物产量是获得水稻高产的基础。提高水稻的经济系数，增加有效产品的生物量，减少非有效产品的生物量。经济产量越高，经济系数越大，越符合人们栽培的目的。

114. 怎样提高水稻经济产量？

要提高经济产量，必须从提高生物产量和经济系数两个方面入手。

生物产量提高的主要途径是增加株高，提高干物质积累量；经济产量的提高主要是获得大穗，增加每穗粒数及粒重，减少空瘪粒。为此，应该在管理上提高叶面积指数、光合时间和光合效率。提高经济系数主要是通过品种改良、优化栽培技术及改善环境条件等，可以使经济系数达到高值范围，在较高的生物学产量基础上获得较高的经济产量。

115. 产量、品质和抗病性是怎样的关系？

长期以来，高产、优质、抗病是水稻育种的三大主要目标，也是水稻育种永恒的主题，更是寒地粳稻品种改良"三位一体"的重要目标，三者之间相互联系，相互制约，在实际育种工作中不可偏废，否则就不是一个好品种。

高产品种不优质、优质品种不高产的现象在水稻育种过程中普遍存在，二者通常呈负相关的趋势，但从能量转化角度推论，水稻产量与品质在遗传上没有必然联系。总结几十年水稻育种经验，高产与优质的结合重点应放在株型改良上，利用有利的生理优势，重点提高成穗率、结实率和籽粒充实度，平衡源库，最大限度减少稻谷生产中的资源浪费问题，增加后期的光能利用率。粒型上重点是放在粒厚上，厚粒品种往往更容易既高产又优质，在一定程度上协调粳稻产量与品质的矛盾。王远征等（2015）研究认为，产量在 9 000 千克/公顷以下，我国北方粳稻产量与主要品质性状的矛盾并不突出，可以在保持产量的基础上改进品质，或者在保持品质的基础上提高产量，使产量和品质在更高水平上达成新的平衡。

抗病性与碾米品质存在着相关关系。也就是说，抗病性越强，糙米率和精米率越高。但稻瘟病抗性强的品种食味不好，食味好的品种稻瘟病抗性弱，两种性状之间的相关系数为－0.552，达到极显著水平。因此，要想选育食味品质极佳、抗病性强的品种难度很大，必须采用新的育种技术打破稻瘟病抗性与蒸煮品质、食味品质等性状之间的连锁关系，才能育成对稻瘟病抗性强及品质、食味优良的品种。

许多研究认为，抗病与产量是一对矛盾的共同体，高产品种不抗病，抗病品种不高产。寒地粳稻区域试验结果表明：叶瘟、穗颈瘟抗性均与生育日数、活动积温、穗长呈极显著负相关，与平方米穗数呈显著正相关。穗颈瘟与产量呈显著负相关。表明在寒地稻作区生育日数越长，活动积温越高，叶瘟和穗颈瘟发病越轻。平方米穗数越多稻瘟病越重，品种抗病性越强产量越高。因此，通过对品种生育性状的适当选择，在寒地稻作区完全可以选育出既高产又抗病的新品种。截至 2019 年，寒地稻作区已育成高抗稻瘟病的品种，并且品质、食味俱优，产量又高，表明通过改进育种方法，采用生物技术、分子标记技术等综合育种技术手段，打破性状连锁，育成优质、高产、抗病的寒地粳稻品种是可行的。

（四）寒地粳稻的生长诊断和营养诊断

▌116. 什么是水稻的长势？如何表征水稻长势？

长势是作物生命力的客观反映。水稻长势是指水稻生长发育的旺盛程度。叶面积是水稻长势强弱的重要标志，叶面积越大，生长越茂盛，长势越好，干物质积累越多。选择平方米叶面积和植株高度两个要素可以作为长势的基本参数，用某发育期平方米叶面积与植株高度之积表征该发育期的长势，即以地表层 1 米^3 空间植株占有量表征长势。

▌117. 什么是水稻叶龄，如何计算？

不同水稻品种主茎叶数比较稳定，每片叶称为 1 个叶龄。计算水稻叶龄，详见表1-7。

表 1-7　常用水稻叶龄识别方法

方法	识别方法	具体内容
方法 1	种谷方向判断法	拔出稻苗，洗去泥土，种谷一侧为单数叶，相反一侧为双数叶
方法 2	伸长叶枕距法	4 个伸长节间有 3 个伸长叶枕距，倒数第三个伸长节间是倒 4 叶和倒 3 叶，倒数第二个伸长节间是倒 3 叶和倒 2 叶，倒数第一个伸长节间是倒 2 叶和剑叶
方法 3	主叶脉法	单数叶主脉偏右，叶片以主脉为中轴，左宽右窄；双数叶反之，主脉偏左，左窄右宽
方法 4	变形叶鞘法	4 个伸长节间的第一个变形叶鞘为倒 4 叶
方法 5	最长叶法	最长叶为倒 3 叶，其上为倒 2 叶及倒 1 叶（剑叶）。11 叶品种最长叶是 9 叶，长 35 厘米左右

118. 怎样掌握水稻的叶龄模式?

水稻高产群体和优良株型的调节是通过促进和控制各器官的生长来实现的，只有正确判断水稻生育期内各器官的建成情况，才能达到及时、有效的调节、控制水稻生长的目的。水稻的出叶与分蘖发生、根系生长、节间伸长和充实，以及稻穗分化发育进程等，都存在着有规则的同伸关系。因此，用叶龄作指标掌握水稻生长发育进程和长相长势，从而按叶龄进行施肥、灌水和植物保护计划管理，可以达到高产优质的目的。

叶与其他器官的同伸关系如下。

（1）伸长节间数＝总叶数÷3。通过伸长节间数的多少，可以确定有效分蘖临界叶位的位置。

（2）出叶与分蘖的关系为 $N-3$（N 为水稻正处于伸长的叶片在总叶片中的位置值），即第 N 叶抽出，其下 3 叶叶腋内出生分蘖，叶与蘖形成 $N-3$ 的规律。其所以同伸，是当时功能叶（$N-2$）光合作用合成的养分，同时供给新伸出叶和其下叶分蘖的缘故。所以分蘖期主茎每个叶都关系到一个分蘖，损失一个叶将影响一个蘖，注意保护每个叶片十分重要。

（3）有效分蘖临界叶位＝总叶数－伸长节间数。如 12 叶品种的有效分蘖临界叶位为 8，即第八叶的同伸分蘖有效。

（4）分蘖的盛蘖叶位＝总叶数÷2。如 12 叶品种，其盛蘖叶位是第 6 叶，即正常情况下，6 叶伸长期为分蘖盛期，所以前期肥效反映在此期是合适的。

（5）出叶与内部心叶分化生长的关系：N 叶露尖＝N 叶鞘伸长＝$N+1$ 叶片（下面要长出的叶）伸长＝$N+2$ 叶组织分化＝$N+3$ 叶组织分化开始＝$N+4$ 叶原基分化，此为"三幼一基"关系，如 5 叶露尖（同时）＝5 叶鞘伸长＝6 叶片伸长＝7 叶组织分化＝8 叶组织分化开始＝9 叶原基分化，由叶原基分化到露尖，要经过 4 个叶龄期，这也是"秧好八成年"的理论基础。N 叶露尖伸长时，改变肥水条件，对 $N+1$ 叶和 $N+2$ 叶特别是 $N+2$ 叶的影响最大，其次是 N 叶，对 $N+3$ 叶和 $N+4$ 叶的影响最小。

（6）叶龄与根系的同伸关系：N 叶抽出≈N 节根原基分化≈$N-1$ 至 $N-2$ 节根原基发育≈$N-3$ 节发根≈$N-4$ 节出 1 次分枝根≈$N-5$ 节根出 2 次分枝根。

（7）叶和节间的伸长关系：N 叶露尖≈$N-1$ 至 $N-2$ 节间伸长≈$N-2$ 至 $N-3$ 节间充实≈$N-3$ 至 $N-4$ 节间充实完成。

（8）叶龄与幼穗分化发育的关系：

倒 4 叶出生一半后＝倒 6 节间伸长＝苞原基分化。

倒 3 叶出生到定长＝倒 5 节间伸长＝枝梗分化。

倒 2 叶出生到定长＝倒 4 节间伸长＝颖花分化。

倒 1 叶出生到定长＝倒 3 节间伸长＝减数分裂期。

倒 1 叶定长到穗顶露出＝倒 2 节间伸长＝花粉充实完成。

穗顶露出到穗完全抽出＝倒 1 节间伸长。

（9）拔节期的倒数叶龄值＝伸长节间数－2，如 12 叶品种伸长节间为 4 个，其拔节期的倒数叶龄值＝4－2＝2。所以，壮秆防倒，要使基部第一、二节间不过分伸长，就得使倒 2 叶和倒 1 叶不过分伸长，栽培上应注意防止灌水偏深、氮肥过多及氮磷比过大。

119. 什么是叶龄诊断技术？如何进行叶龄诊断？

叶龄诊断技术是根据叶龄与其他器官的同伸关系，以叶龄为基准，衡量和判断水稻当时和以后一段时间的生育进程（株高、茎数、叶长等）、群体素质（叶面积指数、充实度、粒叶比等）等，进而按照生育标准实施调控，达到优质高产目的的实用技术。

（1）水稻返青期诊断 返青标准为插秧后秧苗早、晚心叶叶尖吐水，午间田间观察无卷叶现象，拔下秧苗可见新的根系产生。

（2）水稻分蘖期诊断

4 叶期诊断：机插中苗返青即出生 4 叶，因此也叫返青叶片，叶长 11 厘米左右，株高 17 厘米左右，田间应有 10％的稻株 1 叶分蘖露尖。

5 叶期诊断：最晚出叶日期为 6 月 10 日，叶长 16 厘米左右，叶片色应浓于叶鞘，叶态以弯、披叶为主，5 叶龄田间茎数达计划茎数的 30％左右。

6 叶期诊断：最晚出叶期为 6 月 15 日，叶长 21 厘米左右，叶色达到浓绿色明显较叶鞘深，叶态以弯、披叶为主，6 叶龄田间茎数达计划茎数的

50%～60%。

7 叶期诊断：最晚出叶期为 6 月 20 日，叶长 26 厘米左右，叶色比 6 叶期略淡，叶态以弯叶为主，7 叶龄田间茎数达计划茎数的 80%。

8 叶期诊断：最晚出叶期为 6 月 25 日，叶长 31 厘米左右，叶色平稳略降但不可过淡，叶态以弯为主，11 叶品种 7.5 叶龄时达到计划茎数，并开始幼穗分化。

9 叶期诊断：最晚出叶期为 7 月 2 日，叶长 36 厘米左右，12 叶品种 8.5 叶龄应达到计划茎数并开始幼穗分化。

10 叶期诊断：最晚出叶期为 7 月 9 日，11 叶品种叶长 31 厘米左右，叶鞘色应深于叶片色，叶态以挺叶为主，田间茎数应达到最高分蘖，无效分蘖开始死亡，此期进入拔节期，基部节间开始伸长，株高迅速增长。

剑叶期诊断：11 叶品种的叶龄于 7 月 15～16 日达 11 叶，7 月 25 日达到出穗期。剑叶露尖为封行适期。站在池埂上顺行观察 4～5 米远处看不见水即为封行。

(3) 抽穗期诊断 11 叶品种最晚抽穗期在 7 月 25 日左右，始穗到齐穗期 7 天左右。

120. 如何根据叶龄诊断技术判断分蘖是否有效？

一般在有效分蘖临界叶位（11 叶品种 7 叶，12 叶品种 8 叶）前出生的分蘖为有效分蘖。当主茎拔节时，分蘖叶的出叶速度仍与主茎保持同步为有效分蘖。主茎拔节时，分蘖有 4 片绿叶的为有效，有 3 片绿叶的可以争取，有 2 片（含 2 片）以下绿叶的为无效。有自身根系的为有效，无自身根系的为无效。

121. 水稻增、减叶原因是什么？如何根据叶龄诊断技术进行增减叶诊断？

水稻在营养生长期由于高温、密度大、苗弱、苗老化、晚栽、成活不良、氮素不足等原因，会出现减叶现象，使幼穗分化提前 1 叶；反之，在低温、稀植、氮素过高的情况下会出现增叶现象，使幼穗分化拖后 1 叶。

增、减叶诊断：减叶，11 片叶品种于 7～8 叶龄、12 片叶品种于 8～9 叶龄，连续数日在全田不同点取样 10 处，每处取主茎 2～3 个剥出生长点，若见生长点已变成幼穗，出现苞毛即可确定减叶；增叶，11 片叶品种于 8～9 叶龄，若生长点未变成幼穗，即可确定增叶。

122. 什么叫水稻生育转换质量？

水稻一生从生长的角度、发育的角度或生理的角度均可划分出不同的生育时期，这些时期存在着相互联系、相互制约的关系，这种关系的高度统一，就在水稻的生命现象中表现出阶段性的"承启效应"，即承前启后生育时期的联系和制约，也就是通常所讲的生育转换质量。

123. 如何进行水稻生育转换期诊断？

水稻生育转换期可根据增叶、减叶及叶色、叶态等方法诊断。如在正常条件下，寒地粳稻最晚在 6 月 20 日前达到 7 叶。在营养生长期由于高温、密播、弱苗、苗老化、密植、晚栽、成活不良、氮素不足等原因，会出现减叶现象，使幼穗分化提前 1 叶。在低温、稀植、氮素过高情况下会出现增叶现象，使幼穗分化拖后 1 叶。再如 11 叶品种 9 叶叶片长度最长约 35 厘米，功能叶颜色不深于叶鞘颜色，褪淡不超过 2/3，叶态为弯挺时，应及时施用调节肥。

124. 水稻生育转换期如何进行调控？

低温寡照、氮肥过多等导致叶龄延迟或增叶时，应在井水增温的基础上提早晾田，减免调节肥；生长量不足，前期长势不足，中期脱氮导致叶色淡、叶片短小、植株矮小、茎数不足、发生减叶现象，应提早施用调节肥和加强井水增温措施；因氮素过高等导致生长过旺、叶色过浓、分蘖过旺、叶片过长或生育转换拖后，应提早采取晾田控氮、抑蘖、免施调节肥等措施。

125. 水稻生育转换期应进行哪些农艺措施管理？

水层管理：11 叶品种 7 叶期田间茎数达到计划茎数的 80% 左右，晾田控蘖，抑制氮肥吸收，使叶色平稳褪淡，以利于顺利完成生育转换。

施肥管理：11 叶品种 7~9 叶期根据功能叶叶片颜色酌施调节肥，防止中期脱氮，施肥量为全生育期氮肥总量的 10%。

植保措施管理：此期较易发生药害，若表现心叶筒状、扭曲、黑根、抑制生长、不分蘖等现象，可以通过增施速效氮肥，喷施叶面肥和天然芸苔素等缓解。

126. 水稻种子发芽诊断的依据是什么？

发芽率的高低和发芽势的强弱是水稻种子发芽诊断的依据。发芽率指测试种子发芽数占测试种子总数的百分比；发芽势指测试种子的发芽速度和整齐度，以种子从发芽开始到发芽高峰时段内发芽种子数占测试种子总数的百分比计算，其数值越大，芽势越强。二者都是诊断种子发芽的重要依据。

127. 水稻正常幼苗诊断的依据是什么？

判断水稻幼苗是否发育正常，可采用以下方法。

一看叶色：稻叶绿色偏深，说明营养丰富含氮量高；叶色均匀，叶片能挺直是健苗的表现。

二看稻根：稻根为白色属健壮苗，若细致观察，稻根先端呈现白色，中间为黄褐色，根基部为暗褐色是健苗。

三看叶片柔软度：叶片不软，插秧后，稻苗短时间内就可适应本田生长为健苗。

四看叶尖吐水：叶尖早晨吐水，说明吸收营养能力强，发育正常是健苗。

128. 水稻种子发芽必须具备什么条件？

水稻种子发芽需要两大条件，即自身条件和外界条件。自身条件包括：饱满、完整的活胚，且打破休眠。外界条件包括：适宜的水分、温度和氧气。

129. 水稻种子吸水发芽的标准是什么？

水稻种子发芽最少要吸收自身质量 25％ 的水分，当吸水达到自身质量 40％ 时最适宜发芽。吸水所用时间与温度有关，水温 10℃ 时需 10～15 天，15℃ 时需 6～8 天，20℃ 时需 4～5 天。

130. 水稻种子发芽的温度标准是什么？

种子吸足水分后，还需在一定温度条件下才能发芽。这是因为种子萌发过程中的生理生化变化要有酶的活动。酶的催化作用，需要一定的温度条件。在一定的水分条件下，温度高，酶的催化作用强，种子内藏物质分解快，发芽的速度就快，发芽率也高。一般种子发芽最低温度粳稻为 10℃，籼稻为 12℃；最适温度为 28～30℃，最高为 40℃。

131. 水稻种子发芽的氧气标准是什么？

水稻种子发芽所需的全部能量，都是通过呼吸作用来实现能量转化的。水稻一生中，植物体单位面积的呼吸量以发芽期为最大。水稻种子发芽需氧量比旱田作物相对少一些，在氧气不多的水中也能发芽，可在无氧状态下进行呼吸。然而，在缺氧条件下，发芽率大大降低，且幼芽形态异常，幼根不能伸长，生长点不形成叶绿素，鞘叶过长等，对芽期生长十分不利。氧气浓度加大，则促进幼根的伸长发育，一般 21％ 左右的浓度最为理想。

132. 水稻幼苗生长对环境条件的要求是什么？

（1）对温度的要求 粳稻出苗最低温度 12℃，但是，在此温度下，出苗率很低，出苗缓慢。15℃ 以上时出苗正常，20℃ 左右有利于培育壮苗。

（2）对水分的要求 秧苗对水分的需求随着秧苗生长而增多，出苗前，只需要保持田间最大持水量的 40%～50% 就可以满足出苗需要；3 叶期以前，土壤适宜水分为最大持水量的 70%，水分过大，空气不足，则影响扎根；3 叶期以后，气温增高，叶面积变大，通气组织完善，可以适应缺氧条件，由于气温增高叶面积增大，需水也增多，土壤含水量应不小于最大持水量的 80%。缺水影响光合作用和光合产物的运输，会导致幼苗生长缓慢。

（3）对空气的要求 秧田里必须有充足的氧气，幼苗才能正常生长。氧气充足，根的呼吸作用良好，生根快，根毛多，吸收面积大则幼苗生长健壮。在淹水条件下，氧气少，无氧呼吸，消耗幼苗体内物质，抑制了新根的形成和幼苗生长，导致幼苗生长停滞或发育畸形，所以，3 叶期以前幼苗根部通气组织未形成前不能长期淹水。

（4）对光照的要求 幼苗期需要充足的光照，3 叶期以前稻苗靠胚乳营养生长，虽对光照要求不严，但阳光充足则幼苗健壮；3 叶期以后需充足的光照，光照不足叶色较淡，无光照叶绿素形成受到破坏，秧苗枯死，所以育苗时应选择光照条件好的田块。

133. 水稻壮秧诊断的关键时期是何时？

对壮秧的诊断的关键时期是移栽后。移栽后发根快而且多，返青早，抗逆性强，分蘖力强，易于早生快发，便是壮秧。

134. 水稻壮苗的依据是什么？

（1）根旺而白 移栽时秧苗的老根多半会慢慢死亡，只有那些新发的白色短根才会继续生长，所以白根多是秧苗返青的基础。

（2）地上假茎扁宽粗壮 地上假茎扁而粗壮的秧苗，腋芽发育粗壮，有利于早分蘖。这样的秧苗养分积累多，移栽后养分可以转移到根部，使秧苗发根快、分蘖早且快而壮。

（3）苗挺叶绿 苗身硬朗有劲，秧苗叶态挺挺弯弯，秧苗保持较多的绿叶，对于积累更多有机物、培育壮秧、促进早发有利。

（4）秧龄适当 足龄不缺龄，适龄不超龄。看适龄秧既要看秧苗在秧田生长时间，更要看秧苗的叶龄，这才能反应秧苗的实际长势。

（5）长势均匀整齐 田间秧苗高矮、粗细一致，没有楔子苗和弱苗。插秧时苗高符合插秧标准，没有徒长现象。

135. 水稻叶的分化与出叶的关系是什么？

出叶与内部心叶分化生长的关系，依据同伸规律诊断，即 N 叶尖露出＝

N 叶鞘伸长＝$N+1$ 叶片伸长＝$N+2$ 叶组织分化＝ $N+3$ 叶组织开始分化＝ $N+4$ 叶原基分化，如 5 叶露尖＝5 叶鞘伸长＝6 叶片伸长＝7 叶组织分化＝8 叶组织开始分化＝9 叶原基分化，由叶原基分化到露尖长出新叶，经过 4 个叶龄期，某叶露尖长出，其内部还包有 3 个幼叶和 1 个叶的原基。N 叶露尖伸长时改变肥水条件，对 $N+1$ 叶和 $N+2$ 叶特别是 $N+2$ 叶的影响最大。

136. 水稻叶片形态及功能的诊断依据是什么？

水稻叶片形态包括：直叶、挺叶、弯叶、披叶和垂叶。直叶，水稻叶片狭小直立；挺叶，水稻叶片叶尖略有弯曲，但叶尖仍处在最高位置上；弯叶，叶片下垂，但叶片高度仍在叶片长度 1/2 以上；披叶，叶片下垂，叶尖高度在叶片长度 1/2 以下；垂叶，叶片严重下垂，叶尖高度已低于叶片基部。

功能好的叶态是挺叶和弯叶，而直叶和披叶较差，垂叶最差。

137. 水稻叶色诊断原理是什么？

水稻叶色诊断是根据叶片含氮量的高低叶色也呈规律性变化的原理。叶色是最容易反映水稻生长、代谢和营养状况的指标。如水稻的"三黄三黑"或"二黄二黑"，指的便是水稻生长发育过程中叶色会发生阶段性的深浅（黑黄）变化，"黑"表明叶片中含氮量高，氮代谢旺盛，光合作用强，有利于促进新生器官生长；"黄"指叶色由深转淡，绿中带黄，表明氮代谢减弱，但生长健壮。水稻叶色变化的时期及次数与品种类型、生态条件有关。田间观察时，以倒数第 2～3 片功能叶的颜色为准判断"黑""黄"，进行促控结合来调控水稻营养供给，保证水稻健壮生长。

138. 水稻叶片生长环境条件诊断的依据是什么？

影响水稻叶片生长的环境条件主要有光照、温度、水分、养分。

（1）光照 强光对稻叶伸长有抑制作用，可破坏稻叶生长素而使叶片生长缓慢，黑暗则促使叶片伸长。高产水稻群体的叶片，在不同生育时期，要有相应的叶面积，特别是在抽穗期，既要有足够大的叶面积指数，又要使植株基部具有一定的光照强度，以保证较高的光合作用。

（2）温度 水稻叶片的生长以气温 32℃、土温 30～32℃为最适宜，温度在 7℃以下或 40℃以上，稻叶停止生长。叶的光合作用在 15℃以上就能正常进行，25～35℃作用最强，高于 35℃光合作用下降。35℃时水稻呼吸作用比 25℃时增加 1 倍。因此，净光合产物的积累比 25℃时下降，所以 25～30℃时有利于光合产物积累，并延长叶片的寿命。

（3）水分 水分充足可促进叶片生长，但叶薄易干枯。如水分不足，叶片生长受抑制，生长缓慢，组织较硬。晒田的作用就是降低水分吸收，就能够控制叶片生长。

（4）养分 在各种养分中，氮肥对叶的生长影响最大，可使出叶提早，叶片寿命相对延长，所以氮肥也称叶肥。但氮肥施用过多，叶大而薄，组织松软，叶片寿命反而缩短。据研究，为保持叶片较强的光合能力，叶片三要素营养的最低含量是：氮（N）为 2%、磷（P_2O_5）为 0.5%、钾（K_2O）为 1.5%。如根系吸收上述元素不能满足生长点的生长需要，下叶所含养分即向生长点转移，叶片光合能力将趋于下降甚至衰枯。

139. 水稻分蘖发生的节位的诊断依据是什么？

水稻主茎一般十几个节，每节各长 1 片叶，叶腋内均有 1 个芽，腋芽在适当条件下生长而成为分蘖。但是鞘叶节、不完全叶节和各伸长节，一般不发生分蘖，只有靠近地面的密集节上的腋芽才可以形成分蘖，所以称为分蘖节；着生分蘖的叶位称为蘖位。分蘖节位数一般等于主茎总叶数减去伸长节间数。分蘖着生在较低节位上的称低位分蘖，分蘖着生在较高节位的称高位分蘖。低位分蘖成穗率高，穗型也大。低位分蘖的始发节位，因栽培方式和秧苗素质而有不同，直播稻的始发节位一般较低。移栽稻的始发节位与秧苗大小、壮弱有关，即使是同龄秧苗，有壮有弱，也常因各种条件而发生变化。

140. 水稻分蘖发生状况与出叶关系的判断依据是什么？

（1）分蘖芽的分化发育规律 每个分蘖刚长出时，已具有一个分蘖鞘、一个可见叶及其内包着的 3 个幼叶和叶原基，相当共 6 个叶节位。亦即每个分蘖芽从分化到长出，前后需 6 个出叶期。主茎第 1 叶腋的分蘖芽，在种子萌动鞘叶伸出时即已分化，历经不完全叶、第 1 叶、第 2 叶、第 3 叶直到第 4 叶抽出时才长出，共经 6 个叶期。在幼苗 3 叶期时，幼苗体内已孕育着 5 个处于不同阶段的分蘖芽原基。所以，为了分蘖的早生快发，必须以培育壮苗为基础，以蘖、叶的同伸程度来衡量秧苗壮弱及分蘖是否早发，是一项较好的指标。

（2）主茎出叶和分蘖发生的同伸规律 水稻主茎上的分蘖为 1 次分蘖；1 次分蘖上出现的分蘖为 2 次分蘖；余类推。当主茎 N 叶抽出时，N 叶下第 3 个叶节上的分蘖同时伸出。即第 4 叶抽出时，其下第 3 叶，即第 1 叶叶腋的分蘖同时伸出，形成了 N 叶与 $N-3$ 叶的分蘖同伸规律。其同伸的原因是什么？根据稻体输导组织的解剖观察，N 叶的大维管束和 $N-2$ 叶、$N-3$ 叶的分蘖直接相通，N 叶伸出所需营养主要靠 $N-2$ 叶供给（功能盛期），同时 $N-2$ 叶合成的养分也供给 $N-3$ 叶的分蘖，以致形成同伸关系。稻株 3 叶以前一般无分蘖出生（秧田中条件好的秧苗亦有从不完全叶节生出分蘖的），4 叶伸出，

1 叶的分蘖开始长出。在分蘖茎上的分蘖，也是 $N-3$ 的关系。

141. 水稻有效分蘖与无效分蘖的判断依据是什么？

水稻有效分蘖与无效分蘖的判断标准只有一个，即分蘖能否成为有效穗。凡是不能抽穗的分蘖或者虽然抽穗但每穗结实的粒数不到 5 粒的分蘖均为无效分蘖；凡能抽穗结实并且结实粒数在 5 粒以上的分蘖称为有效分蘖。无效分蘖不仅不能成穗，而且在发育过程中还要消耗养分，影响植株通风透光，增加田间荫蔽程度，导致病虫害发生加重。因此，在生产实践中，应积极采取有效的栽培措施，前期促进早发分蘖多发分蘖，后期尽量控制无效分蘖的萌发，促进穗大粒多。水稻有效分蘖期，一般在最高分蘖期前 7~15 天，以后发生的分蘖多为无效分蘖，但不同品种、不同插秧时期、不同的栽培管理水平均会影响有效分蘖期的长短。

142. 影响寒地粳稻分蘖发生的环境条件是什么？

影响水稻分蘖发生的因素很多，既有内因又有外因。其内因包括品种本来的分蘖特性、秧苗素质壮否、叶龄大小、干重多少、充实度高低及植株含氮水平等，这些都直接影响分蘖的早晚与快慢。外因方面主要有以下几方面。

（1）温度 发生分蘖的最适气温为 30~32℃，最适水温为 32~34℃。气温低于 20℃，水温低于 22℃，分蘖缓慢。气温低于 15℃，水温低于 16℃；或气温超过 40℃，水温超过 42℃，分蘖停止发生。

（2）光照 水稻分蘖期间，如阴雨寡照，则分蘖迟发、分蘖数减少。光照强度越低，对分蘖的抑制越严重。光照强度低至自然光照强度的 5% 时，分蘖停止发生。

（3）水分 寒地粳稻田保持浅水对水稻分蘖有利。在浅水层状况下可提高土壤营养元素的有效性。无水或深水条件下容易降低泥温，抑制分蘖发生。

（4）栽插深度 栽插深度以 2 厘米以内为好，栽插过深，分蘖节位上移，分蘖延迟。弱苗深插会造成僵苗。在不漂苗的前提下插得越浅越有利于分蘖。

（5）矿物质营养 在各种营养元素中，氮、磷、钾三要素对分蘖的影响最为显著。分蘖期苗体内三要素的临界值是：氮（N）为 2.5%、磷（P_2O_5）为 0.25%、钾（K_2O）为 0.5%。叶片含氮量为 3.5% 时分蘖旺盛，钾的含量在 1.5% 时分蘖顺利。

143. 水稻幼穗发育进程分几个时期？如何判断？

水稻的穗分化开始于倒 4 叶出生期，此时心叶内还包有 3 个幼叶，苞原基分化，恰好代替了第 4 叶原基的分化。用叶龄余数法来判断幼穗分化时期，以

50％的植株达到某分化时期作为该时期叶龄余数值（即倒数几片叶，如倒 3 叶、倒 2 叶等）的鉴定指标，可以简化的将幼穗分化分为 5 个时期，分别是：

（1）苞分化期 倒 4 叶后半期，经历半个出叶周期。

（2）枝梗分化期 倒 3 叶期，经历 1 个出叶周期。

（3）颖花分化期 倒 2 叶至剑叶露尖，经历 1～2 个叶龄期。

（4）花粉母细胞形成及减数分裂 倒 1 叶中、后期，经历 0.8 个叶龄期。

（5）花粉充实完成期 孕穗期，相当 1 个出叶周期加 2 天。

144. 从外部形态诊断水稻幼穗分化的发育进程有哪几种方法?

从外部形态诊断水稻幼穗分化的发育进程可以采用以下几种方法（表 1-8）。

（1）根据叶龄指数和叶龄余数 叶龄指数是指某一生育时期的已出叶数占主茎总叶数的百分数；叶龄余数是主茎的总叶数减去已出叶数。如主茎总叶数为 12 叶品种，当出叶数为 6 时，则其叶龄指数为 50％，叶龄余数为 6。一般生育期短的品种叶龄指数达到 75％时，开始幼穗分化，生育期长的品种要达到 78％时才开始幼穗分化。叶龄指数和叶龄余数以叶为对象，而花粉母细胞减数分裂时，剑叶已将近全出，所以只能在减数分裂前各期应用。

（2）根据幼穗长度 幼穗长 0.3～1 毫米时，为一次枝梗原基分化期；1～2 毫米时为颖花分化期；0.5～1 厘米时为雌蕊、雄蕊形成期；1.5～5 厘米时为花粉母细胞形成期；5～10 厘米时为花粉母细胞减数分裂期。

（3）根据距离出穗日期 相对一致的条件下，某一水稻品种播种期相同，各年度间出穗日期相近。在大田生产上便可以根据出穗日数来判断稻穗发育的时期。一般早稻幼穗分化开始在出穗前 25～30 天，中稻 30 天左右，晚稻 30～35 天。出穗前 11～12 天为花粉母细胞减数分裂期。出穗前 2～3 天为花粉完成期。

（4）目测法 以肉眼观察到的幼穗形色将幼穗分化分为 8 个时期，可以形象准确地表示幼穗发育的各阶段。即：一期看不见，二期苞毛现，三期毛丛丛，四期粒粒现，五期颖壳分，六期叶枕平，七期穗色绿，八期穗即现。

表 1-8 水稻幼穗分化的发育进程的诊断方法

诊断方法	穗发育期							
	一期	二期	三期	四期	五期	六期	七期	八期
叶龄指数	76	82	85	92	95	97	100	
叶龄余数（片）	3.0	2.5	2.0	1.2	0.6	0.5		
幼穗长度（毫米）	<0.1	0.3～1	1～2	5～10	15～50	50～100		
距出穗天数（天）	30	28	25	21	15	11	7	2～3
目测法	看不见	苞毛现	毛丛丛	粒粒现	颖壳分	叶枕平	穗色绿	穗即现

145. 如何诊断水稻进入抽穗期?

抽穗是水稻发育完全的穗随着茎秆的伸长而伸出稻株顶部叶的现象。全田50％植株开始抽穗标志水稻进入了抽穗期。抽穗的最适宜温度为 25～35℃,过低或过高均不利于抽穗。

146. 水稻开花受精历经怎样的过程?

水稻抽穗当日或次日即开始开花。每朵花自开放到关闭约经 1 小时。一般每天 9～10 时开花,11～12 时最盛,14～15 时停止。开花最适宜温度为 30～35℃,最低温度为 15℃。一个穗开花需 7 天左右,授粉后 2～7 分钟,花粉发芽。首先,发芽孔的盖由内向外被推开,花粉管呈乳头状,两个雄核一起接近发芽孔。花粉管在授粉后 3～5 分钟已伸长,精核便移入花粉管内,接着营养核也移入花粉管内。这样,花粉内容物便不断流入伸长着的花粉管内。花粉管在花柱内伸长下移沿柱头进入子房,在子房内沿着胚珠钻进珠孔进入胚囊。花粉管侵入胚囊,快的约在授粉后 15 分钟,在较低温度下约为 1 小时。花粉管侵入后在接近卵细胞的底部处破裂,放出两个雄核,一个雄核与两个极核融合形成一个大核,即胚乳原核,发育成胚乳。一个雄核进入卵细胞内,进行受精,受精卵将来发育成胚。一般开花后 8～18 小时完成受精过程。

147. 水稻籽粒灌浆判断依据是什么?

子房受精后第一天就开始伸长,寒地水稻在开花后 7～9 天,籽粒即可达到最大长度,此时胚的各器官也大体完成,开始具有发芽能力。12～15 天长足宽度;20～25 天米粒厚度定型。米粒鲜重在开花后 25～28 天达最大值。米粒干重在开花后 35 天基本定型。从抽穗开花到成熟,需 40～45 天,需活动积温 800℃左右。

148. 水稻籽粒成熟判断依据是什么?

水稻籽粒成熟分为乳熟、蜡熟、完熟几个时期。一般开花后 5 天左右进入乳熟期,这时籽粒中有淀粉沉积呈乳白色。在此基础上,白色乳液变浓,直至呈硬块蜡状,谷壳变黄,称之为蜡熟期。在蜡熟后 7～8 天进入完熟期,这时米粒硬固,背部绿色褪去呈白色,水稻一生至此结束。水稻成熟的标志:95％颖壳变黄,谷粒定型变硬,米呈透明状。2/3 以上穗轴变黄,95％的小穗轴和副护颖变黄,即黄化完熟率达 95％,此时为收割适期。

149. 结实期高产稻田长势长相有何要求?

结实期长势长相的好坏是反映产量高低的表现,高产稻田的表现是有效穗多、抽穗整齐、穗头大,高产稻田对长势长相的要求是:

(1) 保持较多的功能叶 抽穗后功能叶的多少和功能期的长短,直接关系到穗粒充实程度,维持适当的叶面积系数和相应的单株绿叶数,才有利于高产。抽穗期要求每茎要有 4~5 片绿叶,完熟期仍有 1~2 片绿叶。

(2) 稻珠落色正常 灌浆期,茎色、叶色保持青绿、不早衰,叶片过早落黄则光合作用降低,空秕粒增多,若茎色、叶色过浓则呈贪青长相,同样增加空秕粒,降低产量。

(3) 保持较强的根系活力 较强的根系活力可以达到以根养叶,以叶保籽的目的。用手拔起稻株,白根、黄根占一半以上,则根系活力较强;反之,黑根、腐根多,则根系活力衰退。

150. 结实期造成水稻空秕粒的原因及主要防治措施有哪些?

空秕粒包括空壳和秕粒。空壳是由于不能完成受精过程形成的,秕粒是由于在完成受精过程中因环境不良或穗部营养不良使子房中途停止发育形成的。空秕粒的形成有生理因素和环境因素,但受气候和栽培条件的影响最大。结实期遇低温或高温都会产生空秕粒,如低温会影响花药开裂,从而影响受精,而高温则会造成植株早衰,叶片功能下降,影响灌浆。另外,在灌浆期因土壤干旱或连日阴雨,导致长期缺水或深水,施肥量过多或过少,造成徒长、早衰或后期贪青,群体过大、病虫危害、倒伏等原因也会使空秕粒增多。

防治空秕粒,应注意以下几方面。

(1) 选好品种 应选结实性好、抗逆性强、适应当地条件的优良品种。

(2) 制定合理的栽培技术措施 培育壮秧、适时栽插,使秧苗在安全孕穗和安全齐穗期避过不良气候影响;正确进行肥水管理,处理好群体与个体、营养生长与生殖生长的关系,避免徒长、贪青或早衰,增强植株抗病力,提高光合生产力,以减少空秕粒的产生。

(3) 增施微量元素 增加微量元素的施入,可提高结实率。

151. 水稻缺氮时有哪些症状? 怎样防治?

水稻缺氮,植株矮小、分蘖少、叶片小、呈黄绿色,成熟提早。一般先从老叶尖端开始向下均匀黄化,逐渐由基叶延及至心叶,最后全株叶色褪淡,变为黄绿色,下部老叶枯黄。发根慢,细根和根毛发育差,黄根较多。黄泥板田或耕层浅瘦、基肥不足的稻田常发生。

防治方法：应补充氮肥，亩施尿素 5～7 千克，若缺氮严重，应略增加施用量，且注意配合施用磷、钾肥。

152. 水稻缺磷时有哪些症状？怎样防治？

秧苗移栽后发红不返青，很少分蘖，或返青后出现僵苗现象；叶片细瘦且直立不披，有时叶片沿中脉稍呈卷曲折合状；叶色暗绿无光泽，严重时叶尖带紫色，远看稻苗暗绿中带灰紫色；稻株间不散开，稻丛成簇状，稻株矮小细弱；根系短而细，新根很少；若有硫化氢中毒的并发症，则根系灰白，黑根多，白根少。

防治方法：浅水追肥，每公顷用过磷酸钙 450 千克混合碳酸氢铵 375～450 千克；或用 0.2％磷酸二氢钾溶液，每公顷用配制好的肥液 750～900 千克喷施；或实行浅灌勤灌，反复露田，以提高土温，加强稻株根系对磷素的吸收代谢能力，当新根生出后，每公顷追施尿素 45～60 千克促进生长。

153. 水稻缺钾时有哪些症状？怎样防治？

缺钾赤枯症：水稻缺钾，移栽后 2～3 周开始显症。缺钾植株矮小，呈暗绿色，虽能发根返青，但叶片发黄呈褐色斑点，老叶尖端和叶缘发生红褐色小斑点，最后叶片自尖端向下逐渐变赤褐色枯死。以后每长出一片新叶，就增加一片老叶的病变，严重时全株只留下少数新叶保持绿色，远看似火烧状。病株的主根和分枝根均短而细弱，整个根系呈黄褐色至暗褐色，新根很少。缺钾赤枯症主要发生在冷浸田、烂泥田和锈稻田。

防治方法：可以叶面喷施 1％氯化钾或硫酸钾溶液，配施氮肥间歇灌溉，提高吸肥能力。

154. 水稻缺锌时有哪些症状？怎样防治？

缺锌丛生症：缺锌的稻苗，先在下叶中脉区出现褪绿黄化状，并产生红褐色斑点和不规则斑块，后逐渐扩大呈红褐色条状，自叶尖向下变红褐色干枯，一般自下叶向上叶依次出现。病株出叶速度缓慢，新叶短而窄，叶色褪淡，尤其是基部叶脉附近褪成黄白色。重病株叶枕距离缩短或错位，明显矮化丛生，很少分蘖，田间生长参差不齐。根系老朽、呈褐色，迟熟，造成严重减产。水稻缺锌，秧苗移栽 2～3 周后出现稻缩苗、僵苗，新叶基部褪绿或浅黄继而发白，老叶中脉两则出现不规则的褪色小斑点，逐渐发展成条纹，老叶发脆下披易折断，叶片短窄，茎节缩短，上下叶鞘重叠，叶枕并列甚至错位，根系老化，新根少。

防治方法：立即排水落田，增氧通气，促进根系发育；或将硫酸锌配成
0.1%～0.2%的水溶液进行叶面喷施，每公顷用配制好的硫酸锌肥液 750～
900 千克，每隔 7 天喷 1 次，连喷 2 次即可。

155. 水稻缺硫时有哪些症状？怎样防治？

缺硫症状与缺氮相似，田间难以区分。水稻缺硫，叶片变黄，硫被水稻吸
收后，从茎向叶鞘、叶片移动，在叶片中合成蛋白质后向穗部移动。硫在茎叶
中的含量与磷类似，为 0.15%～0.30%。此外，缺硫时，由于蛋白质合成受
阻，因而根部发育衰退，影响养分的吸收。

防治方法：缺硫与缺氮不易区分。因此，在诊断缺硫时，对不同试验区分
别施用硫酸铵和尿素，如果施用硫酸铵区恢复正常，即可确认为土壤缺硫，可
施用硫酸铵或硫酸钾，植株将会恢复叶色，生长变得旺盛，也可配合增施有机
肥料，以提高土壤的供硫能力，还可以适当施用硫黄及石膏等含硫肥料。

156. 水稻缺钙时有哪些症状？怎样防治？

水稻钙不足时幼嫩器官首先受到影响，生长点受损，心叶凋萎枯死，根系
伸长延迟，根尖变褐色。

防治方法：合理施用钙质肥料。在 pH 小于 5.0 的酸性土壤上，应施用石
灰质肥料，既起到调节土壤 pH 的作用，同时增加钙的供给。石灰的用量一般
通过中和滴定法来计算，同时还要控制施用年限，谨防因石灰施用过量而形成
次生石灰性土壤。此外，含钙的氮、磷肥料如硝酸钙、过磷酸钙、钙镁磷肥
等，也能补充一定数量的钙，但其施用量应以水稻对氮、磷营养的需要量而
定；在含盐量较高及水分供应不足的土壤上，应严格控制水溶性氮、磷、钾肥
料的用量，尤其是一次性的施用量不能太大，以防土壤的盐浓度急剧上升，避
免因土壤溶液的渗透势过高而抑制水稻根系对钙的吸收；在易受旱的土壤上及
在干旱的气候条件下，要及时灌溉，以利土壤中钙离子向水稻根系迁移，促进
钙的吸收，可防止缺钙症的发生。

157. 水稻缺镁时有哪些症状？怎样防治？

水稻的缺镁症不明显，经常被忽视。插秧后 3～4 周，从下位叶叶尖处出
现条纹状黄化，叶片从叶舌处垂直下垂。但黄化现象随下部叶片的枯死而逐渐
消失，到分蘖盛期已不明显。缺镁严重时，下位叶常于叶枕处折垂，浮于水
面，叶缘微卷；穗枝梗基部不实粒增加，导致减产。

防治方法：每公顷施硫酸镁 225 千克，并以 100 倍硫酸镁溶液叶面喷雾，
有条件的可以适当增施有机肥。

158. 水稻缺铁时有哪些症状？怎样防治？

水稻缺铁，叶片脉间失绿，呈条纹花叶，症状越近心叶越重。严重时心叶不抽出，植株生长不良，矮缩，生育延迟，以至不能抽穗。

防治方法：缺铁主要发生在近乎纯净的砂砾质土壤，含泥少含砂多，可采取增施有机肥或培土的措施。

159. 水稻缺锰时有哪些症状？怎样防治？

水稻缺锰时，植株矮小，分蘖少，新出叶短而瘦窄，严重褪色。嫩叶脉间失绿，老叶保持近黄绿色，褪绿条纹从叶尖向下扩展，后叶上出现暗褐色坏死斑点，严重者雀斑连成条状，最后逐步坏死。

防治方法：作基肥时，通常每公顷用硫酸锰 15～30 千克与农家肥混合施用，也可条施或穴施；喷施时，通常用 0.1%～0.2%硫酸锰溶液，每公顷每次用液量 750～1 125 升，分别在苗期、生长盛期喷施 2～3 次。

160. 水稻缺硼时有哪些症状？怎样防治？

水稻缺硼时，植株矮化，抽出叶有白尖，严重时枯死。

防治方法：在水稻生长中后期，喷施 0.1%～0.5%硼酸溶液或 0.1%～0.2%的硼砂溶液 2～3 次，每公顷用液量 600～750 千克。

161. 水稻缺铜时有哪些症状？怎样防治？

水稻缺铜时，叶片呈蓝绿色，近尖端失绿，褪色部沿中肋两侧向下扩展，后尖端变暗褐色、坏死，新抽出叶片不能展开、似针状。

防治方法：水稻缺铜可以喷施铜肥补充铜素，如硫酸铜、氧化亚铜及铜渣等。

162. 寒地粳稻施肥过量有哪些症状？怎样防治？

施肥过量时全田稻苗叶片发黄或枯死，根部发黑，新生根发育缓慢，分蘖少或不分蘖。在这种情况下，一定要灌水洗田，降低稻田的肥力水平。一般要每天灌水洗田 2～3 次，连续 2～3 天，就可以使受肥害的稻苗缓过来。施肥过多产生的症状是全田普遍发生的，药害一般是局部发生的。

（编写人员：张淑华、关世武、鄂文顺、郭俊祥、宋宁）

二、寒地粳稻旱育苗技术

（一）育苗方式

163. 水稻育苗方式有哪些?

水稻育苗方式根据分类方法不同而有所不同，具体应用哪种方式则应根据具体情况。按灌溉水的管理方式不同，可分为水育苗、湿润育苗和旱育苗；按育苗方法不同，可分为裸地育苗和塑料薄膜保温育苗，其中塑料薄膜保温育苗因栽培方法和地区不同，又可分为塑料大棚、中棚和隧道式拱棚育苗或平铺育苗；按播种下垫不同，可分为无土育苗和有土育苗，露地播种育苗和隔离层育苗（软盘、钵盘、有孔地膜及其他物质），以及旱田、园田、庭院、大地高台及本田育苗；按保温材料不同，可分为有孔或无孔塑料薄膜覆盖、无纺布覆盖和地膜双层覆盖等育苗方式。

164. 什么是水育苗?

在水稻生产中，水整地水做床，带水播种，育苗全过程除防治绵腐病、坏种烂秧及露田扎根外，一直都建立水层的育苗方式。

165. 什么是湿润育苗?

湿润育苗也叫半干旱育苗，水整地水做床湿播种，秧苗3叶期前湿润管理，不建立水层，3叶期后秧苗形成了输导组织，秧田开始建立水层的育苗方式。

166. 什么是旱育苗? 旱育苗有什么优点?

旱育苗为旱整地、旱做床、旱播种，人工浇水、补水，整个育苗过程不建立水层，苗田地可以离开本田，改为旱田、园田或庭院育苗，可以露地播种也可以隔离层育苗。地温高可提早育苗，培育耐寒力强的秧苗，为利用生育期较长的高产品种创造了条件。旱育苗具有三大优点，一是壮秧效果好，水稻旱育苗在整个育苗过程中只维持土壤湿润状态，不建立水层，使苗床土壤接近旱田状态，具有较好的通透性和温湿条件，秧苗根系发达，根多、根长、色正；秧苗素质好，青枯病、立枯病发病程度轻；生长健壮，移栽后发根力强，返青快，分蘖早；有利于培育根多、根毛多、白根多的壮秧。二是省工、省力、省水，旱育苗补水、通风炼苗、打药、施肥等作业操作方便，不浪费水资源，便于管理，省工省力，降低成本。三是扩大秧、本田比例，水稻旱育苗提高了秧苗素质，使成苗率提高、分蘖力增强，扩大了秧、本田比例，普通旱育苗秧、本田比例可达 1：（40～50），盘育苗可达 1：（100～150）。应用旱育苗技术要注意控制温度和补水，防止立枯病发生。

167. 什么是大棚旱育苗?

大棚旱育苗是指在宽 6～7 米，高 1.8～2.2 米，长 60 米左右的标准钢骨架大棚中进行的旱整地、旱做床、旱播种，人工浇水、补水，整个育苗过程不建立水层的育苗方式。

168. 什么是中棚旱育苗?

在中棚中进行的旱育苗称为中棚旱育苗。中棚一般宽 5～6 米、高 1.5～1.7 米，长度可根据实际情况灵活掌握，一般为 30～40 米。

169. 什么是小棚旱育苗?

在宽 1.2～1.5 米、长 15～20 米、高 0.3～0.4 米的拱式小棚中进行的旱育苗称为小棚旱育苗。

170. 湿润育苗和旱育苗各有什么优缺点?

湿润育苗床面水分充足，播后出苗快，出苗整齐，不易发生立枯病。但需水整地、水做床、水找平，床面板结，透气性不好，常有坏种烂芽和低温引发的绵腐病发生，出苗和成苗率相对较低，幼苗根少、根浅。早春低温水凉，带水作业操作不方便。由于只能在本田地育苗，用水较多，而且苗床采用表面施肥，肥料流失较多。

旱育苗为旱整地、旱做床，苗田地可以脱离本田，改为旱田、园田或庭院育苗，可以露地播种也可以隔离层育苗。旱育苗有利于土壤酸化，人工配制营养土可以进行表层施肥，床面土壤上下通透性好，有利于培育根多、根毛多、白根多的壮秧。旱育苗操作方便，不浪费水资源。地温高可提早育苗，培育耐寒力强的秧苗，为利用生育期较长的高产品种创造了条件。应用旱育苗技术要注意控制温度和补水，防止发生立枯病。

171. 大棚旱育苗和小棚旱育苗各有什么优缺点?

①大棚对温度缓冲能力强，有利于保持棚内温度稳定，棚内昼夜温差小。

大棚育苗可比小棚育苗播期提早 5～7 天，充分利用了早春积温，秧苗发育充分。②大棚因其空间大，四周高，幼苗长势均匀，无边际废弃苗，成苗率显著提高，缩小了秧田面积，提高了土地利用率。③大棚容积大，采光面积大，保温性能好，棚内温度均衡，提高了光能利用率，加之便于通风，有助于炼苗。④由于大棚内昼夜温差合适，有助于秧苗生长和干物质积累，秧苗素质普遍好于小棚。⑤育苗成本低。大棚育苗省工省种而且有利于苗床管理。因此，育苗和管理可以全部在棚内进行，不受天气限制，降低了劳动强度。

小棚育苗有适应地块广、运距短、拆卸方便的优点，但是有保温性能不好、秧苗素质差、土地利用率低、管理不方便等缺点。

172. 什么是水稻宽床开闭式旱育苗？

旧式窄床旱育苗的床宽 1.1 米、床长 15 米，每床面积 16.5 米²，窄床采用单幅农膜覆盖，通风炼苗由苗床四周开口。一般宽床开闭式旱育苗的床宽 1.8～2.0 米、播宽 1.5～1.8 米；由一宽一窄两幅农膜覆盖，两幅农膜的重叠处就是通风口，利用通风口进行炼苗、浇水、施肥、喷药等作业。宽床由双幅农膜覆盖，开口容易，作业方便。宽床开闭式旱育苗改变了通风炼苗方法，是水稻育苗技术的一大进步。

173. 什么是本田高台育苗？

高台育苗是水稻本田高台育苗的简称。这种育苗方式打破了稻田原来的秧田布局，改平地育苗为高台育苗，改集中育苗为单床排列育苗，改一年一选苗田为常年固定秧田，改引水漫灌为需水浇灌，实现了育苗本田园田化，克服了本田秧苗土质板结，地温低，土壤水分含量大，不易发苗，成苗率低，不易培育壮秧等缺点和大地育苗的不利因素。具体做法是在稻田条田排水沟附近或能够春季提供育苗用水的地方，修筑距地面 30 厘米左右的高床。由于具备蓄水排水条件，可实现本田旱育苗浇水作业，因此可克服本田育苗的不利因素，创造了壮秧生长环境，是水稻育苗技术的一项重大改革。

174. 什么叫乳苗？什么是乳苗抛栽？

乳苗是指还没完全离乳的、仍处在异养阶段的幼苗（即养分主要依靠母体的胚乳供应）。向本田抛撒乳苗的栽培方法，就叫乳苗抛栽。

175. 什么是水稻免疫育苗？其原理是什么？

水稻免疫育苗技术是无土栽培技术的一种，是在水稻育苗时，以岩棉作基质，全程应用专用的营养液，通过多种生态措施的调控，创造免疫环境并促使秧苗自身产生免疫性而健康苗壮地生长，从而获得无病壮秧的方法。其原理是：

（1）洁净的生长环境　整个育秧期内，创造一个最适于水稻秧苗生长，而不利于病原菌生存、侵染和发生发展及致病的生态环境，如不带病原菌的种子、无菌苗床基质、无菌营养液等，培养健壮秧苗，起到预防病害的作用。

（2）应用免疫诱导物　在水稻育苗中，不以调制剂、杀菌剂、生物激素等治标措施为主，而是启动秧苗自身的免疫活性，从治本入手重视调动植物的免疫功能，获得免疫性。如通过多种氨基酸和多种微量元素等来调整和调动稻苗的免疫功能。

176. 北方水稻与南方水稻育苗方式有什么差异？

我国北方水稻和南方水稻育苗技术存在着差异，这主要由于北方和南方的温度、水资源、光照强度、插秧方式和时期等不同。北方稻区主要以旱育秧为主，南方稻区主要是水育秧、湿润育秧和旱育秧。旱育秧是整个育秧过程中只保持土壤湿润的育秧方法，通常在旱地进行，秧田采用旱耕旱整，通气性好，秧苗根系发达，插后不易败苗，成活返青快。水育秧是整个育秧期间，秧田以淹水管理为主的育秧方法，对利用水层保温防寒和防除秧田杂草有一定作用，且易拔秧、伤苗少，盐碱地秧田淹水，还有防盐护苗的作用，但由于长期淹水，土壤氧气不足，秧苗易徒长影响秧根下扎，秧苗素质差，目前已很少采用。湿润育秧是介于水育秧和旱育秧之间的一种育秧方法，其特点是在播种后至秧苗扎根立苗前，秧田保持土壤湿润通气，以利根系发育，在扎根立苗后，采取浅水勤灌与排水晾田相结合的管理办法。20 世纪 50 年代以后湿润育秧逐步代替了传统的水育秧，成为南方水稻育秧的基本方法。

177. 北方水稻以旱育苗为主发展的育苗形式有哪些？

水稻育苗方式随着农业生产的发展已有很大的改进，适合我国北方水稻育秧的方法也有新突破，原来的湿润育秧和旱育秧也都有所变化。北方稻区水稻旱育苗是在水育苗基础上发展起来的育苗方法，对提高水稻育苗技术和秧苗素质起到了积极的作用，并在实践中发展为多种形式。根据育苗地点、覆盖物及载体的不同旱育苗可分为：园田旱育苗、本田高台旱育苗；塑料膜宽床开闭式旱育苗、无纺布覆盖旱育苗；软盘旱育苗、钵盘旱育苗、隔离层旱育苗、两段式育苗等。

178. 什么是隔离层水稻旱育苗？

隔离层水稻旱育苗简称隔离层育苗，是在整平的苗床上先铺一层隔离物，如编织袋、草纸、旧农膜、有孔地膜、无纺布或稻壳炭、腐熟的稻草等。在隔离物上再铺不低于 2 厘米厚的营养土，然后播种育苗。软盘育苗和钵盘育苗亦属隔离层育苗。因隔离层在营养土和种苗的下面，具有渗水透气，增温隔凉及隔盐碱的作用，可为秧苗生长创造良好的环境条件，尤其在低洼地、滨海盐渍土和内陆碱地上应用效果更为明显。此种育苗方法可提高保苗率，减少黑根苗，有利于培育壮秧。同时，起运方便，基本不伤根，移栽后返青快，发苗早，长势旺，容易获得高产。应格外注意的是，隔离层育苗对水分要求比较严格，播前一定要浇透底水，苗期要经常检查，缺水则及时补水，否则出苗不齐。揭膜后要注意防治青枯病。

179. 什么是水稻软盘旱育苗?

水稻软盘旱育苗是近几年在机械化硬盘育苗基础上发展起来的一种规范化的隔离层育苗方式，其突出特点是以旱育苗床为置床，在置床上摆上长、宽、高分别为 58 厘米×28 厘米×2.5 厘米的钙塑软盘（软盘底孔直径 4 毫米，孔间距 14 毫米，全盘 760 孔），在软盘中装上营养土播种育苗。这种育苗方式用的育苗床土是经酸化处理或加入床土调制剂配制成的标准化的营养土，为秧苗生长创造了良好的环境条件。培育出的秧苗整齐，叶片宽窄一致，薄厚均匀，规格化，标准化，既适合机械化插秧，更适宜人工插秧。秧苗生长健壮，根系发育好，即使育苗期间遇到不同程度的低温寡照或是高温干旱、大风等不利条件的影响，秧苗生长仍很正常，很少发生立枯病、青枯病。

180. 水稻软盘旱育苗有什么优点?

水稻软盘旱育苗优点是：①秧苗素质好，苗期不易发病。软盘作为隔离层既保温、保湿，又隔凉、隔盐碱，再装以按科学方法配制的营养土，综合运用各种育苗方法的长处，秧苗几乎不发生青枯病、立枯病，秧苗生长快，苗齐苗壮，素质好，插秧后返青快。②能大幅度提高秧、本田比例。软盘育苗每亩本田需 25～35 盘左右，秧田面积为 4～5 米^2，秧、本田比例为 1：(100～150)。③管理方便。由于育苗面积减少了，可以在庭院和房前屋后育苗，辅助劳力都能参加作业和管理。补水、通风炼苗、追肥、打药都能及时到位。育成的秧苗带土成片，易于起运。移栽带土，全根下地，返青快，成活率高。④降低育秧成本。较常规法育苗节省秧田 2/3，省工、省种，节省材料，节省大量用水。虽然需购置软盘，但软盘使用寿命可达 3～4 年，平均每年的成本并不高。⑤能促进育秧向集约化、专业化方向发展。

181. 水稻软盘旱育苗技术要点是什么?

水稻软盘旱育苗的一些技术环节与旱育苗基本相同，其特有的技术要点如下。

（1）品种选择 软盘旱育苗播量比常规育苗法相对大些，秧龄短，叶龄小，秧苗生育有延晚的倾向。因此，应以选择在当地正常生育期内可安全抽穗、安全成熟的中熟品种为主，适当搭配中晚熟品种。

（2）确定播种期 软盘旱育苗移栽时叶龄仅为 3.5，秧龄 30～35 天。因此，应在水稻移栽期前 35～40 天播种。软盘旱育苗移栽适期短，应根据稻田面积、劳力情况和插秧进度等安排好播种期，实行分期播种。

（3）确定播种量 软盘旱育苗的用种一定要净度高、籽粒饱满，发芽率不低于 85％（国家标准），最好达到 95％以上。播种量要根据移栽方式而定。机械插秧每盘播量稍大些，可播芽种 100～125 克。人工手插秧每盘播量可小些，一般可播芽种 50～60 克。早插秧，秧龄小，播量可大些。晚插秧，秧龄长，叶龄大，可适当减少播量。

（4）整地做床 软盘旱育苗对置床的质量要求较高，床面要平整，床土要细碎，床间高度要一致，做到沟沟相通，排水方便。要求早整地、早做床、早找平，必须浇透底水方能播种，否则出苗不齐。

（5）土壤处理 苗床土壤酸化处理、营养土配制及使用与一般旱育苗相同。

（6）摆放金属框架和软盘 苗床两边拉好辅助标线，然后摆放金属框架和软盘，摆放框架时框架应紧靠床边，不超过标线，苗床横向摆放软盘，一组放 5 个软盘，15 米长苗床摆放 24 组 120 个软盘。软盘底部紧贴在置床上，不能有支空和塌陷，然后把软盘四边竖起，高矮一致，紧紧相依。

（7）填装营养土 摆完软盘后要填装已配制好的营养土，装满后用木板刮去多余部分，装土完成后浇水沉实。出现高低不平时，还用营养土找平。营养土厚度为 2.0 厘米。沿床边，软盘边用土培好，防止脱帮，确保盘边直立。

（8）浇水及土壤消毒剂 一个苗床摆盘装营养土后，用 58％甲霜灵·锰锌可湿性粉剂 1 克/米^2，或用 15％噁霉灵水剂 6～12 毫升/米^2，对水 2～2.5 千克喷浇于苗床上，起到消毒（防治立枯病和青枯病）和供水的作用。如水分仍然不足时，再浇水补充，浇透为止，软盘底部与置床表面不能有干隔。

（9）播种 按播种前的严密计划，实行定量播种。播完后将种子拍入床土之内并尽量压紧实，再覆盖 0.5～1.0 厘米厚的过筛细土。然后盖地膜，插龙骨架，盖农膜。

182. 什么是水稻钵盘旱育苗？水稻钵盘旱育苗中需注意什么问题？

水稻钵盘旱育苗是由专用的钵盘代替塑料软盘或其他隔离物的育苗方式。钵盘是为适应抛秧栽培所设计的育苗秧盘，由塑料板压制而成。这种秧盘育出的秧苗带有不易散碎而又互相分离的土坨，运输很方便。

近年出现几种钵孔规格不同的钵盘。钵盘的规格有长 60 厘米，宽 33 厘米，高 1.9 厘米，共 15 列 28 行，每盘 420 钵；或者长 60 厘米，宽 30 厘米，高 1.7 厘米，共 15 列，29 行，每盘 435 钵。钵孔上部直径分别为 22 毫米和 18 毫米，下部直径 11 毫米，深不小于 16 毫米的截锥形，底部有直径 3 毫米的孔。秧苗的根可以穿过钵孔吸收置床上的水分和排出钵孔中多余的水分。钵盘旱育苗技术环节与软盘旱育苗基本相同，但育苗时需把钵体插入置床表层，与土紧接成一体，避免吊空。

钵盘旱育苗的管理与软盘旱育苗基本相同，但在管理中有些不同之处需要特别注意。首先，在选种之前要进行种子脱芒处理，把有芒品种的芒和枝梗脱掉，以保证播种时不支空，易播种；其次，在苗田管理上，要特别注意防治立枯病。播前 3 天要浇透底水。因钵盘孔穴小，装土少，容易缺水吊干，影响出苗。秧苗齐苗后要浇一次透水，随秧苗生长，适当增加补水次数。揭膜后床土蒸发量增加，适当勤补水，防止失水干枯。抛秧或插秧前一天必须浇一次水，以便于起苗。

183. 水稻钵盘旱育苗的优点是什么?

水稻钵盘旱育苗移栽技术是在营养土旱育苗基础上发展起来的，利用塑料钵盘育苗，移栽时秧苗带土带肥，或摆或抛秧或机插秧到本田的水稻高产栽培方式。钵盘旱育苗的优点主要有：一是省籽、省土、省肥、省工。水稻钵盘旱育苗克服了水稻常规旱育苗中种子随机漫撒，播种薄厚不匀的缺点；采用钵盘旱育苗，用钵盘精播器播种，可以实现苗床上种子的有序、均匀、限量（播种量为 2～3 粒/孔）稀播，节省用种，降低成本；该育苗方法与水稻畦床旱育苗比可以减少用土 2/3 左右，减少营养土、土壤调酸配制过程中的用工、用肥、用酸。二是改善秧苗生长环境。水稻钵盘旱育苗的稀播和有序排列，有利于苗床的通风透光，改善了秧苗在苗床上的个体生长环境，避免或大大降低了苗床发病率，有利于培养壮秧。三是移栽无植伤，延长有效分蘖期。采用钵盘旱育苗，每穴秧苗作为独立整体，穴内根土紧实，在移栽时可带穴土移栽入本田。一方面，可避免采用常规畦床上种子漫撒方式育苗在移栽时造成的断根植伤，有利于缓苗；另一方面，秧苗带穴土移栽，移栽后入土浅，降低了分蘖节位，使有效分蘖期延长，增加了有效分蘖数，有利于提高水稻的结实率和成熟度。四是移栽方便。水稻钵盘旱育苗，可使秧苗健壮带蘖下田，实现本田稀植。使移栽简便易行，减小移栽强度，缩短工时，解放劳动力。五是奠定高产基础。水稻钵盘旱育苗实现了水稻"两早""两稀"的高产栽培技术要求，提早育苗、提早移栽，苗床稀播、本田稀植，提早分蘖，有利于增加有效分蘖数，为水稻稳产、高产提供了保障。

184. 什么是水稻钵形毯状秧盘旱育苗技术?

水稻钵形毯状秧苗机插技术是适合我国水稻品种和季节特点的新型水稻机插技术。该技术采用钵形毯状秧盘旱育苗技术,培育具有上毯下钵形状的秧苗,按块定量取秧机插,可提高插秧机取秧的精确度,实现钵苗机插。钵形毯状秧盘旱育苗技术用定量定位播种器播种,将种子定量定位播于钵碗上部,秧苗根在钵碗中形成钵形,根的上部相互交错盘结成毯,故而得名。钵形毯状秧盘旱育苗克服了常规机插育秧的播种量高、成秧率低、秧苗素质差,尤其是在机插过程中容易伤根而不利早发的问题。采用水稻钵形毯状秧盘旱育秧具有成苗率高、秧苗素质好、播种量低且均匀、机插质量好、伤秧伤根少、秧苗返青快、增产效果好等优点。

185. 什么是水稻机插半钵毯式育苗技术? 优点是什么?

水稻机插半钵毯式育苗技术结合了钵盘育苗和毯式软盘育苗的特点和优点,是一种新型实用育秧技术。该技术采用钵形毯状秧盘,培育具有上毯下钵性状的秧苗,按块定量取秧机插,可提高插秧机取秧的精确度。在低漏秧率前提下,比普通子盘播种量 100~150 克/盘降低用种成本 30%,能有效降低漏苗率,实现了根系带土插秧,降低了伤根率,缩短了秧苗返青时间,同时发根和分蘖可比普通机插秧快,为水稻干物质积累,打好了前期基础。

(1) 机插半钵毯式育苗秧盘特征 水稻机插半钵毯式育秧盘长×宽×高=575 毫米×275 毫米×26 毫米,每个育秧盘具有 18×36=648 个钵孔,钵孔高7 毫米,水稻根系下部盘踞在钵体内,无横向交叉,秧盘上部根系横向交叉,能够减少移栽植伤,同时秧盘紧密不散,易于机械作业。机插半钵毯式育秧盘秧、本田比例为 1∶(120~140),高于钵盘育苗 30%左右,增加了育秧棚使用效率,同时与毯式软盘育秧相比降低了种子播量,减少用种成本。

(2) 机插半钵毯式育苗移栽取秧方式 机插半钵毯式育苗取秧方式与普通毯式育苗取秧方式一致,发动机分别将动力传递给插秧机构和送秧机构,在两大机构的相互配合下,插秧机构的秧针插入秧块抓取秧苗,并将其取出下移,当移到设定的插秧深度时,由插秧机构中的插植叉将秧苗从秧针上压下,完成一个插秧过程。同时,通过浮板和液压系统,控制行走轮与机体的相对位置和浮板与秧针的相对位置,使得插秧深度基本一致。因此,机插半钵毯式育苗能与国内使用的插秧机配套使用,减少购置机器成本。

(3) 机插半钵毯式育苗技术优势 该技术结合了钵形秧苗和毯状秧苗的优点,实现了钵苗机插。具有成苗率高、秧苗素质好、机插质量好、伤秧伤根少、秧苗返青快、增产效果好等优点。

186. 什么是水稻新基质无土旱育苗?

水稻新基质无土旱育苗是将稻壳经过粉碎加工，利用酵素菌进行稻壳发酵，再配上营养剂作基质，实现无土化育秧的技术。该项技术不受土源等因素的限制，可以提前育秧。发酵稻壳透气性好，育出的秧苗素质好、根系发达、白根多、根条数多、根长，可有效地减轻苗床病害的发生，秧苗移栽到大田后返青快、分蘖早、有效分蘖多。

187. 水稻新基质旱育秧技术有哪些要点?

(1) 稻壳处理 将稻壳粉碎，粉碎标准以筛片孔径 2.5～3.0 毫米为宜。粉碎后，在 1 000 千克的粉碎稻壳中加入酵素菌 3～4 千克、鲜鸡粪 50～100 千克、米糠或麦麸 15～20 千克、尿素 15～20 千克、水 400～500 千克，混合均匀，达到手握成团不出水，落地散开的状态。将其堆成长条梯形，盖上麻袋等发酵。可用草帘或塑料布等遮盖防雨水，不要盖得过严，防止不透气。稻壳变成褐色或黑褐色为发酵成功。

(2) 基质配制 用发酵好的稻壳 6～7 千克与 KBS 型水稻新基质育秧营养剂 250 克混拌均匀，可铺 1 米^2 苗床或 6 个机插秧盘。

(3) 基质铺放 将摆好的秧盘，铺放 2.5 毫米厚的基质，上部要平，用板压实或用笤帚拍实，播种前浇一次透水，确保出齐秧苗前水分充足。

(4) 播种及覆盖 新基质育秧播种时间较常规育秧可提早 3～5 天。常规育秧方法以当地日平均气温稳定通过 5℃时开始播种，在寒地粳稻区一般在每年 4 月 15 日前，而新基质育秧播种时间是 4 月 7～8 日。盘式机插秧每盘播芽种 100～125 克，播种要均匀，用木板轻拍，有利于出苗。将稻壳覆盖到种子上面，厚度为 0.5 厘米。盖完后，用微喷设备浇透水，覆盖地膜，秧苗出齐见绿时及时揭开地膜。

(5) 苗床管理 ①温度管理：播种至出苗前密封保温，棚温控制在 30～32℃。出苗到 1 叶 1 心期，棚温控制在 25～28℃，并且开始通风炼苗。秧苗 1.5 叶至 2.5 叶期，逐步增加通风量，棚温控制在 20～25℃，严防高温烧苗和秧苗徒长。秧苗 2.5 叶至 3.0 叶期，做到昼揭夜盖，棚温控制在 20℃，使秧苗逐步适应外界的气候条件。②水分管理：播种后至出苗前每隔 2 天检查 1 次，有落干现象（稻壳上层容易干，下层不易干）用微喷设备进行浇水。出苗到 1.5 叶期每隔 2 天补浇 1 次水。1.5 叶期初生根伸长后可 3～5 天浇 1 次水。由于浇水的次数较多，应设有晒水池，以提高水温。③苗床追肥：秧苗 1 叶 1 心期，追施硫酸铵 25 克/米^2，用清水喷洒洗苗。④预防立枯病：秧苗 1.5 叶期，用 50%噁霉灵 2.0～2.5 克/米² 对水 2.5～3.0 千克进行浇灌，然后用清水冲洗。

（6）注意事项 一是要浇底水，不浇透水易落干；浇透底水后比土壤的保水性要好。二是由于带有酵素菌，好气性微生物较多，因此要注意观察，一旦发现缺氧要及时揭膜。

188. 什么是水稻两段式旱育苗?

水稻两段式旱育苗是北方近年来为了不断提高水稻产量和品质，利用生育期相对较长的品种，充分发挥品种的增产潜力，充分利用积温而采取的一种育苗方法。与南方的两段育苗有较大差异，北方的两段式旱育苗其实就是把育苗分成两个阶段进行。它是根据本地生育期间积温，采取比当地主栽品种主茎叶片多 1～2 片叶的品种，利用温室或在室内先无土育苗至 1.5 叶左右，再移栽到室外大棚内定植的一种育苗方法。

189. 水稻两段式旱育苗的优点是什么?

水稻两段式旱育苗的优点：一是可以充分利用积温和增加积温，解决寒地粳稻区积温不足与水稻生育安全的矛盾；二是可以利用生育期相对较长的品种，发挥水稻产量潜力，为提高产量奠定基础。

190. 水稻两段式旱育苗的主要技术要点是什么?

水稻两段式旱育苗技术在幼苗移栽至苗床以后与普通旱育苗技术基本一样，只是在幼苗移栽前不同，主要技术要点如下。

（1）品种的选择 应选择比当地主栽品种主茎叶片多 1～2 叶的优质、高产品种，但不应选择过于晚熟的品种。

（2）播种 在当地气温稳定通过 5℃时为适宜的移栽期。因此，播种期应在气温稳定通过 5℃前的 15～20 天。播种时选择适当的容器，采用无土栽培的方式进行。

（3）秧苗管理 出苗后要保证秧苗分布均匀，并有充足的水保证秧苗正常生长发育。

（4）移栽 当小苗长到 1.5 叶左右时，就可移栽到大棚里，密度要适中，移栽到大田的秧龄可根据需要灵活掌握。

191. 什么是水稻育秧三膜覆盖增温技术? 有何意义?

水稻育秧三膜覆盖技术是在水稻育秧过程中应用的一种大棚增温技术。主要技术要点是在 3 月中旬扣好大棚棚膜的基础上，秧田播种后在置床上先盖地膜，然后，在地膜上再扣 40～50 厘米高的小棚，上、中、下共计三层保温膜，故称为三膜覆盖技术。采用三膜覆盖技术一般可使置床温度比外界温度增加 10℃以上。

寒地水稻育秧的播种起始最低界限温度一般是外界气温稳定通过 5℃，大棚内气温稳定通过 12℃。寒地粳稻区早春气温回暖较慢，温度较低，而无霜期又较短，故水稻生育农时紧张，为确保水稻在有效农时范围内安全抽穗成熟，就必须提早育苗，在最低温度界限后及时按期播种。采取三膜覆盖技术，可以有效增加大棚内的温度，达到较好的增温保温的效果，使棚内温度达到水稻育苗的要求。因此，北方寒地稻作区育苗常常采用三膜覆盖技术。

192. 什么是高台大棚毯式旱育苗技术？

高台大棚毯式旱育苗技术主要是在本田建永久性 50 厘米高台苗床地，固定秧田。钢骨架大棚育秧，棚长 80～100 米、宽 10～12.5 米、高 3.3 米。采用棚燕尾槽开闭式肩部通风或卷帘器肩部通风技术，加强防风建设，培育壮苗。秧盘选用毯式秧盘（秧盘是由一个个方形小凹槽构成的，秧苗的根系将全部盘在小凹槽内，机械每次取苗正好取一个方形凹槽内的苗，秧苗根系盘在一起，不会出现撕裂根系的问题，不伤根、缓苗快）。其他技术措施与软盘旱育苗相同。

（二）播前准备

193. 水稻育苗播前需要做哪些准备工作？

水稻育苗播前应做好两项主要工作，一是总结上年的成功经验和失败教训，提出改进措施，根据实际情况，选择和搭配品种，确定育苗的方法和作业历；二是改善生产条件和准备充足的物资，如农膜、大棚骨架、种子、化肥、农肥、调制剂、壮秧剂及工具等。

（1）种子准备及种子处理 包括备选优质种子、做好发芽试验、晒种、盐水选种、包衣与浸种、催芽、晾芽和播种准备等。

（2）苗地准备及所需物资 首先选择苗地，整地做床，苗床施肥，苗床酸化（施用调制剂、壮秧剂）等。裸地育苗在浇足底水后即可播种。盘育苗（软盘、钵盘）在准备足够秧盘后，置床不必酸化，浇足底水，整平置床就可摆放秧盘。

（3）营养土及覆土准备 将优质腐熟细碎农家肥按比例与土混合，再加壮秧剂或调制剂调酸（此法不用加速效肥料，如使用硫酸调酸则应加氮、磷、钾等速效肥料），pH 调至 4.5～5.5，制成营养土，然后装盘或铺在隔离层上准备播种。覆盖土不加肥料也无须调酸。

（4）其他物料准备 包括农膜（或无纺布）、地膜、除草剂、架材、防风绳等。

194. 怎样选好秧田地？

选择秧田地应注意以下几个方面。

（1）地势与土质 选择地势高燥，土质肥沃、疏松，通透性适中，保肥保水性能好、草籽少、盐碱轻、pH 在 4.5～5.5、早春地温回升快、有机质含量较丰富的地块。不要选择低洼冷凉、盐碱重的地块。用作育苗的园田地禁止倒洗衣、洗脸水，种其他作物时禁施人粪尿等强碱性农肥。

（2）排灌水 水源方便，既能供水又能排水的地方最适宜育苗，如园田地、蔬菜地、靠近水源的旱作地。

（3）水田育苗注意 如在本田育苗，应避开返浆严重和草碳土质的漏风土。

195. 什么是工厂化育苗？

工厂化育苗是以先进的育苗设施和设备装备种苗生产车间，将现代环境调控技术、施肥灌溉技术、信息管理技术贯穿于种苗生产过程，在人工控制的最佳环境条件下，充分利用自然资源和科学化、标准化技术指标，运用机械化、自动化手段，使秧苗生产达到快速、高效、少本、质优、成批而稳定的水平，从而实现育苗的规模化生产。

工厂化育苗是随着现代农业的快速发展，农业生产规模化经营、专业化生产、机械化和自动化程度不断提高而出现的一项成熟的农业先进技术。工厂化育苗一般以大型日光温室、标准塑料大棚群为基础，拥有培养土配制混合机、苗盘播种机、育苗催芽室、绿化室、机械传送系统、秧苗生长控制系统及自动喷灌等设施，是水稻全程机械化生产的重要组成部分，是目前水稻规模化生产中采取的主要育苗方式。

196. 工厂化育苗基地如何选地、规划和建设？

工厂化育苗基地建设选地、规划设计和秧田地建设是三大重点。

（1）选地 以培育壮秧为目的，以便于管理为重点，根据本田的分布状况，选择地势平坦高燥、背风向阳、排水良好、有水源条件、土壤偏酸、比较肥沃且无农药残留的旱田，按本田面积的 1/80 左右的比例，建立适当集中的大棚或中棚育秧场地。

（2）规划设计 秧田选定后，要做好规划设计，确定水源（引水渠系或打井的位置）、晒水池、秧田道路（宽 3～4 米）、划定苗床地（大棚或中棚的宽度、棚间间隔）、堆放床土及积造堆肥用地、挖设排水系统（棚间及周围）、栽植防风林位置，做好秧田规划图等，为建立高标准工厂化育苗地创造条件。

（3）秧田地建设 按照规划设计，做好旱育秧田的基本建设，形成常年固定且具有井（水源）、池（晒水池）、床、路、沟（引水、排水）、场（堆肥场、堆床土场）、林（防风林）的规范化秧田，为旱育壮苗提供保证。特别是引、排水沟要做到沟沟相通，使苗床内及沟间积水及时排出，确保旱育状态。有条件的地方可架设储水罐，实施管道供水，微喷给水，提高旱育壮苗水平。

在秧田规范化建设上，应实现"二化"、48 字标准，即选地规范化、棚型标准化。做到：床体高台，床面平整；三级排水，沟沟相通；常年培肥，土肥早备；棚型规范，排列有序；道路畅通，功能齐全；机械精播，微喷给水。

197. 工厂化育苗中的"两秋三常年"是指什么？

根据寒地生态条件，为提高工厂化育苗水平，应采取"两秋三常年"的水稻育苗技术，为培育壮秧打下良好的基础。"两秋"即秧田秋整地、秋做床；"三常年"即秧田常年固定，常年培肥地力，常年培肥床土和积造有机肥。

通过"两秋"提高秧田的干土效果，缓解春季农时紧张，提高旱育秧田的质量，这是壮苗所必需的。具体做法是：在秋季前，将置床浅翻 15 厘米左右，并粗耙整平，按秧床的大小修成高 10 厘米左右的高床。同时挖好床周边排水沟，疏通秧田各级排水，为排除冬春积水做好准备，确保秧田呈旱田状态。

秧田的常年固定是实现工厂化育秧的前提和保证，只有秧田固定了，才能常年培肥地力，秧苗移栽后，要对秧田进行耕作施肥，栽种其他作物，达到培肥置床的目的。在夏秋季节要将床土及有机肥准备充足，为培育壮秧创造条件。

198. 水稻智能化育苗基地如何规划和建设？

水稻智能化育苗基地由智能催芽室、智能化水稻育苗大棚和智能控制室等组成。

（1）规划设计 水稻智能化育苗基地建设要严格按照环境适宜和集中连片的原则，科学规划、合理布局。项目地点要选择条件优越的水稻生产地作为创建基地，按照全面铺开、突出重点的原则确定智能化水稻育苗基地建设选址，结合现代农业建设要求形成规划科学、布局合理、管理规范、设计标准、示范面广的产业格局。

（2）建设 ①在确保智能化育苗基地建设质量的前提下，努力实现水稻育苗基地交通便利、排灌方便，道路硬化，秧田布局合理，实现电、井、池、床、路、沟、场、林综合配套的规范化秧田。②努力实现智能化催芽。智能化催芽主要利用机械化、智能化的设备，实现低温浸种、高温破胸、恒温催芽、室温凉芽的生产过程。③加快育苗标准化建设。从秧田耕作到种子加工、种子处理、置床处理、秧田播种、秧田管理、综合利用等项生产环节，实现秧田整地、集中浸种、集中催芽、精量播种、秧田追肥、秧田防病、秧田微喷、秧田调温、秧田除草等 100% 标准化作业。秧田管理人员适时按照水稻秧龄进行实施调温、控水等标准化作业。

199. 水稻园田地育苗应该注意哪些问题？

水稻园田地育苗应注意以下问题。

（1）浇透底水 园田地一般地势较高燥，土质疏松，水分易下渗，苗床常易出现旱象。因此，应浇透底水，经常检查，及时补水，防止立枯病发生。

（2）不施或少施肥料 园田地一般较肥沃，营养全，可不施或少施农家肥。如施农肥，必须用腐熟细肥，实行全层施肥，使土肥相融。追施化肥要少量多次，做到看苗施肥。

（3）重视土壤酸化 园田土 pH 大都在 7 左右，用于培育稻苗 pH 偏高，应施用土壤调制剂、壮秧剂等调酸，土壤 pH 调至 4.5～5.5 为宜。

（4）防治地下害虫害鼠 重点防治蝼蛄和鼠害。

200. 怎样计算育苗床数？

根据种植面积、育苗方式方法、秧田与本田的比例来确定苗床数。常规窄床育苗（15 米×1.1 米）秧田与本田的比例为 1∶(30～35)，宽床开闭式旱育苗，秧田与本田的比例为 1∶(60～80)。现行推广的软盘育苗和钵盘育苗，若按本田行穴距 30 厘米×13.3 厘米计算，每亩需 30 盘，秧田与本田比例为 1∶120，根据秧田与本田的比例即可计算出育苗床数。

201. 水稻播种前如何整地和做床？

水稻播种前应对苗床进行整地和做床，具体操作要求如下。

（1）整地 整地是育苗工作中至关重要的一环，能为秧苗生长创造良好的土壤条件和生态环境。整地时间春秋皆可，不提倡犁翻，最好进行旋耕松土。坚持旱整，旱找平。整地后，施优质腐熟的有机农肥，使之与土壤融为一体，混合均匀。

（2）做床 做床质量直接影响播种质量和秧田管理，做床时间春秋皆可，提倡秋整地、秋打床、秋施肥。要坚持旱整地、旱做床、旱找平，再施以优质腐熟细碎的农家肥。此外，还要施速效化肥，每平方米施硫酸铵 50 克、硫酸钾 25 克、过磷酸钙 80 克或磷酸二铵 15～20 克。施肥后一般进行"三刨二挠"，刨匀、挠细、搂平。要求床面平整、细碎、刮平。用石滚压实、压平，防止坑洼不平影响出苗。保持床高一致，挖好排水沟，防止内涝积水。春季做床，床面要达到平、直和实的要求，即平整：每 10 米² 内高低差不超过 0.5 厘米；直：置床边缘整齐一致，每 10 延长米误差不超过 1 厘米；实：置床上实下松、松实适度一致。通常置床高度 15～25 厘米，宽度 6～6.5 米。播种前应做好床土酸化处理。

202. 为什么要提前准备好育苗营养土？

一般情况下，旱育苗需事先备好营养土，否则，如果遭遇春涝或多雨，就会导致取土困难，营养土质量下降，进而导致成苗率低、草苗齐长等问题发生，所以，要利用农闲时间提早配制好水稻育苗营养土。

203. 水稻苗床营养土如何配制？

水稻苗床营养土是指人们按照水稻苗期的生长规律和营养特点所配制的育苗专用土。这种专用土能够满足秧苗生长期所需的所有养分，对培育壮秧有着十分重要的作用。目前，随着稻作产业的发展，苗床土的类型已由过去单一的传统营养土发展演变为多种类型。

营养土一般由肥沃的大田土与腐熟厩肥混合配制而成，随着水稻种植技术的改进，营养土的成分也不断发生变化，现在的营养土由土壤、有机肥、无机肥、有机酸或无机酸、化控剂等成分组成。

制作方法：按育苗所需营养土的数量，于夏天在庭院或地势相对平坦、干燥的场地，先铺一层土，再铺一层细碎的稻草和畜禽粪便，如此层层堆积后浇上水，使土潮湿，再在最顶层盖上土，最后覆上塑料薄膜进行高温发酵。当堆内温度达到 100℃时进行倒堆，之后继续扣膜发酵。待来年春季育秧时倒细过筛，再用硫酸进行调酸即可使用。

204. 水稻苗床营养土的作用是什么？

水稻苗床营养土主要起支撑秧苗、提供营养、消毒杀菌、改善秧苗根际环境等作用。一般在秋季作物收获后，取无农药残留的旱田土或水稻本田表土与腐熟的有机肥混拌而成。这样能够改变土壤的团粒结构，提高土壤通透性，有利于水稻根系伸长，同时混拌的化肥和有机肥能够满足水稻 3 叶期以前对营养的需求，为后期水稻产量形成打下基础。水稻苗床营养土中多数混拌福美双、甲霜灵、噁霉灵等土壤杀菌剂，能够有效遏制根腐病菌、立枯病菌等土壤中的有害菌的繁殖，起到防病、治病的作用。由于营养土是将整个苗期所需营养一次性施入，秧苗生长前期易发生营养过剩而徒长，所以营养土中多添加多效唑，控制前期秧苗的徒长。营养土中的酸能够将土壤 pH 调节到 4.5～5.5 水平，从而起到直接杀菌和促进杀菌剂功效的作用，同时促进秧苗根系土壤微量元素的释放，改变根系环境。

205. 水稻壮秧剂的使用及注意事项是什么？

水稻壮秧剂全称为水稻壮秧营养剂。它是在水稻育苗土壤调制剂的基础上研究出的一种新制剂，也是一种固体粉状酸性复合肥料。水稻壮秧剂中除含有硫酸、腐殖酸和全价肥料外，还含有杀菌剂、矮壮素、生根剂，其成品多为 2.5 千克一个包装，其中酸化剂及杀菌剂的含量占 0.25 千克。一般每袋壮秧剂供 18 米² 苗床使用。壮秧剂与营养土混匀后，可以装软盘 90 个，装钵盘 150 个，用量少，效果好，肥劲长。值得注意的是，使用时要与床土或营养土混拌均匀，用量根据说明书准确量取。壮秧剂的养分含量能满足 18 米² 苗床每平方米播种量 0.25～0.35 千克的秧苗需要，超过这个播种量，秧苗在 4 叶期左右应增补氮肥。

206. 床土为什么要消毒？怎样消毒？

床土消毒主要是防治苗期立枯病。旱育苗幼苗较易感染立枯病，故必须进行床土消毒。每 100m² 床土用 30％瑞苗青（24％噁霉灵＋6％甲霜灵）水剂、30％土菌消（30％噁霜灵）水剂或 3％育苗灵（3％甲霜·噁霜灵）水剂、移栽灵（10％噁霜灵＋10％稻瘟灵）乳油等消毒药剂 1.5～2.0 升，对水 5～10 千克喷施。

207. 床土为什么要调酸？怎样调酸？

水稻秧苗生长最适土壤 pH 是 4.5～5.5，单一型营养土（包括苗床土）的 pH 均高于 5.5，因此需要进行酸化。床土酸化处理具有防病、壮苗的作用。土壤酸化处理，可用调制剂、壮秧剂或浓硫酸。使用浓硫酸时，每 500 千克营养土需 3.5～4 千克 98％浓硫酸。配制时先将硫酸倒入少量水中进行稀释，再逐渐加大水量，配成硫酸的 6 倍液，使其量达 20 千克左右。然后把稀释的硫酸均匀地喷在摊开的营养土或苗床上。酸化营养土时边倒边搅，使其充分混匀。用 pH 试纸测试，pH 达到 4.5～5.5 后，堆闷 3 天，3 天后 pH 仍保持 4.5～5.5 即可使用。pH 小于 4.5 时有酸害，大于 5.5 时应再加酸调整，直到合格为止。

用硝基腐殖酸 7.5～8.7 千克，也可以达到让 500 千克营养土酸化为 pH

4.5～5.5 的目的。此外，用乙酸也可以对营养土进行酸化，但成本较高且乙酸挥发性大，不提倡使用。

208. 怎样防治地下害虫？

在摆盘前每百平方米置床用 2.5%溴氰菊酯乳油 2 毫升对水 6 千克喷洒，防治地下害虫。

209. 陆地旱育苗为什么要浇透底水？

陆地旱育苗，只要浇透底水，在上下土层间没有干隔子而全是湿土相接的情况下，出苗前就不必补水。否则，床土水分不足或不均匀，会影响出苗和齐苗。如发现床土表层干燥发白应及时补水。相反，床土湿度过大或返浆重的地块，应揭膜晾床，降低床面湿度，防止坏种烂芽。

210. 隔离层旱育苗为什么在摆盘前要将置床浇透水？

隔离层旱育苗是在整平的苗床上先铺一层隔离物，如编织袋、草纸、旧农膜、有孔地膜、无纺布或稻壳炭、腐熟的稻草等。在隔离物上再铺不低于 2 厘米厚的营养土，然后播种育苗。软盘育苗和钵盘育苗亦属隔离层育苗。

隔离层育苗的管理与软盘育苗相同。应格外注意的是对水分要求比较严格，在早春育苗，因地温低，幼苗出土后浇水常引起地温下降，并且浇水后苗床湿度大，易诱发病害，所以必须浇透底水；若在幼苗出土后补水，苗床水分过大，夜间温度高，又会诱发幼苗徒长，苗床浇水后还会造成地表板结，影响土壤通气状况，造成发根不良。

211. 软盘育苗每亩本田需要准备多少盘？怎样计算？

目前水稻育苗使用的软盘规格是统一的，长 58.0 厘米，宽 28.0 厘米，盘高 2.5 厘米。每亩本田所需软盘数计算如下：

秧盘面积＝58.0 厘米×28.0 厘米＝1 624.0 厘米^2

插秧机每穴取秧面积＝横向长×纵向长＝1.56 厘米×1.60 厘米≈2.50 厘米^2。

每盘取秧穴数＝1 624.0 厘米^2÷2.5 厘米^2＝650 穴。

本田每平方米插秧穴数一般 25～28 穴，按每平方米插 25 穴计算，每亩插秧穴数＝667 米^2×25 穴/米^2＝16 675 穴，每亩需盘数＝16 675 穴÷650 穴＝25.6 盘。

按每平方米插秧 28 穴计算，每亩插秧穴数＝667 米^2×28 穴/米^2＝18 676 穴，每亩需盘数＝18 676 穴÷650 穴＝28.7 盘。

在实际生产中，每亩大约需软盘 30 盘。

212. 钵盘育苗每亩本田需要多少盘？怎样计算？

目前，生产上推广的钵盘的规格和钵孔数稍有不同，各地都有一个大体上的经验数字，育苗时实际用钵盘量可按下面公式计算：

亩需钵盘数＝计划亩移栽穴数÷每盘钵体数×（1＋10%）。式中的 10% 是考虑漏播、缺苗等因素而增加的部分。例如，计划亩移栽 1.33 万穴，用 561 钵体盘，则亩用盘数量为 26 个。也可以用下面的公式计算：

亩需钵盘片（张）数＝计划亩移栽穴数÷每片（张）盘的钵体数÷成苗率。

213. 每栋标准育苗大棚需要多少龙骨架？怎样计算？

标准育苗大棚一般长 60 米，龙骨架间距可根据材质确定，60～80 厘米不等，需龙骨架的数量等于棚长除以间距加 1，例如计划间距 70 厘米，6000÷70＋1，约需 87 根。以此类推，就可以计算出每栋大棚需准备的龙骨架数量。插拱前，应把龙骨架加工好，架高要保持一致。

214. 每栋标准育苗大棚需要多少塑料薄膜？怎样计算？

标准育苗大棚一般为长 60 米，宽 6 米，高 2.2 米。可将大棚看成半个圆柱体，其表面积即为所需塑料薄膜的面积。

$$表面积＝[3.14×6×60＋3.14×(6÷2)^2×2]÷2$$
$$＝(1\,130.4＋3.14×9×2)÷2$$
$$＝(1\,130.4＋56.52)÷2$$
$$＝1\,186.92÷2$$
$$＝593.46(米^2)$$

即至少需要 593.46 米² 的塑料薄膜。

215. 软盘育苗怎样摆盘？

软盘育苗摆盘时将四周折好的子盘（普通钙塑纸盘）用模具整齐摆好，秧盘摆放做到横平竖直。子盘折起的四周与子盘底部垂直，盘与盘间衔接紧密，边上的盘用细土挤紧；边摆盘边装土，盘内装土厚度 2.5 厘米。盘土要厚薄一致，误差不超过 1 毫米。软盘底部紧贴在置床土上，不能有支空和塌陷。摆盘后浇透底水，水分渗干后等待播种。

216. 大棚育苗为什么要提前扣膜？

大棚育苗早扣棚、早化冻，可保证种子播在暖床上。和冷棚（没有提前扣膜的大棚）相比，提前扣棚，秧苗更快出齐，秧龄期 30～35 天即可栽插，冷棚育苗，由于地温低，秧苗生长缓慢，周期长，还会增加水稻秧苗的发病率。

（三）播种前种子处理

217. 如何因地制宜选择水稻品种？

在品种选择上遵循因地制宜的原则，是取得优质、高产和丰收的前提。要求从以下几方面入手：一是考虑外围条件，从当地的积温、年降水量、栽培水平、土壤肥力、水资源、病虫害发生等多种因素权衡来选择优良的品种；二是从水稻生育期实际情况出发，以安全抽穗期为中心，确定生育界限时期，切忌片面追求产量而选晚熟品种；三是要选择国家已经审定推广的优良品种，经过多年多点产量、抗病性、耐冷性以及品质鉴定后通过审定的品种种植起来风险极小；四是从品种自身特性考虑正确认识品种的丰产性；五是从市场经济需要出发选择米质优、出米率高符合市场需求的优质品种。

218. 水稻播种前怎样晒种？有什么作用及注意事项？

晒种一般应在浸种前 5～7 天进行。将种子薄薄地摊开在晒垫上或水泥地上，摊晒的种子厚度在 5 厘米左右较为适宜。晒种要趁阳光充足的晴好天气进行，一般晒 3 天左右即可。每天翻动 4 次以上，使种子干燥度一致。稻种在储藏期间，生命活动非常微弱。晒种有以下好处：①增强种皮透性，使种子内部获得更多氧气，提高种温，促进酶的活性，使淀粉降解为可溶性糖，提高芽势；②使种子含水量一致，促进整齐萌发；③降低种子内限制发芽的抑制物质（如谷壳内酯 A 和 B、离层酸和香草酸等）浓度，提高发芽率；④利用紫外光杀死附着种子表面的病菌；⑤排除种子储藏期间因呼吸作用积累的二氧化碳等废气。

晒种时注意：种子摊铺要薄，定时翻动，做到均匀一致。翻动时禁止使用铁锹，防止谷壳破损。不同品种应分别场地晾晒，以免品种混杂。晚上要用苫布盖好，防止露水打湿种子，同时关注天气，做好防雨。

219. 选种有哪些方法？如何操作？

通过选种可以去瘪留饱，缩小种谷间质量差距，使其萌发整齐、苗体强健。

选种的方法：①结合晒种进行风选或筛选，去除杂质和部分空秕粒，提高种子净度。②浸种时，利用一定浓度的比重液选种。生产上大可采用不同的比重液选种，溶质与水的比例盐水为 25∶100、硫酸铵水为 24∶100、泥水为 40∶100，选种后，要用清水洗种。采用盐水选种时，选种液的比重粳稻一般应是或大于 1.10，籼稻一般应是或大于 1.06。盐水选种液可在每 1 升水中加 20 克食盐配制。在配好的盐水选种液中放入新鲜鸡蛋，浮出水面面积为 2 分硬币大小，即可确认比重为 1.13。选种过程中，比重液的浓度会逐渐变稀，应注意及时补充食盐以确保比重相对恒定。经比重液选种后的种子，一定要用清水冲洗 2 遍，除去附在种子上的盐，否则将影响发芽。

220. 为什么播种前要测定种子的发芽率和发芽势?

种子在储藏过程中受到温度、湿度等外界条件的影响，其生命力会产生不同程度的降低，甚至受到化肥、农药等化学物质的污染而全部或部分丧失生命力。若不经检查就盲目播种，有时由于发芽率低或发芽势弱而出苗不齐，出苗和成苗率低，秧苗数量不足，会给生产造成重大损失。因此，播种前必须做好种子发芽率和发芽势的测定。

221. 怎样测定种子发芽率和发芽势?

随机取有代表性的种子样品 300 粒，充分混合，再分成 3 组，每组 100 粒，放在铺有滤纸或脱脂棉的发芽皿内，加足水后，放置于恒温箱内，使其温度保持在 28~30℃条件下，第 5 天计算发芽势，第 7 天计算发芽率，求出各组平均值即为样品种子的发芽势和发芽率。计算公式如下：

发芽势＝（规定时间内发芽种子粒数÷供试种子粒数）×100%

发芽率＝（发芽种子粒数÷供试种子粒数）×100%

国家标准要求：发芽势应达到 75% 以上，发芽率应达到 85% 以上，最好达到 95% 以上。

在广大农村，农户多不具备恒温箱，可用暖水瓶做简易快速的发芽试验。取 100 粒饱满的种子放在暖水瓶中，水温调到 32℃浸泡 24 小时，然后用煮沸过的纱布包好，吊在暖水瓶塞上。暖水瓶塞上再插上一支温度计，观察瓶内温度，瓶内水温为 32℃，装水高度为瓶高的 1/3~1/2，不要使种子浸水，并经常更换瓶中热水，保持瓶内温度在 32℃左右，经过 3 天种子即可发芽，可初步掌握种子的发芽率高低。另一种更为快捷的办法是选取 100 粒饱满的种子，去壳后把糙米放在装有 25℃温水的暖水瓶中浸泡 4 小时，然后用煮沸过的纱布包好，吊在暖水瓶塞上，在 25℃温水的暖水瓶中催芽 24 小时，就可以初步掌握种子的发芽率。

北方地区很多农村都有火炕或暖气片，也可以取一定数量的种子，用 30℃温水浸泡 3～4 小时后，装在消过毒的纱布袋中，把装有种子的纱布袋放置在罐头瓶中，把罐头瓶放在炕上或暖气片上加温，瓶上要盖被子或衣物保温，温度保持在 28～30℃左右，注意给种子补水，2～3 天后，种子即可发芽，可初步判断种子发芽率的高低。

222. 水稻为什么需要浸种？浸好种的标志是什么？

水稻种子吸水可分为 3 个阶段。第 1 阶段为急剧吸水的物理吸胀过程。这一阶段中吸收种子萌动所需水分的一半以上；第 2 阶段是缓慢吸水的生物学过程，种子处于酶的剧烈活动、物质转化等萌动时期；第 3 阶段是大量吸水的新器官生长过程，由于幼芽生长迅速，吸收水分较多。

浸种是水稻种子吸水的第 1 阶段，北方粳稻种子吸水要达到其本身重量的 30%～40%才能顺利发芽。如果没有足够的水分，适当的温湿度和充足的空气，种子就不能从休眠状态转化为萌芽状态，而吸足水分是种子萌动的第一步。种子在干燥时，含水量很低，细胞原生质呈凝胶状态，代谢活动非常微弱。只有吸足水分，使种皮膨胀软化，氧气溶于水中，随水分吸收渗透到种子细胞内，才能增强胚和胚乳的呼吸作用。原生质也随水分的增加由凝胶变为溶胶，自由水增多，代谢加强，在一系列酶的作用下，使胚乳储藏的复杂的不溶性物质转变为简单的可溶性物质，供幼小器官生长需要。有了水分也便于有机物质迅速运送到生长中的幼芽、幼根中去，加速种子发芽进程。所以把好浸种关，是搞好催芽工作的重要环节。

浸好种的标志是：稻壳颜色变深，种子呈半透明状态，透过颖壳可以看到腹白和种胚，米粒易捏断，手捻成粉末，没有生芯。

223. 水稻浸种催芽的技术要点有哪些？

浸种：浸种时水层应高于种子 20 厘米，液温保持 10～15℃。最好用尼龙纱网袋，装成宽松种子袋。浸种要求为种子提供 80～100℃积温（积温算法为每 24 小时为一周期，每保持一周期的恒温条件即计为有效积温，例如水温恒温达 10℃时需要 8～10 天，水温恒温达到 15℃时需要 6～7 天）。浸种过程中，每天应将种子袋捞出，沥出水分，使种子与空气充分接触，时间为 1 小时，为种子提供氧气，控制厌氧呼吸。重新放回时，种子袋应互换位置，以保证种子吸水速度一致。

催芽：催芽要做到"快、齐、匀、壮"，芽长不超过 2 毫米，以 90%种子破胸露白为宜；催芽时保证种子内外、上下温度均匀一致，破胸温度为 32℃，催芽温度为 25～28℃。完成催芽的种子要在大棚或室内常温条件下晾芽，注意晾芽时不能在阳光直射条件下进行，温度不能过高，严防种芽过长，不能晾芽过度，15～20℃条件下晾芽3～6小时，严防干芽。

224. 什么是智能催芽车间？

智能催芽车间是由自动化生产管理温室、浸种催芽及热水箱、智能复用动态组合式电加热设备、无人值守远程监控系统等四部分构成。其主要作用是实现低温浸种、高温破胸、恒温催芽、室温凉芽的生产过程。

225. 智能催芽车间的工艺流程是什么？

（1）计划浸种时间 根据不同用户的水稻播种计划，合理安排浸种、催芽的批次及时间。播种前12～15天开始浸种，浸种前10～15天农户将种子送到催芽基地，进行取样备份、测试发芽率、分装、登记及安排浸种催芽时间。

（2）种子精选 利用晴好天气晒种2～3天，增强种皮透性；选种工作实行"两统一"，即统一购盐，统一盐选；选用的盐水比重为1.13。每选一次都要测试盐水的比重，确保选种质量。

（3）浸种箱注水 清选后的种子放入网袋，装种量为不超过10千克/袋为宜。组织专业人员按照同一品种装入同一浸种箱内，码为井字垛，垛与浸种箱四周预留10厘米的间距；种子装箱后技术人员通过设置自动程序进行注水，以水面高出种子10～20厘米为宜。

（4）浸种箱加药 注水完毕后，按100千克种子加25%氰烯菌酯悬浮剂25毫升＋0.15%天然芸苔素乳油20毫升，对水120千克的比例配制药液，并将配好的药液均匀泼洒到浸种箱内。

（5）自动恒温浸种 按照浸种标准第1阶段水温要求控制在11℃左右，自动控制系统温度设定上限值12℃、下限值10℃。

（6）浸种达标 浸好种子的标志是稻壳颜色变深，种子呈半透明状，透过稻壳可以看到腹白和种胚，米粒易捏断，手捻成粉末，没有生芯。

（7）排尽药液 浸种完毕后，通过自动程序打开排水阀，循环泵排出浸种箱内的药液。

（8）注入清水、种子升温 浸种药液排出后加入设定的高温水，对种子进行循环浸泡，升温并清洗残存药剂，循环浸泡半个小时，把水排掉。保持浸种箱底部水面高度为20厘米，不接触种子为准。

（9）高温破胸 操作自动控制系统将温度设定在上限值33℃、下限值31℃，时间为10～12小时。这一过程结束时，种子已经露白。

（10）破胸达标 专业技术人员对催芽箱进行逐一检查验收。当种子85%破胸后进入下一阶段。

(11) 出芽 将温度控制在 25～28℃，持续时间为 10～12 小时，待芽根成"双山"形，种芽长度控制在 2 毫米以内。

(12) 出芽达标 专业技术人员对催芽箱进行检查验收，待 90% 种子出芽时停止加温，继续喷淋循环降温至 15～20℃ 晾芽 3～6 小时，严防干芽。

(13) 出库调拨 种子出芽完毕后，通知农户到催芽基地进行交接，领取催芽后的种子。

226. 智能催芽车间的优缺点是什么？

智能化浸种催芽具有安全性高、浸催一体化、温风控制智能化、催芽农艺标准化、催芽全程机械化等多方面优势，具体表现在：①计算机程序自动控制、弱流喷淋实现恒温增氧，催芽过程全面实现精确自动控制，可操作性强，安全性能高；②种子在浸种催芽过程中一次灌袋、装箱、码垛不用翻倒，减少劳动强度，浸种催芽全过程是在有氧状态下运行，减少种子自身养分消耗，实现了浸种催芽一体化；③温控卷帘通风系统，大棚自动换气调温系统，温度、湿度智能监控系统，实现了日光温室的光照、通风和温度控制智能化；④浸种催芽容量大，效率高、产量大，种子浸种效果良好、完全达到浸种要求，并通过催芽使出芽整齐、均匀度一致，保证了催芽效果，实现了催芽农艺标准化要求；⑤催芽全程机械化，有利于对先进技术的推广和应用，便于管理和技术服务，提高了水稻育秧全程机械化标准；⑥可做到统供种芽，适合长距离运输，实现精量播种，节约用种；⑦可做到早浸、早催、早育，利于抢农时、夺积温，播种后具有出苗整齐、苗根壮、秧苗素质高等优势，充分发挥中早熟品种的增产潜力，有利于实现"高产、高质、高效"的三高农业。

缺点：一是智能催芽车间所需设备较多，一次性投资大，成本高；二是对种子的质量要求较高，三是生产者需要掌握相关的育苗技术。

227. 智能催芽车间与小型催芽器有什么区别？

水稻标准化智能浸种催芽车间是通过电脑及相关软件管理的技术，对浸种催芽整个过程实施计算机自动调节，实现控温、控水等全自动化设定，科学控制浸种催芽全程操作。具有集中管理、标准一致、根芽整齐一致、稳定性高、生产效率高等优点。

相比较而言，小型催芽器生产效率低，人工劳动强度大，不便管理，并伴有受热、受氧不均，出芽不一致等弊端。

228. 使用智能催芽车间催芽应该注意什么问题？

一是保证浸种时间，种子一定要按照技术标准浸透，切忌为了赶进度自行缩短浸种时间或提高浸种温度。二是保证催芽时浸种液循环次数，增加气体交换。三是正确把握芽种出箱时机，芽长达到 1.5 厘米时要注入一次 18～20℃ 的温水，延缓根芽生长速度，待芽长 1.7 厘米左右时立即出箱。四是按照技术标准进行晾芽，要经常倒堆，保证芽种堆各处温度一致。五是浸种液要经常更换，浸种液多次循环使用会使种子表皮内的毒素进入浸种液中并不断累积，从而抑制种子发芽。六是经常检查内循环管道是否阻塞，避免烫伤种子。七是在手动作业时可以将温度 22℃ 左右的温水先导入破胸结束的催芽箱中进行降温，然后再将水抽出导入其他准备破胸的催芽箱中，水在导入导出的过程中经过热量转换，达到了增温的效果，不但节约生产成本，而且提高工作效率。八是强化工作人员业务学习，通过培训等方式进一步提高专业水平，增强责任心，保证浸种催芽工作安全、高效地完成。

229. 水稻浸种时间和标准如何确定？

水稻浸种时间长短与浸种水温的高低有关。水温高浸种时间短，水温低浸种时间长，对于烘干种子来说，浸种时间比自然干燥种子要长。如水温 30℃，浸种需 2～3 天；水温 20℃，浸种约需 5 天；水温 15℃，浸种约需 7 天；水温 10℃ 时，浸种需 9～10 天；提倡在水温 12℃ 左右浸种 7～9 天（浸种天数乘以水温接近 100℃ 就可以了）。

230. 药剂浸种的注意要点有哪些？

水稻药剂浸种是控制水稻恶苗病、干尖线虫病的有效方法。为了减少不必要的损失，必须注意以下 4 点：①严格掌握浸种药剂浓度，一般 10 千克药液加新高脂膜浸 5 千克种子，能驱避地下病虫，隔离病毒感染，不影响种子萌发吸胀功能，增强呼吸强度，提高种子发芽率。②浸种在水温 15～20℃ 条件下进行，浸 5～7 天。③先配好药液并搅匀，然后放入种子，再搅动一遍，不可先用水浸种再投药。④药剂浸好的种子不宜用清水冲洗，应直接催芽播种，以免降低药效。

231. 怎样用种子消毒法防治水稻恶苗病？

防治恶苗病应以种子消毒为重点，杀菌时种子包衣和浸种同时进行。用有效防治立枯病、恶苗病等水稻苗期病害的水稻种衣剂拌种。每 100 千克种子用 62.5 克/升精甲·咯菌腈悬浮种衣剂（亮盾）18.75～25 克，折合用制剂 300～400 克，加 2 千克水混合稀释，与种子充分拌匀经 48 小时风干后浸种。用 25% 氰烯菌酯悬浮剂 25 毫升＋0.15% 天然芸苔素乳油 20 毫升，对水 120 千克配制成浸种药液，将拌好的种子 100 千克浸入，在水温 15～20℃ 条件下消毒 5～7 天，每天搅拌 1～2 次。

232. 为什么药剂浸种还要种子包衣？

在药剂浸种过程中有些病菌不能被彻底杀除，如恶苗病菌，所以在浸种前先进行种子包衣消毒，待药膜完全固化后方可浸种，从而起到二次杀菌的作用。

233. 种子包衣时应该注意什么问题？

种子包衣多使用拌种机进行，操作时应注意认真调试加水量和转数，确保拌种均匀，一般每分钟转动 30～35 转，摇 5 分钟为宜。

234. 哪种种衣剂效果好？

目前市面销售的亮盾种衣剂、火龙神种衣剂、护苗种衣剂等杀菌效果都较好。

235. 种衣剂的作用是什么？

一般情况下种衣剂是由杀菌剂、植物生长调节剂、抗寒剂、微量元素、成膜剂等组成。包衣后的水稻种子可有效预防水稻苗期病害，如立枯病、恶苗病等，对水稻种子有很强的保护作用。

236. 为什么说高温催芽容易传染恶苗病？

温度是影响恶苗病发生的最主要外因，恶苗病菌侵害寄主以 35℃最适宜，诱发徒长以 31℃最为显著，在 25℃下病苗则大为减少。低温可阻止病害的发生，而较高温度则有利于病害症状的出现。凡高温催芽，苗床高温管理的恶苗病一般发生重。

温度过高易导致稻芽过长，播种时芽易受伤，恶苗病菌容易侵染受伤的幼芽，造成病害发生，因此催芽过程要注意温度控制在 32℃左右，不要超过 35℃，芽不能催得过长，最好状态是芽呈双山状。

（四）播　　种

237. 如何确定育苗播种期？

水稻保温旱育苗，在气温稳定通过 5～6℃后开始育苗播种（盖地膜、棚膜后增温到 12℃以上），黑龙江省一般在 4 月中、下旬，最佳播种期为 4 月

15～25 日。也可以用插秧期倒算日数确定播种期。播种期主要根据下列因素确定。

（1）根据水稻安全齐穗期来确定　由于各地温光条件不同，栽培水平也有差异，因此，各地的安全齐穗期不同，这是确定育秧播种期的基本要素。

（2）根据适宜插秧期来确定　在确定安全齐穗期的基础之上，根据水稻的生长发育规律和安全齐穗期的临界期，确定水稻适宜的插秧期，再以此确定适宜的育苗播种期。

（3）根据适宜的秧龄期来确定　一般高产栽培适宜的秧龄期应占该品种生育期的 1/4 左右。但根据育苗方式和栽培方法的不同，秧龄期的变化很大。秧苗为 4.5～5.5 叶，秧龄期为 45 天左右。盘育苗插秧的秧苗应是 3.1～3.5 叶，秧龄期 30～35 天。而乳苗抛栽的适宜秧龄期则只有 7 天。

此外，还应根据当地气候条件、水情、劳力、种植面积、移栽方法、移栽进度和品种的熟期搭配等各种因素综合考虑，灵活掌握。

238. 如何确定适宜的播种量？

播种量多少对秧苗素质影响极大，不论秧苗的生理功能还是形态结构都与播种量有关。

播种量的确定应考虑播种季节、育苗方式、秧龄长短、气温高低、品种特性、栽培方法和对秧苗分蘖的要求等因素。原则上是秧龄长宜稀播，反之可适当密播；育苗期间气温高、秧苗生长快宜稀播，气温低可适当密播；叶宽的品种比叶窄的品种播量要相对稀一些；要求培育带蘖壮秧移植的要适当稀播，反之可适当密播；手插秧比机插秧要稀播；陆地育苗比盘育苗要适当稀播。

239. 育苗播种有哪些方式？

育苗播种主要有机械播种和人工播种两种方式。

240. 各种育苗方式的适宜播种量是多少？

各种育苗方式的适宜播种量不同，忽略种子千粒重的差异，以下为 4 种育苗方式的播种量：

（1）旱育苗　手插秧，常规稻每平方米播芽种 300 克；杂交稻每平方米播芽种 250 克。

（2）盘育苗机插秧　2.1～2.5 叶小苗，每盘播芽种（即催芽湿种）160 克左右；3.1～3.5 叶中苗，每盘播芽种 100～120 克。

（3）盘育苗手插秧　3～3.5 叶中苗，每盘播芽种 60 克；4.1～4.5 叶大苗，每盘播芽种 40 克左右。

（4）钵盘育苗 每钵孔播种 3～5 粒，主要用于抛秧。

241. 播种后覆多厚土适宜?

播种时将种子适当铺匀并压入土中，用过筛无草籽的沃土盖严种子，覆土厚度 0.7 厘米，以不露种子为准，覆土厚薄应一致。

242. 播种后怎样浇水?

播种后出苗前保湿不积水，如发现积水或干裂及时揭布晾床或浇水。1 叶 1 心期开始浇水，但避免浇水过勤。2 叶 1 心期以后，防止床干裂（早晨叶尖不吐水珠），及时补水。要选择早晚浇水，一次性浇足浇透，避免中午高温时浇水。

243. 播种后怎样施用除草剂?

苗床封闭效果差、稗草多时，在水稻 1.5～2.5 叶期、稗草 2 叶期，用 10％氰氟草酯（千金）乳油 60 毫升/亩与 48％灭草松（排草丹）水剂 160～180 毫升/亩混配，对水 15 升/亩茎叶处理，或用 16％敌稗乳油对水喷雾，防治稗草和阔叶杂草。如秧田阔叶杂草较少时，则可只选择千金等杀稗剂防除稗草。不提倡播后苗床封闭除草，避免苗床除草剂药害。

244. 播种后需要覆盖地膜吗?

为了防止旱育苗遭遇低温冷害和夜间遭遇霜冻，播种覆土后应在床面平铺地膜。当出苗 80％左右时，应立即撤掉地膜，防止烧苗。

245. 怎样防治苗床鼠害?

防鼠一般采用投放灭鼠药的办法。根据灭鼠药进入鼠体后作用快慢，分为急、慢性两类。①急性灭鼠药，又称急性单剂量灭鼠药，鼠类一次吃够致死量的毒饵就可致死。这类药的优点是作用快、粮食消耗少，但对人、畜不安全，容易引起二次中毒，同时在灭鼠过程中老鼠死之前反应较激烈易引起其他鼠的警觉，故灭效不及慢性鼠药。这类药有磷化锌、氟乙酰胺、毒鼠磷、毒鼠强、溴代毒鼠磷、溴甲灵、敌溴灵等。氟乙酰胺和毒鼠强由于毒性强，无特效解毒剂，很容易引起人、畜中毒，国家已明令禁用。②慢性灭鼠药，又称缓效灭鼠药，可分第一代、第二代抗凝血灭鼠剂。第一代抗凝血灭鼠剂如敌鼠钠盐、杀鼠灵、杀鼠迷（立克命）、杀鼠酮、氯敌鼠等，如要达到理想灭鼠效果就要连续几天投药。第二代抗凝血灭鼠剂的急性毒力相对较强，老鼠吃二次、三次就可致死，且对第一代灭鼠药有抗性鼠也能杀灭。这类药有溴敌隆、大隆、杀它仗、硫敌隆等。可根据鼠害发生程度、药剂使用说明书投放使用。

（五）旱育苗床管理技术

246. 种子播后至出苗前田间管理注意事项有哪些？

（1）做好育苗棚保温 为保证早出苗、出齐苗，旱育苗出苗前要做好苗床保温工作。主要是增加薄膜的透光性和防止因作业及大风等造成的破损，发现破损应及时修补，及时清除农膜上的积雪和灰尘。有寒潮时，夜间应在农膜上加盖草包片或草苫，但要防止压垮塑料棚和拱架。

（2）及时补水或晾床 播种前只要浇透底水，在上下土层没有干隔子而湿土相接的情况下，出苗前不必补水。否则，床土水分不足或不均匀，会影响出苗和齐苗。如发现表土干燥发白应及时补水。相反，床土湿度过大或返浆重的地块，应揭膜晾床，降低床面湿度，防止坏种烂芽。

（3）防治蝼蛄 在苗床喷施 2.5％溴氰菊酯乳油（敌杀死），施药后高温闷床，可有效杀死蝼蛄。详见水稻病虫草害防治部分。

（4）适时揭膜 立针后（或虽没出苗，但气温高于 20℃时），应及时揭除衬铺在床面上的地膜，防止高温烧苗。揭除地膜的同时，要浇一次水，这是非常重要的。

247. 揭膜后至移栽前田间管理注意事项有哪些？

旱育苗揭膜初期，先不要把农膜撤走，如有低温寒潮来袭，可以临时遮盖护苗，防止秧苗受损。待气温稳定上升时再撤走农膜。

（1）水的管理 揭膜后外界湿度小，秧苗蒸腾作用增强，苗床极易缺水，应视情况及时补水，做到一次补足。

（2）肥药管理 秧苗 2 叶 1 心期要追施 1 次氮肥，以后追肥视苗情而定。原则是看苗色、苗的长势灵活施肥。如秧苗发黄，植株矮小、瘦弱，则应追肥。每次追肥数量以每平方米 50 克硫酸铵为宜。因旱育苗不建立水层，以追施硫酸铵水溶液为好。每次追肥后都要用清水淋苗，洗去叶面上黏附的肥料，以防肥害伤苗。当然也可撒施，但要均匀，撒后要浇水。无论秧苗长势如何，插秧之前 3～4 天都要施 1 次送嫁肥，以利于插后返青，提早分蘖。

插秧前结合其他田间作业，拔除 1 次大草。为预防潜叶蝇的发生和为害，应在插秧前 3～4 天喷施一次乐果或阿维菌素，用法用量按农药使用说明操作和掌握。

248. 苗床温度管理有哪几个重要时期？怎样操作？

苗床温度管理有 3 个重要时期：①种子根发育期。此期要求密封保温，但棚内温度不宜超过 32℃，超过此温度时立即打开大棚两头通风，下午 4～5 时关闭通风口。当秧田出苗 80％时，在早晨 8 时前或下午 4 时后由床端揭去地膜，严防中午高温时段揭膜，避免阳光灼伤秧苗。如果地膜揭得过晚，使水稻第 1 片叶因高温而导致灼伤，将影响培育健壮秧苗。②第 1 完全叶伸长期。此期要求棚温控制在 22～25℃，最高温度不超过 28℃，最低温度不低于 10℃，应及时通风炼苗，晴好天气自早 8 时至下午 3 时，要打开棚头和通风口，炼苗控长；如遇冻害，早晨应提早通风，缓解冻叶枯萎。③离乳期（2～3 叶期）。2 叶期棚温控制在 22～25℃，最高不超过 25℃；3 叶期 20～22℃，最高温度不超过 25℃，最低温度不低于 10℃，预防秧苗徒长和高温烧苗。遇到低温要加覆盖物，预防冷害。此期要多设通风口，大通风炼苗，棚内湿度大时下雨天也要通风炼苗。要掌握"低温有病，高温要命"的道理，在连续低温过后开始晴天时，要提早开口通风，防止立枯病发生；高温天气也要提早通风，严防高温徒长；如遇冻害，也要提早开口通风，缓解叶尖萎蔫。在秧苗 2.5 叶期根据气温，逐步加大通风量，棚温不要超过 25℃，防止早熟品种发生早穗，最低气温高于 7℃时可昼夜通风。

249. 如何做好苗床的水分管理？

水分控制是旱育秧壮秧的中心环节和成败关键。旱育秧在秧苗不同叶龄期对水分的反应和需求不同，水分管理要针对不同叶龄期分阶段采取措施。

(1) 播种出苗至齐苗期　影响种子出苗及出苗率的主要因素是土壤湿度、温度和病虫害。旱育秧出苗不齐和出苗率不高的主要原因是水分控制不当。土壤水分对出苗率和出苗速度影响极大。芽谷播种后，土壤含水量必须达到一定水平才能出苗，超过该水平，随着土壤含水量增至某一限度后，出苗率趋于平稳，所以齐苗前一定要保持床土相对含水量在 70％～80％，但不同品种出苗对土壤水分要求有明显差异。

(2) 及时揭膜，及时补水　播种后一般 7 天左右便可齐苗，齐苗后应适时揭去苗床上的薄膜。揭膜时间不当，秧苗往往因环境空气湿度骤降，叶面蒸腾作用加大，而根部吸水供应不上，导致生理青枯死苗。因此，应看天气揭膜，要求晴天傍晚揭、阴天上午揭、雨天雨前揭，边揭膜边喷一次透水，以弥补土壤水分的不足。

(3) 齐苗至移栽前　以控水控苗为主。秧苗幼苗期不同阶段对水分胁迫的忍耐力差异很大。1、2 叶期秧苗营养仍由胚乳供给，对外界周围环境反应不敏感，对水分胁迫有较大的忍耐性。2、3 叶的幼小苗，处于离乳期，秧苗必须完成从自养到异养的转变，此时秧苗对水分亏缺忍耐力最差，是旱育秧对水分亏缺最敏感的时期，也是防止死苗、提高成苗率的关键时期，秧田水分补充要在正确诊断的基础上进行，缺水及时补，不可随意用水，同时控制秧苗茎叶徒长和促进根系健壮生长，使秧苗达到壮苗标准。

250. 苗床中"干长根，湿长芽"的原因是什么？

种子萌发时，根生长与芽生长是两种不同的生长方式。芽的生长主要是胚芽鞘细胞伸长，需要能量较少，只要有充足的水分，在无氧条件下通过无氧呼吸也可进行。而根的生长，虽然也有细胞的伸长，但主要靠细胞分裂。细胞分裂需要大量的蛋白质等有机物质供应，这些物质转化和参与合成新器官，需要较多能量。没有充足的氧气供应，呼吸作用受到限制，细胞分裂不能进行，根也就无法生长。所以，有氧长根，无氧长芽，"干长根，湿长芽"的说法是有道理的。在生产上，秧苗前期管理要处理好秧苗扎根与立针的关系。在秧田管理中，芽期必须坚持土壤湿润，不大水漫灌和不淹水。

251. 旱育苗出苗前后怎样进行通风炼苗？

（1）种子根发育期　从播种后到第 1 完全叶露尖，若超过 32℃，应适当通风，防止高温烧芽。如遇低温冷害，可在苗床上增加棉被或使用其他增温设施。当秧田出苗达 80% 左右时及时撤出地膜，遇高温时可酌情提早撤地膜，以免灼伤叶片。

（2）第 1 叶完全伸长期　从第 1 完全叶露尖到叶枕抽出（叶片完全展开到 1 叶 1 心），棚内温度超过 28℃时肩部通风，如果风大应背风侧通风。

（3）离乳期　从 2 叶露尖到 3 叶展开，经 2 个叶龄期，特别是在 2.5 叶期，温度不应超过 25℃，以免出现早穗现象。调节床温的方法是通风炼苗，按适温要求通风口由小到大，最好是采用肩部通风。

（4）移栽前准备期　秧苗 3 叶期以后，白天气温逐渐升高，晴朗天气可以昼揭夜盖，秧苗 3.5 叶期以后，外界平均气温稳定在 12℃以上，预报近期无寒潮侵袭时，可以彻底除去棚膜，通风炼苗，适应外界温度，但应预防突发霜冻。

252. 育苗秧田标准化管理的四个关键时期分别是什么？

第一个关键时期：种子根发育期。主要是指播种后到不完全叶抽出的时间，需 7～9 天，此期以培育种子根健壮生育为主，要求根系长得粗、长得长、须根多、根毛多。突出"育苗先育根，育根先育种子根"的原则。种子根仅 1 条，种子根充分发育则秧苗茎基部变粗，吸收能力增强，秧苗能早期超重（离乳期前超过种子重量）分蘖芽发育好。种子根是在鞘叶和不完全叶伸长期起养分、水分吸收作用，种子根发育得好，须根、根毛就多，吸收能力旺盛，酶的活性增强，不仅秧苗素质提高，鞘叶节根也能达到预期数量。在浇透底水的条件下，此期一般不必浇水。如发现秧田局部出苗顶盖要及时敲落；床表干燥发白要及时浇水；如湿度过大，要清沟排水或揭膜晾床。

第二个关键时期：第 1 完全叶伸长期。从第 1 完全叶露尖到叶枕露出，叶片完全展开，需 5～7 天，管理重点是地上部控制第 1 叶鞘高度，中苗不超过 3 厘米，大苗不超过 2.5 厘米，地下部促发与第 1 叶同伸的鞘叶节 5 条根系。床土过干处适量喷浇补水，一般保持旱田状态。补水时水温最好在 15℃以上。此期根系尚未伸入置床，故不宜过早控水。

第三个关键时期：离乳期（2～3 叶期）。从第 2 叶露尖到第 3 叶展开，需 10～14 天，经历两个叶龄期，此期胚乳营养已基本耗尽，而至离乳期。第 2 叶生长较快，第 3 叶生长较慢。管理重点是促发地下部与第 2～3 叶同伸的不完全叶节 8 条根系健壮生长，控制好地上部第 2 叶鞘高度在 4 厘米左右，第 3 叶叶鞘高度在 5 厘米左右，即第 1 叶与第 2 叶、第 2 叶与第 3 叶的叶耳间距各 1 厘米左右，防止茎叶徒长。秧田水分的补充，要在正确诊断的基础上进行，缺水及时补，不可随意用水。一般在水稻根系生长正常的情况下，要"三看"浇水：一看早、晚叶尖有无水珠；二看午间高温时新展开叶片是否卷曲；三看床土表面是否发白。如早晚不吐水，午间新展开叶片卷曲、床土表面发白，表明苗床缺水，应进行补水。宜浇水时间以早晨为好，补水采用喷浇的方法实施，不可以沟灌润床，更不可大水漫床，并要一次浇透，不要少浇勤浇，防止床表板结。尤其应避免低温天气和夜间水分过多，以促进不完全叶节长出较多的根。

第四个关键时期：移栽前准备期。秧苗从 3.1 叶到 3.5 叶期，时间需 3～4 天。在不使秧苗萎蔫的情况下，不浇水，蹲苗壮根，以利移栽后返青快、分蘖早。在移栽前一天，做好秧苗"三带"，一带肥，每平方米于插前头一天施磷酸二铵 125～150 克；二带药，用噻虫嗪（25％阿克泰）或阿维菌素对水喷雾处理，预防潜叶蝇；三带生物肥（天然芸苔素等），壮苗促蘖。

253. 如何进行苗床除草？

在秧苗 1.5 叶、杂草 2～3 叶时，每百平方米用 10％氰氟草酯乳油 12 毫升加水喷雾，如果有阔叶杂草，每百平方米加 48％排草丹乳油 25 毫升，对水 3～5 千克喷雾防治。不提倡秧田播后封闭灭草，严防除草剂药害发生。

254. 什么是移栽前的送嫁肥？怎样施用？

"送嫁肥"又叫"起身肥"，是秧苗临近移栽的一次施肥。这次施肥的目的是使秧苗移栽后能迅速返青。秧苗发根力的强弱决定于根原基形成的数目，而根原基的分化又与秧苗体内碳、氮水平有关。如秧苗碳、氮水平低，即使秧苗适龄发根力也低。地上部含氮水平高，则蛋白质、核酸等含氮有机物质丰富，则根原基分化快而多，根细胞增殖快，移栽后能很快发生大量新根。当然，发根力的强弱也与糖分含量（即碳水化合物含量，由碳水平高低来衡量）有关，需要一定的含糖水平以保证根生长的能量供应。秧苗体内糖分含量高，不仅发根强，返青快，秧苗体细胞渗透压也高，束缚水含量多，秧苗老健，抗植伤，抗高温日晒。但是，秧苗移栽后的最初几天光合作用较弱，生产的糖分较少，这就要求秧苗移栽之前体内应储藏一定数量的糖类。"送嫁肥"既能增加根原基数量，促进秧苗光合作用，提高碳素水平，也可提供发根所需的足够的能量，促进根细胞快速分裂，加快根的生长。"送嫁肥"一般在移栽前 5 天左右施用。

施"送嫁肥"必须注意施用时间和施用量。如施得早，在秧田大批新根已发，易造成植伤；施得晚，起不了送嫁的作用。施肥量也并非越多越好，而是叶色转绿不发黑，增氮不耗糖。氮过量，秧苗过于柔嫩，反而植伤重而不易返青。一般叶色不太黄的话，每平方米施硫酸铵 50 克即可。生产实践证明，使用磷酸二铵比硫酸铵更好。肥力高秧苗生长好的秧田也可不施"送嫁肥"。天气没有晴稳也不宜追施肥。

255. 什么是插秧前"秧苗三带"？

插秧前的"秧苗三带"工作是一项省工、省药、省肥的有效措施，按标准完成"秧苗三带"工作对插秧后秧苗的返青、分蘖与防病有着重要意义。"秧苗三带"为带肥、带药、带生物肥。移栽前一天带磷：每平方米苗床施磷酸二铵 125～150 克，少量喷水使肥料溶于苗床；带药：每百平方米施 40％乐果乳油 150 毫升或 70％吡虫啉水分散粒剂 6～8 克或 25％噻虫嗪水分散粒剂 6～8 克，对水 3 千克喷洒，预防潜叶蝇；带生物肥：每棚施 0.15％天然芸苔素 1 克，或其他生物肥按产品说明书使用。

256. 水稻旱育壮秧的标准是什么？

水稻旱育壮秧各类秧苗壮秧标准如下。

机插旱育中苗：叶龄 3.1～3.5 叶，秧龄 30～35 天，苗高 13 厘米左右，茎基宽不超过 3 毫米，第 1 叶鞘高 3 厘米以内，1 叶和 2 叶的叶耳间距 1 厘米左右，2 叶和 3 叶的叶耳间距 1 厘米左右，3 叶长 8 厘米左右，根数 10 条以上。百株地上干重 3 克以上。

人工手插大苗：叶龄 4.1～4.5 叶，秧龄 35～40 天，苗高 17 厘米左右，带 1～2 个分蘖，茎基宽 3～4 毫米，第 1 叶鞘高 3 厘米以内，3 个叶耳间距各为 1 厘米左右，第 4 叶叶长 11 厘米左右，根数 15～20 条。百株地上干重 4 克以上。

257. 苗床中常见的灾害有哪些?

苗床中常见的灾害有温度灾害，包括低温、霜冻、高温；化学药剂灾害，包括除草剂药害、矮壮素药害；营养土调理剂药害，包括多磷症、缺素症，以及其他灾害，如细菌性褐斑病、僵苗、烂秧、盐碱害。

258. 烧苗现象如何处理?

烧苗指的是因施肥过多引起的一种秧苗生长异常现象。施肥过多往往整床或一块块地不出苗或苗长得高矮不齐。表现为苗根系短、黑，不扎根，严重时出苗后立针期或长到 2 叶后停止生长，并从第 1 叶开始向上变黄。遇到这样的苗，在不受冻害的前提下尽可能早揭膜、大揭膜，白天反复浇水，晚盖膜，直到苗床的肥洗掉一部分，稻苗发新根后再进行正常管理。

259. "风扫苗"与青枯病的区别是什么?

正常通风炼苗情况下，遇到大风，通风口附近的稻叶瞬间失水造成叶尖打卷，而后枯死，俗称"风扫苗"。"风扫苗"一般表现为，通风口附近徒长苗的最大叶的叶尖开始失水打卷，而后干枯发白死亡。肉眼观察，"风扫苗"和青枯病的区别是"风扫苗"根系发育正常，只有叶尖打卷。而青枯病是几乎整个植株的叶片都打卷。

260. 烤苗（叶烫伤）现象如何处理?

烤苗指的是由于温度过高导致茎叶发黄的现象。在苗床里采用加盖平铺塑料膜的双膜育苗方法时多易出现烤苗现象，所以采用双膜法育苗时，刚出苗就应立即去掉平铺的塑料膜。如果发生烤苗现象，不要轻易毁苗，因为土壤的温度比棚内气温低，有时稻苗的茎叶虽然被烤死，但生长点并不一定死亡。只要生长点不死，每平方米追施 50 克硫酸铵和生根剂，在 30℃ 以下保证适宜湿度，便可促进稻苗生长。待稻苗长出 2 叶后开始进入正常管理，这样缓过来的苗，虽然算不上壮苗，但比重新播种效果好。

261. 何为水稻立枯病？立枯病有几种类型？

水稻秧苗立枯病是一种常见病害，主要是秧苗受到低温冷害和土壤带菌而诱发。立枯病分为生理性立枯病和病理性立枯病两种。生理性立枯病主要发病原因为秧苗对土壤酸碱度及水、肥、气、热条件不适，而出现立枯症状，表现为植株矮化、变黄、新根少或无新根，发病轻时，苗床秧苗变黄，发病中心成锅底状黄化，重时秧苗成片枯死。病理性立枯病是由于土壤中病原真菌侵染引发，主要病原为镰孢菌（*Fusarium* spp.）、立枯丝核菌（*Rhizoctonia solani* Kühn.）和腐霉菌（*Pythium* spp.），在北方水稻旱育秧田，主要病原为腐霉菌。病理性立枯病表现为秧苗植株基部腐烂、矮化、黄化，用手拔时植株根部易断。是不是立枯病，首先看稻苗心叶叶尖上有没有水珠或变黄，其次是把病苗连根拔起，掰开看根和茎的连接处，茎的中心变黑就是立枯病。立枯病一般先是心叶不吸水、变黄，严重时整株变黄死亡。两种立枯病对水稻秧苗危害都很严重，如发现晚，防治方法不当，防治不及时，都易引起整片秧苗死亡。

262. 水稻立枯病如何防治？

水稻立枯病一旦发生很难防治，故在防治上应掌握"预防为主，综合防治"的原则。主要防治措施如下：①选择背风向阳，土壤通透性好，地势平坦，排灌方便的育秧地。②床土配制。要求床土有机质含量高、肥沃、疏松、偏酸性，如酸度不够，要进行土壤调酸。调节土壤 pH 在 4.5～5.5 之间，当达到 6 以上时应喷浇酸化水，可用 95％浓硫酸 1 000 倍液 2～3 千克/米²。用杀菌剂进行床土消毒，可采用 30％噁·精甲 2 毫升/米² 或 3％甲霜灵 15～20 毫升/米² 或 30％瑞苗清 1 毫升/米² 或 20％移栽灵水剂 3 毫升/米²，对水 2～3 千克喷洒。不用尿素做底肥。③播种密度要适当，根据品种特性和环境条件确定密度，既不要过密也不要过稀。④防治秧苗立枯病关键是避免秧苗遭受低温冷害和受冻，注意秧苗保温。⑤在秧苗 1 叶 1 心和 2 叶 1 心期，如发生立枯病可喷施 25％锌柠·络氨铜粉剂（立枯净）、64％噁霉·菌酯粉剂（立枯灵）、3％甲霜·噁霉灵水剂（广枯灵）或 68％噁霉·福美双微乳剂（苗病清）等防治。目前防治立枯病最有效的药剂是噁霉灵与甲霜灵混用或甲霜·噁霉灵复配制剂。

263. 何为水稻秧苗青枯病？如何防治？

水稻青枯病主要是管理不当引起的生理性病害。管理秧苗时通风少，温度高，浇水多就易引起稻苗徒长。这样的苗因地上部长得过大，地下部的根系供水能力小于地上部茎叶蒸发水的水平时稻叶就打卷，严重时就得青枯病。

防治的方法是平时苗床管理上应多通风、早通风，控制温度和湿度。如果秧苗已经徒长、稻苗打卷，千万不能在气温高时突然进行大通风或中午时分揭膜浇水，应当在出太阳前开始小通风，运用晚盖膜等方法控制床内温度，促进稻苗根系生长，让稻苗适应环境，以后慢慢扩大通风量。如果青枯病和立枯病混合发生，应按照防治青枯病的方法进行管理，同时还要打药防治立枯病。

264. 何为水稻恶苗病？主要症状怎样？

水稻恶苗病又叫徒长病，属真菌性病害，病原菌有性时期为子囊菌门赤霉菌属，无性时期为镰孢属。旱育秧较水育秧发病重，增施氮肥会刺激该病发展，施用未腐熟有机肥的稻田发病重。全国各主要稻区都有该病发生，为害较重。主要引致秧苗及成株徒长，病株一般在抽穗前死亡，即使有的轻病株能生长到抽穗结实，穗粒既小又少，产量很低。

主要症状：水稻从秧苗期到抽穗期都有发生，一般在苗期发病率高，为害严重。苗期表现为病株徒长，细弱，叶片、叶鞘狭长，淡黄绿色；节间显著伸长，节部外露，在基部产生淡红色或白色粉状物，后期可见蓝色小颗粒。发病秧苗常枯萎死亡，未枯死的病苗为淡黄绿色，细长，一般高出健苗 1/3 左右，根部发育不良，根毛减少，分蘖少，甚至不分蘖。成株期表现为移栽后 1 个月左右开始出现症状，病株叶色淡黄绿色，节间显著伸长，节部弯曲，在节上生出许多倒生须根。发病重的病株，一般在抽穗前枯死，轻病株虽能抽穗，但穗小粒少，或成白穗。

265. 恶苗病有什么发病规律？怎样防治？

恶苗病属真菌病害，是种传病害，由赤霉菌引起。影响恶苗病发生的主要原因如下。

(1) 气候原因 此病与土温关系较大。育苗至出苗期间土壤温度 30～35℃时，病苗出现最多，旱育秧比水育秧发病重。

(2) 品种特性 不同水稻品种对恶苗病抗病性有差异，但无免疫品种。

(3) 栽培管理 播种密度大，或增施氮肥有利于发病；脱粒时受伤的种子或移栽时受伤的秧苗都易于发病。浸种或包衣时药剂选择不当，催芽时温度过高也易发病。

防治方法主要有：

(1) 建立无病留种田 在留种田及附近生产田发现病苗或病株，应及时拔除，以防传播蔓延。

(2) 药剂防治 ①种子包衣：每 100 千克种子用 62.5 克/升精甲·咯菌腈

悬浮种衣剂制剂 300～400 克，加 2 千克水混合稀释，与种子充分拌匀经 48 小时风干后浸种。②药剂浸种：用 25％氰烯菌酯悬浮剂 25 毫升＋0.15％天然芸苔素乳油 20 毫升，对水 120 千克，浸选好的种子 100 千克，在水温 15～20℃条件下浸种消毒 5～7 天，每天搅拌 1～2 次。

266. 什么是水稻细菌性褐斑病？如何防治？

水稻细菌性褐斑病的病原为丁香假单胞菌丁香致病变种，属细菌。春季温度低是该病发生的主要原因。主要症状是在苗期为害水稻的第 2 叶和第 3 叶，严重时第 1 叶上也有病斑；病斑呈褐色水渍状小点，在叶的背面与正面病斑形状和大小基本一致，随着病情发展，病斑渐渐地扩大成纺锤形、椭圆形或不规则形条斑；病斑为赤褐色至黑褐色，早晨露水退去之后，病斑周围有水纹。

水稻细菌性褐斑病原菌在种子和病组织中越冬，即主要的侵染源；病原从叶片的水孔、气孔侵入，随着秧苗密度的加大，通风时互相碰撞造成伤口，是该病的主要传播方式。该病在 20℃时潜育期为 3 天，病菌在 20～30℃下生长良好。最适 pH 为 6.2～7.6，酸性土有利于病害的发生。如不把已经发病的苗床上的病害防治好，在插秧后病菌会在本田侵染更多的健康苗，就会造成该病在本田中、后期的大流行，前期的病害是后期病害的菌源。

水稻细菌性褐斑病的防治方法：用 50％氯溴异氰尿酸可溶性粉剂（灭菌成）1 000 倍液浸种 24 小时以上，而后捞出种子，再正常浸种催芽，可有效防治苗期的细菌性褐斑病。在田间发现病叶时，及时用 50％氯溴异氰尿酸可溶性粉剂（灭菌成）60 克＋专用助剂 15 毫升稀释为 2 000～2 500 倍液喷雾，喷液量为每百平方米 30 升。治疗见效后的表现为：病斑中心呈白色，周围褐色，病斑周围的水渍纹褪去，中心发白后，变得干枯，沿叶脉开裂，不再侵染健苗。

267. 苗床中出现肥害如何处理？

苗床中出现肥害症状：整床或一块块地不出苗或秧苗长的高矮不齐。受肥害的苗根系短、黑，不扎根，严重时出苗后立针期或长到 2 叶期后停止生长并从第 1 叶开始向上变黄。防治方法：遇到这样的苗，在不受冻害的前提下，尽可能早揭膜、大揭膜，白天反复浇水，晚上盖膜，直到使苗床的肥洗掉一部分，促进稻苗扎根，等到稻苗发新根后再进行正常管理。

268. 苗床中出现缺锌症和缺钾症如何处理？

水稻苗期缺锌表现为心叶基部和叶脉失绿褪色，叶片中间出现椭圆形棕色小斑点，甚至新叶呈黄白色，苗根表现为黄多白少，植株长势差。调治方法是：对缺锌苗的叶面喷施 $0.1\% \sim 0.2\%$ 硫酸锌，间隔 7 天喷 1 次，连喷 2～3 次。

水稻苗期缺钾表现为苗秧矮小、瘦弱、呈暗绿色，有时叶片呈淡紫色，基部叶片尖端和叶缘发生红褐色小斑点。主根和分枝根均短而细弱。严重时叶片自尖端向下逐渐变赤褐色枯死，故称"缺钾型"赤枯死。调治方法是：对缺钾的秧苗每亩用磷酸二氢钾 100～150 克，对水 30～40 千克叶面喷雾，间隔 7 天喷 1 次，连喷 2～3 次。

269. 苗床中烂秧的主要症状有哪些？

烂秧可分为生理性烂秧和传染性烂秧。

生理性烂秧包括：①烂种：播种后，种子尚未发芽就腐烂了。②烂芽：芽谷下田后，尚未转青就死亡。幼根、幼芽发生卷曲，并逐渐呈黄褐色，生长停止，严重时，幼根腐烂，幼芽变褐枯死，或下弯成钩状。受害较轻者，在天气转暖时，幼芽基部又出现绿色，重新长出新叶。在北方稻区秧田内还常发生黑根病。播种后 1～2 周，种壳及种根表面变黑，周围土壤变黑并有强烈臭味。③烂苗：多发生在 2～3 叶期，指秧苗受低温冻害严重者，一旦天气骤晴，出现青枯死苗，先心叶筒卷，逐渐基部呈污绿色，叶色较青，最后萎蔫死亡。受害轻者，从叶尖到基部，从老叶到嫩叶逐步变黄，最后呈黄枯死苗。

传染性烂秧包括：①立枯病。多发生在温差大或低温发芽不良的情况下，幼芽、幼根变褐、扭曲、腐烂，2～3 叶期病苗根暗白色有黄褐色坏死，茎基变褐，软化腐烂，心叶萎垂卷缩，全株黄褐枯死。病苗茎基部有白色、粉红色霉状物或灰黑色霉状物。②绵腐病。秧苗生长初期遭冻害，又在污水灌溉及长期深灌条件下，在种根种芽基部颖壳破口处产生乳白色胶状物，逐渐向四周长出放射状白色绵毛状物。

270. 苗床中烂秧怎样防治？

防治苗床中烂秧，以提高育秧技术，改善环境条件，加强田间管理，增强幼苗的抵抗能力，适时进行药剂防治为原则。具体要求是：①选择抗逆性强的水稻品种。②提高秧田质量。选背风向阳、土质好、平整、排灌方便的地块做秧田；多施彻底腐熟的有机肥做基肥，提高土壤通透性。碱性土壤注意用硫黄或壮秧剂调酸，并尽量不用尿素做底肥。③播种前做好晒种、选种工作。④适时播种。抢寒流尾暖头播种，播种要均匀不要过密，注意覆膜保温保湿。⑤科学管水。前期湿润灌水，中期（现青到 3 叶期）浅水保湿，后期（3 叶后）浅水勤灌。遇大风降温天气，深水护秧，寒流过后立即排水。⑥加强管理。盖膜秧田揭膜不要太快，注意适时通风炼苗，下雨天或早晚温度低时再覆膜保暖。做好 2 叶 1 心期追施速效肥。⑦药剂防治。以预防为主，在秧苗 1 叶 1 心期，用 70％敌磺钠可湿性粉剂 700 倍液预防，始病期用该药的 200～400 倍液喷雾防治；也可用 50％多菌灵 800 倍液或 50％硫菌灵 1 000 倍液喷雾防治。施药前排水，药后 2 天内不灌水。

271. 水稻苗期冻害的症状有哪些？发生原因是什么？

水稻种子在棚内如果遇到－4℃气温，靠塑料膜和土壤的保温性能不会发生冻害，但出苗后，如果气温降至－4℃，稻苗容易受冻害。秧苗受冻害有以下几种原因：一是通风炼苗比较晚，没有及时关棚；二是棚膜比较薄；三是大棚走向与风向一致。

水稻秧苗受冻害的症状：受冻害比较严重时，水稻上部叶片呈暗绿色水渍状，2～3 天后叶片失绿呈白色枯死，并且受害部下移至叶鞘，7 天后有新叶抽出。受冻害较轻时，水稻上半部叶片受冻，2～3 天后叶片呈黄白色，下部叶片尚有生命力，受害部也不会下移，生长不会受到太大影响。

272. 预防冻害发生的措施有哪些？

（1）三膜覆盖　采取苗床铺盖地膜，并在苗床上设立小拱棚进行三膜覆盖增温。

（2）及时关棚、浇水　根据天气情况，如气温降到 0℃以下，要在下午 3 时前及时关闭棚膜储存温度，以抵御寒冷，预防冻害。另外，头一天浇水可以有效地减轻冻害的发生，苗床越干冻害越重。

（3）取火增温　如遇到－4℃以下的低温，除及时关棚以外，还要在凌晨 1～2 点用手盆生火，提高棚内温度，也可在棚内两端点燃蜡烛取火升温，有条件的也可以在棚内两端拉亮电灯或点燃液化气炉，用以取暖升温，预防冻害的发生。

（4）施肥调节　对已经发生冻害的苗床，可以叶面喷施生根宝、生根粉或磷酸二氢钾等叶面肥，促进秧苗生长。

（5）管理　发生冻害的苗床，切记捂棚管理，要进行正常的温度、水分管理，等心叶展开，出现 3 片活叶时可及时插秧。

273. 什么是水稻僵苗？怎样发生的？症状有哪些？

水稻僵苗又叫发僵，是在水稻分蘖期出现的一种不正常的生长状态，表现为分蘖生长迟缓、稻丛簇立、叶片僵缩、根条生长受阻、植株生长停滞，导致穗小而轻，影响产量的提高。在早稻生育前期，由于气温、水温、土温均较低，僵苗现象发生普遍。

僵苗主要有缺磷、缺钾、缺锌、冷害、中毒、泡土、药害等类型。

(1) 缺磷僵苗 ①施肥单一化，重氮轻磷或稻田土壤有效磷含量低。②低温或冷浸田，根系活力差，吸磷能力减弱。③还原性有毒物质抑制磷素的吸水。

症状：生长缓慢，迟迟不分蘖，叶片直立、短，叶稍长，叶色暗绿或灰绿，下部叶色紫红。严重时叶片沿纵脉稍呈纵状卷缩，远看暗绿中带灰紫色或蓝紫色。根系少、生长细弱、呈褐色，无白根。

(2) 缺钾僵苗 氮、钾比例失调，施肥时氮、磷、钾配合不当，常与中毒和冷害相伴发生。水稻缺钾引起的僵苗一般是在稻苗返青后就会出现，在移栽后 20～30 天内达到高峰。

症状：生长停滞，分蘖少，植株矮小，下部叶片从叶尖向叶基逐渐出现黄褐色到赤褐色斑点，并连成条斑。严重时，叶片自下而上出现叶缘破裂的症状以至于枯死。稻根老化腐朽，细根容易脱落，新根少，呈黄褐色，后变黑发臭腐烂。

(3) 缺锌僵苗 ①环境温度过低，土壤有效锌含量过低。②土壤 pH 增高时，锌的有效性降低。③长期偏施化肥，大量施用磷肥，由于磷、锌的拮抗作用，发生磷酸锌化学沉淀。

水稻缺锌引起的僵苗症出现在插秧后 2～4 周之内，以 20 天左右的发病率为较高。

症状：①新叶褪绿发白，新出叶变小，基部叶片叶尖干枯，叶片中段出现褐色锈斑，使叶子容易脱落，进而锈斑扩大，整株色赤焦干，远看一片焦红。②出叶速度显著减慢，分蘖少而迟，植株矮小，发根力弱。

(4) 冷害型僵苗

寒害型冷害：①由寒潮侵袭引起。②插秧太早，一般认为最高气温不超过 20℃是发生僵苗的温度条件。

症状：秧苗不发，新老叶尖干枯，受害秧苗嫩叶常见水渍状。有窝状死苗和夹丛死苗症状。

冷浆型冻害：土温、水温过低。山区的冷稻田、烂泥田、山阴田易发生冷害型僵苗，这类田因长期淹水，泥温低，当遇连续低温天气时，便加剧了僵苗的发生。

症状：栽后迟迟不返青，生长受阻，稻丛簇立，稻株细长软弱，分蘖迟缓，叶片尖端有褐色不规则斑点，从叶尖向基部沿边缘枯焦，脚叶发黄；稻根褐色，软绵，白根少而细。

(5) 中毒型僵苗 ①未腐熟的有机肥用量过多或耕翻过迟。②耕层土壤长期积水，导致还原物质的积累，如硫化氢、有机酸、二价铁、甲烷等有毒物质毒害稻根，阻碍根系呼吸和养分吸收。

症状：①地上部落黄不转青，老叶尖枯焦，稻丛簇立，不发株。②根深褐色，发臭，有黑根和畸形根。

(6) 泡土型僵苗 常见于长期淹水，耕层糊烂，泥脚很深的烂泥、冷浸田，以及犁耙过烂的旱地新开田。

症状：由于耕层糊烂，插后稻苗随浮泥下陷，地下节伸长，根位上移，造成转青慢，分蘖迟，株丛矮小，全株枯黄，黑根增多。

(7) 药害僵苗 主要原因是前茬田连续使用碘酰脲类及其复配的除草剂，增加了土壤农药残留，抑制稻根生长，降低稻根吸收能力，从而引起僵苗。

症状：秧苗根系生长发育不正常，易形成"鸡爪根"，叶色变淡，叶片枯黄，极少分蘖，稻株僵缩。

274. 什么是早穗?

早穗是指秧苗在苗床上就已经进行穗分化，插到本田以后很快就抽穗、开花并结实的现象。这样的稻株矮小，叶片小，穗少而小，每穗粒数也少，产量很低。

早穗多发生在感温性较强的水稻品种上，一般在达到"双二五"条件时发生，即在育秧阶段的 2.5 叶期，棚温连续超过 25℃时发生。因为这种条件使水稻提前进入生育转变，即叶的生长点提前变为穗的生长点，因而移入本田后再长 3 片叶就抽穗。有早穗发生的田块一般减产 10%～20%。在寒地稻作区一般在 6 月 25 日至 7 月 3 日期间抽穗的，均为早穗。

275. 为什么会发生早穗现象? 怎样预防早穗的发生?

不同类型的水稻品种对温度、光照的反应不同。早熟品种对温度反应敏感，高温会促进生育而使生育期缩短。秧苗密度过大、秧龄过长、生长环境恶化、营养不足尤其是氮肥供应不足、磷肥过量、水分不足等都会促使幼穗提早分化，提早出穗，产生早穗现象。

要防止早穗发生，应以预防为主：①早穗主要发生在早熟或极早熟感温性强的品种上。栽培这样的品种时要适期播种，稀播种，育壮苗，供应充足的养分，不使秧龄过长，及时插秧。②引种上首先要了解品种特性，北半球北种南引会使生育期缩短，从而提早出穗，引种时应加以注意。同纬度海拔相同或相近地区引种，成功概率大。同纬度从高海拔向低海拔引种，生育期也会提早，引生育期较晚的品种，成功的可能性大些。

276. 在秧田上施药可以防治本田期的潜叶蝇吗?

潜叶蝇对水稻的为害时期正处在水稻秧苗末期和本田初期,如防治不及时,就会造成危害,轻则延迟缓苗时间,重则成片枯死,造成缺苗,影响产量。因此,最好是在插秧前,在秧田上施药剂防治。使用的药剂应为具有内吸作用的杀虫剂,如用 1.8%阿维菌素乳油 30~40 毫升对水喷雾。苗田防治潜叶蝇,可以防止秧苗把虫卵和幼虫带入本田,减少本田防治面积。而且在秧田期施药,秧苗集中,防治面积小,省工、省药、及时,缓解插秧期间劳力紧张的矛盾。

277. 在苗床水分管理中常说"宁干勿湿"是什么道理?

俗话说"干长根,湿长苗"。苗床土适当的干燥,对根系的生长有促进作用。苗床湿度大,难以提高地温;空气湿度大,抑制了幼苗的蒸腾作用,影响其对水分、养分的吸收和运输;同时,低温高湿也容易诱发病害。但如果长期缺水,光合作用下降,其他生理活动受到抑制,容易形成僵苗。因此,床土干湿要适宜。

苗床浇水要做到:底水多浇,苗水少浇;晴天多浇,阴天少浇;风大多浇,风小少浇;后床多浇,前床少浇。浇水量要把握"白天湿,夜间干;有风湿,无风干;晴天湿,阴雨干"的原则。若床内湿度较大,要加强通风,减少苗床湿度;在低温天气,可撒干灰、干细土或干草吸潮。

278. 在苗床温度管理中常说"宁冷勿热"是什么道理?

苗床湿度过高会出现捂苗现象,地上部生长很快,而地下根部生长很慢,地上部与地下部生长失调,地上部叶长叶宽,蒸腾作用很强,地下根部吸水满足不了地上部蒸腾作用之需,就会发生生理失水,导致立枯病和青枯病发生而死苗,严重时全田秧苗枯死。因此,无论阴天下雨还是刮风,在 1 叶 1 心以后都必须坚持通风炼苗。育苗先育根,低温炼苗,可促进根系生长,增强秧苗抵御极端温度的能力。

279. 在软盘育苗中置床上长出节节草等旱田杂草怎样处理?

若在摆盘前置床上有节节草等旱田杂草生长,每栋大棚喷施 10%吡嘧磺隆可湿性粉剂(草克星)20~40 克,可防止杂草发生。也可人工手动拔除。

280. 苗床出现白苗是怎么回事?

(1)地膜揭膜过晚,膜内高温高湿,供氧不足,鞘叶伸长加快,叶绿素来不及形成，成为白芽，而幼根发育受阻，则形成有芽无根的畸形芽。立针期及时揭膜晾床，降低床内温度，增加氧气供应，可使白芽绿化，促进根系发育。

（2）覆土过厚或"顶盖"易产生白苗，覆盖用土应控制在 0.7～1.0 厘米厚，及时敲落"顶盖"并适当补水。对于覆土过厚造成的白苗，只要不是湿度过大（湿度过大晾床），不需要任何处理就可以正常转绿。

（3）连续低温、阴雨天、缺乏光照，导致叶绿素合成受阻，易出现白苗。

（4）苗床封闭药害初期表现白苗。

（5）取用的床土内有长残留除草剂，产生药害，表现为白苗。

（6）苗床碱性大、水偏碱、使用草木灰等，使秧苗缺素，不能够很好地吸收营养元素锌、铁等，易产生白苗。

（7）施入未腐熟的有机肥，后期腐烂导致土壤缺氧，使秧苗缺素，影响秧苗对营养元素的吸收，导致出现白苗。

281．苗床管理中需要施肥吗？什么样情况下施肥？

秧苗临近 2 叶期前后胚乳养分已消耗 70%～80%。因此，在施底肥的基础上，应在 1 叶 1 心期和 2 叶 1 心期各追施一次氮肥（依情况决定次数），可用尿素 2～3 克/盘或用硫酸铵 5 克/盘对水稀释 250 倍，喷施后用清水冲洗叶面，以防肥伤叶片，也可以选用叶面肥补充营养。

秧苗在移栽前 3～4 天要"三带"：一带肥，每 100 米² 追施磷酸二铵 10～12 千克，少量喷水使肥粘在苗床上，以提高秧苗的发根力，使秧苗尽快返青；二带药，为预防移栽后潜叶蝇危害，每 100 米² 苗床用 70% 吡虫啉水分散粒剂（艾美乐）6～8 克或每 100 米² 苗床用 25% 噻虫嗪水分散粒剂（阿克泰）6～8 克，对水喷洒；三带生物肥，按使用说明用量施用天然芸苔素等，以壮苗促蘖。

282．苗床出现旱田杂草怎样防治？

水稻秧田防治杂草的方法有播后芽前土壤封闭处理、出苗后灭草及在插秧前人工拔除杂草。播后苗前土壤封闭，一般多用丁草胺，每百平方米用 60% 丁草胺乳油 15～20 毫升，对水均匀喷在覆土表面，喷后立即覆盖农膜，保持床土湿润。出苗后如仍有较多杂草，可喷施 16% 敌稗乳油，每百平方米用 150 毫升，对水 6 千克，于稗草 2 叶期喷施可灭除稗草、马唐、狗尾草等多种禾本科杂草，也可灭除多种阔叶杂草，并且对扁秆藨草也有一定的除治效果，只是对双稃草除治效果差；还可用 10% 氰氟草酯乳油每百平方米用 12～20 毫升，对水 6 千克喷施，可灭除稗草、马唐、狗尾草等各种禾本科杂草，对双稃草除治效果也很好，氰氟草酯的优点是对秧苗高度安全，缺点是杀草谱较窄、成本较高；最好用 2.5%五氟磺草胺乳油每百平方米用 7~10 毫升，对水 5 千克喷施，可灭除稗草和狗尾草等禾本科杂草，只是对双稃草、马唐和牛筋草除治效果较差，也可灭除多种阔叶杂草，并且对扁秆蘸草也有很好的除治效果。五氟磺草胺杀草谱较宽，是目前较为理想的稻田苗后除草剂。

（编写人员：陈书强、薛菁芳、赵海新、杨丽敏、杜晓东、周通、蔡永盛）

三、寒地粳稻移栽技术

（一）稻田设计

283. 稻田灌排渠道设计有哪些基本要求？

稻田灌排渠道设计的基本要求：遇旱有水、遇涝能排，同时还能满足防洪、发电、养殖等综合利用。具体要求：一是具有稳定的渠床，使渠道有足够的输水能力；二是具有足够的水位，以控制全部灌溉面积内的稻田地面高度。渠道的纵断面和横断面的设计是相互联系、互为条件的，需要反复计算和比较，才能确定一个合理的方案。

284. 稻田灌排渠系的规划有什么作用？

稻田灌排渠系的规划是稻田设计的重要环节。合理的稻田灌排渠系规划，可以有效地利用水资源，调节稻田土壤水分状况，提高土壤理化性质，为水稻高产稳产创造良好的环境条件。

285. 稻田渠系规划的原则是什么？

稻田渠系规划的原则主要有以下五个方面：

（1）稻田渠系的规划要有利用于水资源的综合利用，在保证农田灌溉用水的同时还要做到小型发电、养鱼等多种经营的开发利用。

（2）渠系规划要充分发挥灌溉土地和提高水资源利用率的作用，在保证稻田基本用水及工程质量的前提下，尽量减少水利工程的数量和造价，减少工程占地面积。

（3）渠系规划应与土壤改良措施相结合，特别在沼泽化和盐碱化地区更应注意。没有通畅的排灌系统，即使是结构良好的土壤，种植水稻多年后，也会盐碱化。

（4）渠系规划还应与作物种植及耕作区划相结合，合理安排渠道的使用，以免发生争水纠纷。

（5）进行规划时必须使灌水、排水或泄水系统相结合，与大区引江河水的干渠和排水的支渠体系相连接。同时，应综合考虑道路、防护林带等因素。

286. 稻田灌排渠系的干、支、斗、农、毛渠是怎样定义的?

稻田灌排渠系是将水从水源通过各级灌溉渠道（管道）和建筑物输送到田间，或是通过各级排水沟道排除田间多余水分的农田水利设施。灌排渠系是由干、支、斗、农、毛 5 级渠道组成。其中干渠是指与灌溉水源直接相连的断面最大的渠道，控制着整个灌溉区域；支渠是指更进一步分配水流，一般控制一个灌溉分区，当灌溉区域划分为几个分区时原则上就有几条支渠；斗渠与农渠是深入灌溉基层，直接向用水单位配水的渠道，其中农渠是从斗渠取水并分配到田间的最末一级固定渠道，控制范围一般是一个耕作单元，如平原地区一般控制面积为 200～600 亩，山区则相对小一些；毛渠是指在灌溉田块上布置的一种临时性或半固定性的渠道，灌排毛渠把灌溉地块划分为若干个条田，直接把水输入或排出田地。

287. 稻田灌排渠系是由哪几部分组成的?

稻田灌排渠系的组成因地形地势不同而异。对于山区、丘陵地区的灌排系统来说，主要包括渠首取水枢纽、灌区内部灌排渠道系统和蓄水工程、田间工程及灌排渠系上的建筑物等；对于平原地区，灌排渠系又包括堤防、排水枢纽等。这些灌排工程组成一个整体，共同完成调控稻田用水的任务，以达到遇旱有水、遇涝能排，同时能满足防洪、发电、养殖等综合利用的要求。

288. 稻田灌排渠系的任务是什么?

稻田灌排渠系的任务主要包括以下两个方面：

（1）创造丰产的土壤环境 改良土壤，提高土壤肥力，对土壤肥力条件和土壤肥力因素进行调节，创造有利于水稻生长的土壤环境。

（2）保证适时适量的灌溉与排泄 ①实行计划用水；②建立轮灌制度；③及时排水，免除洪涝灾害；④控制地下水位，确保根系良好发育。

289. 稻田渠系布置方案是什么?

不同地形的布置方案不同，引水渠的布置与灌区的地形密切相关。总体要以干渠走向拟定不同的配水渠方案。

（1）当干渠垂直于等高线布置即干渠顺着斜坡布置时，支渠的方向与等高线平行，位于灌溉土地的最高地带，斗渠则沿坡度下行，农（毛）渠中自斗渠两侧引水，坡降较为平缓。

（2）当干渠平行于等高线布置，支渠沿地形坡度下降，斗渠则以平缓的坡降平行于等高线布置，农（毛）渠再沿坡度输水下行以灌溉农田。

290. 对稻田灌排渠系有什么要求?

对稻田灌排渠系的要求主要有以下三个方面:

(1) 水稻灌溉次数多,灌溉定额大(相当于旱田的 5~7 倍),需要水量多,由此产生的地下水盐运动和旱田灌溉大不相同,对灌溉系统的布置、结构和规模都有直接影响。

(2) 水稻采用淹水灌法,对土地平整度要求很高,对灌溉系统的水位控制要求也比较严格。

(3) 稻区需要有相应的排水系统,除便于及时排除稻田灌水或雨水外,还要适时排除地下水,降低地下水位。特别是在地势低洼而盐碱含量较多的稻区和实行水旱复种及水旱轮作的地区要求更为重要。

291. 稻田灌排渠系有什么作用?

(1) 能创造丰产的土壤环境 改良土壤是不断提高土壤肥力的过程,创造丰产的土壤环境,重要的是对土壤肥力条件和土壤肥力因素进行调节。通过灌排措施调节水分状况,解决水分和空气的矛盾,促进氧化还原过程的交替进行,改变土壤养分释放供应和土壤温度条件等,以调节土壤中的养分、空气、温热状况,使之相互协调,对改善水稻生长环境有很大作用。

(2) 能保证适时适量灌溉 ①实行有计划用水,保证适时适量的灌溉,保证上下游各个用水农户能均衡受益,并最大限度地合理利用水资源,提高水的利用效率。②建立轮灌制度,轮灌的划分应考虑到渠系特点、流程大小和农民的生产规模以及灌溉地段条件等,一般情况下轮灌组之间的面积应大致接近或相等为好。③及时排水,免除涝灾。北方雨季多集中在 7~8 月,这时水稻的灌溉水层要求不超过 10 厘米,超出正常灌溉水层的多余水量要及时排出。④控制地下水位,促进作物增产。控制地下水位在一定深度,能确保作物根系良好发育。对于盐碱地区,在稻田停灌期、休耕期或轮作中的旱田地段,要控制地下水位在临界深度以下,以防止土壤返盐。

292. 稻田灌排渠系中各级渠系的比降多大适宜?

稻田灌排渠系中各级渠系的比降依据不同的灌区地形、流量要求、土壤条件、水源含沙量等而定。此项涉及渠道的输水和冲淤能力,同时也直接影响到灌溉面积和工程造价问题。因此,必须进行经济和技术比较,以确定科学合理的渠道比降值。

(1) 山区、丘陵地区的渠道比降 石渠道为 $1/500 \sim 1/1\,000$,土渠流量 > 10 米^3/秒的比降为 $1/5\,000 \sim 1/10\,000$,流量 $1 \sim 10$ 米^3/秒的比降为 $1/2\,000 \sim$

1/5 000，流量小于 1 米³/秒的比降为 1/1 000～1/2 000。

（2）平原地区渠道的比降　设计流量是 0.5 米³/秒时的比降为 1/500～1/1 000，流量是 1 米³/秒时为 1/500，流量是 2 米³/秒时为 1/2 000，流量是 3 米³/秒时为 1/2 500，流量是 5 米³/秒时为 1/3 000。

（3）目前平原地区引水渠底比降　干、支、斗、农、毛渠的比降由大到小分别为干渠 1/20 000、支渠 1/10 000、斗渠 1/5 000、农渠 1/2 000、毛渠 1/1 000。而排水渠的顺序恰好相反，各级渠底比降由小到大，变化比较平缓，分别为干沟 1/12 000、支沟 1/10 000、斗沟 1/5 000、农沟 1/2 000、毛沟 1/1 000。

293. 稻田各级渠系布置的原则是什么?

（1）干渠应布置在灌区的较高地带，以便自流控制较大的灌溉面积。其他各级渠道也应布置在各自控制范围内的较高地带。对面积很小的局部高地宜采用提水灌溉的方式，不必据此抬高渠道高程。

（2）尽量降低工程量和工程费用　一般来说，渠线应尽可能短直，以减少占地和工程量。但在山区、丘陵地区，岗、冲、溪、谷等地形障碍较多，地质条件比较复杂，若渠道沿等高线绕岗穿谷，可减少建筑物的数量或减小建筑物的规模，但渠线较长，土方量较大，占地较多；如果渠道直穿岗、谷，则渠线短直，工程量和占地较少，但建筑物投资较大。究竟采用哪种方案，可以通过经济比较来确定。

（3）灌溉渠道的位置应参照行政区划确定　尽可能使各用水单位都有独立的用水渠道，以利管理。

（4）斗、农渠的布置要满足机耕要求　渠道线路要直，上、下级渠道尽可能垂直，斗、农渠的间距要有利于机械耕作。

（5）要考虑综合利用　山区、丘陵区的渠道布置应集中落差，以便发电和进行农副业加工。

（6）灌溉渠系规划应和排水系统规划结合进行　在多数地区，必须有灌有排，以便有效地调节农田水分状况。通常先以天然河沟作为骨干排水沟道，布置排水系统，在此基础上，布置灌溉渠系。应避免沟、渠交叉，以减少交叉建筑物。

（7）灌溉渠系布置应和土地利用规划（如耕作区、道路、林带、居民点等规划）相配合，以提高土地利用率，方便生产和生活。

294. 渠系布置有几种类型?

渠系布置主要有灌排相邻和灌排相间两种类型。

（1）灌排相邻　指引水支渠和排水支渠皆为单项控制，适用于一面倾斜的地形。优点是可以利用挖排水沟的弃土修建灌水渠道，做到挖方与填方平衡；缺点是引水渠中水流会直接向排水渠中渗漏，降低引水渠道水的有效利用系数。

（2）灌排相间 指引水支渠和排水支渠皆为双项控制，适用于支渠沿地形坡降布置或较平坦的地形。优点是控制面积较大，节省涵闸等建筑费用，减少输水损失；缺点是修引水渠时有取土坑，增加工程占地面积，对生产管理不便。

295. 建设方田和条田有什么意义？

方田和条田是水稻生产上推行的一种标准化的农田基本建设，实践证明：建设好方田、条田在生产中具有重要意义。

（1）方田、条田埂少且直，池宽且长，田面平整，地块成方，能充分发挥机械作业能效，减轻劳动强度，提高效率，便于精耕细作。

（2）灌排方便，可以单灌单排，有利于调节水层，促进水稻生长发育，免遭自然灾害。同时也便于生产管理，减少田间用工 10％左右。

（3）能做到深翻、增施肥料，便于保水、保肥、保药效，有利于提高地温，减少病虫害。同时还能逐渐改良土壤，防止土壤盐渍化的发生，防止土壤流失，逐步实现土壤标准化。

（4）减少池埂占地，扩大有效生产面积。传统稻田池埂占用地 15％～20％，而条田池埂占地不到 10％，每 15 亩地能扩大生产面积 5％～10％。

296. 怎样规划条田工程？

黑龙江省现有灌区固定灌水渠道比较好的分 4 级，即干渠、支渠、斗渠、农渠，有的只有支、斗、农 3 级渠道，少数灌区有斗、农 2 级渠道，多半没有相应的同级排水渠道和向稻田直接灌水的毛渠。可以在修条田、方田过程中，只改建农渠，增添毛渠。排水渠道要与灌水渠道同时布置。在低洼易涝区应注重排水渠的修建，以利于在生育期间排除田间多余的水，落干后能排除地下水，便于机耕作业。毛渠在条田、方田中是垂直于地段的长边横向布置的，对机耕作业不方便。每年不仅需要在水稻收割前填平，在翌年灌水前还需重新开挖，耗费大量人工，而且也不适应机耕作业的要求，后经试验，将毛渠横向布置改为纵向布置，解决了上述问题，形成了条田工程。纵向布置的条田工程，不仅克服了毛渠横向布置的诸多缺点，而且增强了水压传递所引起的侧向洗盐作用，具有更好的排水排盐效果。渗透力的增强，改善了土壤理化性质，水稻根系发育较好，在一定程度上减轻了倒伏和病害的发生。随着农业生产的发展，条田建设正向标准化方向迈进，高标准的条田是以综合措施进行综合建设的。

297. 条田和方田的标准是什么？怎样布置条田和方田？

条田、方田的标准主要包括：土地平整，肥力适宜，能灌能排，方便机械化作业，实现林网化，从而方便土地利用管理、工程管理和灌溉管理。

为使灌排方便，条田方向一般与灌排农渠垂直，按等高线横坡打埂，坡降小、地势平的也可顺坡打埂。根据黑龙江省自然特点，条田方向如果地势允许，最好是南北方向，有利于通风透光。条田、方田的规格要根据地形、地势、土质等条件而定。根据机耕作业、排灌方便和科学种田措施标准化要求，条田宽度一般为 20～30 米，长度若短于 400 米则不利于机耕作业，超过 1 500 米则灌排水困难，具体应根据土地平坦程度确定。

298. 建设条田和方田的步骤是什么？

条田和方田在建设顺序上是先条田后方田。区划条田要先划大方，再根据大方面积从一边开始，按条田宽度和条田之间灌排渠道的宽度区划成条，然后钉桩，打主埂修毛渠。条田两边主埂要打直夯实，既是永久性埂，又是田间管理步道。组成方田的横埂，便于机翻整地，一般应秋平春打。条田边的灌水毛渠，要以主埂为墙，灌水毛渠渠底要略高或与地面等平，排水毛渠要低于地面或耕层。在条田内打埂建成方田时，应先条后方，一次施工达不到方田标准，应根据地势在条田内暂时打弯曲横埂，单池整平，以后再逐年建成标准的方田。

299. 各类水井泵能够承担多少灌溉面积？

井泵的灌溉面积受土质影响很大。一般黏性土保水性好，不易渗漏，同型水泵的控制灌溉面积就较大；土壤保水性差，渗漏性强，同型水泵控制灌溉面积就会较小。对于一般保水性较好的土壤，种植水稻时，不同类型井泵灌溉面积为：160 型泵为 66 700～70 000 米^2，210 型泵为 106 720～120 000 米^2，250 型泵为 133 400～150 000 米^2，350 型泵为 199 100～213 440 米^2，6.67 厘米小管井 1 300～2 000 米^2。

300. 怎样解决漏水稻田的漏水、漏肥问题？

稻田里缺乏有机质、土壤缺乏黏粒结构，这是漏稻田的基本特征。漏稻田漏水、漏肥，极易发生草荒，导致水稻产量低下。改良的办法主要有：一是长年大量施用有机肥，也可以利用秋冬农闲季节，取黄黏土或河塘池沼的淤泥等黏土压沙，增肥改土效果十分明显。二是提高耕作质量，在水耙地时做到细犁密耙，使土块达到充分的细碎分散，以堵塞土壤大孔隙和底土缝隙。同时犁耙好田边，糊抹好田埂，使稻田的渗漏量显著降低。三是闸化田间排水沟，提高地下水位，也是减少渗漏量的有效措施。四是改深灌为浅灌。由于土壤的渗漏量与水层的静水压力有直接的关系，因此，降低水层，减小压力，也可以有效地减少稻田渗漏量。

（二）整地与泡田

301. 稻田耕作的作用是什么？

稻田耕作主要是完成耕地、碎土和平田三项任务，目的是产生符合水稻生育需要的土壤状态，达到稻田土壤平、碎、软、深的要求。其作用是调整土壤中水、肥、气、热的关系，发挥土壤本身的肥力，促进土壤最大的增产效果。

302. 什么是免耕法？

所谓免耕法是指收割后的稻田不进行任何形式的耕作而直接播种或插秧的一种栽培方法。在稻田收割期要尽量减少稻田地表的破坏，保持其原有平度及田间整洁度、杂草少、割茬矮。由于免去耕整地及筑埂等作业，生产成本相对降低。但因未进行整地耕作，土壤肥力释放少，杂草籽未经翻埋，因而需要适当增施氮肥和加强化学除草。在稻田整平基础好、杂草少或无力耕作时，可采取这种做法。寒地稻田免耕能利用冬春冻融的作用疏松土壤，改善结构，并靠化学除草代替耕作灭草，靠增施化肥弥补速效氮矿化量的减少。

303. 免耕法栽培技术要点是什么？

免耕种稻是科学种田、栽培技术发展到一定阶段的产物。在生产过程中，免耕种稻对土壤的要求更需要精耕细作。

（1）选地和种植　根据免耕不整地、杂草易发生的特点，要在地面平整、灭草彻底、不压或少压车辙的稻田进行免耕栽培。播种前要及早清除田间稻草、垃圾，修补池埂，放水泡田，增大土壤松软度。秧苗要插在行间。直播时如田面不净，播量要适当增加 5%～10%。

（2）灭草　由于免耕，杂草会发生早、齐、多，化学除草是免耕的关键和重要保障。因此，化学除草剂要备齐、备足，及时施用。根据当前稻田杂草种类和药剂效能，插秧栽培可用去草胺、噁草灵等药剂进行插前封闭。直播田用敌稗、杀草丹、禾大壮等防除稗草、牛毛草等，用 2 甲 4 氯、苯达松、农得时防除三棱草、泽泻、雨久花、慈姑、水葱等阔叶杂草，可有效地保证免耕种稻技术的实施。如果池埂上的多年生宿根性杂草向池内蔓延，就要进行池边耕作灭草。免耕连续应用两年后要进行土壤耕作，以防药剂难防，杂草成灾。

（3）施肥　免耕种稻影响水稻生长的原因主要是缺少速效养分，更确切地说，主要是速效氮的不足。因此，免耕法要适当增施氮肥。尤其是前期，一般每亩增施尿素 33 千克，能达到与翻耕相当的产量。施肥方法：因免耕土壤地表比耕地光滑，土壤表面积小，吸附能力不如耕作土壤，肥料又不能基施，故施肥宜用分期追施的方法。

（4）品种选择　免耕水稻具有根际稳固、株高矮、千粒重高等特点，应选择植株适当繁茂、穗型偏大的品种。

304. 什么是少耕法？少耕法有哪几种？

所谓少耕法是指不用犁翻耕的其他耕作法。主要有耙耕、旋耕、松耕、松旋耕法等。

305. 少耕法技术要求是什么？

少耕法的应用和其他技术措施一样，都需要有一定的客观条件和要求。

（1）田净地平　因少耕法的覆盖度低于翻耕，故水稻收割时的割茬要放低，田间的稻草和杂草要清理干净或粉碎后抛撒开，以免影响耕作质量。少耕法要在保持地平的情况下进行耕作，且农具耕幅较宽，因此，地平才能发挥少耕优势和耕深一致。

（2）整地　稻田旋耕和松旋耕后土壤的蓬松度高，旱直播时要进行播前镇压，以防灌水后土壤下沉埋籽形成哑种；水直播或插秧时要用手扶拖拉机进行水整地，待沉泥或换清水后再播种或插秧。为提高对稻茬的覆盖度，水整地要按一个方向回转。

（3）耕整形式　在适耕情况下争取多旱耕旱整，少水耕水整，以减轻团粒结构的严重破坏、土粒高度分散、土壤黏闭板结、氧化还原电位值降低，影响水稻生长。水整地要提前 3～5 天灌水泡田，泡田的水层要达垡片的 1/2 处。这样既能看清田面高低，又能使水缓慢浸润垡片，水分子进入土粒之间形成水膜，使水粒之间距离增大，降低土粒的黏结力，有利于整碎垡片，提高整地质量。

（4）农具配合和维修　稻田耕整作业中耕地和整地农具合理组配很重要。各地要根据当地当时的气候、土壤、生产等条件灵活选择。其原则是农具的性能在保持地平前提下，除深松机和旋耕机配合外，还可以重耙和旋耕机、深松机和重耙、犁和旋耕机等配合，都能不同程度地达到比传统耕法工省效宏的目的。

（5）**药剂灭草** 少耕稻田如三棱草等多年生杂草比翻耕稻田发生早、出得齐，防除不力易成草荒。因此，药剂灭草要及时有效。

306. 什么叫轮耕体系？轮耕体系有什么作用？

轮耕体系是指在同一稻田采用不同耕作方法，隔一定年限交替运用的一种耕作体系。

合理的耕作方法是将各种耕法综合应用，取彼耕法之长补此耕法之短，趋利避害地组成翻耕、免耕、少耕交替运用的轮耕体系，这样才能汇诸耕法之长融于一体，成为稻田耕作的发展方向。轮耕体系的组成是以深耕地平为基础，以少（免）耕为原则，以高功能、高效益、高产量为目的。

307. 稻田整地有哪几种方式？

稻田整地从整地时间上分，有秋整地和春整地；从方法上分，有旱整地和水整地。

308. 什么是旱整地？旱整地作业的标准是什么？

旱整地是指田间未灌水之前进行的稻田耕作，主要通过翻耕、旋耕、旱耢平和激光整地等作业来完成田间耕地、碎土、整平等任务。

旱整地作业标准是整地要到头、到边、不留三角，同一块地内高低差不超过 10 厘米，地表保证有 10～12 厘米的松土层。

309. 什么是水整地？水整地作业的标准是什么？

水整地是春季放水泡田 3～5 天后，用稻田拖拉机配带不同的整地机具进行的田间作业。

稻田整地的标准：地平如镜、上糊下松、泥烂适中、有水有气、沟清水畅、埂直如线。地平如镜是指同一田块高低差不超过 3 厘米；上糊下松、泥烂适中是指稻田表面泥水融合软和，下部土团较大、暄松，通气性好，有利于插秧作业及插秧后稻苗返青、根系发育；沟清水畅、埂直如线是指水渠系统修建整齐，保证灌排通畅，池埂笔直、夯实加固，防止跑水漏水。

310. 什么是翻耕？翻耕作业的标准是什么？

翻耕是指使用犁铧等农田机具将土地铲起、松碎并翻转的一种土壤耕作方法，通称耕地、耕田或犁地。其作用是：疏松耕层，利于纳雨贮水，促进养分转化和作物根系伸展；能将地表的作物残茬、肥料、杂草、病菌孢子、害虫卵块等埋入深土层，提高整地播种质量，抑制病、虫、杂草生长繁育。翻耕有秋翻和春翻两种，秋翻土壤风化时间长，土壤养分释放多，并可缓解春季农忙，有机质含量多的稻田应以秋翻为主；春翻干土时间短、养分释放少。

翻耕作业的标准一般翻地深度为 15～20 厘米，掌握土壤适耕水分在 25%～30% 时进行，确保翻地质量，采用 2～3 区套耕，减少开闭垄，翻垡扣严，深浅一致，不留生格。施有机肥，可在翻地前撒施地表，翻入土中。

▌311. 什么是旋耕？旋耕作业的标准是什么？

旋耕是用旋耕机进行耕作的一种整地方法。特点是碎土能力强、土层细碎、地面平整、容量减小、蓬松度高、稻茬覆盖率在 53%～77.8%，耕层养分和草籽分布呈上多下少趋势。旋耕一次即起到松土、碎土、平地的作用，可代替翻、耙、耢等多项作业，以减少拖拉机及农具对土壤的多次挤压和破坏，比翻、耙、耢节省能源及用工，优点明显，已成为稻田耕作的主要方法之一。

旋耕作业的标准应根据地势、土质和土壤适耕性等条件的不同而不同。黏重土壤含水量在 15%～25% 时都可进行作业，沙壤土含水量在 10%～30% 为宜。土壤含水量过大或过小，旋耕后土块破碎程度不好时，应停止作业。旋耕深度应保持在 12～15 厘米，耕深要一致，耕深小于 12 厘米时应停止作业。耕幅要一致，不得漏耕，允许少量重耕。使用 IGN-175 旋耕机时，耕幅应在 1.6～1.7 米；使用 IGN-200 旋耕机时，耕幅应在 1.85～1.95 米。围耕时地头应整齐，不丢边不剩角。

▌312. 什么是耙耕？耙耕作业的标准是什么？

耙耕是一种用深耙代替翻地的农田作业。耙耕可以加快春耕整地的进度，起到疏松土壤、有利于耕作、保蓄土壤水分的作用。

耙耕的作业方法是将缺口重耙、轻耙和镇压器串联在一起，构成一个复式作业机组。其作业标准要求：耙片达到最大入土深度为 12～15 厘米。这项复式作业要特别防止漏耙，由于各种机具的工作幅不同（缺口重耙为 2.2 米，41 片轻耙为 3.4 米，"V"形镇压器为 3.6 米），如果按照镇压器的工作幅进行作业，每个工作中，缺口重耙就要漏耙 1.4 米，轻耙也要漏耙 0.2 米，就会影响到整地质量。为了解决漏耙问题，就要改装缺口重耙加宽耙幅，或是在拖拉机上安装一个指示器，指示出重耙的作业幅宽，以防漏耙，耙后要及时进行镇压保墒。

▌313. 什么是深松旋耕？深松旋耕作业的标准是什么？

深松旋耕是深松机与旋耕机配套的保护性农田整地方法，是一种不翻土或动土量少的耕作技术。一般先用深松机进行深松散墒，再用旋耕机碎土平田，以秋松、春旋有利于提高整地质量。深松旋耕机以深松代替犁式的耕翻，它不打乱原有的土层结构，利用机械松动土壤，加深耕作层，打破犁底层，创造虚实并存的土壤构造，增加水的渗入速度和数量，蓄水保墒效果好，是机械化保护性耕作的主要技术之一，可以从根本上打破土壤犁底层，增加土壤保墒能力和抗旱能力，从长远来看对增加农业产量、增强农业抗旱保收能力具有至关重要的作用，有利于农业的可持续发展。

深松旋耕作业的标准要求：深松旋耕的耕作深度普遍在 20 厘米以上，能打破犁底层，让土壤有效接纳天然降水，促进水分循环。同时碎土能力要强，要求土层细碎、地面平整，以提高土壤透气、透水性，有利于抗旱保墒，改善作物根系的生长环境，提高肥料的吸收利用效率。

314. 什么是激光平地？

激光平地技术是一项在农业上应用的高新技术。其设备由发射器、接收器、控制箱、液压阀、平地铲等组成。

利用激光平地设备平整的稻田具有地平、省地、节水、增产等作用，可在直径 600 米范围内平整土地，平后的土地高低差在 1 厘米范围内，达到寸水不露泥的程度，也能使水稻在各个生长期都获得最佳水层。使用该项技术可减少池埂用地 2%～3%，省水 30%，增产 10%左右。

315. 什么是激光水平地？激光水平地作业的标准是什么？

放水泡田 3～5 天后，用激光平地设备进行的田间整平作业称之为激光水平地。一般情况下稻田的平整度都较差，普遍存在"大平小不平"现象，不仅加大了农民的种植成本，也给机械插秧、田间管理等农业生产带来诸多不便。运用激光水平地这一现代化科技手段，能够平整高度差 20 厘米范围内的所有耕地，使田面平整度达到正负误差 2 厘米，水层深浅一致，节水 30%以上，从而减少肥料流失。

316. 什么是搅浆耕整地？搅浆耕整地作业的标准是什么？

搅浆耕整地是一种将平地、碎土、灭茬、搅浆等作业一次性完成复合式的稻田整地，可以将收获时留下的稻草切碎旋压泥浆下，实现了秸秆、根茬一次性还田。

平：格田内高低差不大于 3 厘米，做到水位均匀，无露苗、淹苗的现象发生。

透：格田整地后达到耕作层一致，确保后期水稻苗的根系发育。

大：扩大格田面积，每格田面积由 0.53～0.67 公顷逐步达到 1 公顷左右。

齐：格田四周平整一致，池埂横平竖直。

317. 什么是旱改水？旱改水整地作业的标准是什么？

旱改水是将种植旱田作物的地块改成种植水稻的一种农业种植方式，是对现有的中低产田和低洼易涝地进行改造，能够有效提高土地的产出效益，提高农民收入。

旱改水的整地作业是在农田建设方面将旱地改造为稻田。重点进行土地平整、沟渠整治、灌排设施和装备配套，改造后农田要达到灌得上、排得出的水稻生产要求。

318. 拖拉机翻地作业的标准是什么？

拖拉机翻地作业的标准：不重不漏，不出明垡立垡，少出开闭垄，少摆地头，翻后地面平坦。翻耕的深度一般为 15 厘米左右，最深不宜超过 18 厘米。秋翻可适当深些，以利于熟化土壤。春翻可适当浅些，深则土凉，对春季秧苗生长不利。瘦田要浅耕多耙，防止犁底层生土上翻；肥田应深耕粗耙；盐碱地不宜翻得过深，与瘦田一样，应结合施用有机肥料逐年加深耕翻深度。

319. 何谓"三旱整地"？有哪些具体要求？

"三旱整地"是指旱平地、旱耙地、旱做埂。

具体要求：旱整地要平好开闭垄，把拖拉机漏耕及摆的边角翻起来，同一块田的四周边角要找平。耙地时不漏耕，少扔边角，要耙透，深层不留垡块。黏重地块要轻耙、重耙相结合，耙平耙细。旱做埂要做直，适当加粗夯实，防止泡田时泡塌冲垮。做埂时仍在原埂处起埂，防止错位后池面不平，增加水平地用工。

320. 稻田为什么提倡旋耕？如何进行旋耕？

旋耕的优点：一是表土疏松，土壤细碎，耕耙作业一次完成。二是不破坏田间埝埂，不摆边角，地面平整，无开闭垄，耕深一致。三是适耕性强，可旱旋也可水旋。四是旋耕能创造合理的耕层，达到上糊下松的耕层要求。同时，能减少作业次数，减轻机车碾压程度。五是有利于全层施肥，既耕又耙，将土肥充分搅拌混匀，提高肥效。六是通过旋耕将杂草根茎和种子留在耕层表面，便于灌水后诱其发芽，结合化学除草剂，即可有效地控制、消灭杂草。七是经济效益高。旋耕与犁耕相比，可节省泡田水 20%，减少耕地油耗近 50%，整地省人工 50%，提高作业效率 108%，耕地成本降低 47%。

旋耕因适耕期长，可秋旋、春旋、旱旋、水旋。在实际生产中因地制宜、灵活应用。

321. 旋耕与翻耕为什么要交替进行?

旋耕虽然有很多好处，但也有其不足之处。如：耕层浅，不利于土壤熟化和培肥地力，不利于水稻根系吸收土壤深层的养分。同时，杂草种子集中在土壤表层，萌动时若处理不及时，会有草荒的危险。杂草的根、茎易留在土壤表层或表面，对插秧作业会造成一定影响。因此，连续旋耕多年，则水稻难以高产，有的甚至减产。为发挥旋耕的优点，提倡旋耕与犁耕相结合，一般的经验是连续旋耕2～3年后，以犁耕深翻一次为宜。

322. 对机械水耙地有什么要求?

机械水耙地适用于盐碱地和漏水漏肥的沙性稻田。盐碱溶于水的速度与搅拌强度及次数都有明显的正相关关系。一般用履带式拖拉机进行水耙地，因其马力大，搅水力量大，田面水浪大，有利于冲破僵硬垡块，冲洗土壤中的盐碱含量，冲洗盐碱后应立即排水换新水。但是连年机械水耙会使土壤板结，破坏土壤结构，同时泡田用水量较多，不宜多年连续使用。

漏水漏肥的稻田土壤胶粒含量较少，沙粒成分较多。利用机械水耙地，由于水的冲击作用和机械的耙耕，使得土壤中的胶体颗粒浮在水中，胶粒沉淀后填塞于沙粒之间或在土表形成一层细腻软和的表层，可有效防止漏水漏肥。水耙后不要急于放水，应等泥浆完全沉淀、水清透明后，再排除多余的水进行插秧。

机械水耙地要求大面积作业，容易破坏埝埂，水耙后应立即组织人工筑埂。同时，水耙地时水的冲击力较大，要注意检查灌排水渠的坝埂，及时补修。

323. 如何有效地降低泡田和整地用水?

泡田整地是水稻生产中用水最多的一个环节，约占全年用水量的1/3。北方春季泡田整地正值枯水季节，降低泡田用水量十分必要。具体的做法：一是非盐碱地区或长期种植水稻的盐碱地区的老稻田，可采用边泡田、边平地、边插秧，连续作业；二是泡田用水做好调配，坚持先远后近，先高后低的原则；三是要提高泡田前旱耙旱耢的平地质量，保证田面耙细、耙碎、耙平；四是盐碱地区洗盐水量和冲洗次数，应根据土壤盐碱程度而定，盐碱较重的土壤，应适当早泡田，适当增加冲洗次数。一般采用"头水大，二水赶，三水洗把脸"的方法。

324. 秸秆还田地块如何整地？

秋耕地是在秋收后期土壤含水量在 30％ 左右时开始，至地面达到封冻状态停止作业。时间大约在 9 月 25 日至 11 月 10 日期间。半喂入式收获机粉碎抛撒的 5～10 厘米长的稻秸，深翻掩埋，也可用旋耕埋草机掩埋。大型收获机抛撒的半揉碎的稻草和高茬 30～40 厘米处理的秸秆必须用大犁深翻掩埋。秋季秸秆埋入土壤，经过一个冬季冻融过程，使秸秆组织结构松散，离散程度提高，利于微生物分解。

（三）插　　秧

325. 插秧前应做好哪些准备工作？

（1）修整灌排渠系　清淤挖沟，修堤补漏，维修涵闸，检查提水设备，保证供水和灌排渠系的畅通。

（2）做好本田整地　要在翻耕、旱耙的基础上平整土地，划好田路，筑埂夯实，做到埂直边齐，地平土碎，条田、格田规划整齐。

（3）泡田耙地　在插秧前 3～5 天灌水泡田，泡好泡透后用小型机械耙匀耙细、拉板刮平。

（4）施好基肥　要结合旋耕和水耙地将化肥均匀施入田间，然后进行整地。做到化肥深施，土肥融合，提高肥效。各地土质、气候等条件不同，基肥施入量也不相同。一般氮肥施全年用量的 30％～40％，磷肥施 100％，钾肥施 50％。

（5）做好本田插秧前化学药剂封闭灭草。

（6）加强插秧前的秧田管理　施好送嫁肥，打药防治潜叶蝇、负泥虫。

326. 什么是旱育稀植？旱育稀植有什么优点？

旱育稀植是水稻高产栽培综合技术体系的简称，除其他各项生产环节外，主要是以优良品种为前提，旱育壮秧为基础，早插稀植为中心，足肥浅灌为保证。旱育稀植的优点主要在于：一是旱育苗可提前播种，从而延长了水稻生育期，可多争取 200～400℃ 的有效积温，从根本上克服了黑龙江省生育期短、积温少的劣势，同时又能充分利用黑龙江省昼夜温差大的自然优势。二是可选用熟期略长的品种，充分发挥品种的增产潜力。三是旱育稀植可以早插秧，能按计划规格插秧，保证计划保苗株数。四是稀植可生出较多的分蘖，适应水稻的分蘖特性，从而促进水稻更好地生长。

327. 什么是水稻轻简栽培？轻简栽培主要技术有哪些？

水稻轻简栽培是指简化种植作业程序，改变或优化传统栽培技术措施，较大程度地减轻劳动强度，降低成本，减少投入，提高产量，改善品质，最大限度地增加效益的一系列的稻作栽培新技术。其目的是达到水稻高产、优质、低耗及高效，同时又要实现农业的可持续发展。水稻轻简栽培技术是相对原有栽培技术而言的，主要是在播种、移栽、中耕等花费劳动力较多的作业项目上进行的改革，以满足农村经济改革后种植业劳动力日益减少的需要。

水稻轻简栽培的主要技术：水稻机械旱育稀植技术、机械钵盘旱育苗抛秧栽培技术、直播技术、叶龄模式栽培技术和病虫草害综合防治技术等。

328. 什么是水稻强化栽培？

水稻强化栽培是 1983 年马达加斯加 Henri de Laulanie 神父提出的一种水稻高产高效栽培法。其基本观点：为使水稻产量更高，每棵稻株必须有更多的分蘖、更多的有效穗数。而每穗要有更多的粒数、更大的籽粒。为了使地上部分生长良好，地下部分必须要有强大的根系。水稻强化栽培体系根据水稻生长特点，通过强化技术措施，强化稻株个体生长环境，达到"强根促蘖"，充分挖掘个体生产潜力，以达到大幅度提高水稻产量的目的。其主要的技术特征有幼苗早栽、单本稀植、无水层灌溉、中耕除草、使用有机肥等。

329. 水稻强化栽培技术优点有哪些？

技术优点：一是增产潜力大。水稻强化栽培技术体系实行单本稀植、小苗移栽、增施有机肥、无水层灌溉等技术措施，为稻苗健壮生长创造了良好的环境条件，能充分发挥个体生长优势。植株地下部分发根力强，地上部分分蘖优势明显，单株最高分蘖和成穗数成倍增加，穗粒结构平衡协调，穗型大。二是节省成本，环境良好。幼苗移栽能降低育秧成本，单本稀植能较大幅度减少用种量和移栽用工，无水层以露为主的灌溉方式是一种节水栽培，强调施用有机肥为水稻提供全价营养，植株健壮，抗病虫能力增强，也有利于减少农药的使用和改善环境条件。

330. 什么是"水稻三化栽培"？技术要点有哪些？具体内容是什么？

"水稻三化栽培"是指旱育秧田规范化、旱育壮苗模式化、本田管理叶龄指标计划化。

技术特点：旱育秧田规范化是保证培育壮苗的基础，严格区分湿润育苗与旱育苗床地的区别。旱育壮苗模式是以旱育为基础，以茎蘖同伸理论为指导，以调温控水为手段，来培育地上地下均衡发展的标准壮苗。本田管理叶龄指标计划化是根据不同品种在基本相同条件下栽培，其主茎叶龄基本稳定不变的原理，以叶龄为指标掌握水稻生育进程，根据长势长相进行田间的水肥管理，使水稻生育按高产的轨道和各期指标达到安全抽穗，安全成熟，稳产高产。

旱育秧田规范化主要有以下两项内容：一是选好苗床地、规划秧田基本建设。苗床地应该选择地势平坦高燥、背风向阳、离水源近、排水良好、土壤偏酸、土质肥沃且无农药残毒的旱田地，按稻田面积 1：（80～100）的比例做好苗床的规划设计和秧田的基本建设。二是坚持做好"两秋三常年"工作（两秋是指秋整地、秋做床；三常年是常年固定秧田、常年增肥地力、常年制造有机肥增肥床土）。旱育壮苗模式化包括秧苗类型的选择、做床与床土调制、种子处理、秧田播种、秧田管理等主要内容。本田管理叶龄指标计划化包括插秧前准备、稻苗移栽、水稻分蘖期、生育转换期、孕穗期、结实期、收脱储藏 7 个部分的管理。

331. 水稻旱育稀植技术为什么能创高产？

水稻旱育稀植技术高产的原因在于：①旱育苗较湿润育苗和直播的播种期分别提早 10 天和 20 天左右，从而延长了生育期，可多争得 200～400℃有效积温，这就从根本上克服了黑龙江省生育期短、积温少的劣势，又充分利用了黑龙江省昼夜温差大这一自然优势；②可以选用熟期较晚一点的品种，充分发挥品种的增产潜力；③旱育稀植可以早插秧，能够防霜于春，并且能按计划规格插秧，可以保证计划保苗株数；④稀植可以发出较多的分蘖，能充分发挥水稻的生育特性，促进水稻更好地生长。

332. 抛秧栽培在起秧时有哪些技术要点？

抛秧前要掌握好秧盘内营养土的水分，盘土过湿抛秧时秧苗营养块容易粘在一起，抛撒时不均匀；盘土过干营养块泥土又容易脱离散坨，抛秧后会造成漂苗。因此，要在起秧前 1 天停止浇水，起秧时先将秧盘从苗床上掀起，拉断扎入苗床上的根须，再用木板刮去秧盘底部的泥土，将掀起的秧盘卷成筒状装车运入田间。要实行起秧和抛秧连续作业，防止稻田未准备好，使起出的秧苗搁置时间过长而造成萎蔫。

333. 水稻抛秧栽培有哪些方法？

抛秧方法有两种。一种人工抛秧：即用手大把抓起秧块向空中抛出 2～5 米高度，使秧苗块均匀散落到田间。秧块入泥深度一般以 0.7～1.0 厘米为适宜。为了使稻田的秧苗分布均匀，一块地可分两次抛栽，即先抛计划抛秧的60%～70%，然后再抛剩下的部分找匀。每块田抛完后，应视稻田落苗的均匀度进行一次人工间苗或补苗。二是机械抛秧：其优点是高效、均匀、入土浅、立苗好，一般1台机器1小时可抛0.8～1.0公顷，是人工抛秧的35倍。

334. 机械插秧有什么优势？

水稻盘育苗机械插秧是借鉴日本先进经验和国内成功实践，结合黑龙江省寒地稻作特点，经不断改进而形成的农机与农艺相配套的先进高产栽培技术。具有简化工序，保证农时，提高生产效率，降低生产成本，减轻劳动强度，促进寒地稻区水稻发展等许多优点，经过科研攻关和生产开发应用，现已成为育苗插秧栽培技术体系中实现机械化的主要手段和重要环节。

335. 水稻盘育苗机械插秧有什么特点？

盘育机插是一项先进的生产技术，具有省种、省工、省秧田、省成本，提高成秧率，便于运输和管理，增产效果明显等许多特点：①机插进度快、效率高，能缩短插秧期，做到适时插秧；②盘育秧苗的质量比普通秧苗规格整齐，能与插秧机相匹配，符合机插要求，提高机插质量，行穴距整齐，穴株数及插深可基本保证一致，而且钩秧、伤秧、漏秧和漂秧率比较低。由于秧苗带土带肥，伤根少，返青快，生育中期就能形成群体优势，增加有效分蘖率，提高成穗率；③盘育苗可充分利用旱育苗优点，早育早插早管，增加积温，促进生育；④机插盘育苗，由于秧苗密度大，秧龄弹性小，要求以育中、小苗为主，掌握秧龄在25～30天、叶龄3.2叶为最佳。

336. 水稻机械插秧对整地有什么要求？

机插地块最好方正连片，以长方形为宜，格田面积在0.1公顷以上。整地时耕层不宜过深，应以旋耕为主，耕旋结合，隔3～5年耕翻一次，旋耕深度以10厘米左右为宜。不能旋耕的地块要早秋耕翻，冻前粗耙粗整，翻深12～15厘米。早春再顶凌旱耙旱平。为保证机插进度和质量，要及早放水泡田，集中整地。于插秧前3～5天用水耙机耙细耙平，达到不漏耕漏耙，不丢边角，土壤呈上软下松，地表呈泥浆状。土壤5厘米深度内细碎无土块，田面平坦高低差不超过2～3厘米，寸水露泥土面不超过1/5，整平后待泥浆稍有沉实就可机插。如不能及时插秧则要灌水养田，避免落干板结。

337. 机械插秧时应注意哪些事项？

（1）调整田面土壤硬度 机插前3～5天整地，使土壤能够充分沉淀，达到田面土壤适宜的硬度。

（2）田面灌"花达水" 为使机械插秧作业顺利进行，机插时田面要灌1.7～3 厘米 的"花达水"。灌水深影响机插质量，没有水层机械前进阻力大，降低机械效率并磨损机械。灌水程度务必使 80％的田面保持水层。

（3）掌握适宜的插植深度 一般以插深 2 厘米为最好，最深不得超过 3 厘米。插植过浅容易散秧倒苗，插植过深则秧苗返青、分蘖都会受到抑制。

（4）确定插秧规格 合理的行距、穴距及每穴株数，对保证单位面积有足够的基本苗数、协调个体发育及群体长势、获得高产至关重要。

338. 机械插秧时怎样测定田间土壤的硬度？

测定田面土壤适宜硬度的方法，一般是用食指插入田面泥土中深度划沟，周围软泥呈徐徐合拢状态即为适宜；也可用长 4 厘米、直径 3.8 厘米的铁制圆锥锤体，从 1 米高处自由落下，入泥 6～10 厘米即为适宜。根据实践经验，耙地后达到机插适宜硬度的沉淀时间因土壤质地而异，一般情况下黏土为 5～6 天，低洼地约 7 天，黏壤土为 3～4 天，沙壤土为 2～3 天，沙土 0.5～1 天。

339. 稀植有哪几种移栽形式？

稀植一般是在稀播育壮秧的基础上，本田插秧密度由过去 30～40 穴/米^2 减少到 20～25 穴/米^2 的稀植或 12.5～15 穴/米^2 的超稀植，每穴插植苗数也由密播密植时的 5～10 棵/穴，减少到了 3～4 棵/穴，超稀植仅插 2～3 棵/穴。具体的栽培形式因土壤条件、气候条件、种植品种和生产水平的不同而因地制宜。目前大多数采用单向稀植，即：行株距 30 厘米×（13～20）厘米或 33 厘米×（13～20）厘米。超稀植有单向稀植或大垄双行稀植两种形式，如行株距36 厘米×（16.5～20）厘米或（50 厘米＋30 厘米）×（16.5～20）厘米等。

340. 怎样确定适宜插秧期？

气候条件不同，品种的生育期不同，插植的适期也应不同，具体插秧适期的确定主要依据如下：

（1）根据安全抽穗期确定 水稻抽穗期间的气温在 25～30℃最适宜，超过 35℃或低于 21℃对开花授粉都不利。出穗后要有 1 000℃左右的活动积温（约 45 天）能保证安全成熟。北方稻区一般安全抽穗期在 7 月中下旬至 8 月上旬。

（2）根据插秧时的温度来确定 水稻耐低温性能和根系发育的起点温度是决定插秧早晚的基本条件。一般情况下，水稻根系生长的最低温度为 14℃，泥温为 13.7℃，叶片生长温度为 13℃。因此，应在温度稳定通过根系生长起点温度后开始插秧。

（3）要保证早期有足够的营养生长期，中期有足够的生殖生长期，后期有一定的灌浆结实期。同时，还要根据当地主栽品种的生育期及其所需积温的多少来安排插秧期。

341. 水稻移栽方法有哪几种？

水稻移栽大体有两种：一种是机械插秧，另一种是人工插秧。机械插秧因动力方式不同而分为两种：一是以人为动力的半机械化手动插秧机插秧；二是以机械为动力的动力插秧机插秧。机械插秧机效率高，手动插秧机比人工手插快 2～3 倍，动力插秧机比人工手插效率提高 20 倍以上。机插秧可以减轻劳动强度，保证农时。随着轻简农业的发展，水稻移栽除了插秧外，又推广了抛秧和乳苗抛栽等移栽方法，比手插秧提高效率 3～5 倍。

342. 水稻钵盘抛栽及其技术要点是什么？

（1）种子播前处理 钵盘抛栽在育苗上与软盘育苗一样，只是使用特制的钵盘，所需的营养土要比软盘少。种子处理与软盘育苗的要求相同，但在选种前必须进行脱芒处理。

（2）育苗播种方法 钵盘育苗播种有三种方法：与土混合播种、先装盘土后播种和沙性土采用泥播法。播后覆土不能把全盘埋没，只需把钵孔盖满就行，防止苗大串根，影响抛秧。

（3）秧田管理 秧田管理与普通软盘旱育苗相同，应格外注意补水。育好秧后进行人工或机械抛栽。

（4）抛栽前的整地 抛秧移栽，秧苗较小，水少地硬则秧根裸露在地表，水深则漂苗。所以对土地整平要求较严格。应做到高低差不大于 3 厘米，没有"偏脸"现象，上软下松，寸水不露泥。最适宜的办法是边拉板边抛秧，黏重土壤可在泥浆沉淀后立即抛栽，要使秧坨（根）入土和立苗，加快返青。

（5）抛栽方法 抛秧要选择晴天无风和风力较小时进行。田面要保持汪泥汪水。人工抛秧时可一手拿秧盘（把苗装进筐及其他容器均可），一手抓苗，向天空抛撒，使秧坨呈自由落体样落入田面，靠自身重量扎入泥土中。抛秧时分两次抛完，第一次抛 70% 的苗，第二次抛 30% 的苗，用于补漏匀苗。

（6）匀苗拣出作业道 抛苗结束后，应每隔 3～5 米，结合匀苗拣出 30 厘米宽的作业道，以确保追肥和施药等田间作业方便，匀苗只能抛苗，不能往地里插苗，以防止缓苗不一致而成为三类苗。

（7）水分管理 抛秧前后水的管理是关键，抛秧时应汪泥汪水，抛秧后1～2 天不灌水。第一次灌水要小水慢灌，以利于扎根立苗，否则有漂苗的危险。同时要浅灌，以免水深浪大引起秧苗漂移。待秧苗扎根立稳之后再进行正常管理。其他的技术环节与常规水稻栽培相同。

343. 怎样确定钵盘抛栽密度？

钵盘育苗在本田的抛栽密度是根据插秧密度而定的。按当地插秧形式，算出每平方米的穴数，定出抛栽所需要的穴数；然后调查苗床上钵盘的缺穴率，确定每亩需要抛秧的盘数。如果每个钵盘 571 穴，正常情况下本田每平方米 20 穴，则每亩需抛 25 盘。若每平方米 25 穴，则抛秧 31 盘。如钵盘有缺苗，则按缺穴百分率增加抛秧盘数。

344. 钵盘育苗手摆秧有什么优点？

钵盘育苗手摆秧，从移栽效率上看比抛秧低，但与抛栽相比，手摆秧有很多优点：

（1）手摆或站立一穴一穴往地表抛掷，移栽后秧苗全部直立于地面，根部扎在土壤表层，扎根固、不漂苗、返青快。

（2）秧苗分布均匀，不会出现稀密不匀的现象，无须补苗，也不会出现三类苗现象。

（3）无需像抛栽那样进行两次抛苗、检查作业道和补苗、匀苗的抛后管理工作。从整体用工量上看与抛栽相差无几。但比手插秧效率高，劳动强度低。

（4）返青快，分蘖节位低，低位分蘖多，容易获得高产。

345. 钵盘育苗可以用机械摆栽吗？

当然可以，并且有非常重要的意义。好处如下：

（1）**节省水稻种子**　通过定量定位播种，可节省种子 30%～50%。

（2）**秧苗抗逆性强**　由于钵育摆栽侧重于对秧苗根的保护，相对于传统育苗方式每穴苗均有相对独立的营养空间，而且根系的营养面积大，秧苗对水、肥、气、热生存条件均得到很好的满足。

（3）**返青快、省成本**　机械摆栽既不伤苗也不伤根，均匀一致，返青快，抢农时。机械摆栽效率高，降低种植成本，提高种稻效益。

（4）**秧龄弹性大**　克服了毯式育苗时间短、栽插时间短、栽插后缓苗期长、移植伤害严重的缺点。钵育苗后将水稻秧龄可延长至 50 天，栽后无缓苗，无移植伤害，可迅速发苗。

（5）**高产、稳产**　秧苗根系发达，吸收能力强，分蘖节位低、分蘖成穗率高。35 天插秧时可实现 50%带蘖。插秧后不伤根、不缓苗、返青快，相对增加了 5～7 天的有效生育期，结实率和成熟度均有明显提高，为高产奠定了基础。

346. 什么是乳苗抛栽? 有什么优点?

将尚未离乳的幼苗,以抛掷的方法移栽到本田的栽培方法叫乳苗抛栽。它的好处如下:

(1) 秧、本田比例大 可达1:2 000,大大节省育苗占地和育苗所需的大量人、财、物力。

(2) 移栽效率高 每人每天(8小时)可抛栽10亩,而且不用"面朝黄土背朝天",省工、省力,劳动强度低。

(3) 可以缓和劳动力不足的矛盾 在无霜期较长的地区可进行抛前复种,不误农时,保证高产稳产。

(4) 种田效益高 在平产的情况下,每亩可节省生产费用70~100元。乳苗抛栽是水稻轻简栽培的代表,不但减轻劳动强度,作业程序简单方便,而且效率高、成本低,收益也高,是水稻稳产高产栽培上的新成果。

347. 在育苗程序上应如何安排乳苗抛栽?

乳苗的秧龄只有7天,而秧苗的适栽期只有1~2天。因此,在种植面积较大的地方,应该分期、分批育苗,有计划地进行安排。如果秧龄长,秧苗盘根较重,秧苗长大,头重脚轻,抛栽时作业困难,会影响抛栽质量,秧苗易在田间分布不匀,出现倒苗,不利于缓苗返青。

348. 乳苗抛栽对整地有何要求?

乳苗抛栽适抛期短,秧龄弹性小,必须早整地、早平地、早泡田。要求田面平整,高低差少于3厘米。一般要求催芽时即应整地、水平、作畦。一般畦高10厘米,畦宽2~3米,步道沟宽30厘米,刮板拉平。平地后保持水层,用12%的噁草酮封闭灭草,整地在抛栽前3天结束。

349. 怎样确定乳苗抛栽方法及抛苗数量?

乳苗抛栽在气温稳定通过15℃时进行。抛栽时畦面保证汪泥汪水的软糊状态。把乳苗装在容器里,顺着畦面边走边撒。抛苗时步道沟水不能深,防止抛苗行走时蹚水冲到畦面漂苗。抛苗时先抛70%,剩余的再抛第二次,用于匀苗和补漏。经多年的试验和多点调查,每亩用种量3~3.5千克,每平方米抛苗150株较为适宜。

350. 乳苗抛栽田间管理技术要点有哪些?

(1) 施肥要坚持氮、磷、钾结合,以基施为主,否则影响乳苗生长。在

2 叶左右及时追施离乳肥，以后视苗情追施接力肥。5 叶时要追施分蘖肥，要特别重视穗肥，提高乳苗抛栽田的水稻成穗率和颖花数。

（2）在水分管理上，乳苗抛栽时汪泥汪水，3 天后立苗，灌一次浅水，抛苗 15 天内是保苗关键，应多次浅、湿、干交替灌水，防止深水沤苗。中期适当晾田，防止倒伏。

（3）注意除草和防止鸟害，除草主要是前期封闭，人工看管或扎稻草人防鸟害。其他管理措施同一般稻作。

351．寒地水稻为什么提倡适时早插秧？

适时早插秧能促进早生快发，延长水稻营养生长期。尤其是生育期较长的品种，更能得到充分的生长发育，在壮秧稀植的情况下，也能取得足够的分蘖，充分利用较长的光照时间，干物质积累多，叶鞘生长充实，产生的分蘖大、茎秆粗壮，为幼穗的分化创造良好的条件。适期早插秧，出穗期能相应提前，使灌浆成熟期延长，以保证安全成熟且穗大粒多，籽粒饱满，千粒重高，容易高产。适时早插秧与适时早播稀播、培育壮秧及合理稀植等措施结合起来，才能获得更高产量。

352．为什么水稻插秧强调"四插、四不插"？

所谓的"四插"是指浅插、稀插、直插、匀插。"四不插"是不插脚窝秧、不插拳头秧、不插隔夜秧、不插窝脖秧。当然，各地还有很多要求，但主要是指这四条。首先，最重要的是浅插，尤其是北方早稻更应浅插。因为早春气温和土温低，泥面升温快、通气好，浅插后容易分蘖，有利于形成大穗，提高产量。插得过深，分蘖节位处于通气不良、营养条件差、温度低的深土层，返青分蘖会延迟，使秧苗不该伸长的节间不得不拉长，分蘖节位提高而形成"两段根"，这种现象不仅消耗养分多，而且分蘖节位每提高一节，分蘖发生时间会推迟 5～7 天。分蘖期推迟，有效分蘖就会减少，导致穗小粒少，影响产量。其次，要插稳、插匀。稳即不漂苗，插直则叶子不披在水中，根系舒展，不出现钩头秧。插匀才能行、株距均匀一致，每穴基本苗数均匀，也才能符合规定的插植要求。

插秧不能插在脚窝里，否则形成"下窖秧"。一则易漂苗，再者妨碍发棵；而插拳头秧因苗眼大而易漂苗；插隔夜秧，呼吸消耗了体内储藏的养料，插后恢复生机慢，返青分蘖迟；插窝脖秧，把秧苗窝成弯曲形，根不能向下舒展，原来的根失去了作用而重新发根，成活慢，分蘖迟，不利于早生快发。

353．为什么种水稻"肥田靠发、瘦田靠插"？

这是栽培水稻获得高产的成功经验，是确定插秧密度的一项重要措施。实际上是如何充分发挥分蘖在水稻生产上的作用问题。

一般情况下，水稻栽培应主蘖并重。肥力差的地块则应该多发挥主穗的作用，也就是增加基本苗。肥田和瘦田是相对的，土壤除营养成分含量外，还包括土壤理化性质、土壤质地和地下水位等。如土质黏重、通气不良的低洼冷湿田和盐碱地，肥力较低，插后低温不发苗，分蘖晚而少。对这样的田块就要缩垄增穴，适当增加基本苗来确保高产，这就是瘦田靠插。肥力较高、土壤条件较好的地块，适当稀植少插，充分发挥分蘖成穗的作用，这就是肥田靠发。

其实，除土壤条件外，秧苗素质、施肥水平等，与插秧密度的关系也很大。施肥量的增加、施肥方法的改变也与水稻插秧密度有很大的相关性，所以说，"靠发还是靠插"是相对而言的。

随着育种工作的进展，水稻株型有紧凑型和繁茂型之分；有直立穗型和散穗型之别；植株也有高和矮之分；更有穗数型和穗重型不同。所以，要根据品种特征特性来考虑究竟是靠发还是靠插。

354. 怎样提高插秧质量？

水稻插秧是标准化程度很高的工作。在根据不同土壤肥力和品种确定合理密度的基础上，提高插秧质量就成为获得高产的重要技术环节之一，提高插秧质量主要措施如下：

（1）提高整地质量，做到地平如镜，泥烂适中，上糊下松，田格规整，埂直如线，渠系配套，灌排畅通，搞好封闭灭草。

（2）在有水层条件下作业，带水插秧，浅水护秧；插秧时做到"四插四不插"，行穴距一致，密度合理，以浅插为主，插牢、插匀、不漂苗，不缺苗断垄，插秧后及时查田补苗。

355. 影响确定适宜插秧密度的因素有哪些？

适宜的插秧密度是水稻获得高产的关键环节。生产上要求个体和群体都要发挥得好，建立高光效群体结构，以充分利用光、热、水、气和养分等环境条件，实现稳产、高产、优质、高效的目的。根据当地生态条件、施肥水平、土壤状况、品种特性、机械化程度、劳动力多少、栽培水平、水源条件及秧苗素质、移栽时间和历年病虫害发生危害程度、参考产量指标等因素，进行综合分析，从中选出适合不同地区、地段和田块的最佳插秧形式，再根据插秧形式确定合理密度。插秧密度的确定因地制宜，不可搞"一刀切"。

356. 为什么要合理稀植？应注意哪些技术环节？

稀植就稻株田间配置方式而言，一般是指行、穴距较大的配置方式；稀插就每穴用秧量而言，一般指每穴栽插苗数较少的栽插方式。稀植稀插就是要减少插秧的苗数，而这种减少要合理，更要符合客观实际。水稻群体是由个体组成的，好的个体组成的群体光能利用率高，易获得较高的产量。水稻是分蘖作物，个体间、个体与群体间存在着相辅相成、相互制约的关系。合理稀植，就是充分发挥个体的作用，做到个体与群体协调发展。

目前，施肥量的增加，平衡施肥、配方施肥技术的推广，高效、优质、耐肥、抗倒新品种的应用，育苗技术改进后秧苗素质的提高，以及栽培技术水平的进步，都为合理稀植创造了有利条件，使合理稀植成为可能。现在采用合理稀植栽培方法获得高产的案例很多，但推广稀植一定要做到合理，因地制宜。

合理稀植要注意以下几点：首先，要旱育秧、育壮秧，"旱育稀植"是一体的，稀植是在旱育秧、育壮秧的前提下进行的。其次，本田肥水管理要加强，必须保证充分的肥水供应，应重施底肥，控制蘖肥，适当增加穗肥和粒肥；在适宜插秧期内尽量早插，争取较长的营养生长期。

357. 为什么稀植必须旱育壮秧，适时早插？

旱育出来的壮秧光合和呼吸作用强，体内积累的干物质多，叶鞘发达，充实度高；碳氮含量高，碳氮比适中，根系发达；抗逆性强。所以旱育壮秧插秧后发根力强，返青快，分蘖早，分蘖力强，生产力高。为充分发挥旱育壮秧个体生产能力的优势，必须进行稀植少插，适期早插，延长它的营养生长时间，促其蘖多、蘖大、秆壮。这样才能提高成穗率，为达到穗多、穗大、粒多，获得高产打下坚实的基础。

358. 什么是水稻超稀植栽培？主要内容是什么？

超稀植：移植密度每平方米少于 17 穴以下的田间配置方式称为超稀植。利用早熟品种培育出晚熟品种的生长量，以达到稳产高产目标的栽培技术，即选用早熟抗冷品种，旱育含磷量高、有抗冷素质的壮秧，早移植超稀植的栽培技术（早熟品种、早育苗和早移栽）。

超稀植栽培首先要选用早熟大穗品种，即选择比当地品种早熟 5～7 天，平均每穗粒数 100 粒以上的大穗型品种。其次要早育、旱育稀播壮秧和高磷育秧，最后再早插秧超稀植，每平方米 12.5～16 穴，每穴 2～3 苗。田间管理上，不施分蘖肥，重施穗肥，浅湿结合灌溉。

359. 为什么旱育超稀植栽培能稳产高产？

首先，虽然密度减少一半以上，但是旱育苗、稀播种、高磷育秧，极大地提高了秧苗素质。移栽时间提早，移栽后使水稻有效分蘗节位数增加了2个，低节位的二次分蘗数大幅度增加，同时，减少了无效分蘗。这就保证了高产所需的有效穗数。

其次，水稻超稀植在相同的条件下，个体营养面积增加了一倍以上，不仅增加了一个叶片，孕穗期通风透光条件也变好，光合作用加强，每穗粒数增加30%以上。这就保证了高产所需的单位面积生长量的粒数。

再次，水稻超稀植栽培大幅度增加了具有高成熟粒率和高千粒重的低节位分蘗比率，同时，好的通风透光条件又使成熟期继续维持高的根系活力，使二次分蘗的千粒重增加2克以上。这就保证了稳产所需的成熟粒率和千粒重。

综合上述三个保证，使得水稻超稀植栽培实现稳产高产有了保证。

360. 怎样确定插秧基本苗数？

水稻插秧基本苗数一般是通过行、穴距和每穴插秧棵数来确定的。总的原则：分蘗能力强的少插，分蘗能力弱的多插；肥田少插，瘦田多插；低纬度稻区少插，高纬度稻区多插；早插秧的基本苗要少些，晚插秧的基本苗适当多些；壮苗适当少插，弱苗适当多插。

一般栽培条件下，每穴插秧3～4苗。高产栽培每穴2～3苗，而低产田块每穴插4～5苗或更多。如果增加单位面积基本苗数，应以缩垄增穴为主。

361. 水稻插秧是不是越稀越好？

随着科学技术的发展和栽培水平的提高，水稻栽培总体上是向旱育稀植方向发展。但水稻插秧也不是越稀越好，这是因为：

（1）水稻产量是由穗数、穗粒数和千粒重三个因素的乘积构成，是靠群体增产的。插植过稀，不能构成较大的群体，虽然个体发育好，但穗数不足，也不能获得高产。

（2）插植过稀，则必须依靠大量分蘗来增加产量，加大了营养生长的压力，同时伴有无效分蘗增多、光合产物浪费严重、穗小而不齐、成熟度差等问题，最终导致产量和品质都会降低。

（3）肥力不高的地块插秧过稀，会因分蘗晚、分蘗少而无法构成高产群体，浪费生育前期光、热、肥、水资源，也不能高产。

因此，稀植必须要有先决条件，即"合理稀植"。只考虑稀植而不考虑其他因素是很难获得高产的。

362. 水稻高产是靠"插"还是靠"发"？

水稻高产既靠"插"也靠"发"，两者都要靠，它们是统一的，只是随着生产条件的变化而有所偏重，其实质是如何调整群体结构和产量结构的问题。一般来说，薄田靠"插"，肥田靠"发"，薄田和肥田就是前提条件，分蘖力、抗性等品种因素也都是前提条件。总之，靠"插"还是靠"发"，都不能离开实际生产条件而主观臆断，要根据具体条件灵活把握。

363. 秧苗延迟移栽时要注意哪些事宜？

秧苗延迟移栽时，首先要注意取苗至移栽之间不能使秧苗萎蔫，必须给予适当的处理，可寄置于本田有水的地方。由于气象、水利、机械、劳力等原因不能适时移栽，不得不延长育苗日数时，对秧苗的应急处理是追施氮肥，防止秧苗素质下降。而且在延迟移栽时，栽植密度要适当增加，并注意采取施肥调整等措施。

364. 如何防止水稻插后大缓苗？

水稻插秧后迟迟不返青的现象，称为大缓苗。发生大缓苗主要原因是春季长时间低温、秧苗素质差、插得过深、插后没有及时上水、大风、曝晒、灌水过深、潜叶蝇危害等。因此，为防止大缓苗现象发生，必须培育壮苗，移栽时浅插，插后及时复水。同时，注意插秧前秧苗带药下地，防止潜叶蝇危害，保护好功能叶，促进新根的生长，提早返青分蘖。

365. 什么是宽窄行栽培技术？主要技术要点是什么？

水稻宽窄行栽培即窄行距与宽行距间隔栽培的水稻高产栽培技术。该栽培法具有植株群体分布合理、通风透光性能好、光合作用率高等优点，因此单产水平较高，一般比常规旱育稀植增产 10%～15%，所以很受广大稻农的欢迎。其技术环节如下：

(1) 旱育苗的技术

①播种管理。水稻种子播量过大，秧苗素质低，细长柔弱，分蘖能力差，抗逆能力弱，易感染立枯病、苗瘟等苗期病害，严重影响秧苗质量。播量过小，虽然苗壮，分蘖力强，抗逆性强，不易感染病害，但盘根差，将来移栽插秧时，秧苗易散落（俗称"散花"），不但插秧费时费工，而且还易散失秧苗，造成浪费。一般播量以每平方米 0.4～0.5 千克芽种为宜。

②温度管理。播后苗前，棚内温度保持在 30℃左右为宜，以利种子早出苗、出齐苗。为保证温度，可在播种后苗床上覆一层地膜，待苗出齐后撤去。出苗后至 1 叶 1 心期，棚内温度降至 25～28℃；2 叶 1 心期以后，棚内温度应控制在 25℃左右（并加以水分控制），并适当揭膜通风，防止秧苗疯长，保障空气流通。起秧前 7 天左右，应将棚膜全部揭开进行秧苗素质锻炼，以适应外

界自然环境。

③水分管理。苗床水分始终以土壤潮润不干为宜。因为旱育苗的目的之一，在于水稻秧苗在受到严格控制水分的条件下，增加土壤氧气含量，促使水稻根系发达，长势苗壮，这对于本田移栽秧苗迅速返青、促进有效分蘖具有非常重要的意义。但在起秧前一天，应浇透水。

（2）田间管理技术

①严格整地。一般苗床上已经分蘖的秧苗，由于分蘖节位低，在插秧时必须要保证分蘖节位于泥面之上，否则，这部分分蘖的成穗增产作用将会受到很大的限制。所以，稻田一定要平整，只有这样，才能保证水层分布均匀，从而保证插秧质量。

②插秧规格。水稻宽窄行栽培一般由两窄行与一宽行间隔栽培、四窄行与一宽行间隔栽培两种方法。数年来的实践证明，四窄行与一宽行栽培具有土地使用率高、植株群体发布合理、整体光合作用率高的特点，是最理想的栽培模式。

栽培规格：分蘖能力一般的品种，可适当缩短株行距，窄行的行株距为23.3厘米×13.3厘米，宽行的行株距为33.3厘米×13.3厘米；分蘖能力较强的品种，可适当将行株距放宽，窄行的行株距为26.7厘米×16.7厘米，宽行的行株距为37.37厘米×16.7厘米。

③水层管理。水稻定苗返青后至有效分蘖期间宜浅灌，最好是本着"寸水不露泥"的原则。在水稻分蘖末期晒田（为5～7天），以增加土壤氧气，排出有毒气体，增强根系活力。晒田后恢复浅水。在水稻生育期间（大约在7月中旬）如遇低温等逆境条件，可适当深水灌溉护苗，特别是水稻生长中期（即幼穗开始形成到抽穗的伸长期）尤应注意。水稻生育后期，可采用间歇性灌溉，乳熟期采用干干湿湿的灌水方法，黄熟期自然落干。

④科学施肥。

底肥：水整地时，先排成花达水，然后每公顷施磷酸二铵120～150千克、尿素60～70千克（总施氮量的30%）、硫酸钾45～50千克（总施钾量的60%左右）。

追肥：在秧苗返青后1周左右，追施分蘖肥。用肥量为每公顷追施尿素60～70千克（总施氮量的30%）。在追肥时，要建立水层，使肥溶于水中，防止串灌和排水，待肥水渗入后，再正常灌水，以提高肥料利用率；追肥后7～10天，若天气晴好，水稻叶色淡绿，可进行二次追肥，每公顷施尿素20千克（占总施氮量的10%）；若阴雨寡照，气温偏低，这次肥就省略不施。水稻进入生长中期（即幼穗开始形成到抽穗的伸长期），该时期需要大量的无机养分，是营养生长和生殖生长同时进行时期，是细胞分裂和新陈代谢旺盛时期，必须及时补充氮素。追肥时间在抽穗前 20 天左右，每公顷施尿素 40 千克左右（即总施氮量的 20%）、硫酸钾 30~40 千克。追肥后 10 天左右，若天气晴好，水稻叶色变淡，可追施粒肥，每公顷施尿素 20 千克（占总施氮量的 10%）；若阴雨寡照，气温偏低，这次肥就省略不施。

（编写人员：杨丽敏）

四、寒地水稻肥水管理技术

（一）稻田施肥技术

366. 水稻吸收养分的基本规律是什么？

水稻正常的生长发育，所必需的营养元素是碳、氢、氧、氮、磷、钾、硅、钙、镁、硫、铁、锰、铜、锌、硼、氯、钼、镍。碳、氢、氧在植物体组成中占绝大多数，是水稻淀粉、脂肪、有机酸、纤维素的主要成分；来自空气中的二氧化碳和水，一般不需要另外补充。水稻需要大量的氮、磷、钾三元素，单纯依靠土壤供给，不能满足水稻生长发育的需求，必须另外施用，所以氮、磷、钾又叫肥料三元素；对其他元素的需求量有多有少，一般土壤中的含量基本能满足，但随着高产品种的种植，氮、磷、钾的施用量的增加，水稻微量元素缺乏症也日益增多。

每生产 100 千克稻谷吸收的氮（N）、磷（P_2O_5）、钾（K_2O）的数量分别为 1.5~1.9 千克、0.81~1.02 千克、1.83~3.82 千克，大致比例为 2：1：2。由于其中不包括根的吸收和水稻收获前地上部分中的一些养分及落叶等已损失的部分，所以实际水稻吸肥总量应高于此值。而且随着品种、气候、土壤和施肥技术等条件的不同而有变化，特别是不同生育时期对氮、磷、钾吸收量的差异十分显著，从秧苗到成熟的进程中，水稻吸收氮、磷、钾的数值呈正态分布。

367. 水稻都需要哪些营养元素？大量元素有哪些？微量元素有哪些？

水稻正常生长发育需要的营养元素，即碳、氢、氧、氮、磷、钾、硅、钙、镁、硫、铁、锰、铜、锌、硼、钼、镍、氯。其中碳、氢、氧是靠空气和水供给，其他元素主要靠根系从土壤中吸收。硅在水稻一生中需要量很高，约为氮的 10 倍、磷的 20 倍，在成熟的水稻茎、叶中硅的含量约占干物质重的 11%，因而水稻被称为典型的"硅酸植物"。

大量元素：碳、氢、氧、氮、磷、钾、硅、钙、镁、硫需要量大，故称之为大量元素。

微量元素：铁、锰、铜、锌、硼、钼、镍、氯需要量少，故称之为微量元素。

368. 氮的生理功能是什么?

在各种营养元素中,氮素对水稻生长发育和产量的影响最大。水稻在不同生育时期,各器官的氮素含量是不同的,一般茎叶中的含量为 1%～4%,穗中含量为 1%～2%。蛋白质是生命的基础物质,氮是构成蛋白质的主要成分,占蛋白质含量的 16%～18%。水稻体内的核磷脂、叶绿素、植物激素及维生素(如维生素 B_1、维生素 B_2、维生素 B_6)等重要物质也都含有氮。所以,氮肥在维持和调节水稻生理功能上具有多方面的作用。氮素供应适宜时,根部增长快,根数增多,但过量反而抑制稻根的生长。氮素能明显促进茎叶生长和分蘖原基的发育,所以植物体内氮量越高,叶面积增长越快,分蘖数越多。氮素还与颖花分化及退化有密切关系,一般适量施用氮素能提高光合作用和形成较多的同化物,促进颖花的分化并使颖壳体积加大,从而增大颖果的内容量,有利于提高谷重。缺氮症状通常表现为叶色失绿、变黄,一般先从下部叶片开始。缺氮会阻碍叶绿素和蛋白质的合成,从而减弱光合作用,影响干物质生产。严重缺氮时细胞分化停止,表现为叶片短小、植株瘦弱、分蘖能力下降、根系机能减弱。氮素过多时,叶片拉长下披,叶色浓绿,茎徒长,无效分蘖增加,群体容易过度繁茂,致使透光不良、结实率下降、成熟延迟,加重后期倒伏和病虫害的发生。

369. 磷的生理功能是什么?

水稻茎叶中磷的含量一般为 0.4%～1.0%。穗部含磷量较高,为 0.5%～1.4%。磷是细胞质和细胞核的重要成分之一,而且直接参与糖、蛋白质和脂肪的代谢,一些高能磷酸又是能量贮存的主要场所。磷素供应充足,水稻根系生长良好,分蘖增加,代谢作用旺盛,抗逆性增强,并有促进早熟和提高产量的作用。磷参与能量代谢,存在于生理活性高的部位。因此,磷在细胞分裂和分生组织的发育上是不可缺少的,幼苗期和分蘖期更为重要。水稻缺磷时植株往往呈暗绿色,叶片窄而直立,下部叶片枯死,分蘖减少,根系发育不良,生育停滞,常导致稻缩苗、红苗等发生,生育推迟,严重影响产量。

370. 钾的生理功能是什么?

水稻不同生育时期茎叶中钾的含量为 1.5%～3.5%,穗部含量较低,一般在 0.5%～1.0%。钾在植物体内几乎完全以离子状态存在,部分在原生质中处于吸附状态。钾与氮、磷不同,它不是原生质、脂肪、纤维素等的组成成分。但在一些重要的生理代谢上如碳水化合物的分解和转移等,钾具有触媒作用，能促进这些过程的顺利进行。钾还有助于氮素代谢和蛋白质的合成，所以施氮越多，水稻对钾的需求量也就相应增加。钾对植物体内多种重要的酶有活化剂的作用，适量的钾能提高光合作用和增加稻体碳水化合物含量，并能使细胞壁变厚，从而增强植物抗病、抗倒伏能力。

水稻缺钾时根系发育停滞，容易产生根腐病，叶色变浓绿程度与施氮过多时相似，但叶片较短。严重缺钾时，首先在叶片尖端产生黄褐色斑点，逐渐扩展至全叶，茎部变软，株高伸长受到抑制。钾在植物体内移动性大，能从老叶向新叶转移，缺钾症先从下部老叶片出现。钾不足时淀粉、纤维素、碳水化合物含量减少，水稻处于繁茂遮阴或光照不足的条件下，增施钾肥后大多可以得到改善。

371. 硅的生理功能是什么？

水稻为典型喜硅作物，茎叶中的含硅量可达 $10\% \sim 20\%$。虽然土壤中硅含量很高，但水稻吸收率极低。根部所吸收的硅随蒸腾上移，水分从叶面蒸发，大部分硅酸积累于表皮细胞的角质内，形成角质硅酸层。因硅酸不易透水，所以有降低蒸腾强度的作用。充分吸收硅的水稻叶片伸出角度小、直立，受光姿态好，可增强光合作用能力。硅酸的存在还能增强根部的氧化能力，能使可溶性的二价铁或锰在根表面氧化沉积，不至于因过量吸收而中毒。同时促进根系生长，改善根呼吸作用，促进水稻对其他养分的吸收。施用硅肥，水稻同化作用旺盛，干物质积累量大，从而稀释植物体内氮的浓度，表现为耐氮性增强。试验研究结果表明：缺硅稻田，在施用氮、磷肥基础上，施用硅肥增产效果显著。硅肥增产原因主要是硅肥具有增加穗数、每穗粒数，降低空秕率和提高千粒重的作用。水稻施用硅肥之后，茎、叶中硅含量增加，硅化细胞增多，坚实度增加，水稻抗倒伏能力增强，并能有效地控制或减少叶瘟和穗颈瘟的发生与危害。

372. 硫的生理功能是什么？

水稻体内含（SO_2）量为 $0.2\% \sim 1.0\%$，水稻吸收利用的主要是硫酸盐，也可以吸收亚硫酸盐和部分含硫的氨基酸，水稻体内硫素和氮素代谢的关系非常密切。

稻株缺硫时可以破坏蛋白质的正常代谢，阻碍蛋白质的合成，导致植株矮小，叶片偏小，初期叶色变淡。严重缺乏时叶片上出现褐色斑点，茎叶变黄甚至枯死，分蘖少。根系缺硫反应尤为敏感，当在上部还未明显呈现褐色斑点时根系生长已表现出不正常。土壤中含硫过多时，在缺氧条件下转化成硫化氢而毒害稻根，发生根腐病。

373. 钙的生理功能是什么？

水稻茎叶中含钙（CaO）量为 0.3%～0.7%，穗中含量在成熟期下降至 0.1%以下。钙是构成植物细胞壁的元素之一，约 60%的钙集中于细胞壁。缺钙时稻株略矮，下部叶尖变白，后转为黑褐色，叶子不能展开，生长点死亡，根短，叶尖为褐色。

374. 镁的生理功能是什么？

水稻茎叶中含镁（MgO）量为 0.5%～1.2%，穗部含量低。镁是叶绿素成分之一，缺镁导致叶绿素不能形成，镁是多种酶的活化剂。缺镁时叶片柔软呈波纹状，叶脉黄绿色，从叶尖先枯死，症状从老叶开始。孕穗期前保证充足镁素营养特别重要。

375. 铁的生理功能是什么？

水稻体内含铁量较低，叶片中含量为 200～400 毫克/千克，老叶比嫩叶要高，其中相当一部分集中于叶绿体内。铁参与体内的呼吸作用，影响与能量有关的生理活动。缺铁导致叶绿素不能合成，出现失绿症，缺铁现象先从幼叶开始，而老叶仍属正常，在一般情况下土壤中不缺铁。在酸性和长期渍水土壤中铁多被还原成溶解度大的亚铁，如果水稻大量吸收则会发生亚铁中毒。

376. 锰的生理功能是什么？

锰是水稻体内含量较多的一种微量元素，嫩叶中含 500 毫克/千克，老叶可达 16 000 毫克/千克。锰能促进水稻种子发芽和生长，并能增强淀粉酶的活性。叶绿素中虽不含锰，但锰能影响它的形成。缺锰时，叶绿素合成受阻，光合强度显著受到抑制。正常生育的稻体内铁和锰之间能保持一定的平衡，缺锰则亚铁含量增高，引起亚铁中毒产生失绿现象。当体内含锰量高而亚铁浓度低时，也会由于缺铁产生失绿现象。缺锰导致植株矮，叶窄而短，严重褪绿，先呈黄绿色，后出现深棕色斑点，继而坏死，嫩叶最重。

377. 锌的生理功能是什么？

锌在生长素合成上是不可缺少的，并能催化叶绿素的合成。水稻叶片干重的含锌量低限为 15 毫克/千克。缺锌时叶片呈淡绿色，嫩叶基部变黄，叶尖较轻，严重时叶脉变白，稻株顶端受抑制，植株矮，分蘖少，出叶周期拖长，叶尖内卷，老叶下垂，最后枯死。在缺锌土壤上施锌，对水稻有明显的增产作用，可以促进生长和提高有效分蘖数，并能提高叶绿素含量和防止早衰。

378. 铜的生理功能是什么？

铜是某些氧化酶的成分，所以它能影响植物体内氧化还原过程。稻株对铜的需求量极微。缺铜时嫩叶初呈青绿色，以后叶尖褪绿，变成黄白色，继而形成棕色枯斑，新叶不能展开，生育推迟。

379. 硼的生理功能是什么？

水稻对硼的需要量极少，硼对氮代谢和吸收养分有促进作用。例如以0.01％硼溶液处理弱光下生长的稻株，测出硼有促进养分向穗部运送的作用，能减少空秕率，提高千粒重。缺硼时生长点细胞分化受阻，花粉发育不正常，影响受精能力，秕粒多，稻株矮小，叶呈深绿色，叶中部或尖端有黄白色斑点，严重时生长点死亡。

380. 钼的生理功能是什么？

钼能促进蛋白质的形成，参与稻体内各种氧化还原过程，可消除酸性土壤中的铝、锰离子的毒害作用，促进水稻土壤中自生固氮菌的活力。一般认为，水稻植株含钼量最高界限在 2 毫克/千克以下。缺钼叶片变黄绿色，部分叶片发生扭曲，老叶尖端褪绿，逐渐干枯，分蘖少，秕粒多，产量下降。

381. 氯的生理功能是什么？

在光合作用中氯参与水的光解，叶和根细胞的分裂也需要氯的参与，氯还与钾等离子一起参与渗透势的调节。缺氯时，叶片萎蔫，失绿坏死，最后变为褐色；同时，根系生长受阻、变粗，根尖变为棒状。

382. 在寒地稻作区亩产 500 千克稻谷对氮、磷、钾三要素的需要量是多少？

每亩生产 500 千克稻谷对氮、磷、钾三要素的吸收数量，因不同稻区土壤条件、气候条件以及品种不同而有一定差异。但在北方不同生态区，大都是随产量的提高而逐渐增加。每亩生产 500 千克稻谷一般需要纯氮 7.44 千克、五氧化二磷 5.75 千克、氧化钾 13.7 千克，三要素之比为 1∶0.77∶1.84。

383. 确定水稻施肥量的依据是什么？

水稻的施肥量应根据土壤养分供应量、水稻目标产量、肥料利用率及各种肥料的性质等多方面因素确定。

(1) 土壤养分供应量 水稻所吸收的养分，一部分来自所施的肥料，一部分由土壤供给。由土壤提供的养分数量，决定于土壤养分全量及有效状态，这些因素又因土壤种类、自然条件及施肥和耕作管理水平不同而不同。一般来讲，土壤养分供给量可按上年产量的 50%～70% 来估算。

（2）肥料利用率　施到土壤中的肥料，不能在当季被水稻全部吸收利用，肥料利用率的大小与肥料种类、施用方法、施肥时期、土壤性质等诸多因素有关。一般情况下氮肥、钾肥利用率为 30%～50%，过磷酸钙为 20%～40%，绿肥耕翻利用率为 40%～50%。

（3）产量与施肥量　在实际生产上，根据水稻的需肥量、土壤供肥能力及肥料利用率，就可以估算出不同目标产量的施肥量，但实际施肥量常因条件的不同而变化。虽然产量与施肥量有一定的相关关系，一般情况下，产量因施肥量的增加而增加，但并不是施肥越多，稻谷产量就越高，应有一定范围。适宜的施肥量因品种、土壤、气候和栽培方式不同而不同。

384. 土壤的供肥量是怎样计算的？

土壤供肥量可以通过测定基础产量、土壤有效养分校正系数两种方法估算。基础产量估算（空白处理产量）：不施肥养分区作物所吸收的养分量作为土壤供肥量。土壤养分校正系数估算：将土壤有效养分测定值乘一个校正系数，以表达土壤"真实"供肥量，该系数称为土壤养分的校正系数。

土壤供肥量＝不施肥养分区作物产量×百千克产量所需养分÷100

土壤养分校正系数＝缺素区作物地上部分吸收该元素量（千克/亩）÷[该元素土壤测定值（毫克/千克）×0.15]

385. 什么是肥料利用率？氮、磷、钾三要素的肥料利用率范围是多少？

化学肥料施入稻田之后，只有一部分被作物吸收利用，被吸收的养分量占施入稻田养分总量的比例被称为肥料利用率。

氮肥的利用率为 30%～60%，磷肥为 10%～25%，钾肥为 40%～70%。其利用率差别之大，主要是由于肥料种类和施用方法不同等原因造成的，因此合理地施用化肥，对提高化肥利用率具有重要作用。

386. 氮肥的利用率是多少？

氮肥表施的利用率分别为硫酸铵 45.4%、尿素 34.8%、碳酸氢铵 26.8%。施入土壤中氮素的去向可分为水稻吸收、土壤残留、损失三个部分。氮肥在稻田中的损失，一是硝化和反硝化过程，即铵态氮在有氧的条件下被硝化细菌转化为硝酸盐，硝酸盐再在无氧或微氧条件下被反硝化细菌还原为 NO、N_2O、N_2，这一过程使氮肥损失 $10\%\sim15\%$，最高可达 20% 左右；二是施用方法不当，铵态氮通过挥发损失可达 $5\%\sim50\%$；三是随水淋失，例如施入稻田的尿素，一般经过两三天水解后转化为铵才能被水稻吸收和土壤胶体吸附，若在 24 小时内排水，氮素的损失量可达 $10\%\sim20\%$；四是残留在土壤中的氮除被土壤胶体吸附外，还有 10% 左右被黏土矿物固定难以释放。

387. 磷肥的利用率是多少？

磷肥的利用率一般为 $10\%\sim25\%$，平均 14%，明显低于氮肥，主要因为施入土壤中的磷很快和土壤中的铁、铝、钙结合成难溶性磷酸盐（称化学固定）。这种固定作用可以减少淋洗作用引起的损失，被固定的一部分磷素是弱酸溶性，可供第二年作物吸收利用。稻田在淹水条件下有助于磷素的释放，所以稻田土壤中有效磷的含量都比相应旱田土壤高。

388. 钾肥的利用率是多少？

由于土壤黏土矿物类型、水分状况和土壤酸碱性的影响，土壤对钾的固定量差别很大，一般可在 $11\%\sim77\%$。钾的固定可以减少淋溶损失，在一定的条件下还会重新释放出来，通常是干湿交替作用频繁，pH 升高，钾的固定量增加。土壤中钾的消耗主要为水稻吸收和淋失，而钾的补给主要来自肥料，降雨带来少量的钾，另外残留在土壤中的根茬补充一定的钾。总的来看，土壤中钾的移动性小于硝态氮而大于磷，所以也有一定的淋失量，钾在当年的利用率一般 $50\%\sim60\%$。

389. 怎样计算每亩化肥的施用量？

施肥量的计算要根据品种、产量指标、土壤肥力、肥料类型等综合因素来确定。一般可采用以下公式进行计算：

化肥施用量＝（计划产量的养分吸收量－土壤供肥量－有机肥供肥量）÷化肥含养分百分率（％）÷化肥利用率（％）

式中，计划产量的养分吸收量＝每亩计划产量（千克）×1 千克稻谷需要的营养元素量。

土壤供肥量＝无肥区产量的养分吸收量

有机肥供肥量＝每亩施用量（千克）×含某元素量（％）×利用率（％）

一般有机肥含氮量为 0.5%，氮利用率为 25%、磷为 25%、钾为 50%，化肥利用率一般氮为 40%、磷为 15%、钾为 50%。

390. 怎样提高氮肥的利用率?

氮肥的损失有多种途径,但除氮的挥发损失外,都是通过硝化和反硝化作用产生的。因此,提高氮肥利用率,主要以防止硝化为主。深层施肥:把铵态氮肥或尿素深施到 3～5 厘米深的还原层中,铵离子为土壤胶体吸附,保持在还原层中,避免肥料在氧化层进行硝化作用,以提高氮的利用率。氮肥增效剂又称硝化抑制剂,即用化学制剂来抑制稻田土壤微生物硝化和反硝化作用,以减少氮的损失。目前,我国使用的主要氮肥增效剂有西吡、吡啶及基硫脲等。长效氮肥主要有三种,一是有机合成氮肥,如尿素甲醛肥料;二是包膜肥料,如硫衣包膜素;三是长效性无机氮肥,如磷酸镁铵。长效氮肥主要是防止可溶性氮肥的流失,使氮素的供应尽可能与水稻生长过程中的氮素吸收相吻合,以提高氮肥利用率,同时避免大量氮肥集中施用引起烧苗。

391. 水稻不同生育期对养分吸收种类有何不同?

营养生长进入分蘖阶段,植物体内需要大量的蛋白质,因此,需吸收构成蛋白质的氮、磷、硫等。生殖生长时期是幼穗发育和茎叶大量增加的时期,植物体内形成大量的纤维素、木质素以构成植物的骨架,故需吸收镁、钾、钙等。结实期水稻体内的物质进行再分配,在叶鞘和茎秆中积累的碳水化合物逐渐转移到穗中形成淀粉,结实期对各种养分的吸收量逐渐减少。

392. 水稻生产中为何强调氮、磷、钾配合施用?

随着高产品种的推广应用,水稻对养分的需求也增高,随收获物带走的养分也越来越多。各地施用氮肥的量不断增加,加速了水稻根系对土壤中磷、钾养分的吸收,使土壤养分平衡出现了新的矛盾。据研究:三要素中氮素对水稻增产最显著,但长期单用,其效果逐渐降低;磷、钾的增产效果开始较小,其后则增产效果逐渐增加。而氮、磷、钾配合施用,水稻增产效果最稳定。

393. 水稻的生长中心是什么? 生长中心和养分分配去向的关系是什么?

水稻不同生育阶段,不同部位或器官的生长情况不同;生长中心是指代谢旺盛、生长势较强的部位和器官。水稻一生中有三个比较明显的生长中心:分蘖期以腑芽生长为中心,幼穗发育期以稻穗生长为中心,结实期以籽粒生长为中心。因此,不同时期施肥,各部分器官分配的养料也不相同。早期追施氮肥,稻株吸收的氮素主要分配在叶片和茎中,而后期追肥则主要分配在穗中。

394. 水稻生长中心与养分分配关系是什么?

第一,营养元素在水稻体内并不是平均分配的,而主要是集中供给生长中心部分。随生长中心的转移,养分分配的重心也随之转移。第二,当养分供应不足时,新形成的生长中心就会抽取前一生长中心尚未转移的部分或次要生长部分的养分。第三,当养分超过生长中心需要时,多余的养分就会促使次要生长部分的生长或前一生长中心延续。

395. 减少水稻施用氮肥的方法有哪些?

第一,加强农田建设。独灌独排,按水稻生育进程施肥,提高氮肥利用率。第二,选用氮肥敏感、氮肥利用率高的水稻品种。第三,选用利用率高的化肥。第四,氮、磷、钾合理搭配,促进氮肥的吸收。第五,采用正确的施肥方法,深施、多次施肥等。

396. 氮素水平对不同穗型品种的光合作用的影响如何?

高氮条件下直立穗品种稻谷产量高于弯曲穗品种,收获指数却低于弯曲穗品种。低氮条件下两种类型的收获指数都高,且弯穗型品种产量略高。相同肥力条件下,抽穗前生产物质差异不大而抽穗后直立穗品种生产能力明显高于弯曲穗。

397. 氮、磷、钾三要素对水稻产量的效应如何?

利用数学模型研究了氮、磷、钾对水稻产量的影响,分析了单因素效应、双因素效应和边际效应,得出三要素对产量的贡献率大小依次为氮:1.208 1、磷:1.052 7、钾:0.849 9,氮和磷互作作用明显,当磷处于高水平时,氮的增产效果明显,说明高氮、磷配合适当的钾肥是提高水稻产量的重要途径之一。

398. 水稻各生育阶段氮、磷、钾需求规律是什么?

氮素的吸收规律:水稻对氮素营养十分敏感,是决定水稻产量最重要的因素,水稻一生中在体内具有较高的氮素浓度,这是高产水稻所需要营养的生理特性。水稻对氮素的吸收有两个明显的高峰:一是水稻分蘖期,即插秧后 2 周;二是插秧苗后 7~8 周,此时如果氮素营养供应不足,常会引起颖花退化,而不利于高产。

磷素的吸收规律:水稻对磷的吸收量远比氮肥低,平均约为氮的一半,但是在生育后期仍需要吸收较多的磷。水稻各生育期均需磷素,其吸收规律与氮素营养的吸收相似。以幼苗期和分蘖期吸收最多，插秧后 3 周前后为吸收高峰，此时在水稻体内的积累量约占全生育期总磷量的 54％左右，分蘖盛期每 1 克干物质中含五氧化二磷最高，约为 2.4 毫克，此时如果磷素营养供应不足，对水稻的分蘖数及地上与地下部分干物质的积累均有影响。水稻苗期吸入的磷，在生育过程中可反复多次从衰老的器官向新生器官转移，至稻谷黄熟时，60％～80％磷素转移集中于籽粒中，而出穗后吸收的磷多数残留于根部。

钾素的吸收规律：钾的吸收量高于氮，表明水稻需要较多的钾素，但在水稻抽穗开花以前其对钾的吸收已基本完成。幼苗对钾素的吸收量不高，植物体内钾素含量在 0.5％～1.5％不影响正常分蘖。钾的吸收高峰是在分蘖盛期到拔节期，此时茎、叶钾的含量保持在 2％以上。孕穗期茎、叶钾的含量不足 1.2％，颖花数会显著减少。出穗期至收获期茎、叶中的钾并不像氮、磷那样向籽粒集中，其含量维持在 1.2％～2.0％。

399. 在淹水条件下土壤中氮、磷、钾会发生什么变化？

淹水条件下土壤中氮的变化：稻田土壤由于长期淹水，土层分化成两层，其性质很不相同，表面的一层为氧化层，厚度仅为几毫米，一般不超过 10 毫米，其下部为还原铵态氮肥或能转化为铵态氮的氮肥如硫酸铵、碳酸氢铵和尿素等，化肥如果施于表面的氧化层，就会受硝化细菌的作用转化为硝态氮，而硝酸根离子不能被土壤胶粒所吸收，于是随水渗漏到下边的还原层，逐渐在反硝化细菌的作用下还原成水稻难以吸收利用的气体逸失于大气中，这种现象称为反硝化。

淹水条件下土壤中磷的变化：稻田土壤淹水后磷的供应能力高于非淹水土壤，施入淹水土壤中的可溶性磷被固定在土壤固体表面，浓度上升比较显著，而且受稻田土壤的性质影响很大。淹水后有效磷的增加，以磷 A 值（即土壤有效磷和施用磷肥之比）表示，富含磷酸铁的酸性土壤磷 A 值较高，而磷酸铁含量低的钙质土壤和腐殖土壤淹水后有效磷却没有增加。因此，土壤淹水后有效磷的增加主要在于还原而非水解，淹水后水溶性磷浓度增加以含铁量低的钙质沙土最明显，含铁量低的酸性沙土次之，再次为近中性黏土，酸性铁质铝土最少。

淹水条件下土壤中钾的变化：淹水后土壤中可溶性二价铁离子和锰离子增加，同时将交换钾置换进入土壤溶液，在某些条件下土壤中存在的过量的亚铁离子会与土壤中的钾盐结合，形成 K_2SO_4、$FeSO_4$ 和水以不同比例组成的难溶性二价盐，从而降低了钾的有效性。铁吸收过多会妨碍钾的吸收。

400. 寒地旱粳稻合理施肥原则及注意事项是什么？

水稻高产施肥的基本原则：

（1）重视化肥，配合有机肥 有机肥与无机肥配合施用对改良培肥土壤的效果十分显著，能够提高土壤有机质储量，改良土壤有机质的组成，增加土壤中氮、磷、钾和微量元素的含量，加强土壤的保肥性和供肥性，改善土壤物理性质和水分状况。

（2）氮、磷肥或氮、磷、钾肥配合施用 高产栽培条件下水稻易贪青、倒伏，发生稻瘟病，空秕率增加，因此，在施肥上要坚持氮、磷、钾肥配合施用。

（3）适量施肥与配方施肥 高产栽培施肥量要适宜，配比合理，要根据不同肥力的地块确定不同的施肥量，做到配方施肥，确保高产。

高产施肥注意事项：

（1）施足底肥 有机肥料分解慢、利用率低、肥效期长、养分完全，所以作为基肥施用较好。但由于寒地稻区早春气温较低，土壤中的养分释放慢，为促进高产秧苗早生快发，可以将速效氮肥总量的 $30\%\sim50\%$ 作为基肥施用，磷肥 100% 作为底肥，钾肥可以留一部分在拔节期施用。

（2）早施蘖肥 水稻返青后及早施用分蘖肥，可以促进低位分蘖的发生，增穗作用明显。分蘖肥分两次施用：一次在返青后，用量占氮肥总量的 25% 左右，目的在于促蘖；另一次在分蘖盛期作为调整肥，用量在 10% 左右，目的在于保证稻田生长整齐，并起到保蘖成穗的作用。后一次的调整肥施用与否主要看群体长势来决定。

（3）巧施穗肥 穗肥不仅在数量方面对水稻生长发育及产量形成影响较大，而且施用时期也很关键。穗肥在叶龄指数 9.1 左右（倒 2 叶 60% 伸出）时施入，可以促进剑叶生长；当高产群体较繁茂时，穗肥在叶龄指数 9.6 左右（减数分裂期前）时施入，可起到保花作用。

（4）酌情施粒肥 水稻后期施用粒肥可以提高籽粒成熟度，增加千粒重，在水稻抽穗期根据群体生长情况可以酌情施用粒肥，但要控制好粒肥施用量和施肥方法。

401. 为什么高产水稻的施肥应采用"前重、中轻、后补"的施肥原则？

水稻体内的碳、氮代谢，始终处于相互促进、相互制约的运动状态。没有光合作用的直接产物碳水化合物的合成，就没有蛋白质等有机物的出现；没有蛋白质的合成，就没有叶绿体的形成和叶的生长，光合作用就无从进行。所以，两者互为基础。但在同一时期，蛋白质合成多时，碳水化合物积累就少，当蛋白质合成受阻时，则碳水化合物积累增多。在水稻生育过程中，可以明显地看出蛋白质与碳水化合物相互消长的变化规律。水稻生育前期是以建成器官为主，体内 C/N 较小，有利于增加分蘖和光合面积；生育中期 C/N 增大，一方面保证穗分化有足够的蛋白质，另一方面能使碳水化合物在茎鞘中积累；抽穗后碳水化合物代谢则占绝对优势，有利于增加粒重。因此，高产水稻的施肥应采用"前重、中轻、后补"的施肥原则。

402. 有机肥和无机肥配合施用有何好处？

两者配合施用，不仅对土壤有机质平衡具有作用，而且对营养元素的循环和平衡也有重要意义。有机肥料富含有机质，可培肥土壤，供应多种营养成分和具有生长素、激素性质的化合物。施用有机肥还有助于保持土壤氮素的储量，因为有机肥料中的氮被当年的水稻吸收利用后，仍有一部分氮残留在土壤中具有 1～2 年的后效。另外，有机肥料中的有机酸和腐殖酸不但能与铁、铝等络合，而且腐殖酸还能在胶态氧化铁、铝表面形成一层保护层，从而减少化学肥料中的磷素被土壤固定，提高有效磷量和在土壤中的移动性。

403. 氮、磷肥或氮、磷、钾肥配合施用有何好处？

单施氮肥，易贪青、倒伏和发生稻瘟病。尤其是低温年，单施氮肥时，空秕率增加，千粒重降低。

氮、磷肥或氮、磷、钾肥配合施用，不仅可以提高产量，而且可以改善稻米品质，提高精米率，降低垩白的百分率，增加蛋白质含量。

404. 为什么稻田强调多施有机肥？

稻田连年种植，每年不但要从土壤中吸走大量的氮、磷、钾三要素和一定量的钙、硫、镁、铁等元素，而且还要吸收少量的氯、锌、锰、硼、铜、钼等微量元素。此外，水稻所吸收的硅素，大约为氮的 10 倍。大量的多种营养元素被吸收，还有一部分被淋溶损失，仅靠无机肥料补充远远不能满足水稻生产需要，因此，必须实行有机肥料和无机肥料配合施用。施用有机肥料，不仅可以直接为水稻提供各种丰富的养分，而且还能在土壤微生物对有机物质的分解过程中，使一部分有机质发生腐殖化作用，形成土壤腐殖质，这对改善土壤物理性质和结构、增加土壤胶体的数量和品质、提高土壤保肥供肥能力有很大作用。此外，在有机质分解过程中还可使稻田土壤中部分迟效性磷、钾活化，并产生各种促进水稻生长的生理活性物质（如 B 族维生素和生长素等）。

405. 化肥在水稻生产中的作用是什么？

化肥又称无机肥或矿质肥，是指直接或间接提供植株营养元素，促进生长，增加产量，改善品质的化学物质。水稻在生产过程中需要一定量的大量元素，如氮、磷、钾、硅、硫、钙、镁等，还需要少量的微量营养元素，如铁、锰、锌、钼、铜等，水稻生长所需要的这些营养元素土壤不可能全部提供。只能通过施用化肥来补充不足部分的营养元素。因此，化肥在水稻生产中占有重要的位置，在其他生产因素不变的情况下，水稻施用化肥可增产 40%～60%。它的主要作用如下：

（1）提供大量优质水稻即相当于扩大水稻种植面积 水稻总产的提高无非从两个方面做文章：一是扩大种植面积，二是提高单产，前者已无多大空间，只能从提高单产上下手。而随着种植年限的增加，土壤自身的营养成分已不能满足现阶段水稻生产的需要，只有通过大量化肥的施入来提高水稻的总产。从能量观点来看：1 克化肥（氮）约增产生物产量 24 克，每克生物能为 17.58 千焦，即 1 克化肥氮能转化生物能量 421.93 千焦，但合成 1 克化肥氮的耗能仅 100.96 千焦，转化的生物能比耗能增加了 3 倍多。

（2）让更多的有机肥还田 水稻产量的提高同时产生大量的稻草。稻草可以作为饲料然后转化为厩肥还田，也可直接还田增加土壤有机质，实现"无机"和"有机"的转化。

（3）改善土壤养分状况 单靠有机肥还田远不能满足作物的需求，增施化肥不会造成土壤有机质的下降，还可以改善土壤养分状况。

（4）能发挥高产品种的潜力 一般来说高产品种可以认为是对肥料高效利用的品种，肥料投入水平成为良种良法栽培的一项核心措施。当然，不合理的施肥确实给土壤和环境造成不良影响，如土壤板结、土壤酸化、土壤碱化等，因此，要提倡合理施肥。

406. 硅肥在水稻生产中有什么特殊作用？

水稻是吸硅量最多的作物之一，茎叶中的含硅量可达 10%～20%。每生产 100 千克稻谷要吸收硅酸 17～18 千克。根部所吸收的硅随植物蒸腾上移，水分从叶面蒸发，大部分硅酸积累于表皮细胞的角质内，形成角质硅酸层。因硅酸不易透水，所以有降低蒸腾强度的作用。充分吸收硅的水稻叶片伸出角度小，叶呈直立状，受光姿态好，可增强光合作用能力。硅酸的存在还能增强根部的氧化能力，能使可溶性的二价铁或锰在根表面氧化沉积，不至于因过量而中毒。同时，促进根系生长，改善根的呼吸作用，促进水稻对其他养分的吸收。施用硅肥，水稻同化作用旺盛，干物质积累量大，从而稀释植物体内的氮的浓度，表现为耐氮性增强。施硅酸肥料还可以促使磷向穗部转移。缺硅的水稻体内可溶性氮和糖类增加，容易诱使致病菌类寄生而减弱抗病能力。已有研究认为，茎叶中的硅酸化合物能对病原菌呈现某种毒性而减少危害。水稻生殖生长期如不能满足硅酸的供应，则易降低每穗粒数和结实率，严重时变成白穗。

407. 种水稻为什么要重视施用磷肥?

在水稻生产中,磷肥的施用量虽然比氮肥少,但对细胞增殖的核酸形成、蛋白质的同化促进、增强体质等有决定性的作用。磷是水稻营养中的重要成分,吸收磷多,氮素同化也好。因此,水稻根系吸收磷的多少,决定着高产、优质的可能性。

与氮、钾相比,水稻根系吸收磷的活力较弱,而且水溶性的磷极易被土壤吸附固定而成为难溶性的磷,施用磷肥的吸收率仅为 20% 左右。因此,高产田应适当多施磷肥。

408. 在水稻生产中怎样提高磷肥的利用率?

施用磷肥效果的大小,既取决于土壤中可供给磷的含量,也决定于土壤性质,如有的土壤可以促进难溶性磷酸盐的溶解,而另外一些土壤则能够引起可溶性磷酸盐的固定。一般磷肥施入土壤后,很快和土壤中的铁、钙和铝等结合成不溶性的化合物即磷的化学固定作用,这是磷当年利用率低的主要原因。

为了提高磷的利用率,一是将磷肥作为基肥施用,水稻苗期需要丰富的磷,吸入体内的磷可多次再利用。而在生长后期,水稻根系已充分扩展,其吸磷的能力明显大于前期。另外淹水的时间越长,土壤磷的有效性也相应增加,所以一般基肥优于追肥。二是磷肥集中施入水稻根际附近,由于磷在土壤中很难移动,应使磷肥所施的位置靠近水稻根系。集中施磷不仅可以使局部土壤得到更多的磷,保持较高的水溶性磷含量,而且也有利于减少磷的固定作用。另外,根外追肥可以促进水稻吸收磷肥。

409. 稻田为什么要施用钾肥?

随着氮、磷肥料用量的增加和单位面积水稻产量的提高,施用钾肥已成为一些地区水稻高产的重要措施之一。不同土壤对于钾肥的反应,主要取决于土壤钾素的供应水平。土壤钾素来源于土壤含钾矿物,但含钾的原生矿物和黏土矿物只能说明钾素的潜在供应能力,而土壤实际供给的钾素水平,则取决于含钾矿物分解成可被作物吸收的钾离子的速度和数量。高产水稻需要大量的钾肥,由于土壤中钾的消耗不断增加,仅靠数量有限的有机肥和土壤本身所提供的钾素已不能满足高产水稻的需求,过去不缺钾的土壤现在已开始表现出有效钾不足的症状。因此,水稻生长期间要进行钾的补充。

硫酸钾 (K_2SO_4,钾含量 50%):纯净硫酸钾为白色或灰色结晶,吸湿性弱,储存时不结块,易溶于水,是速效钾肥。它属于生理性酸性肥料,施入土壤后钾离子可被作物吸收和被土壤吸附，而硫酸根残留在土壤溶液中形成硫酸增加土壤酸性。硫酸钾可作基肥、追肥。但因钾在土壤中移动性很小，一般作基肥或早期追肥效果好。

氯化钾（KCl，钾含量60%）：纯氯化钾是白色结晶，有时稍带浅色或浅砖红色，有吸湿性，能溶于水，也是速效钾肥。氯化钾施入土壤以后，钾离子既能直接被作物吸收利用，也可以与土壤胶体上的阳离子进行交换，残留下来的氯离子相应地产生盐酸，氯化钾也是生理酸性肥料。

草木炭：它是稻田广为应用的钾肥，呈碱性，成分较为复杂，含植物所有各种矿质元素，其中含钾元素最多。草木炭是速效碱性钾肥，其钾素主要呈碳酸钾形态，有少量的硫酸钾、氯化钾。草木炭可作底肥和追肥。

410. 什么叫配方施肥？水稻田怎样配方施肥？

配方施肥是科学地确定有机、无机肥料和氮、磷、钾肥料搭配的最佳经济用量和比例，以最大限度地发挥肥料的增产作用的施肥方法。一个配方只能在一定的时期内适用于特定的土壤、品种及耕作条件。因此，掌握制定配方的方法至关重要。施肥原则：农家肥与化肥相结合，氮、磷、钾肥相结合，施足基肥，早施蘖肥，巧施穗粒肥，平稳促进。施肥的种类和数量：根据养分平衡原则，先确定计划要求的产量所需要吸收的肥料种类和数量。同时，调查土壤的供肥量和肥料利用率。棕黄壤开垦的稻田一般含钾较多，含氮、磷较少，增施氮、磷肥效果较好；草甸土开垦的稻田有机质含量高，含氮较多，磷、钾一般较少，增施磷、钾效果较好。老稻田经过多年种植，钾和微量元素往往不足，施用钾肥和农家肥，增产较显著。因此，根据土壤有效养分含量的丰缺施肥，有利于发挥土壤的生产能力。施用时期和方法：施肥水平相同时，各生育时期分配比例不同，水稻产量差异也较大。因此，根据水稻各生育时期的特点和高产群体的养分动态变化确定肥料特别是氮肥的比例，分段多次施肥，是配方施肥的重要内容。

411. 什么是前促、中控、后保施肥法？

这种施肥方法重施基肥和分蘖肥，酌施穗肥，基肥占总施肥量的50%以上；达到"前期轰起，后期健壮"的要求。这种方法主攻穗数，适当争取粒数和粒重。

前促即基肥中施用速效性氮肥占施肥总量的40%～50%，磷肥全部施用，钾肥施用量占总量的50%，分蘖肥中氮占总量的30%。

中控即施穗肥占总量的20%，钾肥占总量的50%。

后补即根据田间长势适当补施粒肥，但施用氮肥量不能超过10%。

412. 什么是前重施肥法？

前重施肥法就是俗称的施"大头肥"，是一种以重施分蘖肥为主的施肥体系，是将全年施氮量的大部分用作分蘖肥，后期一般不再施肥。在寒冷稻作区施用"大头肥"对保证水稻能够获得一定产量曾起到良好的作用。但当氮肥用量明显增多后，如仍沿用这种施肥方法则极易诱发倒伏和病害。特别在低温年份前期氮肥施用量过大，会导致生育期延迟，从而加重冷害的发生。因此，在水稻栽培水平高的稻区和施肥量较高的稻区一般不提倡使用前重施肥法。

413. 什么是前、后分期施肥法？

前、后分期施肥法是以水稻对于氮素营养需要特点为依据提出的，所谓前期施肥是指营养生长阶段施肥，主要是基肥和分蘖肥，后期施肥是生殖阶段施肥，主要是穗肥和粒肥。它是一种省肥、稳产、高产的施肥方法。前期施肥时有机肥料全部作基肥用，磷肥一般全作为基肥，可采用全层施肥，钾肥一般50%作基肥，氮肥的 30%～40%作基肥，可采用表层施肥、全层施肥或深层施肥。分蘖肥一般占总量的 20%～30%，调整肥料 5%左右。分蘖肥可在移栽后 10 天内进行，调整肥主要是防止分蘖肥施用不均或补救部分生长较差的地块。

后期施肥主要施用穗、粒肥。其中穗肥施用有两个时期，一是幼穗一次枝梗分化前，二是减数分裂前期。前者施肥能促进颖花分化，增加颖花数，故而又叫促花肥；后者施肥能减少颖花退化，相对增加了颖花数，故又叫保花肥。从生产实际效果看，保花肥对增加最终穗粒数效果更加显著。考虑到肥料从施用到利用有一个过程，保花肥的最佳施用时间在倒 2 叶完全展开到剑叶伸出一半时，用量为化学氮总量的 20%左右。粒肥通常在见穗到齐穗间施用，对于提高结实率和增加粒重有比较稳定的效果，用量为化学氮总量的 10%左右。

414. 什么是精确定量施肥法？

精确定量施肥是随着科学技术的发展而开展的一项施肥技术措施，主要包括确定合理的氮肥施用总量和准确掌握施肥时间。

氮肥施用总量的确定：氮（千克/亩）＝［目标产量的吸氮量（千克/亩）－土壤供氮量（千克/亩）］÷氮肥当季利用率（%）。目标产量的需氮量可用高产水稻每百千克产量的需氮量求得。各地高产田百千克需氮量不同。因此，应对当地的高产田实际吸氮量进行测定。测土配方施肥试验可以为土壤供氮量的确定提供参考。

准确掌握施肥时间：化肥实行前氮后移。基蘖肥和穗肥的施用比例，5 个伸长节间品种应为 5.5：4.5 [6：(4～5)：5]，4 个伸长节间的双季稻品种为 6.5：3.5 [7：(3～6)：4]，这是精确定量施氮的一个极为重要的定量指标。5 个伸长节间的品种，拔节以前的吸氮量只占一生的 30％左右，长穗期占 50％左右，因而穗肥的比例可以提高到 45％左右（40％～50％）。4 个伸长节间的品种，拔节前吸氮量已达一生的 50％，故穗肥的比例只能提高到 35％左右（30％～40％）。基肥一般应占基蘖肥总量的 70％～80％，分蘖肥占 20％～30％，以减少氮素损失。机栽小苗移栽后吸肥能力低，基肥占基蘖肥总量以 20％～30％为宜，70％～80％集中在新根发生后作分蘖肥用。

415. 什么是"V"形施肥法？

在水稻栽培中为了获得高产，单位面积的穗数、粒数多是首要条件，并且每穗所着生的粒没有秕粒和空粒，确保粒粒成熟，即成熟度高是高产优质的关键。但是，在生产中确有随着粒数越多、成熟度越下降的趋势。日本的松岛省三提出来的"V"形施肥理论，是把两者之间的关系分开，尝试在达到粒数多的同时又能达到提高成熟度的目的，进行了大量的试验。结果表明：成熟度在出穗前 33 天追肥最低，追肥时期离这个时期越远成熟度越高。为此，追肥时期与成熟度之间的关系呈"V"形，简称"V"形施肥理论。

416. 什么是基穗型施肥法？

基穗型施肥法是以水稻对于氮素营养需要特点为依据提出的，将全年的施肥量分为基肥（70％）和穗肥（30％）两部分。基肥是指营养生长阶段施肥，主要是底肥和分蘖肥，后期施肥是生殖阶段施肥，主要是穗肥，是一种省肥、稳产、高产的施肥方法。

417. 水稻前氮后移施肥技术如何操作？

基肥：氮肥总量的 40％、磷肥 100％、硅肥 100％和钾肥 60％～70％。

蘖肥：氮肥总量 30％分两次施。第一次返青后用 80％，余下的 20％ 5～7 天后施用。

调节肥（接力肥）：氮肥总量的 10％。水稻倒 4 叶或抽穗前 30 天施用，若不用调节肥则将 10％加入基肥中。

穗肥：氮肥总量的 20％，钾肥量的 30％～40％。水稻倒 2 叶露尖到长出一半时施用。

418. 什么是缓释肥？

所谓"释放"是指养分由化学物质转变成植物可直接吸收利用的有效形态

的过程（如溶解、水解、降解等）；"缓释"则是指化学物质养分释放速率远小于速溶性肥料施入土壤后转变为植物有效态养分的释放速率。因此，生物或化学作用下可分解的有机氮化合物（如脲甲醛 UFs）肥料通常被称为缓释肥。

419. 什么是侧深施肥法？

侧深施肥（侧条施肥或机插深施肥）技术是水稻插秧机配带侧深施肥器，在水稻插秧的同时将肥料施于秧苗侧位土壤中的施肥方法。其主要优点是可促进前期生育；肥料利用率高，施肥量可减少 20%；有利于防御低温冷害，省工、省成本；可减轻对河川、湖沼水质的污染。

420. 为什么强调深层施肥？

施用于稻田土壤的氮素化肥，能被水稻吸收利用的有 30%～50%，利用率不高的原因主要是硝化和反硝化作用引起的脱氮损失。深层施肥是将铵态氮肥深施于稻田土壤还原层，受硝化作用影响小，以铵离子形态为土壤胶粒所吸附，从而减少渗漏。同时由于缺乏反硝化作用基质，还可以减少脱氮造成的气体损失。因此，深施比表施可以大大提高氮肥的利用率。

421. 如何施好分蘖肥？

北方稻区水稻生育期较短，为充分利用热量资源，促进分蘖早生快发，强调施用足够数量的氮肥、磷肥作基肥，并在此基础上适当施用分蘖肥。减少分蘖肥的比例是北方稻区高产栽培发展的趋势。氮肥施用量增多之后，如仍沿用以往重施分蘖肥的方法，则极易引起无效分蘖率提高、植株生育过分繁茂、叶片披垂，重叠遮阴等后果，而且叶片含氮量过高，还会阻碍以氮代谢为主向碳代谢为主的转移，有可能延长营养生长而推迟出穗期，这些都不利于增产。因此，分蘖肥的数量一般可占施氮量的 25%～35%。在严重缺磷的土壤上或容易发生稻缩苗的田块，追施质量高的磷肥如磷酸二铵或重过磷酸钙有显著效果。在缺钾的稻田，分蘖肥每亩施用氯化钾或硫酸钾 5～7.5 千克，也有较好的作用，关于蘖肥的施用时期，一般早栽的可在移栽后 5～10 天内进行，随着移栽时期的推迟，蘖肥施用日期应相应缩短。对蘖肥施用不匀或补苗部分生长较差的三类苗地块，还可重点施用调整肥。调整肥不宜过大，一般每亩不宜超过 5 千克标氮（硫酸铵）。

422. 如何施好穗肥？

穗肥既能促进颖花数量的增多，又能防止颖花退化。在基肥和蘖肥比较充足的前提下，穗肥不宜在穗分化始期施用（即不宜施促花肥），因为此时施肥，虽然增加枝梗和颖花数，但也能助长基部节间和上部叶片的伸长，使群体过大，恶化光照条件，引起倒伏和病害的发生。对于大穗型品种，还会因颖花过多，导致结实率下降。剑叶抽出时正是花粉母细胞减数分裂期，基部节和叶片伸长趋于稳定，即使氮素浓度较高，也不会造成株型恶化。因此，这一时期可以施用穗肥（即保花肥），一般在抽穗前 25 天施用较为适宜。施肥量不宜超过总施氮量的 20％，如果水稻长势过于繁茂或有稻瘟病发生的症状则不宜施用穗肥。

423. 如何施好粒肥?

粒肥有延缓出穗后叶面积下降和提高叶片光合作用的能力，有增强根系活力、增加灌浆物质、减少秕粒、增加粒重的作用。但粒肥施用不当会引起贪青晚熟。因此，粒肥的施用一般是在安全抽穗期前抽穗或生长后期有早衰、脱肥现象时才能施用。粒肥应在见穗至齐穗期施用，最迟应在齐穗后 10 天内施完。施肥量应根据水稻长势和叶色浓淡来确定，一般不宜超过总施氮量的 10％。土壤肥力高，前期施肥充足、水稻长势良好的稻田可不施粒肥。

424. 如何施好调节肥?

调节肥俗称接力肥，应依据水稻的品种特性、田间长势、前期施肥量及当时的气象条件等因素灵活掌握。

首先要施足基肥。有机肥料分解慢、利用率低、肥效期长、养分完全，所以作基肥施用较好。但由于寒地稻区早春气温较低，土壤中的养分释放缓慢，为了促进高产田秧苗早生快发，可以将速效氮肥总量的 30％～50％作为基肥施用。磷肥和钾肥均作为基肥施用，也可以留 50％的钾肥在孕穗期施用。

其次是要早施蘖肥。水稻返青后及早施用分蘖肥，可促进低位分蘖的发生，增穗作用明显。分蘖肥分两次施用，一次在返青后，用量占氮肥的 20％～30％，目的在于促蘖；另一次分蘖盛期作为调整肥，用量在 10％左右，目的在于保证全田生长整齐，并起到促蘖成穗的作用。

在水稻生育后期长势不好的田块或者是田块中有个别地方肥力不均匀，可施调节肥，促进水稻生长均匀一致。有发黄脱肥的地方，可以施一次调节肥，施肥量占总氮量的 10％左右。

425. 为什么要根外追肥? 怎样进行根外追肥?

水稻除根以外还可以通过茎叶等营养体吸收养分，而且肥料利用率较高，向营养体表面施用肥料的措施就是根外追肥。根外追肥不但可以较快地被茎、叶吸收利用，避免养分被土壤固定及脱氮的损失，后期根外追肥，还可以有效地缓解根系衰老、肥料供应不足的矛盾，从而延长叶片寿命，加强上部叶片的光合功能，增加碳水化合物的形成与积累，促进早熟，增加千粒重，达到增产的目的。

根外施肥种类：不是所有的肥料都适于根外施用，不适合根外施肥的肥料有不溶于水的化肥，如钙镁磷肥；具有挥发性氨的化肥，如氨水、碳酸氢铵；含有毒物质的化肥。尿素是中性有机物，易被水稻茎叶吸收而又伤害极小，特别适于根外追肥。追后 30 分钟叶片的叶绿素含量即有增加，5 小时可吸收 50％左右，最后可吸收 90％左右。

根外施肥的方法：根外施肥通常在齐穗后的灌浆期喷施，其作用与粒肥相同，如果缺氮以选择尿素为宜，喷施浓度在 1.5％～2.0％为好。如果是磷、钾不足，可选择 0.5％磷酸二氢钾加 1％尿素，微量元素浓度在 0.1％～0.5％为宜。喷施时间最好在下午或傍晚无风时进行。

426. 侧深施肥的主要技术要点有哪些？

（1）稻田耕作、整地深度要在 12 厘米以上。耕层浅时，中期以后易脱肥。水耙地精细平整，泥浆沉降时间以 3～5 天为宜，软硬适度，用手划沟分开，然后就能合拢为标准，泥浆过软易拥苗，过硬则行走阻力大。

（2）侧深施肥与追肥相结合，侧深施肥虽可代替基肥和分蘖肥，但中后期追肥不能减少，侧深施肥一般侧 3～5 厘米、深 5 厘米。

（3）调整好排肥量，保证各条排肥量均匀一致，否则以后无法补救。在田间作业时，施肥器、肥料种类、转数、行进速度、泥浆深度、天气等都可影响排肥量。为此，要及时检查调整。

（4）不同类型肥料（颗粒、粉状）混合施用时，应现混现施，防止排肥不均，影响施肥效果。施肥量要根据当地的施肥水平及各生育期的施肥量，将基、蘖肥的总量下调 20％，后期施肥量不减。

427. 冷浸稻田施肥应掌握哪些要点？

冷浸稻田的特点是水分过多，土壤中的空气过少、土壤冷凉，影响土壤微生物的活动，所以有效养分含量低，并经常处于还原状态，水稻根系生长发育不良，致使前期生长缓慢、分蘖少。后期则随气温的上升，有机质矿化迅速，又易促进水稻过量吸收养分，使植株猛发徒长，诱发稻瘟病和延迟出穗而影响产量。因此，冷浸田施肥要掌握的原则是：早施返青肥，适当控制后期施肥，防止贪青晚熟及成熟度低；增磷补锌。冷凉条件下水稻吸磷受阻，因此要增加磷肥施用量，同时补充锌肥。

428. 盐碱地种稻在施肥上要注意哪些问题?

(1) 以增施有机肥为主,适当控制化肥的施用量 有机肥中含有大量的有机质,可增加土壤对有害阴、阳离子的缓冲能力。有机肥又是迟效肥,肥效持久而不易损失,有利于保苗、发根、促生长。盐碱地施用化肥量不宜过多,一般碱性稻田可选用偏酸性的肥料,如过碳酸钙、硫酸铵等。含盐较高的稻田可适用生理中性肥料,以避免加重土壤的次生盐渍化。盐碱地施用化肥应分次施用。

(2) 增施磷肥,适当补锌 磷的有效性和土壤的酸碱性有密切关系,土壤pH 小于 5.5 和 pH 大于 7.5 时,速效态磷量都会降低。前者由于铁、铝对磷的固定作用,后者是由于形成难溶性的磷酸钙盐。只有当土壤 pH 在 6～7.5 时。速效态磷才较多。盐碱地淡水淹灌 30～50 天,土壤 pH 由 8 降低到 7.0～7.3,有效态磷量也有一定程度的增加,但仍低于非盐碱地土壤淹灌后磷的含量,容易产生稻缩苗。因此,盐碱地稻田要适当补锌,可作底肥和分蘖肥施用。

(3) 改进施肥方法 盐碱地氮的挥发损失比中性土壤大,深层施肥肥效明显高于浅表施肥。因此,改进盐碱地施肥技术,一是应选用颗粒较大的肥料,以减少表面积与土壤的接触;二是改多次表施为 80% 作基肥深施或全层施肥,20% 作为穗肥表施。

429. 寒地早粳稻区农家肥的施肥量以多少为宜?

稻田常用的农家有机肥以厩肥为主。老稻田有机质含量一般在 3% 左右,每亩施用农家肥以 1 000～2 000 千克(约 2 米³)为宜。因此,在北方种一季稻,每亩需要有机质 40～50 千克,约合堆肥 500 千克,同时为了培肥地力,每年每亩需要补充有机质 100 千克,约合厩肥 1 500 千克。

430. 怎样科学地施好农家肥?

稻田农家肥的施用时间,一般是在秋翻或春耕前,为了施好有机肥,起到既要增产又要培肥地力的作用,在施用时应注意以下几点:

(1) 施用充分腐熟的农家肥 腐熟的农家有机肥不仅肥效发挥早、释放快,不产生有害物质,而且还能将有机肥中的病菌、虫卵及杂草籽杀灭,减少病虫草害的发生。未经腐熟的农家肥,在淹水缺氧条件下,容易使土壤处于强还原状态,产生有害物质,危害水稻根系生长。

(2) 施用农家肥的地块要基本平整 如不平整,洼处肥量过多,使水稻生长发育不一致,肥多的地方贪青晚熟,肥少的地方生长量不足,影响产量。

（3）均匀撒施 特别是粪堆底，一定要彻底铲净。否则此处稻苗徒长，无法控制，不仅易发生倒伏，还易诱发稻瘟病、纹枯病等病害的发生而导致减产。

431. 新开稻田施肥要注意哪些问题?

新开稻田土壤的通透性好、疏松、土温高，土壤氮素主要以硝态氮为主、铵态氮含量很低。改种稻田淹水后，土壤氮素形态仍以硝态氮为主，还不能及时转化为铵态氮。由于硝态氮比较活跃，很容易发生流失、淋洗或脱氮，以致于土壤处于暂时性缺氮状态，容易出现稻苗长势缓慢、分蘖延迟。另外，旱田改水田后土壤中磷素也不足。因此，新开稻田的施肥原则如下：

（1）基肥、磷肥要充足 新开稻田基肥中氮素要比一般稻田施用量高，磷肥施用量应根据具体情况而定，一般低洼冷凉、有机质含量低的地块施用量要提高。

（2）增施锌肥 锌与光合作用、呼吸作用和释放二氧化碳的过程有关，又与生长素的前身色氨酸的形成有关，是水稻生长发育中的必需元素。新开稻田稻苗容易出现缺锌症，因此要适当施锌肥。

432. 为什么施肥方法上要讲究少量多次?

水稻土壤的保肥和供肥性如何，直接影响化肥的利用率和水稻生长发育及产量。好的稻田土壤保肥和供肥性协调，能随时满足作物对养分的需求。质地较黏重，有机质较多的土壤，保肥性好，施入的肥料不易流失，但施肥后见效也慢，一次施用量过多容易引起贪青晚熟或病虫害的发生。沙性土壤有机质含量较低，施入的碳酸铵、尿素、氯化钾等速效肥料易随雨水及灌溉水流失，供肥性好但无后劲，后期易脱肥。因此，采用少量多次，以免一次用量过多引起养分流失，防止后期脱氮引起早衰。根据不同土壤肥力确定总施肥量，采用前、后分期施肥法。即把前期施肥分成基肥、返青肥、分蘖肥和分蘖中期调节肥；后期施肥分成幼穗分化期的接力肥、枝梗分化肥或花粉母细胞减数分裂的穗肥，临近出穗的破口肥及齐穗肥。

433. 什么是水稻生长调节剂? 有哪些类型?

植物生长调节剂区别于植物内生激素和天然生长调节物质，是指用人工化学合成方法生产的类似于天然植物激素分子结构和生理效应的有机物质。除了包括生长素、赤霉素、细胞分裂素、脱落酸、乙烯、油菜素内酯六大类"类似激素"以外，还有越来越多的植物激素衍生物，包括生长促进剂、生长抑制剂和生长延缓剂。这些物质具有很强的生理活性，使用得当可促进提早发芽、加快生根、枝叶生长茂盛、提早成熟、改善品质、防止脱花落果、改变作物形态等。目前已不再限于用植物激素的衍生物而是各种化合物，应用调节剂已达70多种。

434. 怎样正确使用植物生长调节剂？

（1）与栽培措施相结合　植物生长调节剂不是营养剂，它只能对植物生长发育有一定的调节作用，不能代替温、光、水、肥等，也不能代替植物正常代谢。因此，离不开正常的栽培措施。

（2）正确选用生长调节剂，对症用药　植物生长调节剂有抑制剂和促进剂，每种药剂都具有不同的特点和生理功能。因此，在使用前必须对各种药剂的作用有充分的了解，根据施用目的和预期收到的效果来选择适用的生长调节剂。

（3）正确掌握使用浓度和用量　水稻对激素类药剂比较敏感，在适宜的浓度和用量范围内，可收到预期效果，浓度低和用量少，则效果不显著，浓度和用量超出适当范围则会起到相反作用，甚至受害致死。

（4）掌握好施药时间、次数和部位　同一种生长调节剂在作物不同生育期施用会产生不同的效果。如在水稻分蘖前施用赤霉素，能促进分蘖作用；而在分蘖盛期或末期施用，对分蘖就有抑制作用。实践证明，施用激素类药，一般是以小剂量多次施用比大剂量施用效果好，有的单一生育期施用不如多期效果好。

（5）注意 pH 的影响　如乙烯利在 pH 3 以下不释放乙烯，较稳定，而在 pH 4.1 以上才开始释放乙烯，故使用时不宜与碱性药剂混用，不同水质的 pH 也不同，在配药时不宜使用硬水，以免不溶解的钙和镁盐影响药效。

（6）正确混施　实践证明，抑制型和促进型植物生长调节剂间施或分别与化肥、农药混合施用，只要搭配得当，都可以提高效果。如果混合施用产生拮抗作用，就会相互抵消，降低效果。有些激素类药剂能与化肥、农药混用，有的不能混用，其中多数遇碱性化肥、农药则失效，不能混用。

435. 怎样提高水稻结实率？

水稻结实率是构成产量的一个重要因素，决定水稻结实率高低的时期，大体从穗分化期或颖花分化期开始到出穗后，为 33～38 天；颖花分化期始期，减数分裂期和乳熟期对水稻结实率影响最大。因此，减数分裂期的保花肥、齐穗期的粒肥，均对提高结实率有明显的作用。巧施粒肥：粒肥有延缓出穗后叶面积下降，提高叶片光合能力与根系活力，从而增加出穗后的灌浆物质，减少秕粒，增加粒重的效果。科学灌水：水稻灌浆期间体内的物质向穗部转移，根系活力逐渐下降，为了保持根的活力，可根据不同土壤特点采用浅、湿、干不同的灌溉方式。适当根外追肥或喷施植物生长调节剂：水稻后期根的活力下降，吸收养分能力减弱，为及时补充根部吸收养分的不足，可进行根外追肥，如喷施磷酸二氢钾、尿素等可提高结实率。另外，也可喷施植物生长调节剂，促进灌浆。

436. 怎样防止水稻倒伏？

水稻倒伏有两种类型，一是根倒，由于根系发育不良，扎根浅而不稳，缺乏支持力，稍受风雨侵袭就发生平地倒伏；二是茎倒，是由于茎秆不壮，负担不起上部重量，因而发生不同程度的倒伏。造成水稻倒伏的原因很多，除强风暴等一些客观原因外，主观原因有三点：一是品种不抗倒，此类品种一般植株较高，基部节间较长，茎秆较细、叶片披散、根系不发达。二是耕层浅，插植密度大，造成根系生长不良，群体通风透光条件不好。所以，深耕和合理稀植是防止倒伏的重要措施。三是肥水管理不当，片面重施氮肥，分蘖期发苗过旺，叶面积过大，封行过早，造成茎秆基部节间过长。防止倒伏的主要措施是选用抗倒品种、合理稀植、平衡施肥、建立合理的群体结构；合理灌溉，前期浅水灌溉，拔节期适当烤田，后期干干湿湿，提高根系活力；喷施植物生长调节剂，如矮壮素等。

437. 怎样防止水稻贪青晚熟？

水稻生育后期叶色过浓，千粒重明显下降，空秕率增加是水稻贪青的三个基本特征。

贪青晚熟的主要原因：水稻贪青可分为障碍型和生理失调型。障碍型贪青主要是由于低温、冷害及水、旱灾所引起。生理失调型主要是由于出穗后光合产物在营养器官中滞留和植株呼吸消耗明显增大，引起穗部营养物质的严重贫缺所致。生育期间的光照不足，则贪青程度加重。试验表明，贪青稻与正常稻空粒数几乎没有差异，而秕粒数则相差 1 倍以上。显然，秕粒的形成主要由于灌浆期体内营养物质满足不了穗部需要，秕粒越多，表示穗部营养物质的亏缺越严重。

栽培管理措施不当也会造成贪青，如采用晚熟品种或插秧过晚，施用氮肥过量等。前期重施氮肥分蘖过旺，群体过大，后期氮肥用量偏多或施用时期偏迟也容易发生贪青。

防止贪青晚熟的措施：选用抗冷性强的品种，低温年份水稻生长前期减少施用氮肥量，多施磷、钾肥，采用深水护苗等。控制水稻生长过程群体过大。栽培密度过大的田块要控制氮肥量，要适当烤田和控制分蘖。选用生育期适中的品种，做到品种搭配合理，适时播种和移栽。

438. 化肥施多了是否也会产生危害？症状与药害有何不同？

水稻生长早期化肥过多了也会产生危害。施肥过量时全田稻苗叶片发黄或枯死，根部发黑，新生根发育缓慢，少分蘖或不分蘖。在这种情况下，一定要灌水洗田，降低稻田的肥力水平。一般每天要洗田 2~3 次，连续 2~3 天，就可以使受肥害的稻苗缓过来。肥害症状与药害症状不同，施肥过多产生的症状一般全田发生，药害则一般局部发生。

439. 直播稻田应如何施肥？

直播水稻的特点：和移栽水稻相比，有生育日数少，主茎叶数少，营养生长和生殖生长重叠多，分蘖节位低、分蘖早而多，根系发达、根层浅，分蘖高峰出现早、下降快及成穗率较低等特点。直播水稻营养生长期需氮量较高。施用氮肥，应以施用计划量的 50% 作基肥、20% 作蘖肥、30% 作穗肥施用。在 4 叶期施蘖肥，为分蘖早生快发提供必需的营养；在倒 2 叶期施穗肥，可降低颖花退化，增大谷壳容积，促进花粉良好发育及提高粒重。

440. 稻草为什么要秸秆还田？

近几年，随着国家环保力度的逐渐增大，秸秆禁烧成为农业上的一件大事。通过稻草还田可以合理地利用水稻秸秆，增加土壤有机质和土壤养分，改善土壤物理与化学性状。据分析，干稻草中含氮（N）0.55%、磷（P_2O_5）0.2%、钾（K_2O）1.95%、硅酸 15%、有机质 65%。这些养分进入土壤之后，经过微生物分解释放，最后被下一茬作物吸收利用，可达到返还土壤养分，节省肥料用量的目的。稻草还田为微生物提供了丰富的碳源，加速各类微生物的生长，加速了土壤中各类物质的循环。另外，微生物活动产生一系列的中间产物如有机酸等，能促进土壤磷、钾释放。同时，还能够促进土壤团粒结构的形成，改良土壤结构。秸秆还田有效解决了秸秆乱堆乱放现象，降低秸秆焚烧引起的空气污染。稻草粉碎后直接还田，既有利于培肥地力，又能减少秸秆焚烧和废弃所造成的对大气、土壤、水质、环境的污染，保护生态环境，是一项一举多得的实现农业可持续发展的有效举措。

441. 稻草还田有哪些好处？

稻草中含有水稻生长发育所必需的多种化学元素和多糖类有机物质。稻草还田腐解后，不但能有效地增加土壤中的有机、无机养分，而且还能改良土壤质地和结构，增加通透性，提高地力，是实现水稻生产可持续发展的一项重要措施。研究结果表明，每平方米翻压 3 千克干碎稻草，土壤中氮、全磷、速效钾和速效硅等与水稻抗性有关的元素均有较大幅度的增加，如硝态氮可增加 3 倍，铵态氮可增加 1 倍，全磷可增加 17 倍，速效钾可以增加 50 倍。同时，还能改善土壤物理性状。一般每年还田稻草量 5 250 千克/公顷，即可保持土壤有机质的平衡，并逐年有所提高。还田量增加，土壤有机质会增加较快。还田量 7 500 千克/公顷以内，水稻产量随还田稻草量的增加而提高；但超过此量，产量增加缓慢，如还田量达 11 250 千克/公顷，当季水稻将减产，第二、三年增产。因此，稻草还田量要从提高产量和增加土壤有机质含量两个方面综合考虑，一般还田量在 5 250～9 750 千克/公顷较适宜。实践证明，秋季还田，到第二年秋季稻草可分解 80％以上。

442. 稻草还田有哪几种方法？

在实行水稻生产机械化的稻区，水稻秸秆还田方法：一是用半喂入式联合收割机配带抛撒装置直接还田；二是分段收获，用联合收割机拾禾时配带抛撒装置进行还田；三是枯霜后 1～2 天，用大型联合配带抛撒装置进行高茬粉碎还田。

443. 稻草还田应注意哪些问题？

稻草还田对提高水稻产量和土壤肥力均有较好的作用，但如果还田方法和操作技术不当，将会影响水稻产量和效益。因此，为了充分发挥稻草还田的作用，要注意以下几点：

（1）稻草还田与轮耕体系相结合　一般在深翻年进行，使稻草深埋土中，确保充分腐熟。

（2）秋季粉碎抛撒稻草　如果春季整地有打浆机，秋天可以浅翻 10～15 厘米，否则深翻掩埋。

（3）高留茬 30～40 厘米或粉碎较长的稻草　秋翻时必须用大犁深翻掩埋 20 厘米左右。一般在土壤含水量 30％左右即可开始，至地面达到封冻状态停止作业。春耕整地时要先旱旋，再放水整地，旱旋前施好基肥。

（4）以秋季还田为主，还田作业宜早不宜晚　稻草在土壤中经过一个冬季冻融过程，组织结构松散，离散程度提高，利于微生物分解，且春季土温大于 5℃时微生物开始分解活动，到插秧时有一个月的有效腐解时间，碳氮比下降，可以减轻插秧后秸秆与稻苗争氮现象。另外，秋季还田还能减轻翌年春季耕作负担，可有效克服春季翻埋局限性大、农时紧张的缺点。

（5）稻草还田腐熟的快慢与氮肥有直接的关系　稻草一般含氮在 0.75％以上，最高可达 7％，碳含量为 43％，碳氮比为（50～60）∶1，但适合微生物分解的有机物一般含碳 40%，含氮 $1.8\%\sim2.0\%$，碳氮比为（$20\sim30$）：1。因此，100 千克稻草加 1 千克的氮即可克服暂时固氮。目前，北方特别是黑龙江稻作区水稻生产中，施氮量均高于 1%（即每亩施尿素 13 千克），所以在常规施肥水平下，稻草还田都会使产量增加。连续全量还田的第一、第二年度，按当地常规量施用，第三、第四年度减少 $10\%\sim15\%$。为了促进稻草的早期分解，在全年施氮量不变的情况下，要调整氮的施用比例，即基肥、蘖肥、穗肥比例由 4：4：2 调整到 5：4：1 即可。

444. 小规模生产怎样进行稻草还田?

（1）秋季还田一般先将稻草铡成 $10\sim15$ 厘米，均匀地撒在稻田地，然后进行秋翻耙。水稻分蘖期还田应将稻草铡成 $5\sim10$ 厘米，均匀撒施在垄中。

（2）稻草还田一次性用量不宜太多，一般以每公顷施 $2\sim3$ 吨为宜，如果一次施稻草量过多，稻草在还原状态下分解时会产生大量有毒害物质，反而对水稻生长不利。

（3）由于稻草含碳多、含氮少、碳氮比例高，稻草施入土壤中需要经过土壤中微生物分解。当土壤中微生物以稻草为食进行繁殖活动时，稻草中氮素不能满足微生物自身繁殖的需要，必须从土壤中吸取部分氮来补充，这样稻草还田后，前期不但不能给水稻提供氮素营养，反而会和水稻争夺土壤中的氮。所以稻草还田，要在水稻前期增施氮肥，一般每施 1 000 千克稻草，增施 $3\sim5$ 千克氮素。

（4）稻草还田的稻田要及时、多次地进行排水落干晒田，排除稻草在分解腐烂过程中产生的有毒气体，增加土壤中的氧气，促进根系生长，不要长期淹水，否则会产生有害气体，危害水稻根系。

445. 稻草还田有哪些做法?

（1）提倡稻草过腹还田　即稻草经过糖化或铵化后，喂饲草食家畜和家禽，然后以农家肥的形式还田养地。

（2）过圈并发酵　就是把稻草作畜厩中的垫草，任由家畜踩踏，定期和家畜粪便一起堆积发酵。此外，还可以把碎稻草与人畜粪便混合，在高温下发酵。快速发酵可用塑料膜覆盖的方法，这样做还可以杀死附在稻草上的病菌、病毒和虫瘿，起到既肥田又安全生产的作用。

（3）稻草直接还田　这种方法简单易行，但要防止大风把稻草吹走或堆积而造成施肥不匀。为了不影响秧苗的移栽，稻草直接还田时要翻压彻底，防止泡田整地后浮在地表，给插秧造成困难。稻草直接还田的数量以每亩一次不超过 500 千克为宜。稻草直接还田的水稻本田要适当多施一些氮肥，防止稻草腐解过程中与秧苗争氮造成氮素供应不足而影响水稻分蘖。

(4) 高留稻茬 就是在收割水稻时，稻茬要留 10 厘米以上，翻到土壤中同样可以起到稻草还田的作用。高留稻茬田翻耕时要深翻 15 厘米以上，把稻茬彻底翻压到土壤深处，并要精细耙地，防止稻茬漂浮在水面，影响水稻移栽作业。如果翻压不彻底，仍有稻茬浮出时，可用轧耙将其摁入田面以下。高留茬的优点除能起到稻草还田的作用外，还有方法简单、省工、省力、减少稻草拉运成本的优点。

446. 什么是生物促腐菌剂？

生物促腐菌剂是指以能够有效分解有机物的微生物及其附属物为主要成分的一种制品，是一种富含光合细菌、放线菌、酵母菌、乳酸菌等多种有益微生物，具有能分解纤维素和半纤维素、利用果胶质对农作物秸秆和残茬进行促腐熟作用的活体复合生物菌剂，它的作用主要是靠其含有的大量微生物的生命活动来完成的。

447. 怎样利用生物促腐菌剂进行稻草还田？

寒地独特的气候条件和稻田缺氧环境使秸秆有效分解的积温少、分解秸秆的微生物数量和活性受到限制，秸秆腐解慢，营养元素释放量小。生物促腐菌剂在寒地稻草还田上的应用，可有效提高农作物残茬的分解，增强土壤中微生物活力，改良土壤团粒结构，为加速稻秸腐解开辟了一条新的有效途径。秋季在稻草上分别对水喷施 MTS（日本能源有限会社微生物研究所研制的复合生物菌剂）22.5 千克/公顷，或拌沙撒施酵素（中韩合资生产的复合活菌制剂）22.5 千克/公顷，施入基肥，翻入耕层。风干稻草用量 7 500 千克/公顷，粉碎长度 10 厘米左右。经过一个生长季的分解，秸秆粗分解率可达到 77.6%～80.0%，有机碳的残留率为 31.5%～32.9%。在菌剂的作用下，稻草有效磷的最大释放期提前一个月，有效钾的释放量多一倍。连续 5 年还田，与只施化肥比，稻草配施化肥有机质提高 0.29%，容重下降 0.017 克/厘米^3，增产10.6%；增施菌剂 MTS 有机质提高 0.3%，容重下降 0.042 克/厘米^3，增产16.4%。微生物促腐菌剂加快了稻草的分解速度，促进了营养物质的释放，为当季水稻提供了更多的养分，对促进有机质的转化及提高水稻产量起到了积极作用。

448. 稻草还田量与产量有什么关系？

稻草还田能增加水稻产量，但其增产效果与耕作方式、土壤类型、稻田养分含量、还田方式和年限有关，稻草还田还与土壤不同形态碳素变化有关。稻草还田能提高土壤不同形态碳素含量和碳库管理指数，增加土壤碳素利用率，提高土壤的有机质含量。土壤有机质的活性成分对土壤养分、植物生长乃至环境都有直接的影响。还田的稻草并不是越多越好，要根据稻田的实际肥力情况决定。比较肥沃的稻田，用量就少一点；比较贫瘠的稻田，用量就多一点，一般是每亩 300 千克左右。

449. 稻草还田量与土壤有机质、容重及矿质养分有什么关系？

稻草还田改善了土壤的理化性状，增加了有机质和各种养分含量，减少土壤水分蒸发，提高土壤保水保肥能力，具有明显的增产效果，连年使用，可减少化学肥料的投入量，降低成本。稻草还田可以改善土壤物理性状。秸秆还田后经过微生物作用形成的腐殖酸与土壤中的钙、镁黏结成腐殖酸钙和腐殖酸镁，使土壤形成大量的水稳性团粒结构，还田后土壤容重降低，总孔隙度增加。土壤物理性状的改善使土壤的通透性增强，提高了土壤蓄水保肥能力，有利于提高土壤温度，促进土壤中微生物的活性和养分的分解利用，有利于作物根系的生长发育，促进了根系的吸收活动。稻草还田可以提高土壤的生物活性。秸秆含有大量的矿物质元素，是土壤微生物生命活动的能源。秸秆还田可以增强各种微生物的活性，即加强呼吸、纤维分解、氨化及硝化作用。另外，秸秆分解过程中能释放出 CO_2，使土壤表层 CO_2 浓度提高，有利于加速近地面叶片的光合作用。

450. 怎样进行秸秆堆腐还田？

秸秆堆腐还田是将作物秸秆制成堆肥、沤肥等施入土壤的过程。作物秸秆发酵形式有厌氧发酵和好氧发酵两种。厌氧发酵是把秸秆堆后、封闭不通风；好氧发酵是把秸秆堆后，在堆底或堆内设有通风沟。经发酵的秸秆可加速腐殖质分解，制成质量较好的有机肥，腐熟堆肥可直接施入田块，作为基肥还田。秸秆堆腐要求将作物秸秆用粉碎机粉碎或用铡草机切碎，一般长度以 5～10 厘米为宜，粉碎后的秸秆浇湿透水，使秸秆的含水量在 70% 左右，然后混入适量的已腐熟的有机肥，拌均匀后堆成堆，上面用泥浆或塑料布盖严密封即可。过 15 天左右，堆沤过程即可结束。秸秆的腐熟标志为秸秆变成褐色或黑褐色，湿时用手握之柔软有弹性，干时很脆容易破碎。稻草在堆内发酵产生 50℃ 以上的高温，能杀死稻草和粪肥中多种病菌、虫卵和草籽，从而减轻病虫草害。

451. 秋季稻草还田的稻草怎样进行处理？

稻草经粉碎后秋季直接翻入土壤，可有效提高土壤内的有机质，增强土壤微生物活性，提高土壤肥力。在操作过程中应注意以下问题：

（1）秸秆还田的数量　如果秸秆数量过多，不利于秸秆的腐烂和矿化，甚至影响出苗或幼苗的生长，导致作物减产，过少达不到应有的目的，一般以每亩 300 千克为宜。

（2）直接耕翻秸秆时，应施加一些氮素肥料，以促进秸秆在土壤中腐熟，避免分解细菌与作物对氮的竞争，配合施用氮、磷肥　新鲜的秸秆碳氮比大，施入田地时，会出现微生物与作物争肥现象。秸秆在腐熟的过程中，会消耗土壤中的氮素等速效养分。在秸秆还田的同时，要配合施用碳酸氢铵、过磷酸钙等肥料，补充土壤中的速效养分。

（3）翻埋时期　一般在作物收获后立即翻耕入土，避免因秸秆被晒干而影响腐熟速度。

（4）施入适量石灰　新鲜秸秆在腐熟过程中会产生各种有机酸，对作物根系有毒害作用。因此，在酸性和透气性差的土壤中进行秸秆还田时，应施入适量的石灰，中和产生的有机酸。施用数量以 30～40 千克/亩为宜，以防中毒和促进秸秆腐解。

452. 秋耕地的稻草怎样翻埋？

技术要求如下：

（1）要提高粉碎质量　秸秆粉碎的长度应小于 10 厘米，并且要撒匀。

（2）施速效氮肥　作物秸秆被翻入土壤后，在分解为有机质的过程中要消耗一部分氮肥，所以配合施足速效氮肥。

（3）注意浇足蹋墒水　为夯实土壤，加速秸秆腐化，在整好地后一定要浇好蹋墒水。一般采用带有秸秆粉碎功能的水稻收获机收获水稻，秸秆粉碎后均匀覆盖地表，或用双轴稻田旋耕机于秋季水稻收获后适时进行秸秆粉碎作业，粉碎后秸秆均匀覆盖地表。秸秆粉碎长度不大于 10 厘米，残茬高度小于 15 厘米；采用翻地犁进行耕翻作业，达到扣垡严密、深浅一致、无立垡无回垡、不重耕不漏耕的要求；耕翻深度 18～22 厘米，秸秆残茬掩埋深度大于 10 厘米，埋茬起浆平地作业深度达到 10 厘米以上。

453. 春季稻草还田怎样处理？

在收获水稻时，将秸秆直接切碎，并均匀抛撒覆盖于地表，要求：割茬高度≤15 厘米，秸秆切碎长度≤10 厘米，切断长度合格率≥90%，抛撒均匀度≥80%。春季旋耕埋草作业，在旋碎土壤的同时，将地表秸秆旋入土壤中，要求：秸秆覆盖率≥80%，碎土率≥50%，地表平整。同时，施用基肥的田块，可在旋耕埋草作业前，将基肥均匀撒施至地表。

454. 稻草还田的地块春季怎样整地？

春季灌水泡田，灌水深度没过地表 3～5 厘米，泡田 3～5 天；埋茬起浆作业时控制水深在 1～3 厘米，埋茬起浆作业中控制残茬外露率小于 15％，沉淀 3～5 天后即可进行机插秧作业。

455. 怎样解决稻草还田春季田间漂浮稻茬的问题？

为解决春季泡田、田间漂浮稻茬的问题，要求秋季收割时留茬高度控制在 15 厘米以内，切碎稻草秸秆长度不超过 10 厘米，切碎长度合格率不小于 90％，均匀抛撒在田间，均匀度不小于 80％。旋耕或耙耕碎土整地作业时将田块土垡旋耕或耙碎，旋耙深度要满足当地农艺要求，植被覆盖率不小于 90％，地表平整落差不大于 3 厘米。一般在作物收获后立即翻耕入土，避免因秸秆被晒干而影响腐熟速度。控制秸秆还田的数量，如果秸秆数量过多，不利于秸秆的腐烂和矿化，甚至影响出苗或幼苗的生长，导致作物减产，过少达不到应有的目的，一般以每亩 200～300 千克为宜。直接耕翻秸秆时，应施加一些氮素肥料，以促进秸秆在土壤中腐熟，施入适量的石灰（施用数量以 30～40 千克/亩为宜）也能促进秸秆腐解。

456. 怎样解决稻草还田肥力不足的问题？

秸秆还田的地块，土壤更加疏松，需水量更大。土壤墒情好，水分充足是保证微生物分解秸秆的重要条件。因此要早浇水、浇足水，为微生物活动创造一个适宜的环境条件，以利于秸秆充分腐熟分解。水稻的碳氮比为 80：1 至 100：1，而土壤微生物分解有机物需要的碳氮比为 25：1 至 30：1。也就是说，秸秆还田后需要补充大量的氮肥。否则，微生物分解秸秆必然会与作物争夺土壤中的氮素与水分，影响作物正常生长。所以，秸秆还田的地块在正常施肥外，还应趁早增施氮肥。一般情况下亩产 500 千克的粮田，收获后可剩余秸秆 500 千克以上，要调整到最佳的分解碳氮比，需要额外补充尿素 20～25 千克才可达到较好的效果。

457. 怎样解决稻草还田地块土壤有害物质中毒的问题？

翻埋的稻草 1 周以后在淹水条件下嫌气分解会产生各种有机酸和还原性有害物质，容易使稻苗发生化学或生理性黑根、黄苗，严重时死苗，因此稻草直接还田要宁早勿迟，越早越好。新鲜秸秆在腐熟过程中会产生各种有机酸，对作物根系有毒害作用，在酸性和透气性差的土壤中进行秸秆还田时，应施入适量的石灰，中和产生的有机酸。施用数量以 30～40 千克/亩为宜，以防中毒和促进秸秆腐解。稻草直接还田后，稻草的碳氮比大，为土壤微生物提供了大量的碳源，从而促进土壤微生物的活动，使其较多地吸收土壤中的速效氮合成菌体。这样一来，供给水稻生长需要的氮素减少了，水稻生长因缺少氮素而受阻，表现出叶片变黄，水稻不分蘖或少分蘖，甚至出现僵苗。解决这个矛盾，就是要在稻草还田的同时，配合施用速效氮肥，以降低碳氮比，加快稻草腐烂，防止因稻草分解初期发生微生物夺氮而造成的不利影响。通常在稻草直接还田的同时，配合每亩施碳酸氢铵 10～15 千克或硫酸铵 10 千克（如施入一定量的人粪尿也可以避免这种现象的发生）。有病的植物秸秆带有病菌，直接还田时会传染病害，可采取高温堆制，以杀灭病菌。

458. 寒地机械化稻草还田技术的应用效果怎么样？

机械化秸秆还田包括秸秆粉碎还田、根茬粉碎还田、整秆翻埋还田、整秆编压还田等多种形式，具有便捷、快速、低成本、大面积培肥地力的优势，是一项较为成熟的技术。机械化秸秆还田的主要特征是采用机械将收获后的农作物秸秆粉碎翻埋或整秆翻埋或整秆编压还田。可一次完成多道工序，与人工作业相比，工效提高了 40～120 倍，不仅争抢了农时，而且减少了环境污染，增强了地力，提高了粮食产量，具有很好的社会效益和经济效益。其核心技术是采用稻草秸秆还田机械将秸秆直接还入田中，使秸秆在土壤中腐烂分解为有机肥，以改善土壤团粒结构和保水、吸水、黏结、透气、保温等理化性状，增加土壤肥力和有机质含量，使大量废弃的秸秆直接变废为宝。

（二）稻田灌溉技术

459. 什么叫水稻生理需水？

水稻生理需水是指通过根系从土壤中吸入水稻体内的水分，以满足个体生长发育和不断进行生理代谢所消耗的水量。它的重要指标是蒸腾系数（生成 1 克干物质所需水分的克数，水稻的蒸腾系数一般在 500～800）。水稻各生育期的蒸腾系数是早期较高，中期较低，而以成熟期最高。

460. 什么是蒸腾作用？与水稻生理需水有什么关系？

蒸腾作用是植物体内的水分以蒸汽状态通过气孔向外扩散的过程。它是植物体内散失水分的最主要方式，也是吸收水分和养分的主要原动力，能促进水分和养分在水稻体内循环，降低体温，以减少高温伤害。蒸腾是以水汽形式从植物表面失去水分，如果由于蒸腾失去的水分得不到补偿供应，稻株就会萎蔫或死亡。蒸腾作用是水稻生理必需的耗水过程。土壤水分供应不足时，水稻蒸腾强度降低。研究表明：在各种供氮水平下，水层灌溉的蒸腾强度最大，但以低氮水平下的差异更为显著，而在高氮水平下则差异较小。水层灌溉的蒸腾强度增大，主要是由于在这种条件下，稻株自由水含量增加，自由水/束缚水的比值提高。自由水是细胞内能够自由流动的水分，这些水在细胞内可作为溶剂；束缚水是被细胞原生质胶体或其他大分子物质所吸附的水分，一般不易流动，几乎不能成为溶剂。二者在植物生命活动中的意义不同，自由水含量的多少，直接影响生理过程的强度，由于在有水层和施氮肥条件下，稻株体内的自由水含量能够得到提高，因而蒸腾强度增加。束缚水含量的多少，决定着植物对不良环境的抵抗能力。在干旱条件下，当水稻体内含水量减少时，如束缚水含量相对增多，则意味着植物具有较高的保水力，使其在干旱条件下可以保持原生质的正常结构，从而减轻干旱的危害。在低温条件下，因为束缚水的冰点较低，所以当水稻体内束缚水含量增多时，有助于抗寒力的提高。

461. 什么是光合作用？与水稻生理需水有什么关系？

简单地说光合作用就是绿色植物中的叶绿体吸收太阳光能和空气中二氧化碳及植物的根部吸收土壤中的水分和无机盐类，制造成为有机物（如葡萄糖）并释放出氧气的过程，一般光合作用也可称之为同化作用。光合作用与土壤含水量有密切关系，因此，对水稻的生理需水有直接影响。在田间持水量与永久萎蔫点的土壤含水量之间，光合速率随土壤含水量的增高而增加，随土壤含水量降低、叶片水分亏缺程度增大而下降。其原因：一是由于叶片失水引起气孔关闭，以及叶片的细胞组织失水增加了二氧化碳的扩散阻力，降低了对二氧化碳的同化率；二是由于细胞组织脱水，尤其是叶绿体失水，直接破坏了光合系统。因此，当土壤水分不足时水稻光合作用降低。同时，水分对碳水化合物的代谢有直接影响。水层灌溉的稻株，叶片中累积了大量的蔗糖和淀粉，而还原糖却少于湿润灌溉（土壤含水量约为90%）。但是叶鞘与叶片的情况不同，淀粉含量则以湿润灌溉为高，而可溶性糖含量无明显差异。这种现象表明：湿润条件有利于叶片中的糖转运到叶鞘中去，而水层灌溉却延缓了这一过程的进行。因此，中期晒田对促进水稻茎、鞘中碳水化合物的积累、壮秆防倒、形成大穗和增加每穗粒数都是有利的。

462. 什么是呼吸作用？与水稻生理需水有什么关系？

呼吸作用是指植物（或是人和动物）不停地从周围环境中吸进氧气，把体内的有机物氧化成二氧化碳和水，同时释放出能量的过程。一般呼吸作用又被称为异化作用。

土壤水分不足会使水稻根系的呼吸作用增强，对水稻生理需水影响较大。晒田使根系呼吸作用增强的原因与土壤氧气供应状况改善有关。同时，在不淹水的土壤条件下，水稻大量的支根和根毛的形成需要更多的能量供应，从而使呼吸作用增强。在一定范围内，水稻随着呼吸强度的增加而生长变旺。但是土壤水分不足时，稻根呼吸作用的增强，并不能全面反映根的活力提高。研究表明：开花和灌浆期根的伤流量，在各种施肥水平下，水层灌溉均比湿润灌溉的显著增多，同时根据根系对 α-萘胺的氧化能力以及 ^{32}P 的吸收与运转的测定，也证明水层灌溉的稻株，其根系生理活性较强。水层灌溉能够提高过氧化氢酶的活性，从而降低了过氧化物酶的活性，使根系含有较多的生长素，有利于稻株的生长。

463. 什么是水稻生态需水？

水稻生态需水是指稻株外部环境及其所生活的土壤环境的用水，是作为生态因子调节稻田湿度、温度、肥力和水质以及通气作用等所消耗的水量。它主要包括稻田的蒸发和渗漏两部分。水稻个体的生理需水和群体的生态需水是对立统一的。一般情况下，水层管理是根据这两者的统一关系来确定的。当水稻生长过旺，即个体生理需水和生态需水发生矛盾时，水层管理方式需要根据群体的生态需水来制定。

464. 水分与土壤温度变化有什么关系？

由于水具有在气温高时能吸热，低温时能放热的物理特性，从而能够调节水稻体温和田间小气候。水稻的生长有一定的适温范围，温度过高，对植株有害，通过叶面的蒸腾作用，可调节体内温度，以保持水稻体温的平衡。由于水具有吸热保温的性能，故利用水层的深浅和水流状态可以调节温度，以保持地温的相对稳定，为水稻生育创造最适宜的环境条件。土壤温度直接影响根系生长及生理活性，因此对根系吸水有明显的影响。在一定范围内温度增高使根系生理活性增强、生长加快，故吸水量增多。但是温度过高时，根系易衰老，同时高温也会引起根系代谢失调，这对水分吸收都是不利的。温度过低时，根系水分吸收就会被抑制，主要原因是低温使根系代谢活力减弱，原生质及水分子的黏滞性都增加，提高了水流的阻力，根系生长受到抑制而使整个水分吸收表面减小。在生长旺盛的高温季节如夏季中午，突然向土壤中浇灌冷水，对根系吸水尤为不利。

465. 水分与土壤肥力因素有什么关系？

土壤中肥力溶液的浓度不是固定不变的，当土壤肥力溶液浓度增高时其水势就会降低，如果土壤肥力浓度的水势低于水稻细胞液，则根细胞就不能从土壤中吸收水分。盐碱土中栽培的作物吸收水分较为困难就是这个原因，由此形成一种生理干旱。因此，施用化肥时应注意不能一次施用过多，造成土壤溶液水势低于细胞液就会引起水分吸收受到抑制。

稻田淹水后，土壤转变为还原状态，土壤肥力因素也随之发生变化。还原层不仅可以提高追施的铵态氮利用率，而且土壤有机物质还可由氨化细菌分解为铵态氮被土壤吸附，免于流失。同时，有机质进行嫌气分解后，由于释放能量少，分解过程缓慢，也有利于维持土壤肥力。另外，磷在还原层中以磷酸亚铁形态存在，铁的还原过程可以使磷有效化。土壤中被水稻利用的钾，大半以代换性钾的状态存在。土壤淹水后，使某些阳离子如 Ca^{2+}、Mg^{2+}、Na^+、Fe^{2+}、Mn^{2+}、NH_4^+ 和 HCO_3^- 等的数量增加，能使土壤胶体吸附的钾离子被置换出来，在一定程度上也增加了钾的有效性。因此，淹水可以提高氮、磷、钾养分的有效性，并增加土壤肥力。但是，在长期淹水条件下，土壤还原性增强，可使有机质分解产生硫化氢、甲酸、丙酸、丁酸和沼气等还原性物质，土壤中的游离氧化铁被还原成可溶性二价铁（Fe^{2+}），这些还原物质含量高时，对水稻会产生毒害作用。硫化氢会抑制稻根呼吸，影响对养分的吸收，对钾、磷和硅等的吸收抑制尤为显著；甲酸、丙酸、丁酸等有机酸和二价铁也都抑制稻体对养分的吸收。因此，要注意避免稻田长期淹水，以改善土壤的通气状况，消除土壤还原有毒物质。

466. 水分与促控水稻生长有什么关系？

稻田水层的深浅和落干晒田，对水稻的根系和茎叶生长，均有促控作用。浅水或落干晒田，可促进根系的生长、使分蘖早生快发或抑制分蘖的发生；深水能促进植株生长速度，节间加长；浅水和晒田还能控制节间生长速度；在幼穗分化形成期如若有低温来临时，加深水层可以保护幼穗，以防冷害；在灌浆结实期，采用干干湿湿灌溉法，可为稻田土壤输送充足氧气，保持根系与地上部功能叶片具有旺盛的活力，有利于结实。因此，水分在水稻生长的各个阶段起着至关重要的作用，可根据水稻不同生育状况，按其生物学的要求，通过水层管理促控水稻生长。

种子萌发期：水稻种子在萌发期需水量较少，在适当的温度和氧气条件下，只要吸收种子本身重量25％的水分就可以萌发，40％水分最为适宜。

幼苗期：幼苗期适宜湿润灌溉。因为1～2叶时，稻株体内的输导组织还不健全，此时稻苗如果长期泡在水里，根的生长会受到阻碍，根系发育不良、不下扎，集中在土壤表层。

分蘖期：为了促进早分蘖，争取低位分蘖，促进根系发育，使植株更健壮，要求浅水灌溉。因为浅灌可以提高水温、地温，增加茎基部光照和根际的氧气供应，加速土壤养分分解，为水稻分蘖创造良好的条件。此时如缺水干旱，会延迟分蘖，减少分蘖数。如果灌水太深，也会抑制分蘖。根据这些特性，在有效分蘖末期，通常采用加深水层或排水烤田的方法来抑制无效分蘖。

孕穗和抽穗期：此期水稻对外界的影响敏感，特别是花粉母细胞减数分裂期，对水分尤其敏感。所以这个时期若供水不足，会严重阻碍颖花分化，穗粒数及千粒重均会减少，花器容易枯萎，阻碍开花受精，增加不实粒数，甚至抽穗困难。

灌浆结实期：此期是谷粒充实期，谷粒中的物质绝大部分是出穗后光合作用的产物，少部分是由前期积累的物质转移到谷粒中。这时缺水会使籽粒不饱满，千粒重下降，秕粒增多。蜡熟以后，水稻需水量下降，可以保持湿润状态或适度落干，以促进早熟。

467. 水分与稻田杂草有什么关系？

杂草一般是指农田中非有意识栽培的植物。从生态经济角度出发，在一定条件下，凡对人类害大于益的植物都可以称为杂草，都应属于防除对象。稻田杂草与水稻争水、争肥、争光，侵占地上和地下部空间，影响水稻的光合作用，干扰水稻的生长，降低水稻的产量和品质，诱发和传播病虫害，增加农业生产费用。稻田的杂草种类和数量都与土壤水分有关。无水层的湿润土壤，许多杂草容易发芽繁殖，而在淹水土壤中，因缺乏氧气，杂草则难以发芽。因此，通过水层灌溉，可完全控制旱生杂草。水生杂草种子，也只有分布于 3 厘米以内耕层中的部分才能发芽。深水淹稗是过去直播稻的灭草措施之一。因为稗草的种子比水稻种子小，胚乳储藏养分少，幼苗期耐淹能力较稻苗显著低弱，受深水淹没时，容易死亡。此外，在施用化学除草剂时，通过相应的水层管理，也可提高除草效果。稻田在生育前期封闭除草施药后，一定要保持 3～5 厘米水层 5～7 天，不可断水，也不可深灌水。到后期杂草长大时，要排干田间水分进行茎叶喷雾，有利于除草剂发挥药效，消灭杂草。

468. 水稻对灌溉水有什么要求？

作为农田灌溉用水，首先必须符合国家灌溉用水标准，不能含有镉、铬、铅、汞等重金属，也不能含有氰化物等有毒有害的有机、无机化合物。其次，沿海及内陆盐碱稻区，分蘖及分蘖期以前的灌溉水含盐量应控制在≤0.1％。第三，泥沙含量要小。水中含有粒径 0.001～0.005 毫米的泥沙，常具有肥分，可适当输入稻田，但输入量过多，则淤积田面，降低土壤的通透性。粒径在 0.005～0.10 毫米的泥沙，可允许少量输入田间，能减小土壤的黏性，有利于改良土壤结构；粒径大于 0.10 毫米的泥沙，容易淤积渠道，对农田有害，要防止引入渠道和农田。第四，水稻根生长温度应不低于 20℃。因此，对于灌溉用水一定要提高水温，尤其是水温较低的井水、泉水及水库底层水，必须通过延长输水渠道进行迂回输水，或经过晒水池、缓流池、降低渠底比降等方法来提高水温，方可引入稻田。

469. 什么是蒸腾量？与水稻生长有什么关系？

蒸腾量是指水稻在生育过程中，由植株向大气中蒸腾的水量。蒸腾量的大小可以用蒸腾系数（植物制造 1 克干物质所消耗的水量称为蒸腾系数或需水量）来表示。

水稻一生中干物质的增加量早期少而中后期逐渐增高，出穗期最高，以后又逐渐下降。水稻各生育期的蒸腾系数正好与之相反，即早期较高、中期较低，而以成熟期为最高。水稻蒸腾系数的大小还与品种的生态特性、生理状况和生育期的长短有关。植株高或生育期长的品种蒸腾系数大，而植株矮小或生育期短的品种蒸腾系数也小。另外，外界环境条件也对蒸腾系数有直接的影响，例如大气湿度越大，蒸腾系数越小，反之会增大蒸腾系数。

470. 什么是蒸发量？与水分管理有什么关系？

水由液态或固态转变成气态，逸入大气中的过程称为蒸发。蒸发量是指在一定时段内，水分经蒸发而散布到空中的量，通常用蒸发掉水层厚度的毫米数表示。

蒸发量包括株间和田间向大气蒸发的水分量，也同样受自然条件和水稻生育状态的影响，水稻一生中蒸发和蒸腾是互为消长的，前者由多到少，后者由少到多。稻田的蒸发强度的变化过程是一种物理性的变化，但又受植株遮蔽的影响，随着植株遮蔽增加而变小，随着植株遮蔽的缩小而增大。一般是水稻生育前期的蒸发量最大，随茎叶的繁茂而变小，到抽穗期达到最低值，生育后期的蒸发量又有所增大。插秧初期，稻株幼小，蒸发大于蒸腾，分蘖末期后直到成熟，在植株的遮蔽下，蒸发一般维持在每日 2 毫米左右，变化很小。蒸发量除与气象条件有关外，也受栽培技术如密度、施肥水平和灌溉方式的影响。

471. 什么是渗漏量？与稻田水分管理有什么关系？

渗漏量是指气体或液体通过孔隙流失的总量。土壤的渗漏量因土质、水文和栽培措施不同而有很大变化。土质黏重的稻田，全生育期日平均渗漏量为 10～20 毫米，多的可达到 50 毫米以上。地下水位高的稻田渗漏量小。高产田保水性能好，一般日渗水量在 10 毫米左右。水稻的蒸腾量、蒸发量、渗漏量的规律是适时、适量进行灌溉的主要依据。研究表明：每公顷水稻植株全生育期需水量为 2 310 米³，占总用水量的 11％左右；蒸发量为 3 735 米³，占 17％左右；而渗漏量则多达 15 660 米³，占 72％左右。水稻大量的水是消耗在蒸发和渗漏上，因此合理运用灌溉技术调节水稻需水量是节水栽培的一项关键技术。

472. 稻田渗漏量对水稻生长有何影响？

稻田渗漏量过大和过小，对水稻生长都不利。稻田渗漏量过大，使耕层土壤受过分淋洗，养分流失，浪费用水，增加灌溉投资和劳动力。但渗漏量过少，土壤通气性不良，地温低、氧气少，并易产生有毒物质，影响水稻生长和产量的提高。

473. 如何克服稻田渗漏量过大的问题？

第一，提高耕作质量，灌水整地时，做到细耕密耙，使土块达到充分细碎分散，使细致土粒及时沉淀，以堵塞大孔隙和底土裂缝。第二，犁好田边，糊好田埂。闸化田间排水沟，提高地下水位。第三，改深灌为浅灌，减少水压。

474. 稻田适宜渗漏量的好处是什么？

适宜的渗漏量是丰产土壤的一项重要指标。它可以使水分向下流动，把上层水中溶解的氧带入土层内部，降低土壤还原性，减少有毒物质的积累，有利于土壤养分的运输。

475. 什么是稻田灌溉定额？影响灌溉定额的因素有哪些？

稻田灌溉定额是指单位面积上水稻全生育期需要人工补给的各次灌水量的总和。农田水分消耗的途径主要有植株蒸腾、棵间蒸发和深层渗漏等方面。

影响灌溉定额的因素主要有气象条件（降水量、温度、日照、湿度、风速）、土壤水分状况、作物种类及其生长发育阶段、土壤肥力、农业技术措施、灌溉排水措施等。气象因素是影响作物需水量的主要因素，它不仅影响蒸腾速率，也直接影响作物生长发育。当气温高、日照时数多、相对湿度小时，需水量就会增加。土壤因素有土壤质地、颜色、含水量、有机质含量和养分状况等。沙土持水力弱，蒸发较快，因此在沙土、沙壤土上的作物需水量就大。就土壤颜色而言，黑褐色的吸热较多其蒸发量就大，而颜色较浅的黄白色反射较强，相对蒸发量较少。农业栽培技术的高低也直接影响水量消耗的速度，粗放的农业栽培技术可导致土壤水分无效消耗。灌水后适时耕耙保墒、中耕松土，使土壤表面有一个疏松层，就可以减少水量消耗。

476. 寒地稻作区各生育期的灌溉定额是多少？

水稻不同生育期对水分需求的敏感度不一样，所需的灌溉水量各不相同，因此灌溉定额也有差异。对于寒地稻作区来说，水稻一生中返青期、拔节孕穗期、抽穗开花期和灌浆期对水分的反应较敏感，而幼苗期、分蘖期和结实期对水分反应较迟钝。因此，水稻各生育时期的水分管理应保证重点生育时期对水分的要求，根据水稻生育状况和气候变化特点进行合理灌溉。

稻田灌溉定额＝稻田耗水量－有效降水量＋整地泡田用水量

一般非盐碱地泡田用水为 100～150 毫米，以后每次补 30～40 毫米，整地不久插秧的稻田需 160～230 毫米。黑龙江省稻区每亩需水 750～1 000 米³，合 1 000～1 500 毫米。黑龙江省西部、东部和中部地区的灌溉定额分别为每亩 500～733 米³、467～667 米³ 和 400～633 米³，但实际灌溉定额均超过此数据范围。

477. 寒地稻作区有哪些灌溉方法？

寒地稻区传统的灌溉方法就是淹水灌溉，随着栽培技术水平的提高，近年又出现了湿润灌溉、间歇灌溉、浅水灌溉、浅湿干灌溉及干干湿湿灌溉等方法。

478. 水稻需水规律是什么？在生产上有什么意义？

水稻需水量是由生长期间叶面蒸腾、株间蒸发和地下渗漏决定的。前两者合称蒸发量。水稻一生中蒸发量和蒸腾量互为消长的，前者由多到少，后者由少到多。从蒸发强度来看，呈现出由少到多，又由多到少的过程。土壤的渗漏量与土质、水文和栽培措施有关。土质黏重的稻田，全生育期日平均渗漏量为 10～20 毫米，多的可达 50 毫米以上，地下水位高的稻田渗漏量小。高保水性稻田，一般日渗漏 10 毫米左右。研究水稻的蒸腾量、蒸发量、渗漏量的变化规律是适时、适量进行灌溉的主要依据。水稻植株全生育期需水量占用水量的 11％、蒸发量占用水量的 17％，而渗漏量占用水量的 72％。因此，合理运用节水栽培技术还有很大空间。

479. 水稻不同生育期对水分和灌溉的要求是什么？

种子萌发期：适宜的温度和氧气条件下，吸收种子 25％的水分就可以萌发，40％水分最适宜。

幼苗期：从第一完全叶抽出到分蘖前为幼苗期。这一时期苗床湿润即可。

分蘖期：开始分蘖到分蘖末期。此期浅水灌溉，后期通常采用加深水层或排水烤田来抑制无效分蘖。

孕穗、抽穗期和灌浆结实期：大量需水期，在减数分裂期还要深水护胎。

蜡熟期：保持湿润状态或适度落干。

480. 寒地稻作区为什么采用浅、湿、干间歇灌溉技术？

浅、湿、干间歇灌溉技术的特点是浅灌与湿润相结合，并适时晒田，构成浅、湿交替，浅、湿、干灵活调节的灌溉方式，使稻田水分状况多样化。该技术有以下好处：增加田间积温，利于水稻生长发育和后期成熟；向土壤的供氧能力增强，增强根的活力从而防止水稻早衰；改善水稻生长状态，控制无效分蘖；可以节水、节本、提高水稻产量。

481. 什么样的稻田保水能力好？

保水性好的稻田具有良好的层次结构，耕作层厚，土层疏松，土壤容重低（约为 1.15 克/米³，总孔隙率至少在 50％以上），土色较深，呈褐灰或棕灰色，质地适中，为中壤至轻黏土，翻耕后有明显的蜂窝状孔隙，团粒结构或小核状结构多；犁耙时阻力小，易于耕作；微酸性至中性；犁底层 5～10 厘米，犁底层容重约 1.55 克/米³，总孔隙 41.9％，不宜太紧实。

482. 水层深浅对水稻病虫害有何影响？

水层与水稻病虫害的发生轻重有直接关系。水稻幼苗期间水层较深时，往往导致水稻绵腐病和苗期稻瘟病的发生（因稻瘟病的孢子有一部分是借水流流动而传播的）。水稻负泥虫和潜叶蝇也多发生在深水处。许多病虫害的发生都与水稻株间的湿度有关（稻瘟病相对湿度在 90％以上时，适于发病；白叶枯相对湿度在 70％以上时发病较重；纹枯病在高湿条件下发病较重）。所以根据实际条件适当调控水层，采用相应的灌溉措施，对减少病虫害的发生和蔓延起到一定的作用。

483. "浅水促早发，不发用手挖"是何道理？

水稻早期生长对水分、温度和地温都反应非常敏感。移栽后水层过深，会使稻苗细弱，返青期延长；浅水灌溉可以增加水温和地温且增加了土壤养分和氧气量的供应，有利于水稻根的生长，同时浅水灌溉分蘖早发，分蘖节位低，不但提高了分蘖的数量而且提高了分蘖的质量。早期的人工耘田有利于土壤松软，增加通透性，促进微生物的活跃和土壤养分的释放，对水稻早生快发也起到较好的作用。

484. 井灌稻区为什么要强调提高水温? 怎样提高水温?

井水最大的特点就是水温低,直接灌入稻田,会降低水稻光合作用,影响根系吸水、削弱根的呼吸作用,影响根系对矿质营养的吸收。所以应该采取适当措施,努力提高水温。提高水温的方法如下:

(1) 延长水路 深井冷水最好经过较长的流程,使之充分接受阳光照射,提高水温后再灌入稻田。

(2) 减缓井水流速 可加宽渠道,降低渠道比降值。也可以根据地形修筑跌水高度差,来提高水温。

(3) 修筑晾晒池或缓流池 使井水经日晒升温后再灌入稻田。

485. 稻田淹水后土壤性状会有哪些变化?

泡水后,耕作层含水量饱和,空气被排出,气体交换受阻,氧气含量急剧下降,稻株呼出的二氧化碳等气体相对积累起来,使土壤呈还原状态。稻田土壤中的还原状况对水稻吸收营养元素是有利的。在还原状态下,无机氮几乎全部以铵态氮形式存在,有利于水稻的吸收和利用。同时,在还原条件下也有利于磷、铁、锰、硅等元素溶解度的提高,以供水稻吸收利用。若土壤的还原性过强也会影响水稻的生长,还原性过强时,土壤中产生的亚铁、有机酸和硫化氢含量过多,会对稻根产生毒害作用,抑制稻根对磷、钾、钙等物质和水分的吸收。通过排水、晒田或采取适当渗漏灌溉等水层管理措施,可以改变和提高氧化还原电位。

486. "冷水不打粮"是什么道理? 怎样解决?

水温对水稻的影响主要表现在影响水稻正常的光合作用、根系吸水和矿物质吸收及根系发育上。低温影响水稻体内各种生物酶的活性,进而影响各种代谢功能的发挥。提高水温可采取以下措施:第一,取用大中型水库的表面水或放入河道延长流程实现增温。第二,井水种稻区采用延长水路,使之充分接受阳光照射来提高水温。第三,采用修筑晒水池、设跌水坝、减慢流速和夜间灌水等综合增温技术。

487. 为什么井灌区要搞好综合增温? 怎样增温?

寒地稻作区具有"三低"的特点:气温低、水温低和地温低。"三低"不仅对水稻的生长发育和产量影响很大而且严重影响水稻质量,采取措施提高水温对寒地水稻生产意义重大,具体方法如下:

第一,设立晒水池:有条件的建高台池,面积为负担稻田面积的 2%~

3‰，水深 0.5 米左右，内设隔水墙使水迂回流出，井水出口架高使水喷射池内，提高水温。

第二，建立宽浅式灌水渠，延长水路，或在渠道上覆膜提高水温。

第三，将进池水口加宽、垫高，使水流宽、浅入池内，增加阳光照射面积。轮换水口也非常有效。

第四，灌溉技术上采用浅、湿灌溉，灌水时间上采用清晨或夜灌，灌溉形式上采用单灌而非串灌。

488. 水稻为什么要晒田？怎样晒田？

晒田可使土壤中氧气含量增加，使存在于渍水土壤中的还原物质，如甲烷、硫化氢和亚铁等得到氧化，有毒元素含量显著减少。同时，使好氧性微生物的活性增强，促进有机物的矿化，从而提高土壤有效养分的含量。在晒田期间，土壤铵态氮和有效磷的含量下降，但上水后又会急剧提高，因此，晒田在调节土壤养分方面，对水稻生长发育能够起到先控后促的作用。晒田后能增加根的活力，并使稻株的总根数和白根数明显增多，同时晒田使根系深扎，促进了养分的吸收。晒田使叶色由青绿变成淡绿，株型由披散变挺直，减少无效分蘖，有利于改善群体结构和光照条件，茎秆粗壮，抗倒力增强。

晒田的方法：晒田期在水稻水分非敏感时进行，分蘖末期至幼穗分化初期是晒田的适宜时期，一般多选择在有效分蘖终止期前三天开始晒田。

489. 水稻晒田的标准是什么？

低洼易涝、稻草还田和大量施用有机肥的地块因发生强烈还原作用要早晒、重晒，使田土沉实，达到进入不陷脚的程度。水稻生长正常的高产田要及时晒田，可以控制无效分蘖，晒田期在达到计划穗数 80％时开始晒田，直到田面硬实，出现细微裂纹。前期施氮肥过多，水稻生长过旺，有倒伏危险的稻田要早晒、重晒，晒到田面出现小的龟裂、田间不陷脚、苗色落黄的程度。中间可过水 1～2 次，以延长晒田时间，使田面不至于太过干裂而妨碍水稻正常生理功能。相反，对于前期生育不良、茎数不足的稻田以及肥力差、土壤渗透性强的漏稻田，一般不必晒田。另外，中、重度盐碱荒地不宜晒田。

490. 为何提倡收获前晚断水？何时断水才适宜？

后期断水过早，会降低水稻根系活力，影响灌浆质量。尤其对灌浆期长的大穗型品种影响会更大。在盐碱稻区，断水过早还可能由于缺水返盐，出现"返秆"现象，造成严重减产。后期排水过早对整精米率的影响也很大。因此，水稻收获前提倡晚排水、晚断水。一般来说，保证出穗后 35～40 天之后撤水是灌浆结实期水分管理的基本要求，最好在成熟前 7～10 天灌最后一次水，具体时间可视土壤含水量及天气和籽粒成熟情况灵活掌握。

491. 低洼地怎样做好灌溉管理？

低洼地一般地下水位高，排水不良，稻田生长期处于水分饱和状态，水冷地凉。土壤中水、肥、气、热状况不良，还原物质含量高，水稻生长受限。因此，低洼地的灌溉必须以增温增气为前提，采用干干湿湿、浅湿干、间歇灌溉的方法，即在前期浅灌，孕穗期开始干湿交替。有条件的地方在分蘖末期结合晒田，即开始干干湿湿灌溉，以改善其凉性。当灌溉水温低时，应设法先提高水温，设晒水池或回水沟等，将凉水晒暖后再灌入田中。

492. 盐碱地怎样做好灌溉管理？

（1）根据盐碱地的特点，不断淋洗盐碱 在滨海重盐碱地或新开垦盐碱地，土壤盐分受地上环境条件的影响上下运动，在稻田灌溉期间，地表有淡水，土壤盐分随水下降或排走，会有一定深度的土层淡化。但在停水后的干田期，地下咸水随大气蒸发又将盐分带回地面，淡化了的土壤再次盐渍化，每年周而复始。在内陆地区的碱化土壤，一般透水性差，盐分难以淋洗。在这种情况下，除了种稻前泡田洗盐外，种稻期间也要不断洗盐压盐，以防止盐碱危害，保证水稻正常生长。未经改良的盐碱地除了种稻前必须提前泡田洗盐外，淹水 2～3 天后要迅速排水，再换一次新鲜水。

（2）不断改进灌水技术 盐碱地种稻实行淹水种稻，适当加深水层，并及时换水排水，因而使用较大的灌水定额。这是为了保苗不得已采取的措施，对新垦盐碱地和重盐碱地，这种灌溉方式是合理的。对经过多年种地改良的盐碱地，土壤已不同程度的脱盐且已形成地下淡化耕层，重盐碱地已逐步演变成轻度或极轻度的脱盐稻田，这样可以采用常规灌溉方式管理。盐碱地灌溉技术要不断改进，对不同的盐碱稻田采用不同的灌溉技术，如"浅灌渗排""浅水结合小落干"等，通过合理灌溉的淋洗作用，维持稻田土壤周年的盐分平衡。

493. 回归水有何特点？是否可以利用？

农业用水经过垂直或侧向渗入排水渠中而汇集的水叫回归水。在淡水资源日渐不足的情况下，这应是一项重要水利资源。回归水既然是农田用过的弃水，其化学成分和物理性质也因各地条件不同而不同。一般说回归水都含有一定的盐类，其含盐量的多少和类型，除决定于基础土壤和水质外，还与渠道的等级和水量有关，顺序是排斗＞排支＞排干＞排总。一般回归水的水温比河水高 2～3℃，在井水区则高出更多。回归水有机质和其他营养成分的含量比较丰富，尤其是有机碳和钾的含量比河水高，有的可高出 3～15 倍，硝态氮的含量多达 0.5～2.0 毫克/升。由于回归水的这种特点，加上高温水中的生物作用，所以回归水中含氧量较低，但回归水在流动过程中经过自净和大气接触，含氧量也有一定的提高。因此，回归水既有有利的一面，也有不利的一面。如针对其特点进行合理利用，也大有好处。

494. 新开稻田的灌溉管理应注意哪些问题？

水稻土在季节性淹水、干湿交替情况下，经长期的耕作、施肥等各种栽培措施，形成了特有的剖面性质。稻田土的层次可分为耕作层、犁底层、渗育层、潴育层、潜育层和母质层等。它和通气良好的旱田不同，一般在淹水后耕层水分饱和，空气被排出，呈还原状态。而当秋冬排水落干后充满空气时，又呈氧化状态。这样湿湿干干，氧化还原交替，反复循环，形成一种特殊的物理、化学、生物学过程，使物质的转化和移动、养分的保存和释放以及水分的流动等都与旱田截然不同。

新开垦的稻田要注意以下几点：首先，采用浅、湿、干间歇灌溉方式。新开垦的稻田由于特有的剖面土层尚未形成，渗透现象严重。因此，非盐碱地新开稻田应采用浅、湿交替灌溉方式，以节约用水量。对盐碱地新稻区则应采用洗盐和深水灌溉方式。其次，新开稻田在泡田前应将耕地整平，泡田后切忌断水。在排水方式上，最好实行渗排或采取明排和渗透相结合。再次，对低洼易涝新开稻田，要控制水稻生育后期的水层，采用干干湿湿方式，以提高地温，促进早熟。对一般旱改稻田可采用湿润灌溉技术，以节约用水。

495. 严重缺水稻田灌溉应注意哪些问题？

水稻在生长发育各阶段严重缺水，对产量均有一定的影响。一般将水稻一生需水时期划分为三个敏感期，在这三个敏感期灌溉不当对产量影响更大。第一阶段是分蘖期，此时缺水会造成单位面积穗数大幅度减少。第二阶段是拔节期，此时缺水会造成穗数和穗粒数降低。第三阶段是出穗后，此时缺水千粒重和结实率会明显减少。如果这几个阶段连续缺水或受到干旱的影响，产量下降幅度会更大。因此，严重缺水地区的水稻灌溉应注意：

第一，在水稻非敏感期可以不灌水或进行湿润灌溉，水稻在短期内缺水呈干旱状态，根系发达，一旦复水，浮根迅速长出，使氮肥的摄取量增加。同时由于稻田土壤内好气微生物活动，使稻田速效养分增加，从而不会严重影响产量。

第二，避免在水稻敏感期缺水或长时期缺水。尽可能不要在两个阶段连续断水，这样会造成更大幅度的减产。如果在第一、二个敏感期缺水严重，可适当进行湿润灌溉或间断灌溉。

第三，受到供水量的限制，缺水后复水在灌溉方式上宜采用先行湿润灌溉，然后根据水量充足与否进行浅水灌溉。

第四，充分利用自然降水。根据天气状况，适时调整灌溉定额。在有条件的地区，还可以在雨水到来之前多利用地下水，将地下水倒空，然后利用雨季回灌，这样既可充分利用自然降水，同时又可提高地下水的利用率。

496. 寒地水稻结实期如何进行水肥管理？

水稻抽穗期一般主茎保持 4 片绿叶，抽穗后 15～20 天最少保持 3 片绿叶，青秆绿叶，活棵成熟才能高产。因此，加强此期的田间管理十分必要。寒地稻区结实期温度逐渐下降，所以粒肥多在见穗至齐穗后 10 天以内施用。一般在始穗期和齐穗期施用，每亩用量为 2.5～5 千克硫酸铵或相同氮量的其他氮肥。其施用标准以叶色变化为准，当抽穗期叶色比孕穗期色淡即可施用粒肥。在水层管理上，出穗期浅水，齐穗后间歇灌溉，既要保证水稻需水，又要保证土壤通气。灌溉方法为灌一次浅水，自然渗干到脚窝有水，再灌浅水。前期多湿少干，后期多干少湿，至少保证出穗后 35～45 天的灌水，以利于高产优质。

497. 如何通过水分管理控制水稻的生长？

稻田水层的深浅和落干晒田，对水稻根系和茎的生长，均有促进作用。浅水和落干晒田，可以促进根系的生长、使分蘖早生快发和抑制无效分蘖的发生；浅水和晒田还能控制节间的生长速度。深水能促进植株生长速度，节间加长。在幼穗分化期如遇低温来临，加深水层可保护幼穗，以防冷害。在灌浆结实期，采用干干湿湿灌溉法，可为稻田土壤输送充足的氧气，保持根系与地上部分功能叶具有旺盛的活力，有利于结实。

498. 如何通过水分管理控制稻田杂草？

稻田的杂草种类和数量都与土壤水分有关。无水层的湿润土壤，许多杂草容易发芽繁殖，而在淹水土壤中，因缺乏氧气，杂草则难以发芽，因此通过水层灌溉，可以控制旱生杂草。水生杂草种子，也只有分布于 3 厘米以内耕层中的部分才能发芽。此外，在施用化学除草剂时，通过相应的水层管理，也可以提高除草效果。

499. 如何进行水稻节水栽培？

第一，选用耐旱性较强的水稻品种。

第二，旱整地。旱耙旱整，插秧前灌水耢平，土壤易达疏松状态，插秧后根系易发育，返青快。

第三，旱种。旱整地、旱播种覆土、苗期旱长，苗达到 3～4 叶时灌水进行水层管理。

第四，实行浅水和间歇灌溉。

500. 水稻直播田怎样灌溉？

(1) 从播种到立针期　水直播田播后到立针期灌水 7～8 厘米稳水。此间，选晴天晒 2～3 天更佳。

(2) 幼苗期　灌水 3～4 厘米为宜。

(3) 分蘖期　在分蘖期需灌 3～4 厘米水层，浅水层能够提高地温和加速土壤养分的分解，从而促进分蘖的早生快发。

(4) 穗发育期　穗发育期需灌 6～7 厘米水层，但在减数分裂期出现低温时，将水层加深到 15～20 厘米，能保护幼穗发育。在孕穗末期要第二次排水晒田 3～5 天。

(5) 抽穗灌浆期　要保持 6～7 厘米水层，以后间歇灌溉。

501. 旱直播水稻田怎样灌溉？

水稻旱直播田的灌溉有两种：一是在旱整地的基础上，进行机械旱直播同时覆土，苗期旱长，水稻苗达 3～4 叶时灌水进行水层管理；二是在种子附泥地上旱直播后随即稳水慢灌，建立水层后，按照水稻直播田的灌溉方法进行管理即可。

（编写人员：孙海正、赵凤民、王立楠、张希瑞）

五、寒地粳稻病虫草害防治技术

（一）病虫草害防治基础知识

502. 防治水稻病虫草害的基本原则是什么？

水稻病虫草害防治应遵循"预防为主，综合防治"的植保工作方针，最大限度利用自然调控因素，综合运用农业防治、物理防治、生物防治为主，化学防治为辅的病虫无害化治理技术。从维护稻田生态平衡出发，处理好水稻、有害生物、天敌的关系。优先选择生物农药，严格控制使用高效、低毒、低残留的化学农药。根据不同防治对象对症下药，交替使用农药，避免病虫产生抗药性，并严格遵守农药安全间隔期。

503. 防治水稻病虫草害的主要方法有哪些？

（1）物理防治 一是采用人工捕杀，如稻纵卷叶螟、稻蝗等害虫可以用人工捕杀的方式进行防治。二是利用害虫的趋性进行诱杀，如采用频振式杀虫灯进行灯光诱杀等。三是人工拔除杂草，同时拔除病虫植株，如水稻恶苗病病株。

（2）生物防治 一是进一步研究保护利用自然天敌控害的技术、措施，维护天敌种群多样性。二是研究开发天敌昆虫饲养、工厂化生产、田间释放等技术。三是研制、开发生物类农药（植物源、微生物类等），优先推广使用生物农药，以取代高毒高残留的化学农药。四是利用昆虫性信息素干扰雌雄交配，降低害虫种群的繁殖力。

（3）化学防治 化学防治是水稻病虫草害综合治理的重要措施之一，由于其高效、快速的优点，在综合治理中仍然是其他防治方法不可替代的。针对国家农产品质量安全和环境安全的新要求，需要加强农药的高效、减量、精准使用。化学农药的使用应严格按照无公害生产规定的水稻病虫害防治指标，在防治适期施药，可以一药多治或合理混用农药。在同一个水稻生长季节，避免重复使用同种化学合成农药及其复配制剂。注意合理使用具有"三证"的高效、低残留农药品种，控制施药量并保证安全间隔期。

504. 为什么要对病虫草害进行综合防治？

按照生态系统的概念，病原微生物、农业昆虫等有害生物与生态系统中其他组成成分之间存在相互联系、相互作用、相互依存的关系，从生物共存的角度来说，如果病原微生物的种群和数量都能保持在经济危害水平以下，是可以接受的。人为破坏这种平衡是不恰当的。病虫草害综合防治的目的不是彻底消灭病原微生物和有害昆虫，而是采取各种措施如农业措施、化学措施、生物措施和物理措施，经济有效地控制有害生物。

505. 什么是农药？农药对发展水稻生产有什么作用？

农药是农用药剂的简称，是指用于预防、控制危害农业、林业的病、虫、草、鼠和其他有害生物，以及有目的地调节植物、昆虫生长的化学合成或者来源于生物、其他天然物质的一种物质或者几种物质的混合物及其制剂。农药对于水稻生产扮演正反两方面角色。我国地少人多，农业保持高产稳产才能满足人口增长的需要，目前为止，还未能找到一种既能保护作物又完全不会对环境和食品造成危害的栽培方法，农药的使用可以大大降低病虫草害对水稻产量和品质的影响，提高经济价值，因此农药在我国仍处于重要地位。但是滥用农药导致病虫草害抗药性不断增强，同时降低水稻抗性，甚至对水稻产生毒害，大量的农药残留也严重影响食品安全，造成负面影响。

506. 农药按用途可以分为几种类型？

农药按用途主要可分为杀虫剂、杀螨剂、杀鼠剂、杀线虫剂、杀软体动物剂、杀菌剂、除草剂、植物生长调节剂等。

507. 杀虫剂按作用方式可以分为哪几类？

(1) 胃毒剂　经虫口进入其消化系统起毒杀作用，如敌百虫等。

(2) 触杀剂　与表皮或附器接触后渗入虫体，或腐蚀虫体蜡质层，或堵塞气门进而杀死害虫，如拟除虫菊酯、矿物油乳剂等。

(3) 熏蒸剂　利用有毒的气体、液体或固体的挥发而产生蒸气毒杀害虫。

(4) 内吸剂　被植物种子、根、茎、叶吸收并输导至全株，在一定时期内，以原体或其活化代谢物随害虫取食植物组织或吸吮植物汁液而进入虫体，起毒杀作用，如乐果等。

(5) 驱避剂　本身无毒害作用，但由于其具有某种特殊气味或颜色，施药后可使害虫不愿接近或远离，如预防蚊虫的避蚊胺。

(6) 拒食剂　能使害虫在接触或取食此类药剂后，消除食欲，拒绝取食而饥饿死亡的药剂，如吡蚜酮。

（7）引诱剂　起到引诱昆虫作用的药剂，包括两类：①非特异性物质，如诱杀地老虎成虫的糖醋诱杀剂等。②特异性物质主要是昆虫信息素，包括性信息素和其他信息素，又称为激素。主要用于农作物有害生物测报，在防治上也有应用。

508. 杀菌剂按作用方式可以分为哪几类？

杀菌剂按使用方式可分为以下两类：即保护性杀菌剂和内吸性杀菌剂。保护性杀菌剂在植物体外或体表直接与病原菌接触，杀死或抑制病原菌，使之无法进入植物，从而保护植物免受病原菌的危害；内吸性杀菌剂施用于作物体的某一部位后能被作物吸收，并在体内运输到作物体的其他部位发生作用。

509. 除草剂按作用方式可以分为哪几类？

（1）选择性除草剂　此药剂可以杀死杂草，而对苗木无害，如吡氟氯禾灵、氟乐灵、扑草净、西玛津、乙氧氟草醚除草剂等。

（2）灭生性除草剂　除草剂对所有植物都有毒性，只要接触绿色部分，不分苗木和杂草，都会受害或被杀死。主要在播种前、播种后出苗前、苗圃主副道上使用，如草甘膦等。

510. 除草剂按防除对象可以分为哪几类？

（1）禾本科杂草除草剂　如乙草胺、丁草胺等。

（2）莎草科杂草除草剂　如苄嘧磺隆、吡嘧磺隆等。

（3）阔叶类杂草除草剂　如咪唑喹啉酸、乙羧氟草醚等。

511. 水田常用农药主要有哪些剂型？各有什么特点？

水田常用农药有 16 种剂型，分别为传统剂型、绿色环保剂型和其他类。

（1）传统农药剂型

①乳油（emulsifiable concentrate，EC）。乳油是由农药原药按规定的比例溶解在有机溶剂中，再加入一定量的农药专用乳化剂而制成的均相透明油状液体；加水能形成相对稳定的乳状液。乳油与其他农药剂型相比，其优点是制剂中有效成分含量较高、储存稳定性好、使用方便、防治效果好、加工工艺简单、设备要求不高等；其缺点是含有相当量的有机溶剂，有效成分含量较高，因此在生产、储运和使用等方面要求严格。

②可湿性粉剂（wettable powders，WP）。可湿性粉剂是含有原药、载

体、填料、表面活性剂和辅助剂等，并且经粉碎成一定粒径的粉状制剂，在对水稀释使用时，能形成一种稳定的可供喷雾的悬浮液。可湿性粉剂在农药制剂加工中历史悠久、技术比较成熟，是一种使用方便的剂型。

③颗粒剂（granules，GR）。颗粒剂是由原药、载体、填料及助剂配合，经过一定加工工艺制成的粒径大小较均匀的固体颗粒，可以使高毒品种低毒化，提高使用安全性，延长持效期等。

④粉剂（dustable powder，DP）。粉剂是由原药、填料和少量助剂经混合、粉碎再混合至一定细度的粉状制剂。从制剂形态来看，粉剂都是固体，可直接喷撒使用，工效高，节省劳力和加工费用，特别适用于供水困难地区和防治暴发性病虫害。但粉剂的突出缺点是飘移污染严重，有效利用率低。

（2）绿色环保农药剂型

①水乳剂（emulsion，oil in water，EW）。又称浓乳剂或粗乳剂，是一种以水为连续相的水包油（O/W）体系。通过加入适当的助剂和特殊的加工工艺，使油相以细小微粒均匀分散在水相中。粒径一般为 0.1～10 微米，外观为乳白色液体，放入水中有良好的自动分散性。水乳剂用大量的水取代了芳香类有机溶剂，所添加的黏度调节剂一般从食品添加剂中选取，是国际公认的对环境安全的农药新剂型。水乳剂无着火危险，对人、畜和植物低毒，对环境安全。我国注册的水乳剂有 45％咪鲜胺、60％丁草胺、0.3％氯氰菊酯、25％杀螟硫磷等。目前，国外主要研究和推广的农药剂型就是水乳剂。

②微乳剂（micro - emulsion，ME）。微乳剂是农药有效成分和乳化剂、分散剂、防冻剂、稳定剂、助溶剂等助剂均匀地分散在水中，形成透明或接近透明的均相液体，和乳油外观相似，但乳化剂比乳油和水乳剂中用量多。作为水基化的农药新制剂，微乳剂具有显著的优点：一是液滴细微，有效成分粒子半径一般为 10～100 纳米，超微细，具有超低界面张力。二是稳定性好。三是传递效率高。稀释液表面张力低，使药液利于在叶面上铺展。药液雾滴小，减少有效成分飘移，提高使用效果，减少喷施用量。缺点是乳化剂用量高，造成成本高。

③悬浮剂（suspension concentrate，SC）。又叫胶悬剂，是指农药有效成分和分散剂、湿润剂、稳定剂、消泡剂、防冻剂等分散在水中而形成的高分散、稳定的悬浮体。悬浮剂具有以下特点：一是以水为基质，与环境相容性好；二是颗粒小，悬浮率高，活性比表面大，药效发挥好；三是成本低；四是加工安全；五是使用安全方便。

④水分散粒剂（water dispersible granule，WDG）。将农药有效成分、分散剂、湿润剂、崩解剂、消泡剂、黏结剂、防冻剂等助剂以及少量填料，通过湿法或干法粉碎，使之微细化后，再通过喷雾干燥、流化、挤压、盘式造粒等

工艺造粒，便可制得水分散粒剂。该剂型具有很多优点：一是使用时无粉尘，对使用者安全，减少对环境污染。二是有效成分含量高，有的高达 90%。三是贮存期物理化学性能稳定、储运安全。四是在水中的分散性、悬浮率高。五是流动性好，计量和使用方便，包装费低。

（3）其他农药剂型

①悬乳剂（suspo - emulsion，SE）。悬乳剂是由不溶于水的农药原药及各种助剂在介质水中分散均化而形成的稳定的高悬浮乳状体系。悬乳剂是一个三相的稳定体系，具有悬浮剂和水乳剂的优点，打破了只以固体或液体原药配置的单一剂型，实现了固液体原药同时存在的混合剂型。该剂型具有高悬浮率和高分散匀质性，良好的贮存稳定性，对环境污染较小，对操作者的毒害较低，有良好的生物活性等优点。

②袋剂（jumbo formulations）。袋剂是一种制备简单、使用方便的农药剂型。其特点是将制剂抛撒于水田和灌溉渠入口处。不需使用专门的药械，有效成分可均匀缓慢地释放到整个水域。袋剂主要由液态农药混合物、水中非崩解性多孔载体和水溶性薄膜袋组成。

③可溶液剂（soluble concentrate，SL）。可溶液剂是由农药有效成分与任意所需的助剂及其他溶剂组成的液剂，不含可见的外来物和沉淀，用水稀释后可形成真溶液的液体制剂。可溶液剂容易加工，具有低药害、毒性小、易稀释、使用安全和方便等特点，且具有良好的生物效应。

④可溶粉剂（water soluable powder，SP）。可溶粉剂由农药原药、填料和适量的助剂组成。可溶粉剂的特点是质量浓度高、加工过程不需要有机溶剂、储存时化学稳定性好、加工和储运成本相对较低。与可湿性粉剂、悬浮剂及乳油相比，更能充分发挥药效。

⑤泡腾片剂（effervescent tablet，FB）。泡腾片剂是一种在水中自动崩解，形成悬浮液，供喷雾使用的片状剂型。该剂型施用后在水田中发泡，并释放出有效成分，几小时后，由于扩散剂的作用，在水田中有效成分均匀一致，达到杀灭靶标害虫的目的。

⑥可分散片剂（water dispersible tablet，WT）。可分散片剂是指遇水可迅速崩解形成均匀混悬液的片剂，是国外近年研究较热门的一种新型制剂。可分散片剂将水分散粒剂、片剂、泡腾片剂 3 种制剂的优点集于一身，它吸收了片剂的外形特点，使可分散片剂较水分散粒剂对环境更加友好，同时它保持了泡腾片剂崩解速度快、水分散粒剂悬浮率高的优点，使其在保证药效不降低的前提下对环境和施药者更安全，没有粉尘，减少了对环境的污染。

⑦水稻田专用的省力剂型。针对水稻田有水的特定环境，研究出了泡腾剂、撒滴剂、水面扩散剂、大粒剂等新剂型。这些剂型的共同特点是药剂不必

加水或土，可直接投入水稻田中使用。

⑧水溶性薄膜袋包装的 U-粒剂。以氯化钾为载体，以聚丙烯酸钠和黄原胶为交联剂制成的乙氰菊酯 U-粒剂，用水溶性薄膜袋包装，每袋 150 克，用于防治水稻田的害虫，如稻象甲、稻负泥虫等。水溶性薄膜袋包装的 U-粒剂 1992 年在日本商品化后，深受用户欢迎。

512. 水田常用农药常规施用方法有哪些？

(1) 喷雾法 此法适用于可供液态使用的农药制剂（超低容量喷雾剂除外），如乳油、可湿性粉剂、可溶性粉剂均需加水，将其调制成乳液、溶液、悬浮液后才能供喷洒使用，这种施药方法称为喷雾法。

(2) 喷粉法 利用喷粉或撒粉机具进行喷粉或撒粉，气流把农药粉剂吹散后沉积到作物上。

(3) 撒施法 此法用于抛施或撒施颗粒状农药到作物上。主要用于土壤处理、水田施药或作物心叶施药。除颗粒剂外，其他农药需配成毒土或毒肥。撒施时间要掌握好，水田施药时期要求稻田露水散净，避免毒土黏附于稻叶，对其造成药害。撒杀虫剂时要求有露水。

(4) 泼浇法 将一定浓度的药液均匀泼浇到稻株上，药液多沉落在作物下部，此法用于防治水稻害虫。药剂安全性不好时，不宜用泼浇法施药。控制水层深浅也是影响杀虫效果的重要因素。

(5) 包衣拌种法 将药粉或药液与种子按一定比例均匀混合，这种方法称为拌种法。拌种可有效控制水稻病虫害，提高种子抗寒、抗旱等抗逆能力，促进发芽生根，壮根壮苗，苗齐色好，增产增收，同时可以有效防治地下害虫和通过种子传播的病害。

(6) 熏蒸法 此法利用熏蒸剂对常温密闭或较密闭的场所进行熏蒸防治病虫害，主要用于温室大棚、仓库、车厢等场所。

(7) 浸种法 用规定浓度的药剂浸泡水稻种子，是防治某些种传病害常用方法。应当留意温度、药液浓度、处理时间三方面因素。刚萌发的种子对药剂一般都很敏感，尤其是根部反应最为明显，处理时应分外稳重，防止药害。

513. 农药使用中常见问题有哪些？

(1) 盲目混用或单一用药 有些农药不宜混合，若混用会产生化学反应，造成药效下降，有的还会造成负面影响。有的农户长期使用某一种农药，病虫产生抗药性，防治效果不理想。

(2) 没有对症下药 有些农户图省事，在作物种植某一时期将防治各种害虫的药剂全部使用，结果造成防治效果不理想，并且造成浪费。

（3）盲目增加施药浓度 部分农户认为浓度越大，防治效果越好，这种情况下经常会发生稻苗烧伤的情况，实践证明施药浓度适当，既经济效果又好。

（4）施用药剂时间不当 很多农民在病虫害有明显症状时才进行防治，实际为时过晚，达不到最佳防效。

514. 什么样的农药称为假农药?

我国《农药管理条例》第四十四条规定，有下列情况之一的为假农药：

（1）以非农药冒充农药；

（2）以此种农药冒充他种农药；

（3）农药所含有效成分种类与农药的标签、说明书标注的有效成分不符。

禁用的农药，未依法取得农药登记证而生产、进口的农药，以及未附具标签的农药，按照假农药处理。

515. 购买农药时应注意哪些事项?

（1）注意查看"三证" 首先标签上要有农药登记证号、农药生产许可证号、产品质量标准号（进口产品可以不标注农药生产许可证号）；其次要到农药经营许可证、工商管理及税务登记证齐全的经销单位购买。

（2）注意不买国家明令禁止使用的农药 如六六六、滴滴涕、毒杀芬、砷及铅类农药、毒鼠强等。提倡使用高效、低毒、低残留、安全的农药。

（3）注意查看生产企业名称、地址、电话或传真、邮编等。

（4）注意仔细查看生产日期和使用说明 外包装需注有生产日期及批号。如有机磷农药的有效期（保险期、储藏期）：水剂一般 1 年，乳剂一般 2 年，粉剂在 3 年以上。不可购买过期农药。使用说明中包括使用范围、防治对象、适用时期、用药量、使用方法及注意事项等。

（5）注意根据外包装认清农药种类和毒性标志 各类农药标签下方均有一条与底边平行的、不褪色的标志，如杀菌剂——黑色、杀虫剂——红色、除草剂——绿色、杀鼠剂——蓝色、植物生长调节剂——深黄色，并有红字明显标明该产品的毒性以及易燃性。

（6）注意观察药瓶的完整性和农药外观质量 一般瓶装农药，瓶盖紧密，无破损。如果乳油已经混浊、沉淀，粉剂受潮结块等，均不能购买。

（7）购买时要向销售商索要购买凭据、发票或信誉卡。

（8）注意农药包装，小心轻放，防止破漏 如发现渗漏、破裂，应及时用合适的材料重新包装好后再搬运。

516. 保管农药时应注意哪些事项?

（1）密封保存 有一些农药易挥发失效，给空气造成污染，保管时一定要把瓶盖拧紧，实行密封。

（2）保持温度 大多数粉剂农药在高温下易融化，分解挥发，甚至燃烧爆炸；部分乳油农药遇高温会破坏乳油性能，降低药效；有些液体农药遇低温后结冻，使瓶子炸裂，因此，保存液体农药时应保持室温在 1℃ 以上。

（3）避光保存 有些农药长期见光暴晒易引起分解变质甚至失效，保管时应避免高温以及阳光直射。

（4）保持干燥 存放农药的场所应保持干燥，便于通风换气，保持湿度 75% 以下。

（5）单独存放 除草剂、杀虫剂、杀菌剂等农药需要分开存放。严禁将未用完的农药混装在一个瓶内，以免发生化学反应失效。

517. 农药混合使用有哪些优点?

农药混用技术是指将两种或两种以上农药在田间混合使用的一种施用方法。绝大多数农药的防治范围有限，一种农药一般仅针对一种或几种有害生物发挥药效，但在作物田间生长时常会发生多种不同类别的病虫草害。合理的农药混用，可以有效扩大农药使用范围，减少用药量，兼治几种有害生物，提高功效，节省劳动力。

518. 农药混合使用应注意哪些问题?

（1）要注意各有效成分的化学稳定性 酸碱度会影响农药有效成分的稳定。常见的有机磷、氨基甲酸酯、拟除虫菊酯类杀虫剂，有效成分都是"酯"，一般对碱性比较敏感，会在碱性介质中水解。福美双、代森环等二硫代氨基甲苯类杀菌剂，有效成分在碱性介质中会发生复杂的化学变化而被破坏。有的农药品种虽然在弱碱性条件下相对稳定，但也要随配随用，不宜放置过久。有的农药有效成分在酸性条件下会分解或者降低药效。

（2）保证药液良好的物理性状 乳油制剂对水后应有良好的乳化性能。两种乳油混用的药液，也要求有良好的乳化性能，不能出现乳化不良，甚至出现分层、浮油、沉淀等现象。两种可湿性粉剂混用的药液，也要求有良好的悬浮性能，不能出现絮结、沉淀等现象。凡是混配后药液物理性状明显恶化的都不能混用，以免减效、失效，甚至造成药害。乳油制剂与可湿性粉剂混用，要注意可能引起"破乳"（乳化性能被破坏）的问题。有机磷农药可湿性粉剂与其他类别农药可湿性粉剂混用时，悬浮率往往会降低。

（3）避免出现药害等副作用 有效成分的化学变化，可能产生有药害的物质。敌稗用于稻田防除稗草，因水稻植株中有一种酰胺酶可以分解敌稗有效成分而解毒，而有机磷、氨基甲酸酯类农药会抑制水稻中的这种酶，因此它们与敌稗不仅不能混用，前后 10 天内也不能连用，否则会造成药害。与敌稗同属酰胺类的丁草胺等除草剂品种，也有这个问题。有的农药混用，在药效上会出现拮抗。如井冈霉素与灭瘟素混用，会降低井冈霉素防治水稻纹枯病的效果。

（4）要明确农药混合的目的，不可随意混用。

（5）药剂混合后，应达到提高药效的作用，至少不能降低药效。

（6）药剂混合后，其混合液对作物及人畜的毒性一般不可高于单剂各自毒性，不可增毒。

（7）微生物农药不能与杀菌剂混用 杀菌剂对微生物有直接杀伤作用，会造成农药失效。

519. 雨季如何使用农药？

在作物生长季常遇到阴雨连绵天气，为了提高施药效果，可以使用以下几种方法：

（1）选用内吸性或速效性农药 内吸性和速效性农药施用后数小时，大部分被植物吸收到体内，即使再遇到降雨对药效影响不大。

（2）在农药中加入黏着剂 黏着剂能增强药剂在生物体表面的黏附能力，耐雨水冲刷。

（3）改进施药技术 根据药剂性能选用适宜施药方法。如内吸性杀虫剂，采用根区施药法可避免雨水冲刷。

520. 怎样防止药害的发生？

（1）不可过量使用或误用农药 不可随意加大单位面积的用药量，这样极易产生药害。

（2）使用土壤处理剂后无论是水田还是旱田，都不应破坏药层，否则易造成药害 如稻田使用扑草净后，很快又下田拔草或施肥，使药剂接触到水稻根部产生药害。在水稻移栽后使用噁草酮，水层淹没秧心导致水稻叶片枯黄。

（3）田间施药作业前，应对喷药器械进行精确的调试 喷嘴流量不均、重叠喷洒以及粒剂和粉剂撒施不匀等，都会对作物产生药害。

（4）注意用药时间 施用除草剂时间与作物敏感期吻合易造成药害。如水稻种子萌芽期使用杀草丹、丁草胺易造成秧苗勾芽、叶色暗绿发黄，严重时秧苗枯死。

（5）注意施药间隔期 同一种作物施用两种药剂时，施药时期间隔太近也能引起药害。如使用敌稗后不久，用有机磷类或氨基甲酸酯类杀虫剂，使水稻丧失对敌稗的解毒能力而发生药害。

（6）不可随意混用农药 除草剂与另一种除草剂或杀虫剂、杀菌剂混用不当时，也会造成药害。

（7）施药期间关注气温变化 气温异常诱发除草剂药害的实例很多，高温可诱发药害，低温也可诱发药害，尤其是气温急剧变化时更容易导致病害。例如，低温时施用噁草酮，会使水稻秧苗产生轻微药害。

（8）有些药剂受光照影响，会产生药害 百草枯在弱光下药害症状表现不明显，强光下很快表现药害。

（9）作物组织较长时间浸没在除草剂溶液中，虽然药效发挥较好，但也易产生药害 如禾草敌有水层才能发挥药效，但在水稻芽期淹水情况下药害严重，噁草酮、丁草胺等除草剂也有类似问题。

（10）对土壤处理除草剂来说，土壤质地、有机质含量及盐分等与药害关系密切 一般来说，土壤对除草剂吸附力越大，越不容易产生药害，而吸附力大的土壤一般是有机质含量较高、黏土成分较多的土壤。

（11）除草剂质量 除草剂中含有对作物的有毒杂质或伪劣农药，在使用后也易产生药害。丁草胺中如果含有甲草胺，对水稻的抑制作用将大大增加，杀草丹中混有邻位杀草丹，对水稻种芽的药害要比对位杀草丹大 17 倍。

521. 发生药害后如何补救？

（1）灌水排毒 对因土壤施药过量造成药害的，可灌水洗土，减轻药害。

（2）喷水冲洗 叶片遭受药害，可在受害处连续喷洒几次清水，以清除或减少作物叶片上的农药残留量。

（3）如药害发生较为严重，褪绿变色的枝叶已经失去其应有的作用，可摘除，防止药剂在植株中继续扩散。

（4）药害发生以后，可以结合叶面喷施药剂和根部处理来缓解药害。

522. 怎样防止病虫草产生抗药性？

（1）交替使用农药 交替用药就是在某植物的生育期内，交替使用作用机制完全不同的农药。不但能提高防治效果，而且还能延缓抗药性，延长优良农药品种使用年限。

（2）科学混用农药 将作用方式和机制不同的药剂混合使用，也可以减缓抗药性的发生，而且还能兼治多种病虫害，增强药效，减少农药用量，降低成本。如果抗药性已经出现，改用混配制剂往往也能奏效。不过，混合使用必须科学合理，不能盲目混用。而且一种混配农药也不能长期单一地使用，必须组织轮换用药，否则同样会发生抗药性，而且还有可能引起有害生物发生多抗性，即生物体对多种农药同时产生抗药性。

（3）农药的间断使用或停用　当一种农药已经引发了抗药性后，如果在一段时间内停止使用，抗药性现象有可能逐渐减退甚至消失。

（4）增效剂能增加农药的生物活性，提高药效　因此，在某些农药中加入一定量的增效剂，也可延缓或克服抗药性的发生。

（5）积极开发生物农药　减少化学农药使用次数和用量。

（6）积极研制开发新农药品种　加速产品的更新换代与结构调整。

523. 怎样计算农药的稀释用量？

根据农药标签的使用方法，主要有以下 3 种计算方式：

（1）百分浓度用百分号（％）表示　即 100 份药液或药粉中含有的有效成分份数。如 2％的尿素，表示在 100 千克药液中有 2 千克尿素，即需要加入 98 千克的水。

（2）倍数法用倍表示　即药液或药粉中加入的稀释剂（水或填充剂）的量为原药量的倍数。如配置 700 倍的 50％多菌灵，即表示 1 份 50％多菌灵需要加入 700 份水搅拌而成。

（3）百万分浓度用毫克/千克表示　即 100 万份药液或药粉中含有原药的份数。每克农药的加水量＝1 000 000×药品含量÷浓度（毫克/千克）。例如：15％的多效唑配置成 300 毫克/千克的药液喷洒作物，需要加多少克水？加水量＝1 000 000×15％÷300（毫克/千克）＝500 克。

524. 什么是药害？药害分为几种？

药害是指因化学农药的种类、用量、方法等使用不规范，农药发生飘移或产生残留，导致作物无法正常生长发育，表现为灼伤、斑点、黄化、凋萎、落叶、滞长、矮化、畸形乃至农作物植株枯萎或死亡等。

根据不同方法可将药害分为以下几种：第一，按药害发生速度可以分成急性与慢性药害。对农作物施药后在几小时或者几天内即产生明显的药害症状则为急性药害，如植株出现斑点、黄化、枯萎、落叶、落果等；慢性药害则需要经过较长一段时间才能表现出明显的药害症状，时间一般在两周以后，有时在产品收获时才表现出来。第二，可以根据药害症状发生时期将药害分为直接和间接药害。直接药害为施用农药后对当季作物造成的药害；间接药害则指施药过程中由于误喷或药液飘移导致邻近敏感作物产生药害，以及前茬作物使用了长残效农药导致残留农药对后茬敏感作物造成药害。第三，按作物上所表现出的不同药害症状可分为显性与隐患性药害。直接影响农作物的农艺性状，可以直接观察到的药害症状即为显性药害；在农作物的生育期内外观无明显药害症状，但会对作物产量和质量产生影响的则为隐患性药害。

525. 导致药害发生的因素有哪些？

(1) 市场上可选购的农药种类很多，农户文化水平偏低，农药专业知识较少，往往盲目购买及使用农药，造成药害事故。

(2) 用药不当造成药害 如把农药用在敏感作物上，或在作物敏感的生育期施用，或用药量过大、混用不合理、施药不匀或重复喷药等。有的农户在农田用药时，由于没有计量工具，常私自增加药剂用量，认为浓度越高，效果越好，因此造成污染、残留、病虫抗性增强等一系列问题；有的农户在使用农药时，贪图省事，经常擅自复配农药，使药剂效果降低或无效，甚至产生药害。

(3) 施药时农药飘移到敏感作物上 如施用敌敌畏时，可使邻地高粱产生飘移药害；又如在小麦田施用 2，4 - 滴丁酯时，会使附近的果树、蔬菜等作物产生飘移药害。

(4) 使用过除草剂的喷雾器具未清洗干净而造成药害。

(5) 残留在土壤中的农药及其分解物引起药害。

（二）水稻病害防治技术

526. 什么是植物病害？常见病害的症状有哪些？

植物病害是指植物在生物或非生物因子的影响下，发生一系列形态、生理和生化上的病理变化，阻碍了正常生长、发育的进程，从而影响人类经济效益的现象。在水稻上发生的这种现象称为水稻病害。

植物病害的症状主要分为变色、坏死、腐烂、萎蔫、畸形五大类型。

527. 什么是病原生物？主要有哪几类病原生物？

病原生物是指影响植物正常生长发育引起植物发生病害的有害生物。

能寄生于植物的病毒、细菌、真菌和原生动物、植物都属于植物病原生物。在轻微发生时它们只引起植物生长的失调并降低其在生态环境中的生活和竞争能力；严重时则会导致植物死亡，造成大幅度减产。

植物病原生物种类主要包括：病原真菌、细菌、病毒、线虫、寄生性种子植物等。

528. 水稻病害主要包括哪几类？

水稻病害分为侵染性病害和非侵染性病害。水稻侵染性病害是指生物因子对水稻植株正常生长发育造成侵袭干扰，而将非生物因子对水稻生长发育的干扰破坏称为水稻非侵染性病害。侵染性病害又分为真菌病害、细菌病害、病毒病害、线虫病害等。非侵染性病害分为气候型病害、生理性病害、环境污染型病害等。水稻侵染性病害共约 59 种，其中真菌病害主要有 28 种（稻瘟病、纹枯病、恶苗病等）；细菌病害主要有 8 种（白叶枯病、细菌性褐斑病等）；病毒病害主要有 16 种（水稻黄矮病毒病、水稻条纹叶枯病、水稻普通矮缩病等）；线虫病害主要有 7 种（水稻干尖线虫病、水稻根结线虫病等）。水稻非侵染性病害有 30 多种，气候型病害有 4 种；生理性病害有 6 个种类近 20 种；环境污染型病害有 5 个种类以上。

529. 寒地水稻有哪些检疫性病害？

2007 年，我国相关部门制定了《中华人民共和国进境植物检疫性有害生物名录》。名录中显示，中华人民共和国进境植物检疫性有害生物共 435 种，其中真菌 125 种、细菌 58 种、病毒及类病毒 39 种。该名录中明确规定水稻白叶枯病、水稻细菌性条斑病和水稻细菌性谷枯病为水稻的检疫性病害。

530. 寒地水稻苗期主要有哪些病害？

苗期病害主要病理性病害，如恶苗病、立枯病等；生理性病害，如青枯病等。

531. 水稻青枯病症状有哪些？怎样防治？

（1）症状 稻苗心叶卷筒状，叶片卷成针形，叶色发青，秧苗呈黄褐色萎蔫而枯死，茎基部无褐色病斑，用手拔苗时，可连根拔起，苗床中间（过密处）发病重，呈现不规则的一簇一簇死苗现象。

（2）防治技术

①此病主要掌握催芽技术和加强苗床管理，严格控制催芽温度，稻芽催芽要整齐粗壮，不可过长。

②播种密度适当，覆土不能太厚，早炼苗，秧苗一叶一心期开始通风练苗，一般晴天 9～10 时开始通风，14～15 时闭膜保温。插秧前 3～5 天可以昼夜通风或撤下棚膜。

532. 水稻立枯病症状有哪些？怎样防治？

（1）症状 秧苗枯黄卷缩，茎基部有红褐色病斑，逐渐枯萎烂死，用手拔苗时，茎基部与根脱离，容易拔断，最先是一簇一簇发病，农民称其为"麻雀窝"或"圈圈病"，逐渐波及整个苗床。后期受害主要表现为心叶枯萎卷缩，茎基部软化腐烂，全株变黄色、枯死，病苗基部多生有红褐色霉状物。

（2）防治技术

①床土要调节酸碱度，主要是使用调酸剂、消毒剂、杀菌壮秧剂达到调酸、消毒、杀菌作用。

②苗床发病时，可在 1 叶 1 心时期，用 pH 4.0～4.5 的酸水，配合土壤杀菌剂，各喷施一次，或在播种前，直接把 38％福·甲霜可湿性粉剂和壮秧剂拌在一起（按说明用量）拌土，再进行播种，可达到前期预防的作用，或 100 米² 苗床用 3.5％多抗霉素水剂 300 毫升＋2％春雷霉素水剂 15 毫升喷雾，或在水稻浸种前，用 3％噁·甲·咪鲜胺悬浮种衣剂按药种比 1：（40～60）的比例进行种子包衣。

533. 水稻青枯病和立枯病的主要区别有哪些？

（1）立枯病是真菌性病害，青枯病是一种生理障碍性病害。

（2）产生原因不同 立枯病是由于土壤消毒不彻底，气候异常（持续低温或气温忽高忽低），苗期管理不当（床土黏重、偏碱，播种过早、过密、过厚），种子受伤、受冻、浸种时间过长、活力差等引起的。青枯病是秧苗突遇低温，而后马上升温，秧田又不能及时灌水的情况下，秧苗体内蒸腾和吸收作用失去平衡，造成生理失调而引起的生理障碍性病害。

（3）病害症状不同 立枯病的秧苗枯黄卷缩，茎基部有红褐色病斑，逐渐枯萎烂死，用手拔苗，茎基部与根脱离，容易折断。青枯病的秧苗心叶卷筒状，叶片卷成针形，叶色发青，呈黄褐色萎蔫枯死，茎基部无褐色病斑，用手拔苗，可连根拔起。

534. 水稻恶苗病主要症状有哪些？

水稻发生恶苗病后，最典型的症状就是徒长型恶苗，在秧田、本田都可以看到，播种后不久，就出现病株颜色淡黄，生长细长瘦弱，常枯萎死亡，没有枯死的病苗也会比健苗高出 1/3，叶和叶鞘都细长，并且根系发育不良，分蘖差。在本田，插秧后病株仍生长较快，节间明显伸长，节上出现倒生根，植株颜色较淡，叶片较正常植株窄，稻秆内生有白色的霉状物，后期会变成淡红色，有时会出现黑色的小点。发病的植株抽穗较早，穗子也较小，并且谷粒也很少，或者根本不结实，生育后期病菌可侵染稻粒表面，在谷粒表面形成浅红色霉层。

535. 影响水稻恶苗病发生的因素有哪些?

影响恶苗病发生的因素:一是菌源因素,种子带菌率越高,发病越重。二是环境因素,其中温度是最重要的外因,低温阻止病害的发生,高温有利于病原菌侵染。

536. 为什么近年来水稻恶苗病发生较重?

近年来水稻恶苗病发生较重,原因如下:①带病稻草留田,形成初侵染源;②病田留种普遍,种子带菌量大;③秧田覆膜育秧,地温增加,有利于病原菌侵染;④品种抗药性增加。

537. 水稻恶苗病的防治方法有哪些?

(1)由于恶苗病最主要的初侵染源是带病种子,所以在选种时要选用无病种子,具体措施是:不要在发病田及发病田附近的稻田留种,要到正规单位去购种。

(2)严格进行种子消毒,目前常用的药剂主要是25%咪鲜胺乳油或用25%咪鲜胺乳油14毫升+4.2%二硫氢基甲烷乳油20毫升浸100千克种子,药液浸种时必须注意的是液面一定要高出种子表面15~20厘米。氰烯菌酯3 000倍液浸种,种子与药液比例为1:1.2,浸种温度为15~20℃,浸种时间北方一般3~5天,取出后直接催芽。

(3)不管是在秧田还是本田,发现病株应及时拔掉,防止扩大侵染。妥善处理病稻草,不能随便乱扔,可集中高温堆沤,严重的火烧。

538. 寒地水稻苗期生理性病害主要有哪些? 怎样防治?

(1)烂种烂芽 主要症状是种子尚未发芽或刚刚发芽,谷壳颜色加深,谷粒僵硬或久而腐烂。发生原因是种子损伤或播种过深、苗床过湿。

(2)黑根 主要症状是种根变黑而渐腐烂,不长新根,种芽枯黄或变黑。发生原因是有机质肥料过多,苗床过湿,温度过高,产生硫化氢气体,芽苗中毒。

(3)青枯病 这是寒地水稻旱育苗最常见、危害最严重的生理性病害,也称干冷型烂秧。心叶等幼嫩部分先行失水,枯萎卷缩死亡,然后扩及全株,死时叶呈污绿色,不褪黄或轻微褪黄、枯死。青枯病的特点是先死叶后死根,秧苗死亡迅速。

(4)黄枯 这也是寒地水稻育秧比较常见、危害较重的生理性病害,也称湿冷型烂秧。叶片从外至内、自下而上地逐渐变黄枯死。先死根后死叶,死亡速度较慢。发生原因是低温和连绵阴雨持续时间较长,秧苗的光合作用十分微弱甚至停止，根系吸收养分能力受抑制，所以合成物质较少，而呼吸则显著增加，大量消耗有机质。秧苗受冷害后呼吸所放出的能量较多地转变为热能，内能不但没有积累反而大量消耗，所以秧苗干物质逐渐减少，甚至黄枯死亡。

539. 水稻白化苗的症状及防治方法有哪些？

秧田中常发现叶片白色的秧苗，通称白化苗。白化苗有两种：一种是零星出现的，症状为叶片出生即白或部分条状白化，大多数全白苗在 3 叶期枯死，属生理性遗传病害；另一种是从叶尖开始由黄到白，如果气温转暖，水肥充足，还可以恢复生长，为低温引起叶绿素分解所致。

防治方法：可增施速效氮，提高秧苗素质，增强抵抗能力。

540. 水稻成株期病害主要有哪些？

(1) 叶部病害　稻瘟病、胡麻斑病、细菌性褐斑病等。

(2) 叶鞘及茎秆病害　纹枯病、鞘腐病、秆腐菌核病等。

(3) 穗部病害　稻粒黑粉病、稻曲病、穗颈瘟及褐变穗等。

541. 稻瘟病主要症状有哪些？

(1) 叶瘟　一般分为急性型病斑、慢性型病斑、褐点型病斑和白点型病斑。

①急性型病斑。在叶片上出现近圆形或者椭圆形暗绿色病斑，叶片背面生有灰色霉层，这种病斑在抗病性较弱的植株或高度感病的品种上易见，当天气转晴或稻株抗病性提高时，可转变为慢性型病斑。

②慢性型病斑。此病斑为最常见的病斑，由中毒部、坏死部、崩坏部和坏死线组成，最初是叶片上出现暗绿色小斑，而后扩大成为梭形斑，并且伴有褐色坏死线，病斑中间部分灰白色，边缘部分呈现褐色，叶片背面出现灰色霉层，当病斑持续增多时形成集中连片的大斑，该型病斑的发展速度比较缓慢。

③白点型病斑。此病斑在感病的嫩叶部位发生后，一般情况下会产生白色近圆形的小斑，但不会产生分生孢子。

④褐点型病斑。此病斑为褐色小斑点，局限叶脉间，有时边缘出现黄色晕圈，常出现在抗病品种或稻株的老叶上，同样无分生孢子产生。

(2) 节瘟　发生在抽穗期。多发生于剑叶下第 1～2 个节上，初期为黑褐色小点，逐渐扩大，病斑可环绕节的一部分或全部，使节部变黑，后期干燥时病处向内凹陷，易折断、倒伏，影响结实、灌浆，以至形成白穗。

(3) 穗颈瘟　发生于颈部、穗轴、枝梗上，病斑初为暗褐色小点，以后上下扩展形成长达 2～3 厘米黑褐色条斑，轻者影响结实、灌浆以至秕粒增多，重者可形成白穗，不结实。

542. 防治稻瘟病的最佳时期是什么？

在寒地稻区常发生的稻瘟病为叶瘟和穗颈瘟，水稻叶瘟的最佳防治时期是在 7 月初；穗颈瘟的最佳防治时期是孕穗末期和齐穗期（7 月中下旬至 8 月上旬）。

543. 稻瘟病的主要农业防治方法有哪些？

采取以消灭越冬菌源为前提，选用抗病丰产品种为中心，农业栽培技术为基础，药剂防治为辅助的综合防治策略。主要农业防治方法如下：

（1）选用优质、高产、抗病或耐病品种 最好不用单一品种，可以用 2～3 个抗病品种搭配种植。

（2）减少菌源 及时处理病稻草，可将病稻草集中烧掉，不可用病稻草苫房、盖窝棚、垫池埂，对发病重的病种子应进行消毒，以减少菌源。

（3）加强田间肥水管理，提高水稻抗病性 在培育壮秧的前提下，要做到早插秧、多施基肥，并做到早追肥，不要过多、过迟施用氮肥，科学施用氮、磷、钾肥。要在平整土地的前提下，实行合理浅灌，分蘖末期进行排水晒田，孕穗到抽穗期要做到浅灌，以满足水稻需水的要求，有条件的地区设置晒水池，以提高灌水温度，有助于水稻生育与提高抗病性。

544. 防治稻瘟病常用的药剂有哪些？

常用的药剂有 40％稻瘟灵乳油、2％春雷霉素水剂、75％三环唑可湿性粉剂、25％咪鲜胺乳油、75％肟菌·戊唑醇水分散粒剂、30％稻瘟酰胺·戊唑醇悬浮剂、2％春雷霉素水剂＋25％咪鲜胺乳油、30％己唑醇·稻瘟灵乳油、5％嘧菌酯·戊唑醇水分散粒剂。生物药剂有 1 000 亿个芽孢/克枯草芽孢杆菌可湿性粉剂。

545. 水稻胡麻斑病的主要症状有哪些？

（1）叶片症状 最初为褐色小点，后扩大成暗褐色椭圆形病斑，似芝麻粒状，病斑中部黄褐色或灰白色，边缘褐色，外围有黄色晕环，两端钝圆形，但无沿叶脉蔓延的坏死线（稻瘟病有，据此可与胡麻斑病相区别），环境适合则产生上述症状，在每片叶上病斑很多时，常相互融合成不规则形大斑，使叶片提早枯死。当稻株缺钾时病斑较大，略呈梭形，病斑上轮纹明显，称为大斑型病斑。有些品种产生近方形病斑，初期呈灰绿色水渍状，后变为黄褐色，每片叶上只有几个病斑，即可引起叶片提早枯死，称为急性型病斑。

（2）穗部症状 发生部位与稻瘟病相同，主要发生于穗颈部，穗颈和枝梗部变成褐色、灰褐色，比穗颈瘟发生期晚，大多出现在后期，潮湿时病部产生的霉层比稻瘟病霉层黑、厚。

(3) 谷粒症状 受害早的病斑或全粒为灰黑色，其中，稻米粒变成灰色且松脆，或成为秕粒，潮湿时，籽粒表面可产生大量黑色绒毛状的黑霉；受害晚的谷粒上病斑与叶片上极为相似，但较小而不明显，病斑多时可能融合成不规则形大斑。

546. 怎样防治水稻胡麻斑病？

防治此病可结合稻瘟病一起进行，以农业防治为主，特别是深耕改土，科学管理肥水为主，辅以药物防治。

(1) 改良土壤 避免在沙质土、泥质土中栽培水稻，并进行土壤改良，沙质土多施有机肥。

(2) 消灭菌源 种子消毒，烧掉病稻草或深埋沤肥，可减轻发病。

(3) 及时排灌 稻田及时灌水，防止过分缺水而造成土壤干旱，但也要避免田中积水，减轻发病。

(4) 合理施肥 增施基肥、及时追肥，氮磷钾合理搭配，尤其不能缺钾，一旦缺乏可引起此病发生。

(5) 药剂防治 重点在抽穗至乳熟阶段的发病初期喷雾防治，以保护剑叶、穗颈和谷粒不受侵染。防治稻瘟病的药剂均能防治水稻胡麻斑病。

547. 怎样区别稻瘟病和水稻胡麻斑病？

(1) 病菌不同 稻瘟病致病菌是梨孢属真菌，胡麻斑病致病菌是稻平脐蠕孢属真菌。

(2) 症状不同 胡麻斑病褐点病斑与稻瘟病褐点病斑相似，但胡麻斑病大斑为椭圆形，无坏死线，稻瘟病大斑为梭形或纺锤形，有坏死线；胡麻斑病出现黑色绒毛霉层，稻瘟病叶片背面出现灰色霉层。

548. 稻曲病的主要症状有哪些？

稻曲病是水稻后期发生的一种真菌性病害，多称为"乌米"，又称青粉病、绿黑穗病、谷花病，多发生在收成好的年份，故又名丰收果。病菌为害穗部谷粒，先在颖壳的合缝处露出淡黄色的小菌块，逐渐膨大，最后包裹全颖壳，体积为健粒的 3~4 倍，为墨绿色或橄榄绿，前期表面光滑，后期开裂，布满墨绿色粉末，切开病粒，中心呈白色，其外围分为 3 层：外层为墨绿色或橄榄绿色，第 2 层橙黄色，内层淡黄色。此病虽然对产量影响不大，一般减产 5%~10%。但是该病的病原菌含有色毒素，不仅降低了稻米品质，而且对人体健康非常有害。

549. 怎样防治稻曲病？

（1）选用抗病品种 不同水稻品种稻曲病发生程度有很大差异，因此，选用抗病品种是防治稻曲病的一项重要措施。选用无病种子，应从无病田留种，种子田一旦发现病粒，要及时摘除，深埋土中或烧埋；可结合防治恶苗病、立枯病进行种子消毒。

（2）消灭初侵染源 清除田间杂草，深翻土地；翻耕整地时，结合防治纹枯病，捞除浮渣，消灭越冬菌核；发现田间有病株应及早拔除并深埋，发病的稻田在水稻收割后应进行深翻，以便将菌核埋入土中。

（3）合理施肥，科学管水 应科学合理施肥，氮、磷、钾肥应配合使用，施足基肥，早施追肥，增强稻株抗病能力，切忌迟施、偏施氮肥。水分管理上要合理灌溉，稻田宜干干湿湿，适时适度晒田，增强稻株根系活力，降低田间湿度，提高水稻的抗病性，以减轻发病。

（4）药剂防治 掌握好防治时期，在稻曲病菌侵入前期或刚侵入时施药，即在水稻孕穗后期、破口期及齐穗期施药，最迟不能迟于齐穗期，最佳时期应选在孕穗后期，即水稻破口前 7 天左右。在水稻孕穗后期和破口期用 30％琥胶肥酸铜和 15％三唑酮可湿性粉剂防治。

550. 水稻细菌性褐斑病的症状有哪些？怎样防治？

（1）症状 水稻细菌性褐斑病可为害叶片、叶鞘、茎、节、穗、枝梗和谷粒。叶片染病，首先为害外部老叶片，并从叶尖部向下发展，初为褐色水渍状小斑，后扩大为纺锤形或不规则赤褐色条斑，边缘出现黄晕，病斑中心灰褐色，病斑常融合成大条斑，使叶片局部坏死，不见菌脓，远观水稻普遍红尖。叶鞘受害多发生在幼穗抽出前的穗苞上，病斑赤褐色，短条状，后融合成水渍状不规则大斑，后期中央灰褐色，组织坏死。剥开叶鞘，茎上有黑褐色条斑，剑叶发病严重时抽不出穗。穗轴、颖壳等部位受害产生近圆形褐色小斑，严重时整个颖壳变褐，并深入米粒。谷粒病斑易与水稻胡麻叶枯病混淆，镜检可见切口处有大量菌脓溢出。

（2）防治技术

①农业防治。轮换选择优质、抗病品种。消除菌源和加强管理。早期铲除稻田周围及池埂上的杂草，以减少病菌来源。加强栽培管理，防止施用氮肥过多过晚，实行浅水灌溉。

②药剂防治。50％氯溴异氰尿酸可湿性粉剂每亩 25～50 克对水 30 千克茎叶均匀喷雾。40％三氯异氰尿酸可湿性粉剂 2 500 倍液均匀喷雾。10％叶枯净可湿性粉剂 500～1 000 倍液喷雾，每公顷用量 450～600 升，一般喷药 1～2

次。不宜在抽穗扬花期施用，以免发生药害。水稻细菌性褐斑病为细菌病害，常与稻瘟病同期伴随发生，应采用杀细菌剂和杀真菌剂配施防治。

551. 水稻纹枯病主要症状有哪些? 怎样防治?

（1）症状 水稻纹枯病主要为害水稻的叶鞘、茎秆、叶片、穗颈。一般在分蘖期开始发病，最初在近水面的叶鞘上出现水渍状椭圆形斑，并可相互汇合成云纹状大斑。病斑边缘明显，褐色，中间褪为淡绿色或淡褐色，最后变成灰白色。水稻纹枯病主要破坏输导组织，轻则影响谷粒灌浆，形成大量秕谷，出现白穗；重则不能抽穗，引起倒伏，甚至使植株腐烂枯死。

（2）防治技术 防治水稻纹枯病，主要采取农业措施，改善水稻的生育环境条件。

①消除菌核。实行秋翻，把撒落在地表的菌核深埋在土中。在春季灌水、耙田和平田、插秧前，用布网等工具打捞浮渣，铲除田边池埂及田间杂草，并将其移走深埋或晒干烧毁，消灭野生寄主，减少菌源。

②改进栽培技术。根据土壤肥力和品种特性，实行合理密植，提倡稀育稀植栽培。施足底肥，增施磷、钾、锌肥，适量分期追施氮肥。浅水灌溉，适时排水晒田，控制无效分蘖，降低株间温度，控制植株疯长，促进水稻生长老健，增强抗病能力，减轻为害。

③药剂防治。第一次在始发期（病丛率 3%～5%）施药，控制纹枯病水平扩展，第二次在盛发期（孕穗末期）施药，控制纹枯病垂直扩展，减轻病情严重度，从而提高纹枯病整体防治效果。可用药剂为：240 克/升噻呋酰胺悬浮剂 300 毫升/公顷；10%井冈·蜡芽菌在纹枯病发病初期用药 100 毫升/亩，间隔 15 天再施药 100 毫升/亩；每公顷用 5%井冈霉素 1 500 毫升对水 750 千克喷雾或对水 6 000 千克泼浇；每公顷用 25%三唑酮可湿性粉剂 1 500 克对水 1 125 千克；25%丙环唑乳油 2 000 倍液于水稻孕穗期一次用药。

552. 水稻白叶枯病主要症状有哪些? 怎样防治?

（1）症状 水稻白叶枯病主要侵害叶片、叶鞘，其发病症状因品种、施肥情况、气候条件的不同而不同。在寒地稻区白叶枯病症状主要表现为普通型和青枯型。

①普通型为典型的叶枯型症状，也称慢性型。开始时先在叶尖或叶缘出现暗绿色水渍状短条病斑，然后沿一侧或两侧，或沿中脉向上、向下扩展蔓延，形成黄褐色长条病斑。发病初期病斑为黄褐色，在潮湿的条件下病部易见蜜黄色珠状菌脓。最后病斑变为灰白色或黄白色，病斑边缘呈不规则波纹状，病部与健康部位界限明显。

②青枯型也称急性型，主要在环境条件适宜及品种感病的情况下发生。发病初期叶片上没有明显的病斑边缘，叶片呈开水烫伤状，向内卷曲青枯，病部暗绿色或灰绿色，有蜜黄色珠状菌脓，病部最后变为灰白色。潮湿条件下，病部表面出现淡黄色黏性露珠状菌脓，干燥后呈小颗粒状，易脱落。

（2）防治技术

①做好植物检疫。新稻区发病以种子传播病菌为主，因此凡是从外地调入的种子必须进行调运检疫，调入的种子必要时进行复检，复检合格后可做种用；当地繁种必须进行产地检疫，合格后才可做种用。对于已经发病的田块，应立即封闭进排水口，对发病地块的植株做全面销毁处理，包括稻秆等病残体。

②选用抗病品种。实行轮作制度，选用适合当地的 2～3 个主栽抗病品种。另外，发病地块与旱田作物进行 1～2 年的轮作，就可以有效控制病害的发生。

③实行单排单灌，加强水肥管理。水层管理首先要改以往串灌为单排单灌，达到控制病害蔓延的目的。其次，大田应浅水勤灌，严防串灌、漫灌、深灌，杜绝病田水流入无病田。

④药剂防治。a. 种子处理，用 85％三氯异氰尿酸可溶性粉剂 500 倍液或用 80％乙蒜素乳油浸种消毒；b. 插秧前用 50％氯溴异氰尿酸可湿性粉剂 1 000 倍液叶面喷雾；c. 抽穗以前用 20％氟硅唑·咪鲜胺乳油 800～1 000 倍液喷雾，用药次数根据病情发展情况和气候条件决定，一般间隔 7～10 天喷一次，发病早的喷两次，发病迟的喷一次。

553. 水稻叶鞘腐败病症状有哪些？怎样防治？

（1）症状 水稻叶鞘腐败病在秧苗期至抽穗期均可发病。幼苗期病叶鞘上有褐色病斑，边缘不明显。分蘖期病叶鞘上或叶片中脉初生针头大小的深褐色小点，向上、下扩展后形成深褐色斑，边缘浅褐色。叶片与叶脉交界处多出现褐色大片病斑。孕穗至抽穗期染病，剑叶叶鞘先发病且受害严重，叶鞘上生褐色不规则病斑。严重时，病斑扩大到叶鞘大部分，包在鞘内的幼穗部分或全部枯死。潮湿时病斑表面呈现薄层粉霉，剥开剑叶鞘，则见其内长有菌丝体及粉红色霉状物。该病症状易与纹枯病混淆，不同之处在于：纹枯病病斑边缘清晰，且病部不限于剑叶叶鞘，症状特征主要为菌丝体纠结形成馒头状菌核。

（2）防治方法

①选用早熟、穗颈长、抗倒、抗（耐）病、避病品种。

②及时处理带病稻草，铲除田边、水沟边杂草。结合其他稻病进行种子消毒，以减少菌源。合理用肥用水，采用配方施肥技术，避免偏施、迟施氮肥，做到分期施肥，防止后期脱肥早衰，沙性土壤要适当增施钾肥。另外，要做到浅水勤灌，适时烤田，加强健身栽培，以提高稻株抗病力。插秧时采用宽窄行

方，有利于田间通风透光，降低田间郁闭程度，从而降低田间湿度，降低病原传染的机会。

③药剂防治。水稻叶鞘腐败病的防治适期为抽穗前 5～10 天，用 25％咪鲜胺乳油 750 毫升/公顷茎叶喷雾，防治效果好。如抽穗期间，降雨次数多，雨量大，有利于病情发展，应在第 1 次施药后间隔 7～10 天，根据病害情况，喷 50％多菌灵可湿性粉剂或 70％甲基硫菌灵可湿性粉剂 1 500 克/公顷，控制穗部病害。

554. 水稻褐变穗症状有哪些？怎样防治？

(1) 症状　黑龙江省水稻新病害水稻褐变穗田间发病主要集中在 7 月中下旬到 8 月上旬，其症状为水稻抽穗后不久，谷粒内颖出现褐色斑点或变褐，随病势进展变浓褐或黑褐色，称之为褐变穗、锈粒、黑穗。受害褐粒多数为茶米、黑米，严重影响米质，严重时稻田远看一片黑。

(2) 防治技术

①品种选择。改变单一种植结构，做到品种多样化，提倡合理布局。

②科学浸种、播种和精选种子，稀播稀插，培育壮秧，提高水稻抗病力，是防治褐变穗的基础。

③肥水管理。施肥量在一定范围内与产量呈正比，要正确合理地增施基肥及磷、钾、硅肥，少施氮肥。为防止稻叶早枯，要浅水灌溉，增强根系发育，保持水稻活力。

④切断传染源。受害稻草和禾本科杂草枯死叶割后尽快移出田外，防止孢子大量繁殖，做堆肥应充分腐熟。

⑤药剂防治。根据病情和气象预报，适时防治。发现中心病株时要及时喷药控制。褐变穗发病时期一般在抽穗前至抽穗后，因此应在水稻孕穗期进行一次防治，在抽穗期和齐穗期再分别进行一次防治。主要药剂有：43％戊唑醇悬浮剂 225 克/公顷、43％戊唑醇悬浮剂 225 克/公顷＋7％丙森锌可湿性粉剂 750 克/公顷、2％春雷霉素水剂 1 200 毫升/公顷＋25％咪鲜胺水剂 900 毫升/公顷、50％多菌灵 80 克/亩、稻瘟酰胺 1 500 毫升/公顷、丙硫唑 450 毫升/公顷。

555. 什么是水稻赤枯病？主要症状有哪些？

水稻赤枯病，又称铁锈病。此病一旦发生，会造成稻苗出叶慢，分蘖迟缓或不分蘖，株型簇立，根系发育不良，叶片功能受损，致使水稻后期早衰，严重影响水稻的正常生长发育，一般减产 10％～20％，严重的可达 30％以上。病害一般多于水稻分蘖初期开始发生，分蘖盛期达到发病高峰。

发病植株的典型症状是：受害植株矮小，分蘖少而小，上部叶片挺直与茎夹角较小。稻株进入分蘖期后，老叶上呈现褐色小点或短条斑，边缘不明显，并自叶尖沿叶缘向下出现焦枯。

到分蘖盛期在叶片上出现碎屑状褐点，以后斑点增多、扩大，叶片多由叶基部逐渐变黄褐色枯死，发病严重时，远望全田稻叶如火烧焦状。

拔起病株可见根部老化、赤褐色、软绵状无弹性，有的变黑、腐烂，白根极少。

(1) 土壤缺钾型 因土壤本身有效钾含量低，不能满足水稻生长对钾的需要而发病。

此类型多发生在浅薄沙土田、漏水田和红、黄壤水田。常在水稻栽后十几天开始发病，初期稻株叶色略呈深绿，叶片狭长而软，基部叶片自叶尖沿叶缘两侧向下逐渐变黄色或黄褐色，根毛少且易脱落。

(2) 植株中毒型 因土壤中含有大量的还原性化学物质如二价铁、硫化氢等毒害稻根，降低其活力而发病。

此类型多发生在深泥田、长期灌深水、通气不良和施用过量未腐熟有机肥的田块。这类田稻苗栽后难返青，或返青后稻苗直立，几乎无分蘖，叶尖先向下褪绿，叶片中脉周边黄化，并长出红褐色黑斑，甚至腐烂，有类似臭鸡蛋的气味。

(3) 低温诱发型 因长期低温阴雨影响水稻根系发育，导致吸肥能力下降而发病。此类型多发生在水稻生长前期多阴雨天气或梅雨季节，大面积同时发病，但程度有轻有重。由于在低温条件下，植株上部嫩叶变成淡黄色，叶片上也出现很多褐色针尖状小点，下部老叶起初呈黄绿色或淡褐色，随后出现稻根软绵、弹性较差、白根少而细等症状。此外，秧苗栽插过深、偏施氮肥、稻田长期积水等，都会加重水稻赤枯病的发生。

556. 怎样防治水稻赤枯病?

(1) 加强田间管理，改进栽培措施 采用培育壮秧、稀插、浅水勤灌等栽培措施，提高田间排灌系统标准，减少水、肥渗漏，适时搁田和追肥。加强科学管水措施：井灌稻区，可利用简型农膜做水道，一头接在井口上，在阳光下每百米可增温 2～3℃。换水晾田，施肥前 1 天下午把水排干放露一夜，第二天上午 9 时灌水施肥。浅水分蘖。浅水有利于提高水温、地温，4 厘米深水层比 5 厘米深水层的温度提高 1～2℃。浅水不仅可以提高地温，而且可以提高土壤的呼吸强度，提高氧化还原电位，促进发根分蘖。

(2) 提高植株抗病能力 对缺钾土壤，应补施钾肥，适当追施速效氮肥；有机质过多的发酵田块，应立即排水；低温阴雨期间，及时排除温度较低的田水，换灌温度较高的河水。对已发生赤枯病的田块，应立即排干田水，晒田，改善土壤通透性。在追施氮肥的同时，必须配施钾肥，随后耘田，促进稻根旺发，提高吸肥力。同时，每亩用 0.2%磷酸二氢钾溶液喷雾。

(3) 科学施肥 每公顷施尿素 150～200 千克，磷酸二铵 75～100 千克，硫酸钾 75～100 千克；硫酸钾 50%做基肥，50%做穗肥（倒 3 叶期）；尿素 30%做基肥，40%做蘖肥（6 叶前、7 叶末至 8 叶初分两次等量施入），30%做穗肥（倒 3 叶期、倒 1 叶期分两次等量施入）。

(4) 药剂防治 见病后立即喷施叶面肥，每亩用 100～125 毫升，对水 500 倍，降解有毒物质，增强根系活力，促进秧苗转化。缺钾的每亩施氯化钾或硫酸钾 10 千克，缺锌的每亩施硫酸锌 1.5～2 千克。

557. 稻粒黑粉病有哪些症状？怎样防治？

(1) 症状 谷粒被侵染后，开始症状不明显，与正常谷粒无异，到发病中、后期表现出症状，症状有 3 种类型：①谷粒不变色，在外颖背线近护颖处开裂，伸出大红色或白色舌状物，开裂部位常黏附黑色粉末。②谷粒不变色，在内颖间开裂，露出圆锥形黑色角状物，破裂后散出黑色粉末，黏附于开裂部位。③谷粒变暗绿色，不开裂，不充实，与青粒相似，有的谷粒变为焦黄色，手捏有松软感，病粒用水浸泡变黑。

(2) 防治技术

①实施严格的植物检疫制度，阻止带病稻种进入无病稻区，是防止该病传播与扩散的根本措施。

②农业防治。选用抗病品种，实行水旱轮作可减少土壤病菌积累。应注意氮、磷、钾三要素的合理搭配，多施有机肥和磷、钾肥。施肥要早，适时晒田，后期干湿交替，控制田间湿度。

③药剂防治。播种前以 10%盐水或泥水选种，清除病粒，再以 50%多菌灵 500～800 倍液或 1%石灰水浸种 24 小时，进行种子消毒；在生产田始花期、盛花期和灌浆期用药剂防治 1 次。可选药剂：25%三唑酮可湿性粉剂 1 000 倍液、5%井冈霉素水剂 250～500 倍液。

558. 水稻菌核病有哪些症状？怎样防治？

(1) 症状 水稻菌核病侵害稻株下部叶鞘和茎秆，初在近水面叶鞘上生褐色小斑，后扩展为黑色纵向坏死线及黑色大斑，上生稀薄浅灰色霉层，病鞘内常有菌丝块。水稻菌核病分为小球菌核病和小黑菌核病。小黑菌核病不形成菌丝块，黑线也较浅。病斑继续扩展使茎基成段变黑软腐，病部呈灰白色或红褐色而腐朽。后期叶鞘和茎秆内部充满灰白色菌丝和黑褐色小菌核。侵染穗颈，引起穗枯。小球菌核病发病初期，在近水面叶鞘上产生墨褐色斑点，渐向上发展，并逐渐扩大成黑色的大斑；茎秆上形成梭形或长条形黑斑，最后病株基部成段变黑软腐，出现早枯或倒状。发病后期，叶鞘和茎秆内部可见灰白色菌丝和黑褐色菌核。病菌分生孢子可直接侵染穗部，引起穗枯。

（2）防治技术

①农业防治。种植抗病品种。病稻草要高温沤制，收割时要齐泥割稻。有条件的实行水旱轮作。插秧前打捞菌核，加强水肥管理，浅水勤灌，适时晒田，后期灌跑马水，防止断水过早。多施有机肥，增施磷、钾肥，特别是钾肥，忌偏施氮肥。

②药剂防治。25%咪鲜胺乳油，每公顷 1 125～1 500 毫升，加水喷雾。40%多菌灵悬浮剂每公顷 1 500 毫升，或 50%多菌灵可湿性粉剂每公顷 1 500 克，加水喷雾。喷药重点为稻株基部 1～2 节，要求做到每穴所有稻株基部均要喷得均匀、周到。

559. 水稻颖枯病有哪些症状？怎样防治？

（1）症状 水稻颖枯病，又称水稻谷枯病，是一种真菌病害。谷枯病只为害谷粒。起初在颖壳尖端或侧面出现褐色椭圆形小斑点，边缘不清晰，后逐渐扩展到谷粒的大半部分，同时，病斑中部色泽开始变浅，呈灰白色，并散生许多黑色小点，即病菌分生孢子器。病部组织脆弱，很易破碎。谷粒受害早，花器全部坏死，干枯不实，成为秕谷；受害稍迟，米粒中止发育，形小而轻，质地松脆，米质下降；晚期受害，仅在谷粒上略显变色或呈褐色小点，对产量影响不大。

（2）防治技术

①选用无病种子，对种子进行消毒。

②带病秕谷用于高温沤制堆肥。

③合理施肥，采用配方施肥技术，改造冷水田。

④抽穗期结合防治穗瘟喷药保护。

560. 什么是田间混合病害？怎样防治？

田间混合病害是指田间发生的病害不是单一的，可能同时发生两种及两种以上的病害，要根据病害发生的特点、时期及为害程度进行防治，可以选择农业防治、物理防治、生物防治或者化学防治。

561. 25%氰烯菌酯悬浮剂（劲护）的特点是什么？怎样使用？使用时应该注意什么？

（1）产品特点 25%氰烯菌酯悬浮剂是自主创新的新型杀菌剂，该化合物属氰基丙烯酸酯类，高效、微毒、广谱、低残留、对环境友好，对由镰刀菌引起的水稻恶苗病具有独特的专化作用，可有效预防恶苗病的发生。

（2）使用方法

①单用。25％氰烯菌酯悬浮剂 3 000～4 000 倍液浸种，即 25～33 毫升劲护对水 100 千克，浸 80～100 千克稻种。浸种温度 11～12℃，浸种时间 5～7 天，取出后直接催芽。

②配套使用。种子包衣与 25％氰烯菌酯配套使用防治水稻恶苗病，用 25％氰烯菌酯悬浮剂 5 000～7 000 倍液浸种，即 15～20 毫升劲护对水 100 千克，浸 80～100 千克稻种（包衣的种子）。浸种温度 11～12℃，浸种时间 5～7 天，取出后直接催芽。

（3）注意事项

①严格按照推荐量，规范操作。

②选用的水稻种衣剂必须是农业农村部农药检定所登记，并在当地经过试验示范推广的产品。

③浸种后不需清洗直接催芽。

④种子浸透标准为谷壳颜色变深，呈半透明状，胚乳变软，手碾成粉，折断米粒无响声。

562. 11％多·咪·福种衣剂的特点是什么？怎样使用？使用时应该注意什么？

（1）产品特点 本品为环保型水稻种衣剂，采用领先成膜技术（LIPN），高含量，高活性，包衣后的种子具有浸种不溶解、不脱落、有效组分不流失，并有透气、缓释的特点。

（2）使用方法 使用前充分摇匀，按药种比称量种子，每瓶 500 克可包衣水稻良种 27.5～30 千克。包衣时，建议每 100 千克稻种均匀喷水 1 000～1 600 毫升后再包衣，包衣更均匀。温度低、机械拌种时少加水，温度高、人工拌种时多加水。药种比为 1：（55～60）。

（3）注意事项

①在包衣期间一定要事先彻底清洗包衣器械与用品，防止器械内含有害物质而造成药害。

②包衣作业人员应遵守剧毒农药作业的安全操作规程和规定，做好劳动保护，防止人身中毒，防止家禽、家畜中毒。

③包衣用具及洗刷器械、用水等均应妥善处理，包装物和回收容器无论水洗与否都不能用于装食物、饮料、水。

563. 3%咪·霜·噁霉灵的特点是什么？怎样使用？使用时应该注意什么？

（1）产品特点　本品为环保型水稻种衣剂，采用先进的成膜技术（LIPN），高含量，高活性，并且添加了挪威进口深海防冻剂，包衣后的种子具有浸种不溶解、不脱落、有效成分不流失，并有透气、缓释等特点；由噁霉灵、甲霜灵、咪鲜胺三种药剂组成。

（2）使用方法　使用前充分摇匀，按药种比称量种子，每瓶 500 克可包衣水稻良种 20～30 千克。包衣时，建议每 100 千克稻种均匀喷水 1 000～1 600 毫升后再包衣，包衣更均匀。药种比为 1∶（40～60）。

（3）注意事项　温度低、机械拌种时少加水，温度高、人工拌种时多加水。

564. 12%甲·嘧·甲霜灵悬浮种衣剂（禾姆）的特点是什么？怎样使用？使用时应该注意什么？

禾姆是由具预防、保护和治疗作用的杀菌剂（3%嘧菌酯＋6%甲基硫菌灵＋3%甲霜灵）复配加工而成的悬浮种衣剂，用于种子包衣处理，能有效防治水稻恶苗病。

（1）产品特点　综合防效突出，几乎可以防治作物苗期所有病害；对种子高度安全，具有明显的刺激生长、增加分蘖、增强抗逆能力等功效；剂型先进，药种比大，无需再添加成膜剂或染料，可直接对水使用。

（2）使用方法　防治水稻恶苗病，每 100 千克种子用量为 500～1 500 毫升制剂，用水稀释至 1～2 升，将药浆与 100 千克种子充分搅拌，直到药液均匀分布到种子表面，晾干后即可。

（3）注意事项

①本品使用方便，既可供种子公司亦可供农户拌种包衣。

②用于处理的种子应达到国家良种标准。

③配好的药液应在 24 小时内使用。

565. 21%噻呋·嘧菌酯乳油（益稻）的特点是什么？怎样使用？使用时应该注意什么？

（1）产品特点

①噻呋·嘧菌酯为新有机肽类超高效水稻杀菌剂，针对水稻作物的生理特点及病菌的抗药性研制而成，内含高效活性剂，作用机理独特，属渗透转移性水稻专用杀菌剂，对纹枯病有特效，同时兼治稻曲病、稻瘟病（苗瘟、叶瘟、

穗颈瘟）等，并能激活作物自身酶系统，增强抗逆抗病能力，增加产量，是防治水稻纹枯病的理想药剂。

②噻呋·嘧菌酯内吸性强，能被水稻根、茎、叶迅速吸收，并输送到水稻植株的各个部位，植株吸收药剂后累积于叶组织，特别集中于穗轴与枝梗，从而抑制病菌侵入，阻碍病菌脂质代谢，抑制病菌生长，起到预防与治疗作用，发挥全面的保护效果，持效期长。

（2）使用方法　噻呋·嘧菌酯可用于茎叶喷雾、种子处理和土壤处理，防治水稻纹枯病，在病害发生初期亩用噻呋·嘧菌酯 30 毫升，对水 30～45 千克叶面喷雾；病害发生较重时，在分蘖末期和孕穗初期亩用噻呋·嘧菌酯 30 毫升各施药一次。

（3）注意事项　嘧菌酯活性高、渗透性强，和乳油或者有机硅混用容易引发药害。

▍566. 20%氟胺·嘧菌酯水分散粒剂（纹弗）的特点是什么？怎样使用？使用时应该注意什么？

（1）产品特点
①对水稻纹枯病的治疗效果很好。
②具有明显的刺激生长，增加产量，提高品质，增强抗逆性等功效。
③剂型先进，颗粒均匀，溶于水后崩解速度快，使用方便。

（2）使用方法　防治水稻纹枯病时，在水稻分蘖期后各时期均可使用，在纹枯病发病初期使用，效果更佳，按推荐剂量喷雾，用量 70～130 克/亩，重点喷在水稻基部。

（3）注意事项　避免与乳油类农药、有机硅助剂、波尔多液、石硫合剂及其他碱性农药等物质混用；某些苹果和樱桃品种对该药敏感，切勿使用；对邻近苹果或樱桃作物喷施时，防止药剂飘移产生药害。

▍567. 32%精甲·噁霉灵种子处理液剂（明沃）的特点是什么？怎样使用？使用时应该注意什么？

（1）产品特点　本品是由精甲霜灵和噁霉灵混配而成的种子处理液剂。精甲霜灵属酰苯胺类杀菌剂，对霜霉病菌、疫霉病菌、腐霉病菌所致的多种病害具有较好的防治效果。噁霉灵有渗透输导性，能与土壤中的金属（铁、铝）离子结合，抑制病菌孢子的萌发，加强土壤中的效力。按登记剂量使用时，对水稻立枯病有较好的防治效果，且对供试水稻安全。

（2）使用方法　防治水稻立枯病，苗床每平方米用制剂 1.2～1.6 克对水喷雾。

(3) 注意事项

①严格按规定用药量和方法使用。

②本品不可与呈碱性的农药等物质混合使用。

③建议与其他作用机制不同的杀菌剂轮换使用，以延缓抗性产生。

④水产养殖区、河塘等水体附近禁用，禁止在河塘等水体中清洗施药器具。

⑤使用本品时应穿防护服，戴护目镜和手套，避免吸入药液。施药期间不可进食和饮水，施药后应及时洗手和洗脸。

⑥用药后包装物及用过的容器应妥善处理，不可作他用，也不可随意丢弃。

⑦孕妇及哺乳期妇女禁止接触本品。

⑧播种后必须覆土，严禁畜禽进入。

568. 75%肟菌·戊唑醇水分散粒剂（拿敌稳）的特点是什么？怎样使用？使用时应该注意什么？

(1) 产品特点　本品为低毒内吸性杀菌剂，由新的甲氧基丙烯酸酯类杀菌剂肟菌酯和内吸性三唑类杀菌剂戊唑醇复配而成，既具有保护作用又具有治疗作用。该产品杀菌活性较高、内吸性较强、持效期较长、用于多种作物防治主要真菌病害，对黄瓜、番茄、大白菜和水稻上的主要病害防效明显。按照推荐方法施用，对作物安全。

(2) 使用方法　防治水稻纹枯病，于水稻分蘖末期用第 1 次药，水稻孕穗期（倒 1、倒 2 叶的叶枕相距 5 厘米时）用第 2 次药，共用药 2 次。每亩剂量10～15 克，为保证防治效果，每亩用水量为 50～60 千克。

(3) 注意事项

①安全间隔期：水稻为 21 天。

②每季最多施用次数：水稻 2 次。

③药液及其废液不得污染各类水域、土壤等环境。

④本品对鱼类等水生生物有毒，故严禁在有水产养殖的稻田使用。稻田施药后 7 天内不得将田水排入江河、湖泊、水渠及水产养殖区域。

⑤配药和施药时，应戴防护镜、口罩和手套，穿防护服，操作本品时禁止饮食、吸烟和饮水。

⑥配药时应采用二次稀释法，空包装应三次清洗并砸烂或划破后妥善处理，切勿重复使用。

⑦施药后应及时用肥皂和足量清水冲洗手部、面部和其他身体裸露部位以及受药剂污染的衣物等。

⑧禁止在河塘等水体中清洗施药器具。

⑨孕妇及哺乳期妇女禁止接触本品。

569. 2%春雷霉素水剂（加收米）的特点是什么？怎样使用？使用时应该注意什么？

(1) 产品特点 本品有较强的内吸性，具有预防和治疗作用，以治疗效果更为显著。该药渗透性强，并能在植物体内移动，喷药后见效快。适用于水稻、蔬菜和果树。可有效防治水稻稻瘟病、番茄叶霉病、黄瓜细菌性角斑病等病害。

(2) 使用方法 防治水稻叶瘟，每亩用 80 毫升，对水 65～80 升，于发病初期喷药 1 次，过 7 天后可视病情发展和天气酌情再喷 1 次；防治水稻穗颈瘟，每亩用 100 毫升，对水 50～100 升，于水稻破口期和齐穗期各喷药 1 次。

(3) 注意事项

①为保证施药效果，请使用加压喷雾器喷药。

②加收米可与其他多种农药混用，但不宜与强碱性农药混用。

③加收米对大豆、藕有轻微药害，在邻近大豆和藕地使用时应注意。

④番茄、黄瓜于收获前 7 天，水稻于收获前 21 天停止使用。

⑤中毒解救：加收米毒性低，一般不会出现中毒现象。如直接接触皮肤，用肥皂水洗净；万一误饮，用大量食盐水催吐，并携带标签将中毒者送医院就诊。

570. 75%戊唑·嘧菌酯水分散粒剂（禾枝）的特点是什么？怎样使用？使用时应该注意什么？

(1) 产品特点 具有保护、治疗、铲除三大功能，更具有刺激生长、增产效果；剂型先进，易溶解，崩解速度快，颗粒均匀，稀释稳定不分层，耐雨水冲刷，无粉尘污染；杀菌谱广，适用作物广泛，综合防效显著。

禾枝由戊唑醇和嘧菌酯复配而成，既有保护作用又有治疗作用。该产品杀菌活性高、内吸性强、持效期长，对水稻纹枯病、稻曲病、稻瘟病和穗期综合病害稻粒黑粉病、稻穗腐病等以及葡萄、草莓、马铃薯、蔬菜、草坪等多种作物病害如叶霉病、晚疫病、黑斑病、炭疽病、白粉病、白腐病等病害均有很好的防效。

(2) 使用方法 水稻分蘖期（纹枯病发病初期）每亩用 10 克，对水 30 千克，预防纹枯病及稻叶瘟，促进水稻植株的健壮。破口前及齐穗期，每亩用 10～15 克，对水 30～45 千克，预防纹枯病、稻曲病和穗颈瘟，防病增产。水稻纹枯病发生重时，亩用量适当提高到 15～20 克。防治穗颈瘟的剂量建议用 15～20 克。纹枯病及稻瘟病发病严重时适当增加用量。

（3）注意事项 嘧菌酯有较强的渗透性，容易破坏作物的蜡质层，乳油制剂的溶剂是二甲苯，对蜡质层被破坏的植物细胞有伤害。另外，铜制剂在正常使用时不会对细胞有伤害，但细胞表面蜡质层被破坏后，容易进入细胞，铜制剂进入细胞过多时会导致细胞中毒，所以乳油制剂和铜制剂不要和嘧菌酯混用。

571. 40% 稻瘟灵乳油（丰派）的特点是什么？怎样使用？使用时应该注意什么？

（1）产品特点 高效内吸杀菌剂，是防治稻瘟病的特效药剂。对稻瘟病具有预防和治疗作用，能够被水稻各部位吸收，并累积到叶部组织，从而发挥药效，耐雨水冲刷并可兼治飞虱。主要防治稻瘟病，同时对水稻纹枯病、小球菌核病和白叶枯病有一定防效。

（2）使用方法

①防治稻叶瘟。在田间出现叶瘟发病中心或急性病斑时，每亩用 60～75 克，对水 30 千克喷雾；经常发生地区可在发病前 7～10 天，每亩用 60～100 克，对水 30 千克泼浇。

②防治穗颈瘟。每亩用 75～100 克，对水 30 千克喷雾。在孕穗后期到破口和齐穗期各喷 1 次。

（3）注意事项

①不能与强碱性农药混用。

②鱼塘附近使用该药要慎重。

③安全间隔期为 15 天。

④中毒时可用浓盐水洗胃并立即送医院治疗，可采用一般含量化合物的治疗药物。采用泼浇或撒毒土，药效期虽长，但成本大大提高，一般不宜采用。

⑤遵守一般农药安全使用规则。

⑥孕妇及哺乳期妇女禁止接触本品。

572. 20% 三环唑悬浮剂（好米多）的特点是什么？怎样使用？使用时应该注意什么？

（1）产品特点

①国内首创。单剂悬浮剂，先进的加工工艺，水溶性强，悬浮性好，附着力超强。

②抗雨水冲刷力强。喷药 1 小时后遇雨不需重喷，不影响药效的发挥，效

果稳定。

③安全性好。水稻各生育期都可以使用，提早使用还能壮苗助长提高产量。

④内吸性强。能被水稻根、茎、叶吸收传导到各个部位，喷药 2 小时吸收达饱和。

(2) 使用方法

①防治苗瘟。3～4 叶期或移栽前 5 天，用 50～70 毫升/亩对水 5～6 升喷雾。

②防治叶瘟。发病初期用 80～100 毫升/亩，对水 5～6 升弥雾机喷雾。

③防治穗颈瘟。孕穗末期至齐穗期用 100 毫升/亩，对水 5～6 升弥雾机喷雾。

④航化作业。水稻孕穗末期至抽穗期用 100 毫升/亩，对水飞机喷雾。

(3) 注意事项

①浸种或拌种对芽苗稍有抑制但不影响后期生长。

②防治穗颈瘟时，第一次用药必须在水稻破口前。

573. 30%稻瘟·戊唑醇悬浮剂（稻安醇）的特点是什么？怎样使用？使用时应该注意什么？

(1) 产品特点　稻瘟酰胺属于黑色素生物合成抑制剂，是一个新颖的防治稻瘟病的内吸性杀菌剂；戊唑醇属三唑类杀菌剂，是甾醇脱甲基抑制剂，具有保护、治疗、铲除三大功能，两者科学配比不仅有效控制大田稻瘟病的发生，还可兼防纹枯病、稻曲病，并且抗倒伏，增产作用明显。

(2) 使用方法　稻安醇对稻瘟病具有较好的防治效果，且对水稻安全。使用剂量为 675 克/公顷，共施药 2 次，第 1 次在抽穗前，第 2 次在齐穗期后。喷液量不低于 225 千克/公顷，以均匀喷施全部叶片、茎秆，药液欲滴未滴为度。

（三）水稻虫害防治技术

574. 什么是农业害虫？

指为害农作物，且对农作物造成经济损失的一类昆虫。

575. 农业害虫主要有哪些危害？

(1) 直接取食为害　害虫对农作物的为害方式主要是通过取食直接为

害，如咀食为害、潜叶为害、卷叶和缀叶营巢为害、钻蛀为害和刺吸为害等。

（2）非取食为害 一些种类的害虫还可进行非取食为害，如叶蝉、飞虱、蓟马等害虫可将卵产于植物组织中而引起伤害，蝼蛄在土中穿行为害。

（3）传播植物病害 一些种类的害虫如蚜虫、叶蝉、蓟马等可传播植物病害（如病毒病），对作物产量造成更大的损失。

576. 水稻苗期蝼蛄的为害症状及防治措施是什么？

（1）症状 蝼蛄属直翅目蝼蛄科，是非常活跃的地下害虫，成、若虫均可为害，黑龙江省发生为害的主要有华北蝼蛄和非洲蝼蛄。为害时期为播种到3叶1心期，土壤10～20厘米、土温16～20℃为活动为害高峰期。蝼蛄咬食水稻种子和幼苗，喜食刚发芽的种子，也咬食幼根和嫩茎，扒成乱麻状或丝状，使稻苗生长不良，甚至死亡。尤其在土壤表层穿行形成隧道，造成种子架空不能发芽，幼根与土壤分离失水死亡，或供水不足导致青枯病发生。

（2）防治技术

①农业防治。改善环境、科学轮作、深耕翻犁、适时控水、合理施用农家肥。选做苗床的地块，秋季深耕翻犁，春季整平细耙，通过机械杀伤、曝晒、鸟类啄食等减少虫源；做床育苗时，不施未经腐熟的有机肥料，要一次浇透底水，迫使蝼蛄下潜，创造不利于蝼蛄为害的土壤湿度环境。

②土壤处理法。做床时施用蝼蛄灭杀剂（5%甲拌磷颗粒剂），每袋100克，用过筛细土2.5千克，均匀撒在20米²床面上，或掺入水稻壮秧营养剂中拌匀一起撒在20米²床面上，均匀拌入床土中，然后浇透底水，播种覆土，从播种到插前不会受到危害，防效达100%。也可用蝼蛄灭杀剂熏蒸，把袋口剪开，每隔8～10米放一袋，防治效果理想，可减轻对土壤环境的污染。毒饵诱杀法：用50%甲拌磷乳油，或40%甲基异柳磷乳油或40%乐果乳油制毒饵，用药量分别为饵料量的0.5%～1.0%、1%～2%、1%，先用适量水将药剂稀释，然后拌入炒香的谷子、麦、豆饼等，或用新鲜的马粪，每公顷用药量22.5～37.5千克，放在棚内四边角、布道、距离3～4米。

577. 稻负泥虫为害症状和发生时期是什么？如何防治？

（1）为害症状 负泥虫1年发生1代，以成虫潜伏在稻田附近，在背风向阳的池边、田埂处的禾本科杂草上越冬。成虫5月下旬至6月上旬开始飞入稻田，咬食叶片，吃成纵行对穿条纹，并交配产卵，幼虫沿叶脉咬食表皮上的绿色叶肉，形成纵行长短不齐的透明条纹。因幼虫肛门开口在背部，排泄粪便背在背上，故此得名。幼虫为害时期是 6 月中旬至 7 月中旬，为害严重时，叶尖逐渐枯萎，全叶焦枯破裂，稻田变成一片枯白，几乎无绿色。

（2）防治技术

①清除害虫越冬场所的杂草，减少虫源。

②适期插秧，不宜过早插秧，以免稻苗过早受害。

③插秧前在苗床喷药防治成虫，使稻苗带药下地；本田施药 1～2 次防治成虫和幼虫。防治药剂：甲氰·氧乐果、溴氰菊酯等。还可用扇形笤帚，将幼虫扫掉，要求平、稳、快，不伤稻苗。防治时期以本田虫卵孵化 70%～80%，幼虫长至黄米粒大小为适宜时期。

④药剂防治。使用的药剂有 1.5% 阿维菌素、10% 吡虫啉、90% 敌百虫晶体。

578. 稻潜叶蝇为害症状是什么？如何防治？

（1）为害症状 此虫以幼虫为害叶片为主，在黑龙江省 1 年发生 4～5 代，世代重叠，以第二代为害水稻，是生产上为害严重的主要害虫。为害盛期为 6 月上旬至 7 月上旬。成虫喜低温，白天活动产卵，产卵部位与稻田水层深浅有直接关系，深灌多产在下垂或平伏水面的叶片叶尖部，浅灌多产在叶基部或中间。因幼虫有转株为害习性，叶片平伏水面，再次侵入率高。幼虫潜食叶肉，残留上、下表皮，使叶片出现不规则形的白色条斑，受害叶片逐渐枯死，影响正常生长发育，若深灌水，常因为害重而产生烂秧、缺苗，造成减产。春季遇低温或水层管理不当，为害加剧。

（2）防治技术

①清除稻田内及池埂杂草，是减轻害虫的有效方法，应在秋末春初进行为宜。

②浅水灌溉。可使稻苗生长健壮、直立，减少成虫产卵机会和造成幼虫因缺水失去生存机会，减轻为害。

③药剂防治。在插秧前 1～2 天，育秧田喷洒 10% 吡虫啉 20～30 克/亩，使秧苗带药下田，对潜叶蝇有很好的预防作用。本田防治选用 18% 杀虫双撒滴剂 200～300 毫升/亩直接撒施，或选用 25% 噻虫嗪水分散颗粒剂 6～8 克/亩或 70% 吡虫啉水分散粒剂 6 克/亩，对水 15 千克/亩田间喷雾。

579. 稻黏虫为害特点是什么？如何防治？

黏虫是一种全国大区迁飞性的突发性重大害虫，黑龙江省虫源主要来自江淮麦区。在黑龙江省发生的为三代黏虫。三代黏虫具有集中、隐蔽、暴发、迁移为害的特点。三代黏虫幼虫发生期正是水稻乳熟期，三龄幼虫取食叶片时水稻处于乳熟末期至蜡熟初期，虫害对水稻产量的影响直接表现在千粒重方面。为保护天敌，维护水田生态平衡，不应选用菊酯类杀虫剂，可选用 5％丁虫腈乳油 25～30 毫升/亩对水 15 千克喷雾。

580. 稻二化螟发生时期和为害症状有哪些?

二化螟生活力强，食性杂，耐干旱、潮湿和低温条件。初孵幼虫先钻入叶鞘处群集为害，叶鞘外面出现水渍状，后叶鞘变黄褐色，叶片逐渐枯死，造成枯鞘，称为枯梢期。二至三龄后钻入茎秆群集为害，三龄后转株为害。幼虫蛀入稻茎后剑叶尖端变黄，严重的心叶枯黄而死，受害茎上有蛀孔，孔外虫粪很少，茎内虫粪多，黄色，稻秆易折断。水稻分蘖期受害出现白化苗或枯心苗，孕穗期、抽穗期受害，出现枯孕穗和白穗，水稻不结实或很少结实。

581. 稻二化螟主要防治措施是什么?

（1）农业防治与物理控制 杀灭越冬虫源、清除有虫株。秋后、早春深翻地或将水稻根茬、茎秆集中烧毁。在水稻秸秆集中堆放地，4 月中旬至 5 月末，利用敌敌畏封垛熏蒸；在水稻茎秆集中堆放地及田间，利用频振式杀虫灯或高压汞灯诱杀二化螟成虫，5 月末开灯至 8 月上旬成虫消退。水稻生长中后期，发现田间有枯鞘、枯心、枯孕穗等被害株时，应及时拔除，带到田外集中烧毁或深埋，可减少虫量，防止幼虫转株为害。

（2）化学防治 防治二化螟应在卵孵化高峰期至转株为害前，二化螟为害田间枯鞘率达 1％时（站在田埂上能看到田间有枯鞘被害株）应进行药剂防治，一般在 7 月上旬。药剂选择：每亩用 80％杀虫单粉剂 35～40 克或 25％杀虫双水剂 200～250 毫升或 20％三唑磷乳油 100 毫升，对水 40～50 升喷雾，或对水 200 升泼浇或 400 升大水量泼浇。上一年发生严重地块应重点预防。

582. 水稻叶蝉类的种类、发生特点与防治措施是什么?

（1）种类及发生特点 黑龙江省有 5 种水稻叶蝉，主要为大青叶蝉、二点叶蝉，其次为六点叶蝉、稻叶蝉、黑尾叶蝉。叶蝉以成虫、若虫为害水稻等多种植物，以刺吸式口器刺吸植株汁液，使茎秆、叶片受害后呈现不定形斑点，植株发育不良，幼苗受害重时，叶片发黄卷曲，以至枯死。为害稻穗，可造成枯孕穗、半枯穗或秕粒，对产量、品质影响较大。叶蝉除为害水稻外，还能为害麦类、杂谷、豆类、蔬菜、果树、林木、杂草等。在北方 1 年发生 2～3 代，以卵在二至三年生树木枝条皮层下越冬，3～4 月孵化出若虫，5 月蜕皮后变为成虫为害植物，水稻插秧后到成熟前，均有叶蝉发生为害。成虫多于清晨及夜晚在稻叶上活动与为害，性情活泼，受惊后表现为横行斜走或逃避，成虫有趋光性。

（2）防治技术

①选用抗虫、耐虫品种。

②清除田间杂草。

③进行药剂防治，在虫情调查基础上要做到治早、治小，一般在二至三龄若虫盛发期用药，常用药剂有乐果、异丙威、噻嗪酮、敌百虫、杀螟硫磷等。

583. 中华稻蝗为害时期及防治措施有哪些？

（1）为害时期 中华稻蝗在野外的始见期为 5 月末到 6 月初，一般在向阳、杂草较多的地点发现较早，6 月下旬野外发生量达到一个高峰，7 月初由于气候因素（连续降雨）使野外稻蝗数量明显下降，7 月末在野外则难以见到稻蝗，在水田内从 6 月 30 日发现有中华稻蝗出现，最初为零星的二至三龄若虫，以三龄为多，7 月中旬开始大量增加，三至四龄若虫较多，这种高密度情况一直持续至 9 月中下旬，虫量开始减少。

（2）防治技术

①组织人力铲除田埂、地头杂草，消灭稻蝗卵。

②保护青蛙、蟾蜍，可有效抑制该虫发生。

③药剂防治，常用药剂有三唑磷等。

584. 稻螟蛉为害状和发生时期是什么？如何防治？

（1）为害状 低龄幼虫沿叶脉啃食叶肉，吃成许多白色长条纹，后变枯黄色；老熟幼虫从叶边缘咬食，吃成缺刻，使叶片残缺不全，虫龄越大，食量越大，最终使叶片只留下中肋，发生严重时可将叶片吃光，影响水稻光合作用和正常生长。老熟幼虫在叶尖吐丝把稻叶曲折成粽子样三角苞，藏身苞内，咬断叶片，使虫苞浮落水面，然后在苞内结茧化蛹。

（2）发生时期 稻螟蛉在北方一年可发生 3～4 代，以"虫苞"（蛹）形式在稻草、杂草中越冬，5 月中旬始见越冬代成虫。一代幼虫 6 月上、中旬发生，主要为害水稻以外的其他植物。7 月上、中旬及 8 月中旬是第二、三代幼虫发生盛期，但对水稻危害较小。稻螟蛉初龄幼虫啃食叶肉，在叶面留下白色条纹。三龄后幼虫自叶缘啃食叶片，造成不规则缺刻，严重时叶肉被吃光，仅剩下中肋，影响水稻的生长发育，造成减产。

（3）防治技术 由于该虫繁殖力强，繁殖速度快，并且具有昼伏夜出的习性，往往不易被察觉，极易因疏忽而暴发成灾，因此稻螟蛉的防治是一项综合性的技术措施。

①农业防治。水稻主产区应提高警惕，及时组织人员深入田间一线，积极开展稻螟蛉发生情况的普查，摸清其发生范围及为害程度，及时上报虫情。对已发生稻螟蛉为害的田块，植保部门要适时组织农民开展防治。加强田间管理，清除池边、沟边杂草，降低虫源数量。秋收后及时清除田边、埂边杂草，收集散落及成堆的稻草集中烧毁，消灭越冬场所。科学施肥，注意氮、磷、钾三要素的配合施用，严禁过量、过迟施用氮肥，增施磷、钾肥。在化蛹盛期人工摘去并捡净田间三角蛹苞。利用成虫趋光性，在成虫盛发期，用频振式杀虫灯诱杀。

②生物防治。保护好稻螟蛉的捕食性天敌，如青蛙、蜘蛛、蜻蜓、鸟类等。应避免使用高效、剧毒等对天敌杀伤力大的农药，以保护天敌，维护生态平衡。

③化学防治。在二至三龄幼虫盛发期，发现田间每平方米有幼虫 25 头，白条叶显著增多时，要及时喷施防治，使用的药剂主要有 40%乐果乳油 1 000 倍液、30%甲氰·氧乐果乳油 2 000 倍液及 2.5%溴氰菊酯乳油等，若用药 2～3 次，应轮换用药，避免使用同一种药剂，防止稻螟蛉产生抗药性，喷药前一天要排干水，喷药后第二天再灌水。

585. 寒地稻飞虱的种类和发生时期是什么？如何防治？

（1）种类和发生时期 稻飞虱在黑龙江省发现 4 种，常见的有灰飞虱和白背飞虱，此外还有褐飞虱和长绿飞虱。

①灰飞虱在黑龙江省 1 年发生 3～4 代，以若虫在田埂沟边、荒地的杂草根上、落叶下或土壤中越冬，翌年 4～5 月羽化为成虫，先在杂草上为害，水稻插秧后，成虫则向稻田迁移为害，夏季高温不其活动，一般春、秋季有利其发生与为害，由于若虫耐低温能力强，可在黑龙江省安全越冬。灰飞虱有趋光性、趋嫩性和边行习性。若虫常群集到稻株下部取食，不受惊扰，极少移动，植株老化后，才从下部移至中上部取食，水稻抽穗后，早、晚才爬到穗部取食为害。

②白背飞虱在黑龙江省 1 年发生 3 代，不能在黑龙江省越冬，但可在南方越冬，早春以成虫迁入黑龙江省，秋季又迁回南方，属于南北迁飞害虫。成虫（长翅型）有趋光性和趋嫩性，白天以上午 10 时到下午 3 时活动最盛，多在稻株茎秆和叶片背面为害，若虫则多在稻丛下部活动、取食、为害。水稻抽穗后进入乳熟期，成虫和若虫均可迁移到剑叶上和稻穗上取食，造成水稻形成枯孕穗或穗部变褐色（褐变穗），多秕穗，影响产量和品质。

（2）防治技术

①清除稻田内及池埂杂草。可消灭灰飞虱部分卵块，减轻为害。

②加强肥水管理。做到施足基肥，适时追肥，防止氮肥过多，贪青徒长，实行浅水灌溉与排水晒田，提高抗虫性。

③药剂防治。常用药剂有乐果、敌百虫、杀螟硫磷、毒死蜱等。

586. 稻摇蚊为害状是什么？怎样防治？

（1）为害症状　稻摇蚊以幼虫在稻田蛀食萌动的稻种，为害胚及胚乳，使种子不能发芽。食害幼芽、幼根，初期无任何症状，7～8 天后稻苗变黄，若将黄苗挖出，扒开泥土，便可见到紧紧缠绕在根部的红色幼虫。幼虫为害稻根，造成偏根苗、独根苗和无根苗，到明显见到浮苗时，幼虫大部分老熟。

（2）防治技术

①农业防治。稻摇蚊发生时，可将稻田的水排尽，晒田至泥土将干裂时为止，再灌水。如此连续晒田 2～3 次，使幼虫干死，可控制为害。改水育秧为旱育秧，能够减轻稻摇蚊的为害。

②药剂防治。每亩用 5％甲拌磷颗粒剂 1 千克，拌 15 千克土（沙）扬撒，可以兼治其他害虫，效果很好。

587. 稻水象甲的形态特征有哪些？

稻水象甲又名稻水象、稻根象。成虫体长 2.6～3.8 毫米，喙与前胸背板几乎等长，稍弯，扁圆筒形。前胸背板宽。鞘翅侧缘平行，比前胸背板宽，肩斜，鞘翅端半部行间上有瘤突。雌虫后足胫节有前锐突和锐突，锐突长而尖，雄虫仅具短粗的两叉形锐突。蛹长约 3 毫米，白色。幼虫体白色，头黄褐色。卵圆柱形，两端圆。

588. 稻水象甲为害状是什么？怎样防治？

（1）为害症状　稻水象甲成虫啃食叶片形成宽约 0.5 毫米、长 3 厘米以下的白条，幼虫在土中取食稻根，致水稻株矮、分蘖减少、生育期推迟。

（2）防治技术　稻水象甲是一种检疫性害虫，防治必须从加强检疫封锁工作做起。在农艺措施方面，适时晚移栽，培育健壮秧苗，对减轻稻水象甲为害都具有良好的效果。

由于针对幼虫防效良好的药剂较少，施药也困难。因此，提倡以防治越冬代成虫为主，防治时间应掌握在成虫大量迁入稻田后尚未大量产卵前，发现越冬代成虫为害水稻时。可用 48％毒死蜱乳油、50％倍硫磷乳油、50％辛硫磷乳油等有机磷类杀虫剂，每亩用药量均为 100 毫升，对水喷施，也可用 10％醚菊酯悬浮剂或 10％乙氰菊酯乳油，每亩用药量均为 100 毫升，如果稻田有水层，在田边粗略喷施或将药剂直接滴施即可。

589. 70％吡虫啉水分散粒剂（艾美乐）的特点是什么？怎样使用？使用时应该注意什么？

（1）作用特点 具有强内吸和胃毒作用，作用于乙酰胆碱酯酶的受体，阻断昆虫正常的神经传导，使其麻痹致死。杀虫速度虽稍慢，但持效期长。害虫一旦吸食本品后 2～3 小时内失去行动能力，48 小时内达到死亡高峰。毒性低，对使用者和环境安全，对皮肤和眼睛无刺激作用。适用于蔬菜、果树、棉花、茶、烟草等作物。防治对象为各种蚜虫、稻飞虱、叶蝉、白粉虱、黑刺粉虱、梨木虱、瓜蓟马等刺吸式害虫，此外，可以防治潜叶蛾、跳甲、稻水象甲、稻负泥虫。

（2）使用方法 对蚜虫、飞虱、蓟马类每亩用药 3～4.5 克，对水 45 升喷雾。防治粉虱用 7 000～8 000 倍喷雾。若有鳞翅目害虫与蚜虫等同时混合发生，与其他杀虫剂混合使用，可适当降低剂量。

（3）注意事项 喷药量依作物生长情况而定，通常情况下每亩喷药量应不少于 25 千克。

590. 25％噻虫嗪水分散粒剂（阿克泰）的特点是什么？怎样使用？使用时应该注意什么？

（1）作用特点 阿克泰是新一代的杀虫剂，具有良好的胃毒和触杀活性，强内吸传导性，植物叶片吸收后迅速传导到各部位，害虫吸食药剂，迅速抑制活动停止取食，并逐渐死亡，具有高效、持效期长、单位面积用药量低等特点，其持效期可达 1 个月左右。

（2）使用方法 防治稻田害虫，秧田处理用量为 20 克处理 100 米^2；大田喷雾用量为幼苗期 4 克/亩，分蘖期 4 克/亩，破口前 6 克/亩，齐穗期 8 克/亩。

（3）注意事项

①阿克泰在施药以后，害虫接触药剂后立即停止取食等活动，但死亡速度较慢，死虫的高峰通常在药后 2～3 天出现。

②阿克泰是新一代杀虫剂，其作用机理完全不同于现有的杀虫剂，也没有交互抗性问题，因此对抗性蚜虫、飞虱效果特别优异。

③阿克泰使用剂量较低，应用过程中不要盲目加大用药量，以免造成不必要的浪费。

（四）水稻田杂草防除技术

591．什么是稻田杂草？有哪些危害？

稻田杂草是指生长在水稻田中，危害水稻的非人工有意识栽培的植物。其危害：一是与水稻争水、争肥、争光，侵占地上和地下部空间，影响水稻的光合作用，干扰水稻的生长，降低水稻的产量和品质；二是诱发和传播病虫；三是增加农业生产费用，影响水利设施；四是影响人、畜健康。

592．什么是稻田恶性杂草？恶性杂草包括哪些？

稻田恶性杂草是指一些较难防除的水田杂草。如稻李氏禾、芦苇、眼子菜、稻稗、水绵等，水田恶性杂草呈蔓延趋势，发生面积逐年扩大，如不采取有效措施进行防治，将对水稻生产造成极大危害。

593．水稻秧田杂草有哪些？

水稻秧田杂草种类多，但危害较大的主要是稗草、莎草科杂草，以及野慈姑、雨久花、眼子菜等水生阔叶杂草。一般以稗草的危害最普遍、严重。稗草与水稻很难分清，不易剔除，常常作为"夹心稗"移入本田。在秧田为害普遍的另一类杂草是莎草科杂草，如扁秆藨草、三江藨草等，其块茎、地下匍匐枝发芽生长极快，不仅严重影响水稻秧苗的生长，而且影响拔秧的速度和质量。

594．水稻本田杂草有哪些？

黑龙江省水稻本田发生的杂草种类有 70 余种，其中分布广泛、为害较重的有禾本科：稻稗、稗草、稻李氏禾（游草）、马唐等；莎草科：扁秆藨草、三江藨草、牛毛毡（牛毛草）、萤蔺、水葱等；眼子菜科：眼子菜等；泽泻科：泽泻、野慈姑等；浮萍科：浮萍、四叶萍；雨久花科：雨久花、鸭舌草等，以及菊科的狼把草等。

595．除草剂的作用机制有哪些？

除草剂与其在植物体内的作用位点结合而杀死杂草的途径称作除草剂的作用机制。由于除草剂的类型与品种不同，其作用机制差异很大。包括抑制光合作用、抑制呼吸作用、抑制氨基酸与蛋白质合成、抑制脂类代谢、对膜系统的影响等。

596. 除草剂按作用方式分有几类?

按作用方式可分为选择性除草剂与灭生性除草剂。选择性除草剂在不同的植物间有选择性,即能够毒害或杀死某些植物,而对另外一些植物较安全。除草剂的选择性是相对的,与用药量及植物发育阶段等因素有密切关系。灭生性除草剂对植物缺乏选择性或选择性小,因此不能将它们直接喷到作物生育期的农田里,否则幼苗均受害或死亡。

597. 除草剂按输导性能分有几类?

按除草剂在植物体内输导性的差别,可分为输导型除草剂与触杀型除草剂(非输导型除草剂)。输导型除草剂被植物茎叶或根部吸收后,能够在植物体内输导,将药剂输送到其他部位,甚至遍及整个植株。触杀型除草剂被植物吸收后,不在植物体内移动或移动性较小,主要在接触部位起作用。

598. 除草剂按使用方法分有几类?

除草剂按使用方法的不同可分为土壤处理剂与茎叶处理剂。以土壤处理法施用的除草剂称为土壤处理剂,这类除草剂可通过杂草的根、芽鞘或下胚轴等部位吸收而产生毒效。以茎叶处理法施用的除草剂称为茎叶处理剂。

这种分类方法也是相对的,例如2,4-滴不仅是茎叶处理剂,也是土壤处理剂。莠去津不仅用于土壤处理,也可用于茎叶处理。上述分类方法基于标准的不同,同一种除草剂可能出现多种类别。

599. 除草剂按化学结构分有几类?

除草剂按化学结构分为无机除草剂、矿物油类除草剂、有机合成除草剂。除草剂按化学结构分类的优点是同类化合物具有相似的性能,便于掌握其用途及使用方法,并有利于相互比较。

600. 寒地稻区选择除草剂的原则有哪些?

农药选择应首先考虑安全性。避免因农药选择不当造成药害,抑制作物生长。黑龙江省早春低温,特别是三江平原低湿易涝,水稻生育前期受延迟性低温影响,生育中后期受障碍性低温影响,生育后期受早霜的影响,对农时及除草剂安全性要求严格。一定要选用安全性好的除草剂,除草剂不但能除草,更要对作物安全,对下茬作物也安全。

根据杂草发生种类和特点选择除草剂,由于水稻种植年限不同,稻田杂草发生种类有差异,旱改水种植年限5年以内的新稻田,杂草有稗草和湿生型狼把草等，以稗草为主，除草剂应选用防稗草为主的除草剂，如草灭达、莎稗磷、环庚草醚、丙草胺、苯噻草胺、快草酮、草酮、四唑草胺等。种植 5～10 年的稻田，杂草有稗草、稻稗、泽泻、雨久花、异型莎草、牛毛毡等，应选用上述杀稗剂与吡嘧磺隆、苄嘧磺隆、乙氧磺隆、环胺磺隆、醚磺隆等混用，或吡嘧磺隆提高用量，插前使用。种植 10 年以上的老稻田杂草种类更为复杂，有稗草、稻稗、雨久花、泽泻、慈姑、牛毛毡、萤蔺、眼子菜、三江藨草、扁秆藨草、水绵、异型莎草等。田间如没有多年生莎草科杂草，仍可采用上述除草剂混用，如有多年生莎草科杂草如日本藨草、扁秆藨草可选用吡嘧磺隆、苄嘧磺隆、乙氧磺隆、醚磺隆、环胺磺隆两次施药，如发生密度过大欲求立杆见影的效果可用灭草松。

601. 秧田和本田的稗草如何防治?

播种期稗草的防除：覆土后盖膜前，每亩用 60％丁草胺乳油 100 毫升加 12％噁草酮乳油 100 毫升或 25％噁草酮乳油 50 毫升，对水 40 千克喷雾，或每亩用 90％禾草丹乳油 150～200 毫升对水喷雾。

秧田期稗草的防除：每亩用 20％敌稗乳油 250～350 毫升与 90.9％禾草特乳油 150 毫升混合，对水 40 千克喷雾，该法效果好，但极易产生药害，一定要注意用量和施用方法。

本田稗草的防除：每亩用 60％丁草胺乳油 50～100 毫升加 20 千克细潮土拌匀或对水 20 千克，插前 2 天撒、泼，或每亩用 60％丁草胺乳油 50～100 毫升加 12％噁草酮乳油 50～100 毫升，或 25％噁草酮乳油 25～50 毫升，对水 20 千克，或拌 20 千克细潮土，插后 3～7 天撒、泼；也可每亩用 90.9％禾草特乳油 150～250 毫升对水 20 千克或拌 20 千克细潮土，插后 5～10 天撒、泼；或每亩用 50％二氯喹啉酸可湿性粉剂 40 克，插后 7～10 天茎叶喷雾处理。

在黑龙江寒地稻作区，每亩用 50％丙草胺乳油 50～75 毫升插前 3～5 天施药，或用 50％丙草胺乳油 50～75 毫升加 15％乙氧嘧磺隆水分散粒剂 15 克插后 15 天施药，对稻稗防效可达 98％以上，对水稻安全。

602. 野慈姑的识别与防治措施有哪些?

野慈姑别名狭叶慈姑、三脚剪、水芋。多年生水生或沼生草本，为慈姑的变种，与慈姑相比，野慈姑植株较矮，叶片较小、薄。我国各地均有分布。

野慈姑株直立，高 50～100 厘米。根状茎横生，较粗壮，顶端膨大成球茎，长 2～4 厘米，径约 1 厘米，土黄色。叶片窄狭，呈剪刀形，顶端的裂片较耳裂片为短，长 3.5～9 厘米，先端均长尖，绿色。总状花序；小花一般为 3 朵轮生，下部雌花具短梗，上部为雄花，具细长的梗；苞片披针形，基部略联合：花瓣较萼片大，白色，基部间或有紫色斑点；雄蕊多数，带菫色；心皮多数离生，密集成圆球状。果实斜倒卵形，直径 4～5.5 毫米，扁平，背部腹面均具薄翅。

防治方法：野慈姑主要在水稻分蘖盛期发生。撤干水层后每亩用 48％灭草松水剂 70～100 毫升或 46％2 甲·灭草松水剂（莎阔丹）133～167 毫升对水 20 千克喷施，24 小时后上水，均有较好的防治效果。

603. 泽泻的识别与防治措施有哪些？

泽泻为多年生水生或沼生草本。高 50～100 厘米。地下有块茎，球形，块茎直径 1～3.5 厘米或更大，外皮褐色，密生多数须根。叶片宽椭圆形至卵形，长 5～18 厘米，宽 2～10 厘米，先端急尖或短尖，基部广楔形、圆形或稍心形，全缘，两面光滑；叶脉 5～7 条。

防治药剂和方法同野慈姑的方法相同，也可在水稻插前 5～7 天进行。可选药剂有 15％乙氧磺隆水分散粒剂 20 克/亩＋30％莎稗磷乳油 50～60 毫升/亩，甩喷法施药，水层 3～5 厘米，保水 5～7 天。水稻插后 15～20 天，用 15％乙氧磺隆水分散粒剂 20 克/亩＋30％莎稗磷乳油 100 毫升/亩。苗期使用 48％灭草松 200 毫升/亩，喷雾法施药，施药时田面一定要平，保持水层 7 天。

604. 野慈姑和泽泻的主要区别有哪些？

野慈姑和泽泻都是泽泻科的水田杂草。在形态上最主要的区别是：野慈姑叶片呈剪刀形、燕尾形，俗称驴耳菜，泽泻的叶片椭圆形，俗称水白菜。

605. 牛毛毡的形态特征有哪些？如何防治？

牛毛毡是双子叶植物，多年生湿生性草本。幼苗细针状，具白色纤细匍匐茎，长约 10 厘米，节上生须根和枝。地上茎直立，秆密丛生，细如牛毛，故名牛毛毡。生在稻田或湿地，是稻田的重要杂草之一。黑龙江于 5 月上旬靠种子或越冬芽萌发，6 月进入开花期，7 月种子开始成熟并产生新的地下根状茎和越冬芽。若牛毛毡覆盖度高，会大大降低水温，吸肥、争光、争水，严重影响水稻生长。化学防除一般是在水稻分蘖盛期（插秧后 15～20 天）进行。主要防治方法有：

①每亩用 48％灭草松水剂 100～200 毫升加 20 千克水喷洒，喷药前撤干水层，喷药后 1 天复水。

②每亩用 70％2 甲 4 氯钠盐 50～100 克加 48％灭草松水剂 100 毫升，对水 20 千克喷施，撤干水层后施药，用药后 1 天复水。此法比单用灭草松成本

低，比单用 2 甲 4 氯安全。

③此外，单用苄嘧磺隆或吡嘧磺隆进行防治，效果也很好。

606. 鸭舌草的形态特征有哪些？如何防治？

鸭舌草是雨久花科一年生草本植物，别名鸭仔菜、兰花草、菱角草、田芋等。鸭舌草的成株株高 20～30 厘米。它的主茎极短；植株基部生有匍匐茎，海绵状，多汁；有 5～6 片叶，卵圆形或卵状披针形，顶端逐渐变尖；总状花序从叶鞘内伸出，花被蓝紫色；蒴果长卵形。种子较细小，椭圆形，灰褐色，有纵条纹。主要用种子繁殖。鸭舌草通常在 4 月下旬开始发芽，5～6 月发生量较大，9～10 月开花结实，11 月枯死。它通常生长在湿地或浅水中，繁殖力强，但出苗不整齐，进入水稻生育中期，仍有新苗长出。

防治方法：60％丁草胺乳油 100～125 毫升/亩或 50％丁草胺乳油 120～130 毫升/亩，插秧后 5～7 天，用药肥法或药土法施药，施药时田里必须有 3～4 厘米水层，施药后保持水层 5～7 天，再按常规管理。也可以使用 10％苄嘧磺隆可湿性粉剂 15～20 克/亩，或 10％吡嘧磺隆可湿性粉剂 10～15 克/亩，插秧后 5～7 天，用药肥法或药土法施药，施药时田里必须有 3～4 厘米水层，施药后保持水层 5～7 天，再按常规管理。

607. 扁秆藨草和三江藨草的防治措施有哪些？

多年生莎草科杂草如扁秆藨草、三江藨草可选用吡嘧磺隆、苄嘧磺隆、乙氧磺隆、环胺磺隆、醚磺隆两次施药，如发生密度过大欲求立竿见影的效果可选用灭草松。

(1) 插秧后防除 插秧后 7～9 天，每亩用 30％苄嘧磺隆可湿性粉剂 10 克，或 10％吡嘧磺隆可湿性粉剂 15～20 克，用喷雾器摘掉喷杆，粗略施于稻田中，或用毒土毒肥法施药，施药后保持水层 5～7 天；插秧后 25 天用 30％苄嘧磺隆可湿性粉剂 15 克，毒土法二次施药。

(2) 在水稻有效分蘖末期至穗分化期防除 每亩用 38％苄嘧磺隆·唑草酮可湿性粉剂 10～12 克，或 46％2 甲·灭草松水剂 133～167 毫升（有效成分 61～77 克），喷液量 15～40 升，喷药前 1 天撤水，施药 24 小时后复水，保持水层 5 天。

608. 萤蔺的识别和防治措施有哪些？

萤蔺又名灯心藨草，属莎草科藨草属，多年生草本植物，生于水稻田、池边或浅水边，在沼泽或荒地潮湿处也有分布。初生叶肥厚，线状锥形，绿色，叶背稍隆起，腹面稍凹，基部变宽为鞘状。秆丛生，高 20～30 厘米，圆柱形。

秆基部有叶鞘，开口处为斜截形。无叶片。苞片 1 枚，为秆的延长，直立。小穗多个聚成头状，假侧生，卵形或长圆状卵形，棕色或淡棕色，多花。鳞片宽卵形或卵形，顶端具短尖，背面中央绿色，有 1 中肋，两侧浅棕色或有深棕色条纹。下位刚毛有倒刺。小坚果宽倒卵形或倒卵形，平凸状，黑色或黑褐色，有光泽。生育期 5～11 月，花期 7～11 月。种子繁殖，种子借水流传播。

防治方法：选用杀稗剂插前封闭灭草，插秧后与吡嘧磺隆或苄嘧磺隆混用，15～20 天后，再施吡嘧磺隆或（苄嘧磺隆），也可叶面喷施苯达松加吡嘧磺隆。

609. 水绵的识别和防治措施有哪些？

稻田水绵俗称青苔、蛤蟆被、蛤蟆皮，属星接藻科。近年来普遍发生于我国大部分稻区，特别是我国北方稻区发生极为严重。呈"被状"形态漂浮于水稻田面的大量水绵，轻则使水稻减少分蘖，重则压缠稻苗，造成大片死苗或独株无分蘖。根据水绵的生长发育特点，可划分为 3 个生育阶段：①块状期：水稻插秧后随气温升高及磷肥的集中施用，田间少量水绵丝状体繁殖速度加快，到 6 月上中旬水绵在田间形成直径 20～30 厘米的浓绿色块状絮物，漂浮于水面，田间覆盖率为 20%～30%。②被状期：6 月下旬至 7 月，水绵在田间的覆盖率可达 60%～70%，水绵呈黄色，块与块连接在一起，形成被状，很难拉断。③老化期：7 月底至水稻收获，水绵在田间的覆盖率可达 90% 以上，形成很厚的层片，上部浅黄色，水下分布的因组织老化呈黑绿色丝状絮物。根据其发生特点一般采取下列防治措施：

（1）水稻移栽前 7 天，每亩用 25% 西草净可湿性粉剂 100～150 克，水封闭法施用（用喷雾器摘掉喷杆，粗略施于稻田中）。

（2）插秧后 7～15 天，每亩用 10% 乙氧嘧磺隆水分散粒剂 15 克或 26% 米可全可湿性粉剂（吡嘧磺隆含量 2%＋扑草净含量 12%＋西草净含量 12%）60 克，毒土法施药，或用 96% 晶体硫酸铜粉 1 000 克对水均匀泼浇在田内。施药后均需保持水层 5 天。

（3）在水稻缓秧及分蘖期见水绵，每亩用 45% 三苯基乙酸锡可湿性粉剂 40～45 克，水封闭法施用，或毒土毒肥法施用。施药后均需保持水层 5～7 天。

（4）在水绵盛发期，用干燥的草木灰扬撒于水绵发生的点片，撒后保水 5 天，也有一定的防治效果。

610. 眼子菜如何防治？

（1）插秧前 5 天，每亩用 10% 苄嘧磺隆可湿性粉剂 25～30 克对水后，用喷雾器摘掉喷杆，粗略施于稻田中（水层 3～5 厘米），施药后保持水层 5 天。水稻插秧后每亩用 50％戊草净·哌草磷乳油 75～100 毫升、10％苄嘧磺隆可湿性粉剂 30～40 克毒土法施药，保持水层 5 天。

（2）眼子菜在 5 叶期以前，叶片由红转绿时，每亩用 25％西草净可湿性粉剂 125 克毒土法施药，保持水层 3～5 厘米，注意水层不宜过深。

611. 芦苇如何防治？

在秋翻地的基础上，春天及时早泡田，早耙地，再用特制的耙子或叉子捞净地下根茎，集中处理。而对稻田里散疏的芦苇，不能置之不管，宜用吡氟禾草灵防除，切不可用镰刀刈茎，也不可连根拔除。因为芦苇属两性繁殖植被，茎节间有休眠节，一旦扯断，休眠节会很快增生，长出新株，且生长更旺。只要坚持上述方法 2 年，即可有效地根除芦苇。

田间有零星芦苇生长时，可采用 40％草甘膦水剂，用注射器吸入，先将芦苇地上茎掐断，而后将药剂滴入，一滴即可将芦苇地上部及地下部全部杀死，切记，勿将药剂滴到作物上。

在芦苇生长期，有选择地对田间少量的芦苇用适当浓度的吡氟氯禾灵、精喹禾灵等内吸性除草剂涂抹芦苇叶片，能有效地将芦苇连根杀死，防止其在田间蔓延。用药时注意不要让稻株接触到药液，否则会产生药害。

612. 稻李氏禾的形态特征有哪些？怎样防治？

形态特征：稻李氏禾又名秕壳草，为多年生草本植物。具地下横支根茎和匍匐茎，株高 90～120 厘米，秆基部倾斜或伏地，叶片披针形，花序圆锥状，分枝细、粗糙，并可再分小枝，下部 1/3～1/2 无小穗。小穗含 1 花，矩圆形，长 6～8 毫米，具 0.5～2.0 毫米小柄。颖缺，外稃脊上和两侧具刺毛，内稃具 3 脉。

防治方法：防治稻李氏禾要采取综合措施，在实行秋翻整地，清除田间根茬；秋后拔除田间大草，防止形成新的种源；及时清除池边沟渠的稻李氏禾，避免外来种源侵入等措施的同时，要进行药剂防治。可用 5％嘧啶肟草醚乳油 900～1 050 毫升，于水稻缓苗后，稻李氏禾 3～5 叶期茎叶喷雾处理，喷雾时排干稻田水，施药后 1～2 天灌水 5 厘米，保水 5～7 天，对稻李氏禾的防治效果达 95％以上，同时可兼防稻稗、匍茎剪股颖、三棱草等杂草。也可采用 20％醚磺隆水分散粒剂两次施药的方法，对稻李氏禾的防效达 85％以上，同时可兼防三棱草、野慈姑、泽泻、雨久花、萤蔺等杂草。插秧前施药：在整地结束后，每公顷用 20％醚磺隆水分散粒剂 150 克加杀稗剂混用，采用毒土或毒沙法，插秧时不要换水；插秧后 10～15 天每公顷施 20％醚磺隆 150～225

克，施药时水层为 3～5 厘米，采用毒土、毒肥或茎叶喷雾法施药，施药后保水 5～8 天，如水不足时缓慢补水，但不能排水。插秧后施药：插秧后 5～7 天每公顷用 20％醚磺隆水分散粒剂 150～225 克与杀稗剂混用，隔 10～15 天每公顷用 20％醚磺隆水分散粒剂 225 克，施药方法和水层管理同上。直播田施药：晒田后复水 1～3 天，每公顷用 20％醚磺隆水分散粒剂 150～225 克与杀稗剂混用，隔 10～15 天每公顷用 20％醚磺隆水分散粒剂 150～225 克，施药方法和水层管理同上。

613. 匍茎剪股颖的形态特征有哪些? 怎样防治?

匍茎剪股颖为多年生杂草，茎基部平卧，幼苗叶长 3～4 厘米，其茎叶柔嫩、细软并匍匐，具倒生根，极易繁殖。成株茎粗 1.5 毫米左右，匍匐茎长达 8 米以上，一般 3～6 节，节上有倒生根，向前爬行 1～2 米，直立茎高 20～35 厘米，叶鞘无毛，基部略带紫色。叶片扁平、线形，先端渐尖，长 5.5～8.5 厘米，宽 3～4 毫米。圆锥花序，绿色，稍带紫色，以后呈紫铜色，小穗长 2.0～2.2 毫米，无芒。颖果长圆形，长约 1.2 毫米，黄色。池埂上的匍茎剪股颖再生苗 5 月上旬开始返青，返青后以直立茎生长为主、以分蘖繁殖为主形成群体现象。6 月上旬开始抽穗，种子在 8 月初成熟，随熟随落，可借风力或随水传播。池埂上的匍茎剪股颖遇田间呈湿润状态就侵入水田，节处很快长出倒生根，在田间匍匐形成群体优势，为害水稻。

防治方法：在水田整地后插秧前 5～7 天，可用 30％莎稗磷乳油 600～750 毫升/公顷或 50％丙草胺乳油 750 毫升/公顷或 50％苯噻草胺可湿性粉剂 1 050 毫升/公顷，采用毒土、毒肥或喷雾法施药。每亩用 7.5％环苯草酮乳油 45 毫升进行茎叶处理。水稻收获后，立即用 74.7％草甘膦铵盐水溶性粒剂 2.25～3.00 千克/公顷对匍茎剪股颖进行喷雾，施药后 15～20 天进行秋翻地，翌年调查结果表明，对匍茎剪股颖防效好。

614. 什么是杂草稻? 怎样防治杂草稻?

杂草稻是对水稻生产影响最为严重的杂草之一。杂草稻也被称为红稻、落粒稻，是稻田中一种不种自生、没有经济价值的稻，国外学者称之为伴生性杂草。各地对杂草稻的叫法也不同，有风粳子、落粒稻、长芒稻、红芒稻、白芒稻、秕生稻等。杂草稻非常特殊，除了具有所有其他稻田杂草的基本特性，如生长快、分蘖多、繁殖能力强、适应性强之外，还有其非常独特的性状，即杂草稻与其伴生的栽培稻为同一生物学种，所以杂草稻兼有农作物和杂草的特性。从形态上看，杂草稻与栽培稻非常相似；从生理上看，杂草稻与栽培稻也非常相近，因此难以对其进行人工和化学防除。杂草稻的基本特征包括：杂草性、种子落粒性、种子休眠性、红果皮、生活周期短等。

防治方法：

(1) 建立无杂草稻种子田 繁种单位在整地、育苗、田间防除等各个环节上都要严格操作，有杂草稻的水稻不能作种子。

(2) 水田秋翻深耕整地，翻旋结合 秋翻地是水田熟化土壤、防治病虫草害、减轻杂草稻为害的一项综合增产措施。连年旋耕是不可取的，至少也要2～3 年后深翻一年，翻旋结合，轮流进行。

(3) 育苗营养土和覆盖土最好取自园田或旱粮田 如用水田土，则要用高温发酵法配制，防止育苗土中带有杂草稻种。

(4) 移栽前用化学药剂封闭 移栽前用噁草酮等封闭灭草，可有效地防除杂草稻，一般效果在 65%～70%。但各地选药时必须首先试验，确定药剂选择、施用量、安全施用时间等，既要安全，又能起到防除杂草稻的作用。施药时间应在移栽前 5～10 天。

(5) 人工拔除 人工拔除是彻底根治杂草稻的重要措施之一。从苗田到本田要多次进行，出穗后再进行一次彻底拔除。

615. 水稻秧田常用的除草剂有哪些？

有杀草丹、敌稗、氰氟草酯、灭草松等。在旱育苗床出苗前施药对水稻安全，水稻出苗后用敌稗、氰氟草酯、敌稗＋草达灭安全，灭草松在出苗后应用防阔叶杂草，对水稻安全。新马歇特（丁草胺＋安全剂）苗前使用防稗草，对水稻安全。

616. 水稻本田常用的除草剂有哪些？

以稗草为主，除草剂应选用防稗草为主的除草剂，如草灭达、莎稗磷、环庚草醚、丙草胺、苯噻草胺、唑草酮、草酮、四唑草胺等。杂草有稗草、稻稗、泽泻、雨久花、异型莎草、牛毛毡等，应选用上述杀稗剂与吡嘧磺隆、苄嘧磺隆、乙氧磺隆、环胺磺隆、醚磺隆等。

617. 莎稗磷（阿罗津）可防治哪些杂草？如何使用？

莎稗磷的商品名为阿罗津，可在水稻移栽田使用，防除 3 叶期以前的稗草、千金子、一年生莎草、牛毛毡等，但对扁秆藨草无效。对水稻安全，药剂持效期 30 天左右。

使用方法：水稻移栽后 4～8 天，稗草 2.5 叶期以前施药，施药时应排干田水喷雾，施药 24 小时后复水，以后正常管理。用 30%莎稗磷乳油900～1 000 毫升/公顷（有效成分 270～315 克），加水 450 升喷雾，或拌土

（沙）施药。用毒土法施药，施药时应保持浅水层。

莎稗磷与乙氧磺隆混用，30％莎稗磷乳油 675～900 毫升/公顷加 15％乙氧磺隆水分散粒剂 90 克，于水稻插秧后 5～7 天拌毒土均匀撒施于稻田，施药后保持 3～5 厘米水层 5～7 天。对稗草、莎草及部分阔叶杂草有较好效果。

▌618. 丁草胺（马歇特、灭草特）可防治哪些杂草？如何使用？

丁草胺的商品名通常有马歇特、灭草特等。为选择性芽前除草剂，通过杂草幼芽和幼小的次生根吸收，抑制蛋白质的合成，使杂草死亡。主要用于稻田防除一年生禾本科杂草和一年生莎草科杂草，及某些一年生阔叶杂草，如稗草、千金子、异型莎草、碎米莎草、水葱、萤蔺、牛毛毡、节节草、鸭舌草等。对三棱草、野慈姑等多年生杂草则无明显的防效。一般施用丁草胺的正确方法是：

（1）水稻秧田或直播田平整土地后，一般在播种前 2～3 天，每亩用丁草胺有效成分 45～60 克，对水 50 千克喷雾于土表。喷雾时田间灌浅水层，药后保水 2～3 天，排水后播种。

（2）移栽稻田在插秧后 3～5 天，稗草萌动高峰期，每亩用丁草胺有效成分 45～60 克，采用毒土法撒施，撒施田间灌浅水层，药后保水 5～6 天，对雨久花等阔叶杂草较多的稻田，也可将丁草胺与 10％苄嘧磺隆混用。每亩用 60％丁草胺乳油 50 毫升加 10％苄嘧磺隆可湿性粉剂 20～30 克，采用毒土或喷雾法，施药时间可比单用丁草胺推迟 2 天。

▌619. 四唑酰草胺可防治哪些杂草？如何使用？

防治禾本科杂草（稗草、千金子）、莎草科杂草（异型莎草、牛毛毡）和阔叶杂草（鸭舌草）等。

使用方法：适用于水稻移栽田、抛秧田、直播田。水稻直播田苗后、移栽田插秧后 0～10 天、抛秧田抛秧后 0～7 天，在稗草苗前至 2.5 叶期施药，每亩用 50％四唑酰草胺可湿性粉剂 13～26 克（有效成分 6.5～13 克），毒土法或喷雾均可。使用毒土法时，需保证土壤湿润，即田间有薄水层，以保证药剂能均匀扩散。

▌620. 禾草敌（禾大壮、草达灭、禾草特）可防治哪些杂草？如何使用？

禾草敌商品名禾大壮、草达灭、环草丹、杀克尔、禾草特等，适用于水稻田防除稗草、牛毛草、异型莎草等。对稗草有特效，而且适用时期较宽，但杀草谱窄。

使用方法：

（1）秧田和直播田使用 可在播种前施药，先整好田，做好秧板，然后每亩用 96％禾草敌乳油 100～150 毫升，对细润土 10 千克，均匀撒施土表并立即混土耙平。保持浅水层，2～3 天后即可播种已催芽露白的稻种。以后进行正常管理。也可在稻苗长到 3 叶期以上，稗草在 2～3 叶期时，每亩用 96％禾草敌乳油 100～150 毫升，混细潮土 10 千克撒施。保持水层 4～5 厘米，持续 6～7 天。如稗草为 4～5 叶期，应加大药量到 150～200 毫升。

（2）插秧田使用 水稻插秧后 4～5 天，每亩用 96％禾草敌乳油 125～150 毫升，混细潮土 10 千克，喷雾或撒施。保持水层 4～6 厘米，持续 6～7 天。自然落干，以后正常管理。

621. 丙草胺（扫弗特、瑞飞特）可防治哪些杂草？如何使用？

丙草胺的商品名为扫弗特、瑞飞特。可用于防除千金子、稗草、异型莎草、日照飘拂草、牛毛毡、水苋菜、窄叶泽泻、节节菜、萤蔺、鸭舌草、茨藻等水田杂草。对水芹、眼子菜、矮慈姑、野慈姑、绿藻等无效。对多年生扁秆藨草、荆三棱草等防效也很差。

使用方法：

每亩秧田用 30％丙草胺 75～100 毫升（有效成分 22.5～30.0 克），每亩直播田用 100～115 毫升（有效成分 30.0～34.5 克）。丙草胺的安全剂主要通过根吸收。因此，水稻直播田和育秧田必须进行催芽以后播种，在播种后 1～4 天施药，才能保证水稻安全。在大面积使用时，可在水稻立针期后喷雾，以利于安全剂的充分吸收。抛秧田丙草胺的施药方法以喷雾为主，每亩喷水量以 30 升为宜，以保证喷雾均匀。喷雾时田间应有泥皮水或浅水层，施药后要保水 3 天，以利药剂均匀分布，充分发挥药效。3 天后恢复正常水分管理。施药时期是在水稻扎根后与稗草 1.5 叶期。

622. 灭草松（苯达松、排草丹）可防治哪些杂草？如何使用？

灭草松商品名为苯达松、排草丹，可用于防除水田中多年生深根性杂草，如矮慈姑、三棱草、萤蔺等，对水稻安全性较好。

水稻直播田、插秧田均可使用。使用方法视杂草类群、水稻生长期、气候条件而定。移栽田插秧后 20～30 天，直播田播种后 30～40 天，杂草 3～5 叶期，每亩用 48％灭草松水剂 133～200 毫升，或 25％灭草松水剂 300～400 毫升（有效成分 64～96 克），对水 30 升喷施。施药前把田水排干使杂草全部露出水面，选高温、无风晴天喷药，将药液均匀喷洒在杂草上，施药后 4～6 小时药剂可渗入杂草体内。喷药后 1～2 天再灌水入田，恢复正常水分管理。该药防除莎草科杂草和阔叶杂草效果显著，对稗草无效。

623. 噁草酮（农思它）可防治哪些杂草？如何使用？

噁草酮的商品名是农思它，主要通过杂草幼芽和茎叶吸收而起作用，在有光的条件下能发挥良好的杀草活性。用于稻田防除稗草、千金子、雀稗、异型莎草、鸭跖草、雨久花、泽泻、矮慈姑、节节菜、牛毛毡、萤蔺、日照飘拂草、小茨藻等多种一年生杂草及少部分多年生杂草。具体使用方法如下：

（1）水稻移栽田 最好是在移栽前使用，即在耕地之后进行耢平，趁水浑浊，用12％噁草酮乳油原瓶直接甩施或每亩用25％噁草酮乳油加水15升配成药液均匀泼浇。施药与插秧至少要间隔2天。也可每亩用12％噁草酮乳油200～250毫升，或用25％噁草酮乳油100～120毫升（有效成分24～30克），或每亩用12％噁草酮乳油100毫升加60％丁草胺乳油80～100毫升（有效成分12克＋48～60克），加水45～60升配成药液均匀喷施。

（2）水稻旱直播田 在播后苗前或稻苗长至1叶期、杂草1.5叶期左右时，每亩用25％噁草酮乳油100～200毫升（有效成分25～50克），或用25％噁草酮乳油70～150毫升加60％丁草胺乳油70～100毫升（有效成分17.5～37.5克＋42～60克），加水45～60升配成药液均匀喷施。

624. 苄嘧磺隆（农得时、威农）可防治哪些杂草？如何使用？

苄嘧磺隆的商品名通常有农得时、威农等。苄嘧磺隆可防除雨久花、野慈姑、慈姑、矮慈姑、泽泻、眼子菜、节节菜、窄叶泽泻、陌上菜、日照飘拂草、牛毛毡、花蔺、萤蔺、异型莎草、水莎草、碎米莎草、扁秆藨草、藨草、小茨藻、四叶萍、水马齿、三萼沟繁缕等。对稗草、稻李氏禾、狼把草、日本藨草等也有抑制作用。具体施用技术如下：

（1）移栽田插前插后分期施药 插前5～7天，每亩用30％苄嘧磺隆可湿性粉剂10克加30％莎稗磷乳油40～50毫升，或10％环庚草醚乳油10～15毫升进行封闭；插后10～15天，扁秆藨草株高4～7厘米时，每亩用30％苄嘧磺隆可湿性粉剂10～15克加30％莎稗磷乳油40毫升，或10％环庚草醚乳油10～15毫升，或80％丙炔恶草酮可湿性粉剂4克，或60％丁草胺乳油80～100毫升，或96％禾草敌乳油100毫升混施。

（2）移栽田插后分期施药 插后5～8天水稻缓苗后，每亩用30％苄嘧磺隆可湿性粉剂10克加30％莎稗磷乳油60毫升，或10％环庚草醚乳油15～20毫升，或96％禾草敌乳油100～133毫升，或50％二氯喹啉酸可湿性粉剂30～40克混施。第一次施药10～15天，扁秆藨草株高4～7厘米时，再用30％苄嘧磺隆可湿性粉剂10～15克进行第二次施药。

(3) 直播田分期施药 播催芽种子后 5～6 天施第一次药，每亩用 30％苄嘧磺隆可湿性粉剂 10 克。第二次施药于晒田灌水 3～5 天，每亩用 30％苄嘧磺隆可湿性粉剂 10～15 克加 96％禾草敌乳油 100～133 毫升，或 50％二氯喹啉酸可湿性粉剂 30～35 克混施。

(4) 直播田晒田后分期施药 晒田复水后 1～3 天，每亩用 30％苄嘧磺隆可湿性粉剂 10～15 克加 96％禾草敌乳油 100～133 毫升；第一次施药后 10～20 天，扁秆藨草、三江藨草等株高 4～7 厘米时，施第二次药，每亩再用 30％苄嘧磺隆可湿性粉剂 10～15 克。苄嘧磺隆与丁草胺、禾草特、莎稗磷、环庚草醚等混用可采用毒土、毒沙法施药，施药后保持水层 3～5 厘米，最好水层不要淹没水稻心叶，稳定 7～10 天。苄嘧磺隆与二氯喹啉酸混用前 2 天放水干田，采用喷雾法施药，施药后 2 天放水回田，保持水层 3～5 厘米，稳定 7～10 天。

625. 吡嘧磺隆（草克星）可防治哪些杂草？如何使用？

吡嘧磺隆的商品名是草克星。吡嘧磺隆杀草谱广、药效稳定、安全性高，主要用于水稻秧田、直播田及移栽田，可用于防治鸭舌草、节节菜、陌上菜、萤蔺、牛毛草、异型莎草、碎米莎草、扁秆藨草、泽泻、野慈姑、矮慈姑等一年生杂草和部分多年生杂草，对小龄稗草也有较强的抑制作用。

使用方法：一般秧田在播种至秧苗 3 叶期，每亩用 10％吡嘧磺隆可湿性粉剂 10～15 克，对水喷雾。若以防除稗草为主，则宜在播种后用药，并应选用上限剂量。若稗草特别严重，则可在水稻 2～3 叶期与 20％二氯喹啉酸可湿性粉剂 20 克混用。

移栽田使用，一般在水稻移栽后 7～10 天，每亩用 10％吡嘧磺隆可湿性粉剂 10～14 克，拌土均匀撒施。防除稗草必须掌握在稗草 1 叶 1 心期前施药。稗草密度特别高的地块，应另加 50％二氯喹啉酸可湿性粉剂 20 克毒土撒施，或者与 60％丁草胺乳油 65～85 毫升混用。

626. 乙氧嘧磺隆（太阳星）可防治哪些杂草？如何使用？

乙氧嘧磺隆也叫乙氧磺隆，商品名为太阳星。主要用于防除一年生阔叶杂草、莎草科杂草及藻类，如鸭舌草、水绵、雨久花、日照飘拂草、牛毛毡、水莎草、碎米莎草、萤蔺、藨草、扁秆藨草、眼子菜、野慈姑、狼把草、节节菜、泽泻、鳢肠、四叶萍、小茨藻、谷精草、野荸荠、水苋菜等。

使用方法：北方移栽稻田、直播田每亩施 10～15 克，先用少量水溶解，稀释后再与细沙土拌均匀，撒到 3～5 厘米水层的稻田中。施药后保持浅水层 7～10 天，只灌不排，保持药效。喷雾法施药时，插秧田和抛秧田在移栽后

10～20 天，直播田在 2～4 叶期，排干水喷雾，药后 2 天恢复水层管理。

627. 嘧啶肟草醚可防治哪些杂草？如何使用？

嘧啶肟草醚是广谱型除草剂，具有杀草谱广、杀草活性高、对水稻安全的特点。对稻李氏禾、匍茎剪股颖、稗等水田禾本科恶性杂草有特效，对泽泻、野慈姑、眼子菜、雨久花、狼把草、萤蔺、针蔺、牛毛毡、异型莎草具有良好的防除效果，对三棱草也有一定的效果。在掌握好用药时期和用药量的前提下，一次喷药基本可防除水田绝大部分杂草。嘧啶肟草醚在水稻直播田、插秧田均可使用，一般最佳用药时期为 6 月 20 日至 7 月初，在杂草基本出齐时采取茎叶喷雾（不能用毒土、毒肥法）。

使用方法：施药前 1～2 天排干水，让杂草茎叶充分露出水面后，每公顷用 5％嘧啶肟草醚乳油 0.9～1 升对水喷雾，1～2 天后灌水，保持 5～7 厘米水层 5～7 天，然后正常管理。嘧啶肟草醚属迟效性除草剂，用药后 7～10 天杂草才表现出受害症状。使用嘧啶肟草醚后有的地块会出现水稻叶片褪绿变黄，但 2～3 天后恢复生长，对水稻产量没有影响。

628. 醚磺隆（莎多伏）可防治哪些杂草？如何使用？

醚磺隆的商品名是莎多伏。醚磺隆可以防除水田中的水苋菜、异型莎草、慈姑属杂草、扁秆藨草、萤蔺、藨草、尖瓣花、绯红水苋菜、水生繁缕、花蔺、鳢肠、三蕊沟繁缕、牛毛毡、水虱草、丁香蓼、鸭舌草、眼子菜和浮叶眼子菜、碎米莎草、针蔺、节节菜、瓜皮菜和三叶慈姑等杂草。使用方法是插秧后 10～15 天用 20％醚磺隆水溶性颗粒剂 6.5 克毒土法撒施，药后保持水层 5～7 天。

629. 二氯喹啉酸（快杀稗）可防治哪些杂草？如何使用？

二氯喹啉酸的商品名是快杀稗。二氯喹啉酸主要用于防除稻田稗草，对鸭舌草、水芹、田皂草、田菁、臀形草、决明和牵牛类杂草也有一定的防除作用，但对莎草科杂草的效果差。黑龙江寒地稻作区使用该药易发生药害，使用时应特别慎重。

（1）秧田及水直播田在稻苗 3～5 叶期、稗草 1～5 叶期内，每亩用 50％可湿性粉剂 20～30 克，加水 40 千克，在田中无水层但湿润状态下喷雾，药后 24～48 小时复水。稗草 5 叶期后，应适当加大剂量。

（2）旱直播田使用，在直播前每亩用 50％可湿性粉剂 30～50 克，加水 50 千克喷雾，施药后保持浅水层 1 天以上或保持土壤湿润。出苗后至 2 叶 1 心期易发生药害，不宜施用此药。

（3）移栽本田使用，插秧后就可用药，一般在移栽后 5～15 天，每亩用 50％可湿性粉剂 30～50 克，加水 40 千克，排干田水后喷雾，施药后隔天灌浅层水，不仅能防除散稗，对夹心稗也有很显著的效果。

630. 2甲4氯钠盐可防治哪些杂草？如何使用？

2 甲 4 氯钠盐可用于防除水田扁秆藨草、鸭舌草、泽泻、野慈姑及其他阔叶杂草，使用方法：东北地区防治阔叶杂草和扁秆藨草时，每亩移栽稻田分别用 2 甲 4 氯钠盐有效成分 30～60 克和 50～70 克，一般在 7 月上旬施药。与敌稗（有效成分分别为 21 克和 150 克）混用时，在移栽后 3 周，加水 15～30 千克茎叶喷雾。实践证明，在以扁秆藨草、三棱藨草为主，兼有阔叶杂草的田块，2 甲 4 氯钠盐与灭草松混用是行之有效的。在水稻分蘖末期，每亩加 48％灭草松水剂 100 毫升（有效成分分别为 20 克和 48 克）进行茎叶处理，效果较好。在直播田，为了防除稗草和小三棱草，可在稻苗分蘖期每亩用 20％ 2 甲 4 氯钠盐水剂 50～75 毫升、20％敌稗乳油 400～650 毫升，混合后加水均匀喷雾。一般在稗草处于 2 叶期及时施药，防除效果比较理想。稗草超过 3 叶，应适当增加混合药剂中敌稗的用量。

631. 除草剂按发生时期分药害有几类？

按发生药害的时期可以分为直接药害和间接药害两类。直接药害是指使用除草剂不当，对当季、当时作物所造成的药害。间接药害也叫二次药害，是指在使用除草剂后，对下季、下茬作物所发生的药害，如麦田使用氯磺隆，油菜田使用胺苯磺隆对下茬水稻的药害。

632. 除草剂按发生的时间和速度分药害有几类？

急性药害：施药后数小时或几天内即表现出症状的药害，如百草枯飘移到农作物、乙羧氟草醚对大豆的药害。

慢性药害：施药后 2 周或更长时间，甚至在作物收获时才表现出症状的药害，如 2 甲 4 氯水剂过晚施用于稻田，至水稻抽穗或成熟时才表现出症状。

633. 除草剂按症状表现分药害有几类？

隐患性药害：药害并未在形态上明显表现出来，难以直观测定，但最终造成产量和品质下降，如丁草胺对水稻根系的影响造成每穗粒数、千粒重等下降。

可见性药害：肉眼可分辨的在作物不同部位形态上的异常表现。这类药害还可分为激素型药害和触杀型药害。激素型药害主要表现为叶色反常变绿或黄化，生长停滞、矮缩，茎叶扭曲、小叶变形甚至死亡，如2，4-滴丁酯、2甲4氯、麦草畏、禾草丹、二氯喹啉酸、氯氟吡氧乙酸等引起的药害。触杀型药害主要表现为组织出现黄、褐、白色坏死斑点，直到茎、叶鞘、叶片及组织枯死，如百草枯、敌草隆等除草剂引起植物叶片发红、发黄、发灰、发白等症状。

634. 除草剂按除草剂的作用机制分药害有几类?

按除草剂对作物产生药害的作用机制可以分为生长调节剂药害、光合作用抑制剂药害、氨基酸生物合成抑制剂药害、脂肪生物合成抑制剂药害、幼苗生长抑制剂药害、细胞膜干扰抑制剂药害及色素合成抑制剂药害七类。

635. 稻田常用除草剂产生药害的原因有哪些?

在水稻生产中，由于除草剂的误用、过量使用、使用时期不当、长效除草剂残留、土质与人为管理不当等方面的因素，经常发生药害。引起除草剂药害的常见原因与表现如下：

（1）由于在低温、深水灌溉、稻株发育不良的条件下使用激素型除草剂，如2甲4氯、2，4-滴丁酯等，易造成水稻葱管叶，根系生长及分蘖受到抑制。

（2）在高温或沙土及沙壤土吸附能力小的田块、透水不良的极端还原态水田、极端浅水或深水、弱苗或稻株发育不良的条件下使用均三氮苯类除草剂，如西草净、扑草净、戊草净等，易造成水稻从下叶由叶尖开始枯黄，抑制分蘖，主茎新叶枯黄，进而全株枯死。

（3）秧田不平或直播田田间积水时应用酰胺类除草剂，如丙草胺、丁草胺等，易造成水稻幼芽扭曲、弯曲呈钩状。

（4）酰胺类除草剂在漏水田、浅水浅栽、29℃以上极端高温与温度剧变条件下施用，水稻发生严重的矮化、生长与分蘖受到抑制等药害症状。酰胺类除草剂，如敌稗等，施药前后10日内使用有机磷类及氨基甲酸酯类农药，稻株会产生叶尖枯黄凋萎，迅速蔓延至整个叶片而枯死。过量使用噁草酮，水稻呈现叶片斑枯，心叶枯死，生长受严重抑制等症状。

预防药害发生的重要措施是避免过量使用。应根据土壤与气候条件调节好用药量；正确掌握用药适期，调节好喷雾器械，均匀喷雾；施用长效除草剂后，合理安排后茬作物。

636. 丁草胺（马歇特）和禾草特（禾大壮）产生药害的症状有哪些?

轻度药害表现为心叶扭卷、弯曲、缩短，根系短小，植株矮缩，叶色褪绿，分蘖受抑制；药害严重时，叶片呈深绿色，叶片由外向内沿叶脉卷曲成筒状，根系变褐坏死，无分蘖或新生分蘖受葱状叶包裹而不能抽出，在分蘖节处扭曲横向生长，使分蘖节处变粗、变形；重度药害还可使叶片枯黄，无分蘖，水稻根变黄，新根生长受到抑制，严重时可出现死苗。

637. 苯噻酰草胺（除稗特、盖丁特）产生药害的症状有哪些？

该除草剂药害与丁草胺药害相似，心叶的叶鞘和叶片缩短，叶色褪绿，植株矮缩，分蘖少而变小、弯曲，根系细小，生长缓慢，严重时可造成死苗。苗期药害则表现为植株严重矮缩，叶色深绿，生长停滞。

638. 苄嘧磺隆（农得时）产生药害的症状有哪些？

心叶和嫩叶褪绿转黄并缩短，下部叶片早枯，植株矮缩，分蘖减少，根系略微缩短，受害严重时，大部分叶片黄枯，植株严重矮缩，生长停滞。

639. 吡嘧磺隆（草克星）产生药害的症状有哪些？

心叶和嫩叶褪绿转黄并缩短，植株矮缩，根系变短，或者根尖稍变粗，新生根垂直，分蘖节长出，长短一致、排列整齐，呈瓶刷状，受害的时间持续较长。

640. 二氯喹啉酸（快杀稗）产生药害的症状有哪些？

二氯喹啉酸为内吸性除草剂。秧田期土壤处理药害表现为苗前芽鞘弯曲；出苗后芽鞘变褐早枯，茎叶弯曲、扭卷，幼苗矮缩，根系短小并显著减少。秧田期茎叶处理药害，往往在移栽前没有表现，移栽后表现出叶片纵向卷曲，呈葱筒状，分蘖突然中止，不发新根，或新根伸长缓慢。若不及时采取措施，会造成死苗。本田期茎叶处理，施药量过大或者重复施药产生药害，表现为心叶、嫩叶扭曲、纵卷或变为葱叶状，植株矮缩，根系变短，受害严重时，新生叶变黑，萎缩扭曲而窝在外层叶鞘中久不伸出，致使植株生长停滞或逐渐枯死。

641. 敌稗产生药害的症状有哪些？

敌稗属于触杀性药剂，产生药害后植株叶色发黄，明显矮缩，心叶不能抽出，分蘖受到抑制，严重时植株褪绿、枯黄或出现灼伤斑，甚至成片枯死。

642. 噁草酮（农思它）产生药害的症状有哪些？

用噁草酮拌土撒施或甩施，受害水稻表现为触水叶鞘、叶片产生幔帘形状棕褐色灼斑，植株生长缓慢，茎叶和根系都较细小。受害严重时，外层底叶变黄、变褐枯死，植株矮缩，分蘖减少。

643. 怎样避免产生除草剂药害？

预防除草剂药害发生的重要措施是避免过量使用药剂。应根据土壤、气候条件调节好除草剂用量，正确掌握用药适期，调节好喷雾器械，均匀喷雾；施用长效除草剂后，合理安排后茬作物。

(1) 坚持先试验后推广的原则 使用新除草剂之前必须进行试验，以明确该除草剂的防除对象、适用范围、施药方法、施用剂量或浓度和注意事项等。

(2) 尽量不要在作物耐药力差的时期施药 一般苗期和花期易产生药害。

(3) 掌握施药技术 严格按照规定剂量准确称量除草剂，配准药液浓度，稀释药剂要均匀，尽量采用中、低容量喷雾，保证喷药质量。

(4) 掌握好施药时间 避免在炎热的中午、风力大的天气条件下施用除草剂，以防雾滴飘移造成邻近作物药害。

(5) 正确辨别农药真伪 使用前查验商标和说明书，禁用伪劣除草剂。

(6) 合理混用除草剂 除草剂混用前应预先进行试验，以免产生药害、降低药效。

(7) 选用喷雾高质量的新型喷雾器 喷雾器用后要彻底清洗，用于喷洒除草剂的喷雾器须专用，不能用于喷洒杀虫剂、杀菌剂和植物生长调节剂、微肥等。

644. 除草剂混合使用时注意事项有哪些？

除草剂混合使用必须严格遵循以下原则：一是混用的除草剂必须灭杀草谱不同；二是混用的除草剂，其使用适期与方法必须相同；三是除草剂混合后，不能有沉淀、分层现象；四是除草剂混合后，其用量为单一量的 1/3～1/2。此外，对于不能互相混用的除草剂，采用分期配合使用的方法，也可以达到杀灭杂草的目的。

北方水稻旱育秧田育苗期间温度变化幅度大，易造成药害和生理性病害，对除草剂安全性要求严格。不安全的混配与混配制剂有丁草胺＋西草净、丁草胺＋苄嘧磺隆、丁草胺＋扑草净等。

北方水稻移栽田，不安全的混配与混配制剂有丁草胺＋吡嘧磺隆、丁草胺＋苄嘧磺隆、乙草胺＋苄嘧磺隆、甲草胺＋苄嘧磺隆、丁草胺＋扑草净、苄嘧磺隆＋异丙甲草胺、甲草胺＋苯噻草胺＋苄嘧磺隆、2 甲 4 氯＋灭草松等。

645. 哪些旱田长残效除草剂对水稻有影响？

当茬对作物造成药害的除草剂有效期较短，不对下茬作物造成药害。对后茬作物造成药害的除草剂叫长残效除草剂。这类除草剂的优点是除草效果好、杀草谱宽、用药量少、使用方便、用药成本低，其缺点是在土壤中残留时间长，一般可达 2～3 年，长的可达 4 年以上，在连作或轮作农田中使用极易造成后茬作物药害、减产，甚至绝产。长残效除草剂主要品种有莠去津、甲氧咪草烟、咪唑乙烟酸、氟磺胺草醚、氯嘧磺隆、嗪草酮、异草松、唑嘧磺草胺、西玛津等。

从前一年用过这类除草剂的地块取土育苗或者在这些田块直接种植水稻，都能造成残留药害。

646. 稻田池埂杂草如何防治？

水稻插秧前，每亩用 10％草甘膦水剂 2 400 毫升，或 41％草甘膦异丙铵盐水剂 60 毫升，对水喷施，可连根杀死芦苇等各种杂草，但见效慢。

水稻插秧后，每亩用 50％二氯喹啉酸可湿性粉剂 60～90 克加 26％ 2 甲 4 氯·灭草松水剂 200 毫升，或加 16％敌稗乳油 200～300 毫升，对水喷施于田埂杂草上，可防治多种杂草，对水稻安全。

647. 哪些除草剂易引起旱田改稻田长残留药害？

一般大豆田常用的除草剂有豆磺隆、咪草烟、广灭灵等。玉米田常用的除草剂有嗪草酮、莠去津等。这些农药在土壤中的残留期都在 1 年以上，若在这样的地块上种植水稻，就极易引起药害。因此，在旱田改种水田时，一定要在农药残效期过后再种水稻。

648. 移栽前怎样进行药剂封闭灭草？

水稻移栽前要做好药剂封闭灭草。具体方法：一是根据杂草种类选择对路的灭草药剂；二是土地面积、用药剂量都要准确，药剂的使用方法要严格按照产品说明和技术规程进行操作；三是封闭灭草要在插秧前 5～7 天进行，以确保移栽后秧苗安全；四是对于乳油型药剂，可在水耙地后，立即将对好水的药液用喷雾器施入田间，使药剂与泥浆充分混匀，沉降在耕层中，除草效果较好。也可用毒土法，即将药剂混拌在细土中，用塑料布闷 3～4 小时，然后均匀撒施在田面上，保持水层 5～10 厘米。

（编写人员：宋成艳、王桂玲、陆文静）

六、寒地粳稻直播栽培技术

649. 水稻直播有什么优势？

在世界农业大国中，水稻生产均采用直播技术。近年我国水稻直播技术发展很快，其优点主要是：直播属于轻简化栽培，是大农业发展的方向，其效益高、生产程序简单，能够节约资源、降低生产成本与劳动强度、易于机械化作业等。根据多年直播和插秧两种生产方式成本对比，扣除大棚建设成本、苗期用药用肥、插秧费用、育苗机械、人工管理等支出，直播平均每公顷节省4 000元左右的投入，而产量可以达到插秧方式生产的水平。

650. 黑龙江省稻作区是否适合水稻直播？

据记载，我国唐代的渤海国（今牡丹江附近）就已经种植水稻。黑龙江省近代的水稻种植历史也可以追溯到1895年，但直到20世纪80年代才开始大量推广使用插秧生产方式，在这之前一直使用直播方式生产水稻。也就是说，黑龙江省水稻种植的起源技术是直播技术，而不是插秧。因此，寒地稻区直播生产水稻是完全可行的。但是，历史上的直播主要以人工撒播为主要播种手段。由于土地不平整，没有平地机械等设备，农药种类少，适合直播除草的药剂更少，因此造成管理困难、保苗难、草害严重，这些都制约了水稻直播的发展。今天的直播技术研究应用仅仅是历史的延续和发展，但是与以往不同的是，由于科学技术的大幅度提升和应用，已经能够比较彻底地解决过去直播中遇到的困难。现在直播生产已经发展到了可以进行机械精量播种的程度，水稻产量和品质均得到了大幅度提升。直播作为寒地水稻生产的一种栽培方式，完全可以继续研究和推广应用。

651. 黑龙江省稻作区水稻直播技术发展状况如何？

20世纪80年代后，黑龙江省绝大部分地区均采用插秧技术生产水稻，但是在一些偏远地区，由于地多人少，生产上仍然保留了直播技术。随着土地流转速度加快，以家庭为主的生产单位获得的土地面积越来越大，水稻直播这种节本增效的生产方式必然会迅速发展。由于政策性的管控原因，具体直播面积不详，粗略估计当前黑龙江省直播稻面积应在400万～500万亩。

652. 水稻直播技术有哪几种类型?

按播种前有无泡田和水整地过程分为水直播技术和旱直播技术。水直播技术分为水穴播、水条播和撒播 3 种方式。旱直播技术按播种方式分为旱条播和旱穴播两种,按管理时畦面有无水层可分为旱播水管(也称水田旱播)和旱作技术两种方式。

653. 现今黑龙江省水稻直播田块产量如何?

由于寒地水稻直播技术研究较落后,各地农民往往仅凭经验进行操作,自发性很强,各地及农户之间产量差异很大,高产田块可达到 9 吨/公顷以上,个别年份可达 10 吨/公顷,低产田块有低至 5 吨/公顷以下的情况。

654. 水田旱播水管与旱作技术有哪些异同?

两种方式的相同点是播种时都没有泡田过程,畦面没有水层。两种播种方式的区别是播种之后的管理。旱播水管也称为水田旱播技术,播种完毕后上水,出苗 4 叶龄后建立水层,其后的管理程序与水直播稻田技术相同。而旱作技术在整个生育期内并不建立水层,其管理方式与旱田作物如玉米、小麦的管理没有什么不同,适用于水资源短缺地区。

655. 水直播技术和旱作技术各有什么优缺点?

水直播出苗速度快、整齐,播前有封闭过程,可较好地控制杂草,稻谷品质变化不大;缺点是抗倒伏性较差,对整地技术要求较高。旱作对整地技术要求不是很高,对地形要求不高,抗倒伏性较好,容易保苗;缺点是出苗较慢,苗期生长较慢,播前无封闭过程,杂草的控制难度较大,生产的稻谷出米率不高、品质下降。

656. 水直播技术的三大技术难点是什么?

全苗难、除草难、易倒伏,这是水直播技术的三大技术难点。因此,生产上应特别注意掌握好全苗、除草、施肥、健壮栽培等技术措施。解决上述难点的关键技术是整地技术,直播田面越平整,管理越容易,丰产性越好。

657. 水穴播、水条播和撒播的优缺点是什么?

水穴播的优点是抗倒伏性相对较强,大穗,播量容易控制,节约种子;缺点是生育期延长 2 天左右,苗期保苗难度增加。撒播的优点是操作简单,人工即可;缺点是播种量和均匀度难以控制,浪费种子,抗病、抗倒伏性弱等等。

水条播需机械化操作，操作简单，平衡了上述水穴播和撒播的优缺点，是目前黑龙江省水直播技术应用最广泛的方式。

658. 寒地稻作区水稻直播可以使用机械播种吗？

水直播农机具一般为水条播机，6～16播孔，有相当一部分为农民自制。黑龙江省一般参照小麦播种机改装旱播机，近年有部分单位和农户引进了其他省份的直播机械，有一定的效果，这些直播机械的优点值得黑龙江省内研究机械制造的同行借鉴。激光平地机对大面积作业效果显著，但是在直播栽培方面使用很少，对于大面积水直播和旱直播将起到较大的作用。

659. 水直播技术和旱直播技术对品种有什么要求？

水旱直播都要求使用早熟优质、低温芽势强、耐寒、抗倒伏能力强、根系发达、后期灌浆快、抗病的品种。旱直播还要求品种抗旱性和拱土能力强。

660. 直播对田间地面及翻耙地有什么要求？

直播对地面平整度要求高，水稻出苗前要对水层严格管理，地面落差要求不超过5厘米。水直播还要防止因种子裸露地表导致缺水晒芽干死，同时防止深水区种子窒息或漂苗。田面不平整也会影响田间除草效果和肥效利用。旱直播要求水管的地面一定要平整，以便于水层管理、施肥和除草等操作。

661. 直播田何时泡田、耙地及播种？

黑龙江省水直播每年4月下旬是开始泡田的最佳时期，平耙地时间在4月末，不超过5月5日，最佳播种期一般选择在5月5～15日进行，能够保证水稻正常成熟。旱直播在4月中下旬开始整地，5月1日左右播种。

662. 怎样选择浸种药剂？

直播稻种子的浸种药剂与插秧稻田的浸种药剂相同，直播稻可以浸种消毒（如咪鲜胺类），也可以包衣消毒。浸种消毒常用药剂有咪鲜胺类、吡虫啉等，可预防稻瘟病、恶苗病及线虫等病虫害；种子包衣消毒可选用精甲霜灵、咯菌腈或氰烯菌酯等，预防稻瘟病、恶苗病及立枯病等，对绵腐病也有预防作用。

663. 直播稻种子必须催芽吗？

如果是旱直播最好催芽，以免因环境变化影响出芽速度和整齐度。水直播以催芽至露白为最佳状态，如果播种时间紧急，也可以不催芽，但一定要浸种消毒或包衣。

664. 播前种子包衣有哪些方法?

种子包衣分为干种子包衣、催芽前包衣与催芽后包衣 3 种,具体采用哪种方式、用量和具体操作流程,一定要看所购买包衣剂的使用说明。以下为部分包衣剂的使用说明,供参考。

(1) 干种子包衣 包衣药剂加水稀释,拌干种,阴干后浸种,一浸到底,种子捞出后按常规办法催芽播种,一般多采用干种子包衣。

(2) 催芽前包衣 按常规方法将水稻种子浸泡至充分吸水后,捞出晾干,包衣药剂对水稀释均匀,再倒入浸好的种子,拌至均匀着色,然后进行催芽播种。

(3) 催芽后包衣 种子晾晒 2 天后用温水浸种 2 天,催芽 2 天,均匀包衣后再阴干 2 天。此种做法用药较少,成本较低。

665. 直播是否需要施基肥? 怎样施?

水稻直播也需要施用基肥,用量根据各地土壤情况有所不同,笔者推荐使用磷酸氢二铵和氯化钾或硫酸钾,也可以使用腐熟的农家肥和有机肥。磷酸氢二铵一般用量在 100～150 千克/公顷,氯化钾或硫酸钾用量在 50～75 千克/公顷。平耙地之前施入田块中。农家肥一般用量为 15～30 吨/公顷。有机肥则根据产品含量确定施用量,可以全部或部分替代化肥的使用。

666. 直播稻田杂草种类与插秧田相同吗? 主要应用什么类型除草剂?

插秧田所有杂草种类均可在直播田中发生,但是直播田杂草防治更为困难,黑龙江省稻田草害种类主要有禾本科、莎草科及阔叶类、水生低等藻类共计 4 类。针对防治以上稻田杂草,除草剂主要使用以下 3 类,即禾本科除草剂(亦称杀稗剂)、阔叶类及莎草科除草剂和广谱除草剂。

667. 水直播如何封闭施药?

水直播田可利用泡田的有利条件,整地后进行除草封闭,能够控制大部分种类杂草危害,否则遇春季低温年景,后期除草困难。对于封闭药剂的选择一定要谨慎,播前封闭的药剂均具有杀芽功效,因此必须选择对水稻安全的封闭药剂,一般封闭后 7 天方能播种,如遇封闭期间天气阴雨不晴,还需延长封闭期。施药方式一般分为两种,一种为整地沉降后,封闭药剂对水吡溜入田的清水施药方式;另一种为整地后立即灌水,在沉降前对水吡溜或拌土甩施封闭药剂入田的浑水施药方式。清水施所用药液一般均含有沉降剂,促进药剂沉入水底土壤表层形成药剂膜,控制杂草发芽;浑水施所用药液,通过浑水的充分吸附,沉淀土表形成药膜层,从而达到封闭效果。一些药品还含有扩散剂和安全剂。有些药品尽管主要成分一样，但不一定都可以用于直播田封闭。

668. 可做水直播封闭的药剂有哪些?

推荐水直播田的封闭药剂主要有禾草敌、噁草酮、吡嘧磺隆、嘧草醚等。使用丁草胺和丙草胺时，其安全性差，一定要在小面积试验得出用量结果后再大面积应用。环胺磺隆在播后使用。

669. 气温与出苗有什么关系? 怎样选择播种时机?

气温是影响出苗速度的关键。播种后，天气晴朗，白天温度达到 25℃ 以上，种子 3 天露白。旱直播 20 天左右出苗，水直播 10 天左右立针。如遇播后低温寡照，种子出苗的时间会延长，如旱直播 30 天内不出苗、水直播 15 天不立针，则应注意种子是否霉烂变质。

选择适当的播种时机是保证水稻正常出苗、直播成功的关键。建议播种不能选在长期低温时段的前期，5 月 5～15 日期间，可根据天气预报的温度情况，选择连续 3 天以上的晴好天气的前两天播种，播种最晚不要超过 5 月 20 日，以最大限度地保证水稻安全成熟。

670. 机械直播时田间应处于什么状态?

机械水直播稻田播种前要进行排水工作，播种前 24 小时排净田间明水，播种时田间无水层且泥土呈烂糊状为最佳播种状态。旱直播要求田间没有土坷垃，保证种子能正常被覆盖，有灌溉条件或采取旱播水管方式的田面落差不要超过 5 厘米。

671. 播种后怎样进行水层管理?

水直播的稻田必须保证田面平整，田面落差最好不超过 3 厘米，最大落差不要超过 5 厘米，播种后上水，水层 1～3 厘米。旱直播后不需要建立水层或没有灌溉条件的田块，土壤含水量需达到 70% 以上。有灌溉条件或采用水田旱播方式的田块播后漫灌一次或建立 1～5 厘米水层，然后可自然落干，保持土壤湿度，不产生龟裂。

672. 怎样确定直播田的播种量?

采用水穴播，播种量一般在 70～120 千克/公顷；采用水条播，播种量一般在 120～150 千克/公顷；撒播的播种量要大一些，正常在 150～200 千克/公顷。旱条播播种量在 200 千克/公顷左右，旱穴播一般在 150 千克/公顷，当然播种量也和所使用的农机具及当地的气候条件有关，如气候较为干旱，使用密植型机械下种量可能还要大一些。

673. 怎样防治鼠害和鸟害?

播种后可能随即发生鼠害和鸟害,发生严重时则需要灭鼠和驱鸟。灭鼠可以在大米中混入液态或粉末状灭鼠药,加入豆油和香油,对水搅拌,放入容器中(最好能防雨)摆放在田间。鸟害主要是野鸭子造成,水直播稻田拌红色种衣剂的种子最易受害,野鸭于食之即被毒死,可人工看管、燃放鞭炮、悬挂鹰形风筝驱赶或是喷洒驱鸟剂。鼠害和鸟害可同时防治的方法为:播种时芽种混拌丁硫克百威,播种后在田间池埂周围喷洒驱避剂(主要成分为驱鼠和驱鸟香精及苦味剂),然后每隔 4 米左右投放一小堆毒鼠饵料(有效成分为茚满二酮类抗凝血剂)。注意:防鼠害也是非常重要的,4 叶龄之前做到每天田间池埂都存有有效鼠药。

674. 水直播出苗后怎样晾田?

水直播出苗后一般要有晾田的过程,水稻立针出苗后,第一片真叶展开,自然落干,但保持田间仍处于烂糊状,我们称为晾田,以促进根系生长和下扎,防止后期倒伏。2 天后上水 1～3 厘米正常管理。

675. 幼苗期的水直播田为什么采用晾田方式而不建议晒田?

水直播田由于种子裸露于地表,幼苗根系大部分也裸露于地表,如果通过晒田的方式促根生长,反而会因幼根过于柔嫩,致使裸露部分的根系失水干枯,造成枯苗或幼苗发育延缓。因此,只能通过短时间晾田来促进幼苗扎根,这样既可以控制倒苗,又可以增强植株后期的抗倒伏力。

676. 旱作直播前茬稻田草害严重怎么办?

采用两种有效方法防除杂草:一是播种前灭草法。前茬为荒田或杂草易滋生的田块,播种前 7～10 天用草甘膦对水喷雾,用法及用量参照产品使用说明书。二是秋收后除草法。即在秋天收获后,把田间稻秸清理干净,使用草甘膦向田面喷雾。

677. 晾田后怎样防治杂草?

晾田后,稻田稗草开始萌发生长,水稻生长至 2～3.5 叶期可苗后封闭,药剂可使用丙草胺、吡嘧磺隆、禾草敌等。水稻生长至 6 叶期左右,即 6 月中旬,可茎叶喷雾除草,药剂可用氰氟草酯、杀草丹、二氯喹啉酸、五氟磺草胺、苯达松等防治。

苗后封闭除草方法：30％丙草胺乳油 2 000 毫升/公顷＋6％嘧草醚 1 500 毫升/公顷＋10％吡嘧磺隆可湿性粉剂 250～300 克/公顷。

茎叶喷雾除草方法：除草剂使用 48％灭草松水剂 2 000 毫升/公顷＋17％五氟·氰氟草酯 1 500 毫升/公顷＋50％二氯喹啉酸 300 克/公顷。

678. 怎样实现直播稻田的保苗率？

直播田能否保住全苗是稻田前期管理的核心问题，水直播和水田旱播地块的关键是土地平整问题，田面落差越大，保苗管理越是困难。特别是种子直播稻田地表要注意防晒、防鼠和防鸟害。

解决办法：水直播和水田旱播地面落差大的农田，水直播应保持裸露地表刚好浸到水，立针后马上排水。但如果落差过大，超过 10 厘米的田块不宜用此法。落差过大的稻田，为保证最大出苗率，可排灌反复进行；有浇水或灌溉条件的旱直播稻田，应保证土壤墒情，确保顺利出苗即可。

679. 直播水稻不出苗的原因是什么？

直播水稻不出苗的原因主要包括以下几种：

①除草剂药害，即封闭药剂选择不当或是封闭时间不够造成籽粒发芽时产生药害。例如丁草胺极易产生药害，使用者使用不当致使发生药害。还有一些药剂是不能做芽前封闭的，却被用于芽前封闭。

②气候因素也可能造成不出苗，长时期低温稻芽活动偏弱，又在水中长期浸泡，造成籽粒变质腐烂或腐霉菌感染霉变成粉红色，常说"粉籽"现象。

③水层管理过深，种子缺氧致死，也可发生"粉籽"现象。

④干旱缺水造成芽死亡。

⑤籽粒播得过深或覆土过厚。

680. 水稻直播要多长时间出齐苗？出苗失败怎么办？

水直播田以立针为判断依据，出苗时间与直播方式、气候条件、有无浸种催芽等因素相关。一般水直播和水田旱播技术下，未浸种比浸种晚出苗 1～2 天，播种后 10 天左右立针。旱作直播受气候影响更多一些，一般不到 20 天左右也基本出齐苗，若超过此天数仍未有出苗迹象，有可能出苗失败，要及时观察苗情，判断还有无出苗的可能。如果发现出苗失败，应及时补种旱田早熟作物，如早熟大豆或高粱等杂粮。

681. 什么是僵苗？为什么会出现僵苗？

水稻僵苗一般表现为叶细而黄，新叶不长，老叶不披，根系少且呈黑褐色，老根长，少发或不发新根，植株僵直不长。

造成该现象主要是土壤黏重板结、透气性差、土壤中有毒物质增多造成的。另外，除草剂药害、施用劣质肥料、发生病虫害及缺素也可造成直播僵苗。

682. 怎样防治直播田僵苗？

选择土质较好的田块作为水稻直播田，加强肥水管理，增施有机肥，加强水层管理，干湿结合促进根系生长。发生僵苗后喷施植物生长调节剂和微量元素，对于因药害引起的僵苗则马上喷施萘胺或芸苔素类药剂补救。

683. 低温冷害对直播稻生产的影响有哪些？

前期冷害主要是由于过早播种所致，播种后长期低温，种子不能正常生长出芽出苗，又经长期浸泡，种子感染病菌发霉而烂籽烂芽。一般只要是 5 月 5 日后播种，不会发生这种情况。但是有些稻农超早播种，播种后又遇到好天气，出苗很快，接着遭遇大幅度降温，甚至是低温霜冻，此时可通过以水护苗措施保护幼苗不受害。

后期冷害也有发生。如使用晚熟品种，灌浆后期赶上早霜或者寒潮，都可造成障碍型冷害，导致灌浆速度下降或停止，造成减产。正常年份减数分裂期冷害一般相对插秧田受害较轻，空秕粒较少，原因是相对插秧生产，减数分裂期延迟 5～7 天，气温总体处于上升阶段，夜间温度相对较高，所以遇到冷害概率较小。

684. 怎样预防低温冷害的发生？发生后采取哪些措施？

预防低温冷害，可采取以下措施：一是选择早熟、抗冷品种种植；二是科学地进行肥水管理，培肥地力，增施磷钾肥，培养健康的稻株；三是建立晒水池，提高井灌稻田水温。

前期冷害如是过早播种致死，可立即重播，补播早熟品种。如果出苗后寒潮来临，则提前 1 天灌水至仅露出叶尖即可，最好使用江水和晒水池水，以水保温护苗，寒潮过后排水正常管理即可。如果中期孕穗期遇到低温冷害，可使用江水或晒水池水，灌水 15～20 厘米，深水护胎。

685. 直播田什么时期追肥？施肥量控制原则是什么？

水直播和水田旱播稻田一般在生育期内追两次肥，第一次在 5 叶期左右，第二次在 7～8 叶期，两次追肥间隔 10～15 天。第一次追施尿素 75～100 千克/公顷，第二次追施尿素 100～150 千克/公顷，追肥的总尿素用量最好控制在

200 千克/公顷以内。生育期内氯化钾或硫酸钾总量为 50～75 千克/公顷。施肥幅度依地力和群体情况而调整，一般地力肥沃、长势繁盛、播种密度大、出苗率高则控制氮肥量，反之加大肥量。第一次追肥时由于苗小，注意水层不要过高；第二次可保持 5～7 厘米水层。旱作稻田依情况追肥，方法与旱田操作相同。

686. 什么时间进行第二次晒田？

无论水直播还是水田旱播的田块，第二次追肥结束后，使水层自然落干至龟裂状态，应保持田间处于湿润状态，目的是排放田间土壤中有机物发酵产生的有毒气体，促进水稻根系生长，龟裂状态 2～5 天后上水，水层保持 3～5 厘米。

687. 直播稻田倒伏会产生什么样的后果？

水稻倒伏时期可分为前、中、后三个时期，后期倒伏对产量影响不大，但是增加了收获成本和损耗。中期倒伏必然会带来减产，一般减产可达 30％。前期倒伏减产可达 80％以上，乃至绝产。

688. 直播稻倒伏产生的原因是什么？

水稻倒伏问题是任何栽培模式都要面对的技术难题，既和品种本身特性有关（品种容易倒伏），也和栽培管理过程中人工干预有关（如肥水及密度过大，管理不当等可造成倒伏），同时气候也是关键因素（如在灌浆期经受强烈风雨天气）。水稻倒伏发生部位有两处，即根部和茎基处，直播稻倒伏主要发生在根部，其原因是播种时籽粒裸露于地表没有覆土和覆土层浅，茎基部裸露于地表，根系附着力较弱引起倒伏。

689. 怎样预防直播稻的倒伏？

水直播稻倒伏主要发生在根系，因此生产中的管理目的之一就是促进水稻多发根，发强根。不但前期管理有晾田过程，后期也要应用节水灌溉技术，促生根，防止发生倒伏。另外利用施肥管控技术，控制水稻长势。群体过于庞大旺盛，稻田必然发生倒伏，尤其是氮肥的施用，对于水稻群体长势影响最大，因此一定把追肥尿素总量严格控制在 200 千克/公顷之内；磷钾肥和微肥具有壮秆的作用，因此适当应用，会使抗倒性有所增强；喷施外源激素，如矮壮素等，可以起到缩短节间距，降低株高增加茎秆韧性的作用，也可提高水稻群体的抗倒伏性。

690. 旱作栽培真的不需要水吗?

水稻并不是一定要生长在水中才能完成生育周期,但是长期干旱或在需水临界期缺水一定会影响和改变正常的生理运行机制,最终会影响产量和品质,所以干旱地区旱作水稻虽然根系发达,抗倒伏性强,但是会对品质有一定负面影响。旱作为一种水稻节水栽培技术在全国一些地区得到应用,但是在黑龙江省并没有相对应的陆稻品种,旱作栽培都是使用当地审批的常规主栽品种代替,所以应注意在水稻需水临界期保证水分供应,即分蘖盛期和灌浆期保证水分供给,确保获得产量,并且稳定稻米的品质。

691. 什么时期撤水不影响水稻的产量、米质和收获?

掌握好水直播和水田旱播田撤水时期,不仅关系到水稻收获,还影响后期灌浆和品质。撤水过早,遇到天气干旱,水稻后期灌浆缺水,降低籽粒千粒重,不仅减产,还影响加工品质甚至稻米的口感;撤水过晚,田间泥泞,机械不能下田收割,增加倒伏风险,一旦倒伏,稻谷浸泡在水中,会造成霉变、腐烂甚至穗发芽等情况。掌握好撤水的时期和方法也很重要。

撤水时期与多种因素有关,如田间土壤类型、后期气象条件、水稻生长状况等,如果土壤类型黏重不易渗水,后期天气阴雨连绵,水稻有发生倒伏倾向等因素,则考虑提前撤水,反之则考虑撤水时间推后。正常的撤水时间为每年的 8 月 20 日左右。

692. 寒地直播田有哪些常见的病害?

直播田病害种类不会超出正常插秧生产过程发生的病害范畴,由于种种原因直播田也会容易感病。常见的直播田病害主要有绵腐病、烂秧病、稻瘟病、纹枯病、恶苗病、干尖线虫病、胡麻叶斑病、赤枯病、叶鞘腐败病等。

693. 药剂防治病虫时要注意哪几点?

在使用药剂防治水稻病虫害时,使用农药时要做到:一是诊断要正确;二是要对症下药;三是要按说明书剂量要求配药;四是要把握好防治时间,即把握病害将要发生的时期并及时用药。

喷药时间一般在下午 3 时以后,早上、中午均不宜喷药。若喷药后 8 小时内降雨,天晴后应补喷,或加增效剂,能获得良好的防治效果。

694. 怎样预防直播稻田绵腐病?

直播田易发生绵腐病,发病的原因有很多,如种子带菌过多未消毒、直播田水霉菌属和腐霉菌属过多、不利的气候条件（播种后天气低温阴雨）是发生绵腐病的主要原因。防治方法：播种前用敌磺钠进行大田消毒。一旦发现中心病株后，应及时施药防治。每亩可用 25％甲霜灵可湿性粉剂 800～1 000 倍液均匀喷施，还可用硫酸铜进行防治。当绵腐病发生严重时，田间灌排水 2 次后再施药。种子消毒主要采用浸种消毒或包衣。

695. 直播田水稻烂秧病有哪些类型和症状？

直播田烂秧是指种子、幼芽和幼苗在田间发生烂种、烂芽和死苗。烂种是指种子尚未发芽时就发生病菌入侵，造成坏死腐烂的现象。烂芽是指在发芽和长芽期病菌入侵，造成死芽、烂芽的现象。烂秧一般指在苗后期秧苗因发生病害而死亡腐烂。以上三种现象统称为烂秧病。烂秧病分为生理性烂秧和侵染性烂秧两种。侵染性烂秧由绵腐菌、腐霉菌和镰刀菌引起。

696. 直播田烂秧病的发病条件有哪些？

生产上低温缺氧易发病，寒流、低温阴雨、秧田水深、有机肥未腐熟等条件有利于发病。烂种多由储藏期受潮、浸种不透、换水不勤、催芽温度过高或长时间过低所致。烂芽多因田间水深缺氧引发。青、黄枯一般是由于旱直播在 3 叶左右缺水而造成的，如遇低温袭击，或冷后暴晴则加快秧苗死亡。

697. 造成侵染性烂秧的主要原因及症状有哪些？

水稻播种后遇寒流、低温阴雨气候是发生侵染性烂秧的主要因素。侵染性烂秧分为以下两种：一是绵腐型烂芽，低温高湿条件下易发病，发病初在根、芽基部的颖壳破口外产生白色胶状物，逐渐长出绵毛状菌丝体，后变为土褐或绿褐色，幼芽黄褐枯死。二是立枯型烂芽，开始零星发生，后成簇成片死亡，初在根芽基部有水渍状淡褐斑，随后长出棉絮状白色菌丝，也有的长出白色或淡粉色霉状物，幼芽基部缢缩，易拔断，幼根变褐腐烂。

698. 造成生理性烂秧的原因及症状有哪些？

一般发生在旱直播田的生理性烂秧有两种病因：一是播种过深，可造成芽鞘不能伸长突破地表而腐烂；二是种子露于土表，根不能插入土中而萎蔫干枯。

水直播田发生生理性烂秧的病因有以下四种：一是只长芽不长根而浮于水面；二是种根不入土而上跷干枯；三是芽生长不良，黄褐卷曲呈现鱼钩状；四是根芽受到毒害，呈"鸡爪状"，种根和次生根发黑腐烂。

699. 怎样防治直播稻田烂秧病?

防治水稻烂秧的关键是抓大田从播种到苗后管理的技术,改善环境条件,增强抗病力,必要时辅以药剂防治。①提倡施用酵素菌沤制的堆肥或充分腐熟有机肥,改善土壤中微生物结构。②精选种子,选成熟度好、纯度高且干净的种子,抓好浸种催芽关。浸种时间不能过长,减少病菌,提高种子质量。③根据品种特性,确定最佳播期、播种量。播种时田间施用消毒药剂。④加强水肥管理,提高磷钾肥比例。

药剂防治可选择甲霜灵、噁霉灵等。

700. 直播稻田稻瘟病有几种类型?

稻瘟病在水稻直播田中整个生育期都可发生,为害秧苗、叶片、茎节、稻穗等,分别称为苗瘟、叶瘟、节瘟和穗瘟,穗瘟又包括颈瘟、枝梗瘟和谷粒瘟。

701. 怎样防治直播田的苗瘟?

直播田的苗瘟发生较少,由种子带菌造成,常发生于旱直播水稻3叶前。受害后,苗基部变灰黑,上部变褐,若田间湿度较大,则可产生灰黑色霉层(病原菌分生孢子梗和分生孢子)。其防治方法主要是把好浸种关或包衣。浸种消毒,现市场主要使用咪鲜胺类药剂进行杀菌防治,同时还可防治恶苗病、纹枯病等病害;做好田间管理,降低播种量,直播稻苗体小,对水分反应敏感,做到干湿交替,有利于促进根系深扎,做到植株地下部和地上部均衡生长。目前防治药剂较多,市场流行的主要有三环唑、春雷霉素、乙蒜素、甲基硫菌灵、井冈霉素等。

702. 直播田叶瘟有几种类型? 症状是什么?

直播田按病斑及发展速度也可以分为4种类型,即褐点型、白点型、慢性型、急性型:①褐点型病斑一般在高抗品种或老叶上产生针尖大小的褐点,叶舌、叶耳、叶枕等部位也可发病。②白点型病斑在嫩叶上产生白色近圆形小斑,一般不产生孢子。③慢性型病斑边缘褐色带有淡黄色晕圈,中央灰白色,由暗绿色小斑扩大为梭形斑,叶背有灰色霉层,病斑较多时连片形成不规则大斑,发展较慢。④急性型病斑呈近圆形或椭圆形,叶片正反面产生灰色霉层。

703. 直播田节瘟的症状与插秧田相同吗?

直播田水稻抽穗后发生节瘟,在稻节上产生褐色小点,后绕节扩展,病部变黑，易折断，与插秧田节瘟症状基本一致。

704. 直播田的穗瘟有几种类型？症状是什么？

直播田的穗瘟发生于穗颈轴、枝梗和谷粒上，分别称为颈瘟、枝梗瘟和谷粒瘟等。穗颈瘟一般多在出穗后受侵染。最初病发处现暗褐色小点，逐渐向上和向下扩展，造成水渍状褪绿病斑，最后变黑褐色。穗轴和枝梗上症状与穗颈相似，严重时分枝变白。

705. 怎样防治直播稻田稻瘟病？

（1）优选种子，并做好种子处理

①选用抗病品种，选用抗病性强且适合当地直播的水稻品种。同时，也要综合考虑品种的抗逆性和品质等。

②使用的直播种子为无病田生产的种子。

③做好种子处理，正确选药，彻底浸种消毒，杀死种子上所带病菌。可用10％浸种灵（二硫氰基甲烷）乳油 5 000～6 000 倍液浸种 5 天左右，10 毫升可浸种 30～40 千克，注意一浸到底，不用清洗直接催芽；或用 25％咪鲜胺乳油 1 袋（10 毫升）对水 40～50 千克配成药液，浸种 50 千克，视温度浸 5～7天，每天搅动 1～2 次，一浸到底。

（2）加强肥水管理 按水稻需肥规律，加强肥水管理是预防稻瘟病的有效措施之一。根据水稻品种特性、地力水平科学配制基肥，采用配方施肥技术，不能偏施氮肥，注意多施磷钾肥。排水晒田，可以促使稻根新生根的萌发，增加根部的吸收能力，控制肥效，促使正常落黄，使茎叶老健，增强抗病能力。

（3）化学药剂防治 遵循"重在预防，早抓叶瘟，狠治穗瘟"的原则。主要按以下 3 个步骤进行。

①早期预防。自 7 月 10 日开始，在直播水稻拔节期，注意观察天气情况，如果阴天或下雨天连续 2 天以上，应马上施药预防稻叶瘟。预防用药有三环唑、咪鲜胺或其复配剂，视天气情况连续预防 2～3 次，每 5～7 天喷施 1 次，可基本控制稻瘟病的发生。

②及时用药。在病害发生初期，及时用药控制病情，以防病菌扩散全田造成流行。选用的药剂有稻瘟灵、氯溴异氰尿酸可溶性粉剂等，不可漏喷。

③看田施药。如果叶瘟和穗瘟发生已经很严重，每穴有 30％以上的有效穗受害时，可根据水稻所处生育期采取以下两种解决方法：一是稻穗未到完熟期，叶片有 20％保持绿色，这时要继续施药以控制病害扩散，而且必须先用强氧化剂灭菌，然后用稻瘟灵等进行后期保护。二是稻穗已经达到完全成熟，粒皮黄色，稻粒干硬，这种情况就不必采取防治措施，因为即使不防治也不会

进行再侵染和扩展。防治稻颈瘟在水稻抽穗破口达到 10％时就要及时防治，防治 2～3 次为宜。齐穗至灌浆期还可用三环唑、春雷霉素、甲基硫菌灵等药剂防治。

706. 直播稻田纹枯病的症状是什么？有哪些危害？

水稻纹枯病俗名水稻云纹病、花脚瘟、花秆、烂脚秆、富贵病等，为水稻三大病害之一。危害水稻的叶鞘、茎秆、叶片，严重时可蔓延至穗部。病菌可破坏机械组织，阻碍营养的传导，造成倒伏，籽粒灌浆度差，千粒重、品质和结实率下降，乃至植株倒伏枯死。由于发生面积广、流行频率高，纹枯病所致损失有可能会超过稻瘟病。一般减产 10％～20％，严重发生时减产超过 30％或更多。纹枯病病斑边缘清晰，病状特征主要为菌丝体纠结形成馒头状菌核。黑龙江省常年发生，且发生面积较大，严重时对水稻生产影响严重，直播稻相对更易发生，管理不善病情会加重。

707. 直播稻田纹枯病产生的原因及条件是什么？

水稻纹枯病病原菌是立枯丝核菌，该菌能够在土壤、秸秆和稻茬上越冬。如果翌年菌源基数残留量大，秋翻深度不够，田间大量裸露的稻茬、秸秆均可为病菌提供有利的越冬场所。当气候条件适宜，高温高湿，气温在 18～34℃时即可发病，发病温度以 22～28℃ 为最适，发病相对湿度为 70％～96％，90％以上最适。如果水肥管理不好、群体密度高，再加上高温高湿，就很有可能成为纹枯病暴发的因素。直播稻可在 7 月中旬现病斑，有时也可在分蘖期发病，均为菌丝体萌发后侵染叶鞘所致。

人为导致纹枯病发病重的因素主要是由于田间管理措施不当。主要表现为：一是搁田不到位，稻田长期深水灌溉，搁田过迟，也不彻底，特别是低洼田块田间湿度大，有利于病害发生与扩展。二是偏施氮肥，生产上要适当控制氮肥用量。三是播种量过大，肥水调控不当，致使群体生长过量。

708. 怎样防治直播稻田纹枯病？

防治水稻纹枯病，应选择抗纹枯病较强的水稻品种，合理密植，严控群体过于庞大，增施磷钾肥，加强肥水管理等，改善直播水稻的生长环境条件。及早进行药剂防治，应适期早用药，药剂宜喷施到水稻基部。第一个时期在水稻分蘖至分蘖末期，病穴率达 5％时，施药在于杀死气生菌丝，控制病害的水平扩展，如 24％噻呋酰胺悬浮剂 300 毫升/公顷、6％井冈·蛇床素可湿性粉剂900 克/公顷等。第二个时期在水稻拔节至孕穗期，病穴率达 10％时，用药防治，抑制菌核的形成和控制病害向上部叶鞘及叶片的垂直发展，保护水稻上部

3 片功能叶不受侵染。可选用嘧菌酯加苯醚甲环唑、肟菌加戊唑醇、苯醚甲环唑加丙环唑等药剂，对水稻纹枯病具有一定的防治效果。大面积直播可在孕穗期施用 52％三环·丙环唑悬浮剂、12.5％氟环唑悬浮剂、24％噻呋酰胺悬浮剂、40％己唑醇水分散粒剂进行田间防治。

709. 直播稻田会发生恶苗病吗?

水稻从苗期到抽穗期均可发生恶苗病，一般发病田块病株率在 3％以下，少数发病重的田块病株率可达 40％以上，减产可达 10％～40％。由于直播稻没有插秧环节，损伤性传染概率小，所以直播田苗期恶苗病相对插秧田较轻。发病秧苗常枯萎死亡，未枯死的病苗为淡黄绿色，田间生长细长，一般高出其他苗 1/3 左右。根系发育不良，少蘖。分蘖期后病株节间显著伸长，节部弯曲呈现淡褐色，在节上生出倒生须根，一般在抽穗前枯死，在茎秆叶鞘上产生白色至淡红色霉状物，即病菌的分生孢子;后期则在病株茎下部附近或叶鞘上生小黑点，即病菌的子囊壳。轻病株虽能抽穗，但穗小粒少，或成白穗，谷粒受害重的变褐色，不饱满，在颖壳上生霉层。

710. 直播稻田恶苗病发生的原因及条件是什么?

恶苗病近几年在黑龙江省发生普遍，对水稻生产有一定影响。病原为串珠镰孢菌，属半知菌亚门真菌，分生孢子或菌丝体在种子上越冬，第二年使用带菌种子和稻草，病菌从秧苗的芽鞘或伤口侵入，引发秧苗徒长，以后在病株和枯死株表面产生分生孢子，借风雨传播。在水稻开花时，分生孢子落到花蕊上，萌发侵入，又使种子带病。

与插秧生产田一样，直播田水稻有三个最易发病期，分别是苗期、分蘖高峰期和水稻孕穗期，前两个时期发病较严重。原因是在适宜的温度条件下浸种，病菌可以在水中繁殖大量的小型分生孢子，扩散到无病的种子上，增加种子带菌率。因此，在浸种时抑制病菌扩散并杀死病菌是防治恶苗病的关键。温度是恶苗病发生的最主要因素，恶苗病病菌喜高温，因此高温催芽后大田苗期发病就重，病菌侵害寄主以 35℃最适宜，诱致植株发生徒长的最佳外界温度为 31℃。

711. 怎样防治直播稻田恶苗病?

选用无病的种子留种是防治恶苗病的最有效方法。另外，降低催芽温度，对防治恶苗病也有效。发现病株应及时拔掉，防止扩大侵染，病稻草深埋或烧掉，切记拔除的病株不能随便乱扔或堆放，要集中烧毁。大田管理采取适氮、高钾的肥水管理方法，可适当降低发病率。

直播田防治水稻恶苗病重点应该在种子处理上。必须消毒种子，用 50％

的多菌灵 100 克，加水 50 千克浸种；或 20％多·森铵悬浮剂稀释为 200～300 倍液浸种；25％咪鲜胺 5 000 倍液，或 12％咪鲜·杀螟丹可湿性粉剂 300～500 倍液，或 10％二硫氰基烷乳油 12.5～20 毫克/千克或 3％的生石灰水浸种 48 小时。药液浸泡必须注意，液面一定要高出种子层面 15～20 厘米，供种子吸收。同时，在浸种过程中，药液面要保持静止状态，中途不能搅拌，也不能重复使用，以保证杀死病菌。种子包衣药剂可选用 0.5％咪鲜胺悬浮种衣剂，按药种比 1∶（30～40），或 15％多·福·甲枯悬浮种衣剂 1∶（30～50）。田间发现病株后，每亩用 25％咪鲜胺乳油 40 毫升对水喷雾。

712. 直播稻田叶鞘腐败病有哪些症状与危害？

水稻叶鞘腐败病简称鞘腐病，病原菌为稻寻枝霉。无论是插秧田还是直播田均是水稻的常见病害，发生后可减产 10％～20％，严重的田块会更多，而且对品质的影响严重。该病从苗期至抽穗期均可发病。苗期染病，叶鞘上生边缘不明显的褐色病斑，这也是与纹枯病的重要区别。分蘖期染病，叶鞘上或叶片中脉上出现针头大小的深褐色小点，向上下扩展，病斑中央为菱形深褐色斑，边缘为浅褐色，严重后叶片与叶脉交界处多现褐色大片病斑。孕穗至抽穗期染病是对水稻生产影响最为严重的时期，其剑叶叶鞘先发病且受害严重，生成褐色不规则病斑，其中间色浅，边缘黑褐色较清晰，可现虎斑纹状病斑，在整个叶鞘上蔓延，直至叶鞘和幼穗腐烂。湿度大时病斑内外出现病原菌的子实体，为白色或粉红色霉状物。

713. 直播稻田叶鞘腐败病发生的原因及条件是什么？

孕穗期气候的温度剧烈变化和氮肥使用量过大是叶鞘腐败病发生的主要原因。另外，发生叶鞘腐败病的因素还有：种子带菌、品种选择不当、施肥管理不当。

①种子带菌，种子在大田发芽后，病菌从生长点侵入，随稻苗生长而扩展，侵染具有系统性。病菌通过伤口侵入寄主，造成组织坏死，出现鞘腐病，伤口可由昆虫或风力擦伤等外力因素造成。也可以从自然孔口（如气孔、水孔等）侵入，会造成细胞死亡，出现紫鞘。发病后病部形成分生孢子借气流传播，进行再侵染。病菌扩展最适温度为 30℃。低温条件下，水稻抽穗慢，病原菌侵入机会增多；高温时病菌侵染率低，但病菌在体内扩展快，发病重。

②品种选择不当，是指选择了病原菌含有量多的种子或抗性较低的品种进行生产，易患该病。

③施肥管理不当，则是指生产上氮磷钾比例失调，尤其是氮肥过量、过迟或缺磷发病重，另外播种量过密，群体庞大也会加重病情。

714. 怎样防治直播稻田叶鞘腐败病?

预防叶鞘腐败病的发生,要选用早熟、抗倒伏、穗颈长、抗病品种。铲除田边、水沟边杂草,处理带病稻草。结合其他病害,进行种子消毒。合理地进行肥水管理,避免偏施氮肥,做到分期施肥,防止一次施肥后稻田疯长,沙性土壤要适当增施钾肥。另外,要做到浅水管理,适时晒田,加强"健身"栽培,以提高稻株抗病力。严禁超量播种,增加前期通风透光,减少田间郁闭时间,减少病原传染的机会。

药剂防治:在叶龄 9~9.5 叶、孕穗期、齐穗期防治叶鞘腐败病。用 2% 春雷霉素水剂 80 毫升/亩加 50% 多菌灵 80 毫升/亩,或 25% 咪鲜胺乳油 70~80 毫升/亩,或 70% 甲基硫菌灵 100 克/亩对水喷雾,或 40% 异稻瘟净乳油 600 倍稀释液均匀喷雾。稻株破口抽穗期,喷施赤霉素 15 000~20 000 倍液,以促进稻穗伸长,防止包颈。

715. 直播稻田胡麻斑病有哪些症状与危害?

水稻胡麻斑病又名胡麻叶枯病,病原菌为宫部旋孢腔菌。水稻胡麻斑病在水稻整个生育期皆可发生,并侵染稻株地上各部位。同插秧田一样,直播田水稻苗期和孕穗至抽穗期最易感病。苗期染病在叶片上呈现芝麻粒状的暗褐色斑点,斑点密生时可导致叶片枯死,影响生长。成株叶片染病后,病斑也是芝麻粒状、暗褐色,但是病斑外围有黄色晕圈,边缘分界清晰。病斑的大小和形状常因水稻品种、气候、植株营养情况和病原菌菌系不同而有差异。水稻穗颈、枝梗及谷粒也会染病,病部多呈暗褐色病变,与穗颈瘟和谷粒瘟易混淆。

716. 直播稻田胡麻斑病发生的原因及条件是什么?

病菌菌丝体和分生孢子都可在病草、种子颖壳内越冬。病菌生长温度为 5~35℃,28℃最为适合;分生孢子形成温度为 8~33℃,最适为 30℃左右;当温度为 24~30℃,相对湿度在 90% 以上,有水滴存在时孢子最适萌发。在干燥条件下,分生孢子可存活 2~3 年,而菌丝体可存活 3~4 年。种子上的菌丝体可直接侵入幼苗,分生孢子则借风传播至水稻植株上,从表皮直接侵入或从气孔侵入,病部所产生的分生孢子可进行再侵染。引发此病的原因很多,如水稻品种抗性差、偏施氮肥、磷钾肥不足、施肥结构不合理、干旱、本田保水保肥能力差、晾田不足、光照不足等。对于胡麻斑病,不同品种间还可存在抗病差异,粳稻、糯稻更易感病,迟熟品种比早熟品种发病重。该病与不同时期对氮素的吸收能力有关,苗期最易感病,分蘖期抗性增强,分蘖末期抗性又减弱。与土壤类型也有关,易发病土壤地块类型主要有:缺肥或贫瘠的地块,缺钾肥、土壤为酸性或沙质土壤的地块，漏肥漏水严重的地块，缺水或长期积水的地块。水稻条纹叶枯病也可以引发胡麻斑病。

717. 怎样防治直播稻田胡麻斑病?

①选用抗病品种，不同水稻品种对胡麻斑病的抗性有明显差异，因此生产中要注意鉴别和选用抗病品种。②播种前对种子进行晾晒，精心、适量播种。③苗期合理追肥，培育水稻壮苗，增强对不良环境抵抗力，可有效避免胡麻斑病发生。④适时深耕，改良土壤。深耕能疏松土壤，改善耕作层的物理性状，有利于稻株根系发育，增强其吸水吸肥的能力，提高抗病性。沙质土应增施有机肥，用腐熟堆肥作基肥；对酸性土壤要注意排水，并使用碳酸氢铵或石灰作底肥，以促进有机物质的正常分解，改变土壤酸度。⑤科学肥水管理，进行氮、磷、钾及中微量元素配方施肥。要科学管水，浅水灌溉并晾田，孕穗打苞期小水勤灌，齐穗后干湿交替直至成熟。⑥及时进行药剂防治。种子消毒可用 50%多菌灵可湿性粉剂 500 倍液或 50%福美双可湿性粉剂 500 倍液浸种 48 小时，浸后捞出催芽、播种。8～9 叶期用 30%苯甲·丙环唑乳油 15 毫升/亩、咪鲜胺 75～100 毫升/亩。孕穗齐穗期喷施 70%丙森锌可湿性粉剂。在水稻胡麻叶斑病发病初期用 40%异稻瘟净乳油 150～200 毫升/亩，对水 50～60 千克/亩喷雾防治；或用 40%克瘟散乳剂 75～100 毫升/亩，对水 50～60 千克/亩喷雾，隔 5～7 天再喷 1 次；也可用 40%灭病威胶悬剂 200 克/亩对水 60～75 千克/亩，在出现发病株和病斑时即喷药防治。

718. 直播稻田赤枯病有哪些症状与危害?

水稻赤枯病是一种生理性病害，该病多发生于分蘖期，分蘖盛期达到高峰，对产量的影响很大，一般减产 10%～20%，严重的减产 50%以上。有以下 4 种类型。

(1) 缺锌型赤枯病 水稻移栽后 20 天左右发病，重病株先是下部叶片之叶尖干枯，接着叶片中部出现赤褐色斑点，新叶从中脉开始向外褪绿，逐渐变黄变白，并在叶脉两侧出现两条白色条纹。发病严重的稻苗生长参差不齐，明显矮化丛生，成片枯萎，甚至死亡，根系老朽，呈褐色。

(2) 缺钾型赤枯病 稻苗生长缓慢，植株矮小，分蘖少，上部叶片挺直，呈暗绿色，老叶发黄，出现大小不等的赤褐色斑点或条斑，最后叶片自叶尖向下，由叶缘向内侧逐渐变赤褐色枯死，严重时整株叶片呈赤褐色，远看似火烧状，并混有黑根、烂根。

(3) 缺磷型赤枯病 栽后病株生长缓慢，分蘖发生迟或不发生分蘖，叶鞘变长，叶片瘦短直立，叶色呈暗绿色或灰绿色，严重时呈紫色。

（4）中毒型赤枯病 株型矮小、分蘖少，茎节上生有气生根，叶片和叶鞘黄化，并出现赤褐色斑点，叶片自下而上呈赤褐色枯死。苗期主要表现是根部变黑腐烂、发臭，叶片变成黄绿色，并间有赤褐色斑点，严重时整株呈烫伤状萎蔫，随即枯死，是赤枯病类型中最普遍且最为严重的一种。

719. 直播稻田赤枯病发生的原因及条件是什么？

直播田发病原因主要是使用土质黏重或盐碱地、通透性差的烂泥地、长期积水的深灌田、根茬聚集多的柴堆田、长期深灌或山区冷浸田作为水稻直播田。这些条件差、地温低的直播田，分蘖期再遇长期阴雨天气，由于土壤排水透气性差，钾、磷、锌等营养元素缺乏或不能被吸收利用，易发生赤枯病。还有一些直播田过量施用未腐熟的有机肥和绿肥，产生大量有毒物质，造成稻苗根系中毒，不仅制约了元素的吸收，还致使稻株扎根不稳，影响发根分蘖，终致根系发黑、腐朽，中毒稻株生长不良而发病。

720. 怎样防治直播稻田赤枯病？

防治赤枯病要注意以下几点：①对常发病的地块，要改良土壤，深耕，增施腐熟的有机肥。②对于盐碱地以沙压盐压碱，改善土体结构，提高土壤通透性。③实行浅水灌溉，适时晒田，促进根系生长，提高吸收能力。④合理施肥，科学管理，氮磷钾合理搭配，必要时喷施叶面微肥。对于缺锌地块，喷施 0.2%～0.3% 的硫酸锌水溶液；缺磷地块喷施 0.3% 磷酸二氢钾水溶液；缺钾的地块，可喷施 0.5%～1% 硫酸钾水溶液或 0.3% 磷酸二氢钾水溶液，均为每亩 40～50 千克。为培根促壮，在肥液中可加适量芸苔素内酯和叶面肥。对于中毒型赤枯病，复水后可喷施叶面肥加赤·吲乙·芸（碧护），叶面肥用量按产品说明书要求，赤·吲乙·芸每亩 2～3 克，7～10 天后可恢复生长。

721. 直播田干尖线虫病有哪些症状？

干尖线虫病又称白尖病、线虫枯死病，黑龙江省直播田偶有发生。苗期症状不明显，在 4～5 片真叶时出现叶尖灰白色干枯，干尖扭曲。病株孕穗后干尖严重，剑叶或其下 2～3 叶尖端 1～8 厘米渐枯黄，半透明，干尖扭曲，变为灰白色或淡褐色，病健部界限明显。湿度大有雾露存在时，干尖叶片展平呈半透明水渍状，随风飘动，露干后又复卷曲。有的病株不显症，但稻穗带有线虫，大多数植株能正常抽穗，但植株矮小，病穗较小，秕粒多，多不孕，穗直立。

722. 怎样防治直播稻田干尖线虫病？

防治干尖线虫病要选用无病种子，加强检疫，严格禁止从病区调运种子。

该病仅在局部地区零星为害，实施检疫是防治该病的主要环节。为防止病区扩大，在调种时必须严格检疫。

直播的种子应进行温汤浸种，先将稻种预浸于冷水中 24 小时，然后放在 45～47℃ 温水中浸 5 分钟，再放入 52～54℃ 温水中浸 10 分钟，取出后立即冷却催芽，防效 90%；或用 0.5% 盐酸溶液浸种 72 小时，浸种后用清水冲洗 5 次；或用 40% 杀线酯乳油（醋酸乙酯）乳油 500 倍液，浸 50 千克种子，浸泡 24 小时，再用清水冲洗。用温汤或药剂浸种时，发芽势有降低的趋势，但直播易导致烂种或烂秧，故应催芽后播种。

723. 怎样防治直播稻田蝼蛄？

蝼蛄是稻田三大虫害之一，水旱直播田从播种到离乳前均有发生。田间防治方法：①水直播田在晒田期、旱直播田在播种后用克百威拌土沿田埂边撒施，或用辛硫磷、氰戊·辛硫磷对水沿池埂打一道防虫线。②用敌百虫、辛硫磷等药剂对水喷入直播田。以上方法药剂用量和稀释浓度请参照说明书。

724. 怎样防治直播稻田蓟马？

稻蓟马属昆虫纲缨翅目，主要以成虫和若虫锉吸叶片或花器汁液为害水稻。常见为害水稻的蓟马有稻蓟马和稻管蓟马两种，是影响水稻生长发育和产量形成的重要害虫之一，较难防治。在生产上农民不易识别。防治时一要注意浸种处理，即在播前 3 天用 10% 吡虫啉可湿性粉剂 3.0 千克，加二硫氰基甲烷（浸种灵）和咪鲜胺各 300 毫升，对水 1 000 倍液浸种 60 小时后催芽播种。二要及时进行大田化学药剂防治，可选用的药剂有吡虫啉、溴虫腈、阿维菌素、菊酯类等。如使用 0.3% 苦参碱水剂 1 000 倍液＋35% 吡虫啉悬浮液 1 000 倍液＋5% 啶虫脒可湿性粉剂 1 000 倍液＋少量红糖，或 3% 啶虫脒乳油 500 倍液＋10% 吡虫啉可湿性粉剂 1 000 倍液＋少量红糖。每亩还可用 2.2% 的阿维菌素乳剂＋吡虫啉乳油 60～80 毫升，对水 60～75 千克喷雾。在蓟马若虫盛发期，可用 60 克/升乙基多杀菌素悬浮剂 1 500 倍液喷雾。

725. 怎样防治直播稻田稻螟虫？

稻螟虫分布广泛，全国水稻种植区均有发生。二化螟在黑龙江省发生最为严重。二化螟杂食性，除为害水稻外，还为害玉米、高粱、甘蔗、小麦等。二化螟在水稻分蘖期为害，先蛀食叶鞘，造成枯鞘，后咬断心叶，造成枯心苗；孕穗、抽穗期为害，造成死孕穗或白穗；灌浆、乳熟期为害，成半枯穗或虫伤株。化学防治在幼虫期使用 25% 喹硫磷乳油 800 倍液喷雾，或每亩用 18% 杀虫双水剂 300 毫升对水喷雾，或 30% 乙酰甲胺磷乳油 150 毫升对水 40 千克喷雾，也可在每年 7 月初，每亩投放 2 200 只赤眼蜂进行生物防治。对二化螟成虫的防治，可使用性诱剂诱杀等方法。

726. 怎样防治直播稻田负泥虫?

水稻负泥虫主要有两大发生区，即东北稻区和南部省份，是水稻苗期的主要害虫之一。直播田多发生于新开荒的水直播稻田。发生的适宜条件是阴雨连绵、低温高湿天气。冬春结合积肥，可铲除路边、沟塘边等处杂草。物理防治可在清晨用小扫帚将叶片上的幼虫扫落水中，重复 3 次以上，效果较好。还可以喷施烟草提取液（捣碎烟草植株，温水浸泡数小时，过滤即可）。药剂防治则要注意防治时期，喷药需在盛孵期，或田间幼虫卵孵化率为 70%～80% 时，或幼虫米粒大小时效果最好。时间以中午最佳，可以在幼虫开始为害时，喷施 2.5% 三氟氯氰菊酯乳油 300～450 毫升/公顷。常用药剂还有甲氰·氧乐果、辛硫磷、毒死蜱、敌百虫、杀螟硫磷，机械喷雾，雾滴细小，叶片着雾面积大，杀虫效果更好。

727. 怎样防治直播稻田潜叶蝇?

潜叶蝇是东北稻区的主要害虫，属双翅目水蝇科。每年有不同程度的发生，轻则影响稻苗生长，重则造成稻苗死亡。直播田一般能够避开为害时期，但是水直播田管理技术不到位，播种过早，叶片受冻，可加重害情。潜叶蝇幼虫潜入水稻叶片组织内咬食叶肉，剩下表皮。随着虫道的扩大和伸长，叶片发生腐烂，整叶死亡，严重时可使稻苗成片枯萎。防治方法：①清除水渠和附近洼地及池埂上的杂草，可减轻为害；②浅水灌溉，可减少成虫产卵机会，并使幼虫因缺水而失去存活机会；③排水晒田，要及时进行排水晒田，可有效控制为害；④药剂防治可选用吡虫啉、啶虫脒、灭蝇胺、辛硫磷、毒死蜱，喷药前排水，喷药 1 天后灌水。

728. 怎样防治直播稻田稻摇蚊?

稻摇蚊俗称红虫子、红线虫，属双翅目摇蚊科，幼虫体长可达 7～8 毫米。以幼虫啃食水稻的幼根和幼芽为害，造成漂苗、死苗，影响水稻正常生长发育，还能取食未发芽的种子胚及胚乳，使种子不能发芽，直播田受害严重。成虫为小型蛾子，翅短于身体，停息时前足举起，上下摇摆，幼虫红色或淡黄色，前胸腹面有一肢状突起。每年发生 2～3 代，第一代为害水稻。以卵和成虫在杂草中越冬。成虫于第二年 5 月上旬出现，5 月下旬产卵，3～4 天后卵孵化为幼虫并为害。

防治方法：①当发现稻摇蚊发生为害时，排水晒田 2～3 天（以田面将开裂为准），可控制稻摇蚊发生。②用 90％晶体敌百虫 15 克，加水 15 千克，水深 3～4 厘米时喷入稻田。③排干田间明水，晾田 1 天，在进水口挂一个敌百虫小袋，灌水 3～4 厘米后停灌，即可杀死幼虫。④每亩用 5％甲拌磷颗粒剂 1 千克，拌 15 千克土（沙）扬撒，可以兼治其他害虫，效果很好。⑤将硫酸铜按每亩 150 克用量标准，计算药量，放于进水口处，随灌溉水流入稻田里，既治虫又可防青苔。⑥撤水后在根区土层施药。每亩用 15％毒死蜱颗粒剂 90 克，或 3％克百威（呋螨丹）颗粒剂 180 克，拌土或肥料撒施。还可以选用 48％毒死蜱，每亩 70 毫升对水喷雾，41％阿维·毒死蜱每亩 75～100 克对水喷雾，90％晶体敌百虫 600 倍液喷雾，视虫情喷 1～2 次。

729. 怎样防治直播稻田大龄稗草？

防除杂草时，如果第一、第二次封杀有遗漏稗草，且草龄较大，可用五氟磺草胺、2 甲 4 氯、二氯喹啉酸等进行茎叶喷雾处理，如果有千金子存在，需用氰氟草酯乳油茎叶喷雾。但是这些杂草必须在 5 叶龄前处理掉，5 叶龄之后一般药剂只能控制生长，很难彻底灭除，田间少量存在可人工拔除。有报道用噁唑酰草胺防除旱直播稻田大龄禾本科杂草牛筋草、马唐、狗尾草 5 叶以下草龄防效较好。

稻李氏禾、稻稗、匍茎剪股颖防除难度较大，嘧啶肟草醚（韩乐天）用于水稻田防除上述稻田效果好，还可同时兼防野慈姑等恶性杂草。建议施药前 1 天排干田间水，待杂草充分暴露后，每亩用 5％嘧啶肟草醚乳油 50 毫升（草龄过大可用 60 毫升）＋有机硅助剂（杰效利）5 毫升对水 15 升，均匀喷雾，2 天后灌水正常管理。

730. 怎样防治直播稻田大龄野慈姑和泽泻？

水直播田一定要封闭除草，药剂一般使用带有保护剂和增效剂的噁草酮成分的产品。对于残存的野慈姑和泽泻等恶性阔叶杂草，可使用吡嘧磺隆、苄嘧磺隆、苯达松等阔叶类除草剂进行茎叶喷雾处理。注意一种药剂尽量不要进行二次使用，否则易产生药害，如果田间少量存在可人工拔除。

731. 怎样防治直播稻田萤蔺？

近年来萤蔺（水葱）发生越来越严重，萤蔺属于莎草科，其抗药性逐年上升。加保护剂噁草酮成分的药剂有防治效果，但是在直播田中任何封闭药剂的使用间隔期一定要足够长（一般 7～10 天）。茎叶喷雾可采用的药剂有 2 甲 4 氯、灭草松、吡嘧磺隆、苄嘧磺隆、醚磺隆等，一定在植株高度 15 厘米以内用药。

732. 直播稻田藻类杂草有什么危害?

直播田藻类杂草主要有水绵藻、小次藻等,一般不受重视,但是危害很大,水绵藻一般由于磷酸二铵用量过大,没有翻入土层内或者在土表施用,会在土表生成一层绿色绵状藻类,吸收肥力,争夺光热和氧气,覆盖种子,污染水中环境,致使种子缺氧不能发芽或种芽不能长出水面,从而窒息死亡。水层管理过深,中期会有小次藻发生,主要危害是争肥争热,水稻容易因生长不良而减产。

733. 怎样防治直播稻田藻类杂草?

防治藻类杂草要注意以下几点:①正确施用底肥,可使用充分腐熟的有机肥做底肥,使用磷酸二铵做底肥不要在土表施用,一定深翻入土或全层施入,用量不要过大,一般 100 千克/公顷即可。②使用浅水灌溉,可有效预防水绵藻,蓄水时间长应及时换水。③及时晾田,破坏藻类生长的环境。④药剂防治可采用硫酸铜,还可用 40%苄·丙草(直播青)可湿性粉剂对水喷雾。其他药剂还有硫酸亚铁、扑草净与西草净(易产生药害)等,使用方法和剂量可参照使用说明。

734. 直播稻田匍茎剪股颖发生特点有哪些? 怎样防治?

匍茎剪股颖为多年生禾本科杂草,匍匐于地面生长,是水直播田和水田旱播稻田很难防治的顽固杂草。危害特点是节节分蘖,节节生根,蘖又分蘖,斩断分枝,又可独立成株,同水稻激烈竞争营养,严重影响水稻的生长发育,可造成减产 20%~30%。匍茎剪股颖在黑龙江省开始生长的时间早于水稻,即在水稻直播前即开始在地表长出,尚未有有效的封闭药剂。

田间偶有发生立即铲除,如果田间没有控制住,秋收后立即在该草发生地点喷施百草枯、草甘膦等灭生性除草剂,然后深翻。直播田发生后,应尽早用药,在水稻 4~5 叶期排水晒田,施用双草醚按说明计量有目标地均匀喷施在匍茎剪股颖上,24~48 小时上水。有报道每亩用 30%乙氧磺隆可湿性粉剂100 克+50%扑草净 70 克拌毒土封闭,建议 4~5 叶龄期用。匍茎剪股颖防除难度较大,嘧啶肟草醚用于水稻直播田防除效果好,还可同时兼防稻李氏禾、稻稗、野慈姑等恶性杂草。建议施药前 1 天排干田间水,待杂草充分暴露后,每亩用 5%嘧啶肟草醚乳油 50 毫升(草龄过大可用 60 毫升)+有机硅助剂(杰效利)5 毫升对水 15 升,均匀喷雾,2 天后灌水正常管理。

735. 直播稻田稻李氏禾的发生特点有哪些?

为多年生草本科杂草,直播田受害较重,稻李氏禾以根茎和种子繁殖,防除困难。每株可产生 8～14 个分蘖，每穗可结 150～250 粒种子，地下根茎 20 厘米左右有 7～8 个节芽。若每平方米有稻李氏禾 100 株以上，可使水稻绝产。

736. 怎样防治直播稻田稻李氏禾？

稻李氏禾要综合防治，才能有效控制其发生危害。实行秋翻整地，清除田间根茬，秋后拔除田间成株，防止种子落地，要及时清除生长在池边沟渠的稻李氏禾，避免其侵入稻田。稻李氏禾 3～5 叶期可用 5％嘧啶肟草醚乳油 50 毫升（草龄过大或杂草基数过密可增加到 60 毫升）加有机硅助剂（杰效利）5 毫升（1 袋）对水 15 升配制成药液。施药前一天排干水，使杂草茎叶充分露出水面，将药液均匀喷到杂草茎叶上，喷药后 1～2 天灌水正常管理。或晒田后复水 1～3 天，每亩用 20％醚磺隆水分散粒剂 10～15 克与杀稗剂混用（用量、用法参照说明书），毒土或茎叶处理均可，隔 10～15 天每亩再用 20％醚磺隆水分散粒剂 10～15 克，毒土或茎叶处理均可。还可用 10％双草醚悬浮剂（农美利）30～40 毫升/亩，施药后 1～2 天灌水，保水 5～6 天，过程同匍茎剪股颖防治。

737. 怎样选择茎叶除草喷雾器？

茎叶除草效果与液珠大小有很大关系，液珠过小附着在杂草叶片表面茸毛层，张力不够不能充分接触到细胞表面，起不到杀草效果，只有药剂液滴达到一定大小，张力才能使药液接触到杂草细胞表面，更容易起到除草效果，因此建议茎叶除草最好选择手动喷雾器或喷出药液滴足够大的机械喷雾器。无人机喷药要在风力较小（3 级以下）天气进行，同时注意飞行速度与喷药量雾滴大小的协调一致。而杀虫剂最好使用雾化效果更好的机械喷雾器效果更佳。

738. 直播稻田的肥水管理与群体调控原则是什么？

肥的管控原则：防直播田群体过大或生长量不足。生长量不够直接造成减产，群体过大可造成倒伏，病虫害增加，米质下降，减产。

水的管控原则：水层管理以浅水管理为主，晒田兼顾除草，目的是促根生长，培养健康群体，降低生产风险，提高效益。

739. 直播稻田分蘖期如何协调管理化肥农药？

水稻进入 4.5 叶龄后（6 月 10 日左右），第一次追施氮肥，同时进行二次封闭除草。

施肥前灌水 5～7 厘米，施肥时尿素中伴施封闭除草剂，追施尿素 50 千克/公顷，伴施 10％吡嘧磺隆可湿性粉剂（草克星）250 克/公顷。结束后，保持水层 5 厘米左右 10 天，10 天后排水，进行茎叶喷雾除草，除草剂使用 48％灭草松水剂 2 000 毫升/公顷＋17％五氟·氰氟草酯 1 500 毫升/公顷＋50％二氯喹啉酸 300 克/公顷。1～2 天后，再次灌水至 5～7 厘米，进行第二次追肥，肥量为尿素 100 千克/公顷，自然落干后，晾田 5～7 天后灌水，保持浅水层管理或湿润状态。此期稻田如果出现负泥虫成虫，可以喷施烟草提取液（捣碎烟草植株，温水浸泡数小时，过滤即可）。幼虫开始为害时，喷施 2.5％三氟氯氰菊酯乳油 300～450 毫升/公顷。

740. 直播田孕穗期和抽穗期如何进行综合管理？

水稻生长进入孕穗阶段，灌水 5～7 厘米水层，施入尿素 0～50 千克/公顷，硫酸钾 75～100 千克/公顷。如稻田长势过旺则不追施尿素，待田间水自然落干后，无水层管理 5～7 天，以控制田间长势和叶瘟、穗颈瘟及纹枯病发生，重点是防控稻瘟病。如果形成了有利于孢子萌发的气候条件，则及时进行化学药剂防治。预防主要抓住破口 50％和齐穗两个时期，在破口 50％和齐穗期连续防治两次效果最佳。常用药剂与方法：选择上午 10 时之前或下午 4 时之后的无雨天气喷药最佳，药剂可采用 40％稻瘟灵乳油 1 350～1 800 毫升/公顷，可同时预防纹枯病等病害，或用 1 000 亿个/克活枯草芽孢杆菌 150 克/公顷，或 2％春雷霉素水剂 1 500～1 800 克/公顷，或 75％三环唑可湿性粉剂 450～600 克/公顷，或 25％咪鲜胺乳油 750～1 500 克/公顷等，以上药剂均对水 30 千克，混合均匀喷雾。此期如发现二化螟成虫，可使用性诱剂诱杀等方法进行防治。

741. 怎样综合掌握水直播田的灌溉技术？

泡田：在播种前 10 天，灌水至田间土体裸露 1/3～1/2，泡田持续 3～4 天。

耙地：泡田结束后耙地，控制落差在 0～3 厘米。

封闭除草：水稻播种前进行杂草封闭，平耙后灌水 5～7 厘米，使用有效成分 38％噁草酮水剂 600 毫升/公顷封闭，持续 7 天。

播前排水：大田处于无积水烂糊状或仅存少量积水时播种。

播种时的水分管控：当田间处于松软烂糊状时播种。

长芽期：播种完毕灌水，水深 1～3 厘米。

立针期：保持水层厚度 3～5 厘米。

苗期：保持浅水层管理 0～5 厘米，直至 4.5 叶（6 月 10 日左右）。

分蘖期：水稻进入 4.5 叶龄后（6 月 10 日左右），进行第一次追施氮肥和苗后除草，施肥前灌水 5～7 厘米，施肥可同时带施除草剂，操作结束，保持水层 5～7 厘米 10 天。10 天后如有大龄杂草，排水后，茎叶喷雾除草，1～2

天后，再次灌水至 5～7 厘米，进行第二次追肥，自然落干后，晒田 5～7 天，晒田完毕灌水，保持浅水层管理或湿润状态。

拔节孕穗期：建立水层 5 厘米左右。

抽穗灌浆期：水层 0～5 厘米，也可采用浅湿交替管理，严禁晒田。

成熟期：遇降水量过多，需及时排水。

742. 秸秆还田技术能否应用于直播稻田？

秸秆还田不仅可以促进土壤有机质及氮、磷、钾等养分含量的增加，而且能够调节养分比例失调，提高土壤水分的保蓄能力。秸秆还田技术是保护环境、促进农业土地可持续利用的重要技术。通过秸秆还田，有效增加了土壤有机质含量，加速了生土熟化，改良了土壤性状，增加了团粒结构，提高了土壤肥力。秸秆还田还具有增肥增产作用，是促进土地稳产、高产、高效和可持续利用的重要途径。因此，直播田特别是养分贫瘠的土地可以进行秸秆还田，但还田的作业方式要依不同土壤类型机耕作业，对于黏土和偏黏性沙壤土，采用四铧犁翻耕作业，还田效果较好。对于沙土和偏沙性沙壤土，采用重耙翻耕作业，还田效果较好。

743. 是否可以进行免耕直播栽培？

免耕法是指不翻耕土地直接播种或者栽种作物的方法。免耕土壤团聚体会增加，因此土壤的供储养分能力也增加。同时增大土壤对环境水、热变化的缓冲能力，为植物、微生物的生命活动创造良好的生态环境。免耕土茬增加了植物根系残留物，使土体构型向着适合当地生物气候条件方向的自然土壤成土过程土体构型方向发展。残茬覆盖免耕有利于维持土壤上层良好的物理结构，使土壤渗透性得到改善，对于保持土壤水分和防止侵蚀具有重要意义。但随着免耕年限的延续，土壤养分、作物根系、微生物种群、杂草种子都趋向表层富集，导致土壤库容小，供肥能力降低，草害严重，作物易出现早衰、倒伏等现象。因此，生产上应避免长期的免耕耕作和连年的多耕多耙的耕作，应实行土壤轮耕制度。

744. 直播稻田出现杂草稻（红、白毛）怎么办？

在寒地稻作区，对于稻田杂草稻目前没有有效的化学防控措施。只能做到严格检疫，不使用含有杂草稻的种子进行生产，大田发现杂草稻应及早拔出，抽穗后发现的杂草稻拔除后要带出田间后销毁。

745. 什么是苏打盐碱地？苏打盐碱地能否采用直播技术生产水稻？

在我国寒地稻区，存在大面积盐碱地，主要盐分为 CO_3^{2-}、HCO_3^-，故称苏打盐碱地,其 pH 大于 9.5,严重制约农业发展。多年多地区的试验表明,苏打盐碱地可进行水稻直播种植,即 pH 在 9～9.5 的土壤,可直播种植耐碱水稻品种。发展盐渍地区农业生产的途径有两条:一是通过土壤改良的方法为农作物生长创造有利条件;二是进行农作物耐碱栽培,提高作物耐碱性。在众多盐碱土改良方法中,植物改良技术具有费用少、见效快等优点,而受到广泛关注。植物改良技术主要利用植物的生命活动使土壤积累有机质,改善土壤结构,降低地下水位,减少土壤中水分的蒸发,变蒸发为蒸腾,从而加速盐分淋洗、延缓或防止积盐返盐。三是针对当地盐碱地情况,利用相关抗土壤改良技术结合酸性肥料、农机具和农艺措施获得产量。利用水稻改良盐碱土具有广阔应用前景。

746. 苏打盐碱地直播水稻用什么品种最好?

黑龙江省存在大量的苏打盐碱地,盐碱地通过浸泡排水后可以进行水稻生产。不同水稻品种的耐碱性亦有区别,品种的选择对产量影响极为显著。在苏打盐碱地稻区直播水稻的品种不仅要有其他水稻早熟、耐寒、抗倒伏、芽势强、根系发达等特性,更要兼有抗高盐环境能力和高 pH 的特点。适宜品种主要有龙粳 29、龙粳 30、龙粳 35、垦稻 17 及龙粳 21(窄行密植)等。

747. 苏打盐碱地直播水稻应采用哪种直播技术?

苏打盐碱地含盐量偏高,酸碱度偏高,而酸碱度对水稻生长的影响更为严重,因此避开高 pH 环境,降低水稻生育期内土壤 pH 是土壤管理的主要工作,旱作技术水稻一生都生长在高 pH 环境,灌溉条件受到限制,人工干预对 pH 影响小,产量受到严重制约,因此不建议在苏打盐碱地区使用旱作技术。水田旱播技术有了人工灌溉的干预过程,从播种到出芽,只要有淋洗条件,即可使用该技术。水直播技术完全具有上述可用条件,所以也可以应用。

748. 怎样掌握苏打盐碱地直播稻田的施肥技术?

盐碱地直播田基肥应以有机肥添加有机质为主,增施腐熟农家肥结合秸秆还田技术,可增加土壤对有害阴阳离子的缓冲能力。有机肥中含有大量的有机质,有机肥又是迟效肥,其肥效持久而不易损失,有利于保苗发根促进生长。

盐碱地施用化肥量不宜过多,一般碱性稻田可选用偏酸性肥料施用,如过磷酸钙、硫酸铵等。因此,盐碱地施肥技术与肥沃土壤不同,即要深施基肥,增大基肥比例。使用缓释肥或者颗粒较大的肥料，减少与土壤接触的表面积，提高肥效。表施肥料要以少施多次为原则，使其肥效尽量发挥。增施磷肥，适当补锌及其他微量元素。一旦发现稻田落黄，应喷施硫酸铵或者铁、镁等微量元素进行调整。

749. 怎样掌握苏打盐碱地直播稻田的灌溉技术？

采取科学合理的灌溉技术措施，不但可以提高盐碱地水稻生产能力，增加经济效益，而且对于盐碱地改良都具有重要的实用价值。盐碱地种稻，在栽培管理各阶段应采取相应的灌溉技术。大水泡田，并且在耙田之前将水排出，机械耙地，做到寸水不露泥，以免地势低处淹芽淹籽、高处落干晒籽。耙田整平之后及时补水，播种前一天排出余水，播种后浅层管理，每隔 1~2 天进行一次排灌，直至秧苗 4 叶龄，以后每次施肥前都要有一次排灌过程再施肥，灌溉用水一定是 pH 中性或偏中性。这些操作可起到降低 pH 和淋洗盐分的作用。从开花期至灌浆期至少 2 次换水，籽粒 80% 灌浆成熟，停止人工排灌，转为雨养直至收获。

750. 直播技术可不可以用来进行绿色优质稻谷的生产？

一般密植条件下生产的稻米要比稀植条件下生产的稻谷出米率高，口感好，而水稻直播技术基本都是在密植条件下进行，因此只要选择早熟、优质、安全、成熟的品种完全可以通过直播技术进行绿色优质稻谷的生产。但是由于水稻在缺水条件下生长会对米质的形成产生不利影响，其出米率、表观及口感均有下降，所以使用直播技术生产绿色优质稻谷，需要采用水直播技术或水田旱播技术进行生产，能够达到更加理想的生产效果。

751. 什么是机械水穴播技术？主要技术要点是什么？

机械水穴播技术是指利用水稻水穴播种机，在平耙合格的大田上，直接将水稻种子按行、等穴距、每穴等籽量下种的方式进行播种。技术要点是：播种前将大田平耙，播种时采取等穴距、等籽量。水穴播特点是精准、均匀、发苗快、整齐性好，便于管理，节水节肥，节约种子等。

752. 哪个型号的水穴播机械效果好？

水穴播技术最关键的技术是等穴距和下种等籽量，但是成功的基础必须是田面平整，前茬收获后作物的留茬会漂浮在地表，对播种和出苗会产生影响，因此播种机的选择至关重要。根据市场现有的水稻直播机使用情况，上海世达尔生产的一系列水穴播机技术含量比较全面，如每穴下籽量基本相同，并且穴距可调（10～18 厘米），下籽量可调（每穴 1～15 粒），并且在播种行进时，在播种孔前设计了一个抹平板，不仅可以起到短距离平填作用，而且可以把前作物留茬抹入泥土中。同时该系列播种机在播种时利用自身重量和开槽设计，可做出播种台，在播种台上又设计了一个较浅一点的播种沟，这样的设计具有保水护芽的作用，适合浅水层管理。

753. 机械水穴播在寒地稻作区可以大面积推广吗？在产量、品质等方面与插秧栽培技术有差别吗？

机械水穴播技术是一项比较完善的稻作技术，完全可在寒地稻作区大面积推广应用。该技术在 2017 年示范区测产 15 亩，由华南农业大学、中国水稻研究所及吉林省水稻研究所等单位组成的专家团队实施了验收，实收亩产 610.8 千克。2018 年示范区测产 50 亩，实收亩产 590.1 千克。2019 年在黑龙江佳木斯、同江、抚远地区示范 1 000 多亩，当年遇上百年未遇的低温多雨年景，但仍然能够正常成熟，亩产量达到 500 千克左右，同比同地区插秧生产增产 10％左右，效益为插秧生产的 1 倍左右。同时经过几年的试验示范，经品质分析，有关专家认为水穴播技术生产的稻米品质与插秧栽培的稻米品质无明显差异。

754. 什么是机械水条播技术？主要技术要点是什么？

机械水条播技术是指利用水稻水条播机，在平耙合格的大田上，直接将水稻种子按行播种的方式。技术要点是：播种前大田的平耙要平整，播种时种子在地面上流线要均匀。水条播的特点是线状、保苗较好、相对易倒伏、相对穴播下种量大，注意大田长势控制等。

755. 在寒地稻作区机械水穴播和机械水条播哪个效果好？

无论从节约种子角度，还是田间群体管控方面，笔者认为机械精量水穴播技术要优于机械水条播技术。首先机械水穴播技术群体内部通风透光性相对要好，因此根系相对发达，抗倒伏性较强，株体健壮穗较大，全田长势均匀。由于播种量较小，一般相对条播每公顷最少节约 25 千克种子，每千克种子按 7元（2015—2019 年黑龙江省水稻大田用种平均价格）计算，最低节约成本 175元左右。

756. 机械水穴播技术生产出的稻米品质会下降吗？

多年的生产示范表明，只要不选择本区晚熟品种或越区种植，而是使用本区早熟品种直播都能正常成熟，并且不会影响稻谷出米率，同时品质和口感不会有下降现象。试验还发现，水直播生产的水稻种子具有很少发生穗发芽现象，同时相比插秧技术，稻米有惊纹很少、加工不容易破碎等优点。

757. 机械水穴播的播种量与插秧的用种量有多大差异？

机械水穴播的播种量与插秧的用种量理论上两者不会有差异，但是会因每穴下种粒数或插秧苗数产生用种量差异。如机械精量水穴播技术，若每穴下种 10 粒，每公顷用种量应在 100 千克左右；若每穴下种 7 粒，每公顷大概用种 70 千克左右。在寒地稻作区，行距 25 厘米每穴应该下种 7～10 粒。插秧生产中农民一般每公顷用种量均在 70～90 千克，但使用的插秧行距为 30 厘米，因此生产中两种技术用种量基本一致。

758. 激光水平地有哪些技术要求？优缺点是什么？

田面不平整，是造成水稻水直播保苗率低的主要原因，也是水稻生产的最基础条件，因此田面不平整一定要使用平地设备进行地面平整作业。激光平地技术分水平地和旱平地两种，两者的平地理论基本相同，区别是工作环境不同。激光水平地是在泡田平耙完毕之后，再次通过激光发射和接收设备的自动调整，进行平地作业的过程。其主要作用是抹平 20～40 厘米范围内较小的坑洼，并且将稻茬抹入泥面下，形成光滑的作业平面，利于播种。激光旱平地并不需要泡田和水耙田过程，而是在旋耕后，利用田边激光发射装置发射激光信号，通过调整平地机上安装的接收装置，将接收器传输的数据信号处理转换成电信号，然后输出到电磁液压系统，使平地铲升降，自动平地。主要作用是可平整大面积落差的田块，同时托平作业幅宽内的田面。两个技术的优缺点：①激光水平地技术的优点是可以做到精细化，甚至可将稻茬抹入泥内，田面如镜般光滑，非常有利于播种；缺点是一旦耙地基础平整度不好，则工作效率下降，不能做到大面积田面平整作业。②激光旱平地技术的优点是工作效率高，适合大面积作业；缺点是精细化技术较低，有些旱平地机对田角的处理不到位。

（编写人员：赵海新）

七、寒地粳稻"三化一管"栽培技术

759. 什么是寒地粳稻"三化一管"栽培技术？

水稻"三化一管"栽培技术是指旱育壮秧规范化、全程生产机械化、产品品质优质化及叶龄指标计划管理。

760. "三化一管"在寒地粳稻生产中有何意义？

水稻"三化一管"是一种新型的水稻栽培模式，是将农机、农艺、水利、气象等多方面先进技术有效集成和应用，从而提高劳动效率与质量，实现水稻稳产高产，达到农民增收的目的。水稻"三化一管"具有秧苗素质高、机械效率高、群体分布合理、光合效率高、品质好等优势，有利于寒地水稻生产的可持续发展。

761. "三化一管"技术的原理是什么？

"三化一管"的技术原理为：利用胚乳转化理论、叶龄模式理论、水稻器官的同伸理论等，以旱育秧田规范化和旱育壮苗模式为基础，本田管理上采用以叶龄为指标的有目标、有效的调控和管理措施，从而保证水稻的丰产丰收。

762. 旱育壮秧规范化技术要点有哪些？

旱育壮秧规范化技术要点是实施集中大棚钵盘育秧、秋作高床、调酸消毒、盐选浸种、催芽精播、严格温度、水肥调控、除草防病、培育壮秧。

763. 水稻旱育壮苗标准是什么？

壮苗是水稻生产的基础，旱育壮苗标准包括以下几点：①秧苗叶龄 3.1～3.5 叶，秧龄 30～35 天，地上部分为 3、3、1、1、8，即中茎长 3 毫米以内，第 1 叶鞘高 3 厘米以内，第 1 叶与第 2 叶叶耳间距 1 厘米左右，第 2 叶与第 3 叶叶耳间距 1 厘米左右，第 3 叶叶长 8 厘米左右，株高 13 厘米左右。②地下部分为 1、5、8、9，即种子根 1 条，鞘叶节根 5 条，不完全叶节根 8 条，第 1 叶节根 9 条突破待发。③每百株地上部干重 3 克以上，要求白根多、须根多、根毛多、根尖多。

764. 怎样选择旱育秧田地点?

根据水田的分布状况,选择平坦高燥、背风向阳、排水良好、土壤偏酸、土质肥沃、无农药残留、交通方便的旱田地,按水田面积的 1∶(80～100) 的比例,建设规范化大棚高台育秧基地。

765. 怎样规划设计秧田?

全部采用钢骨架大棚,棚间距 12～13 米(棚与棚中心距离),棚间排水沟上口宽 3 米,下口宽 2 米,沟深 0.8 米,同时将排水沟修成梯形,防止雨水冲刷塌方。每栋大棚长 60 米、宽 6～7 米、高 2.4～2.7 米,置床高度 20～30 厘米,置床边缘距排水沟宽为 1 米,大棚内采用微喷浇水。大棚两侧距地面 40～50 厘米和肩部距地面 80～100 厘米处设两道燕尾槽。配备大棚卷帘通风器,如手动卷帘器或电动卷帘器、智能化卷帘器。秧田基地棚间主路宽 8 米、辅路宽 6 米,路面铺设沙石或硬化水泥。智能监控室 1 座。水稻育秧基地常年固定,做到棚型规范、沟渠相连、道路畅通、设施健全、智能监控。实现室(智能监控室)、棚(大棚)、路(棚间路)、沟(引水、排水)、桥(涵洞)、场(堆肥场、堆床土场)、井(水源)、池(晒水池)、林(防风林)综合配套,为培育壮秧奠定坚实基础。

766. 什么是置床增温技术?

置床增温技术主要包括以下几点。

(1) 隔离层增温 在水稻置床 20 厘米下放一层 10～12 厘米稻壳或 2～4 厘米发泡塑料板,稻壳或发泡塑料板上下用塑料布包裹,与上下苗床隔离,同时,放入杀鼠剂防治鼠害。

(2) 循环水增温 在置床下 8～10 厘米处铺设地热管,利用太阳能加热器将水加热至 25～30℃后进行循环加热置床,使置床温度控制在 20℃以内,为秧苗生长创造良好的环境条件。但此项技术成本较高。

(3) 防寒沟增温 在大棚外距棚边 30～40 厘米处挖一深 50 厘米、宽 30 厘米的沟,沟内放入 40～45 厘米稻壳或稻草,踩实后覆土 5～10 厘米,或在棚内四周距地锚 15～20 厘米处挖一深 40～50 厘米、宽 10～20 厘米的沟,沟内靠棚边一侧竖着放一块高 40～50 厘米发泡塑料板,然后将土回填踩实。

(4) 大棚三膜覆盖增温技术 水稻播种覆土后先盖地膜起到保温保湿的作用,然后,在地膜之上再扣上小棚,起到保温增温的作用。4 月 12 日前播种的水稻秧田都要应用三膜覆盖增温技术。在正常的条件下,当大棚棚内温度达 10℃时,小棚内温度达 13℃,地膜下温度可达 15℃。一般大棚棚内温度比外界气温可增加 7℃左右。

767. 什么是标准化种子生产?

标准化种子生产是指在种子生产中实行统一区划、统一确定繁殖户、统一组织生产、统一技术标准、统一田间检查、统一组织收获、统一定价等;在加工中实行统一加工、统一包装、统一标识等,使水稻种子的纯度达 99% 以上,净度达 99% 以上,发芽率达 90% 以上,水分 14.5% 以下,除芒率达 98% 以上,病斑率 1% 以下,青粒率 0.5% 以下,糙米 0.5% 以下。

768. 什么是智能化盐水选种?

选种是育秧生产过程中的关键环节,普通清选机选种仍有 8%～12% 的不合格种子,精密比重清选机选种仍有 4%～6% 的不合格种子(用计量精度 0.001 克/厘米^3 的密度计调制相对密度 1.13 盐水进行测量的结论),而应用智能盐水选种设备,效果十分明显。

769. 智能化浸种催芽要点有哪些?

浸种、催芽是寒地水稻生产过程中关系到秧苗质量的重要环节,温度的一致性是影响浸种、催芽质量的决定因素。应用智能程控浸种催芽设备,达到浸种温度的一致性和准确性,使大量种子实现高标准浸种催芽。

(1) 智能程控浸种技术 寒地水稻最佳的浸种温度标准,即浸种温度为 11～12℃,时间 9～10 天,浸种积温 100℃ 以上,可使水稻种子吸水率达自身重量的 30%;外观表现颖壳颜色变深,种皮呈半透明状态,透过颖壳可以看到腹白和种胚,剥去颖壳米粒易掐断,手捻米粒成粉末,没有生芯。

(2) 智能程控催芽技术 水稻催芽使种箱内温度达到农艺所要求的破胸温度 30～32℃、催芽温度 25～28℃,时间 20～24 小时,确保种子根、芽长各 2 毫米以内,根、芽长一致,呈"双山型"。

770. 怎样确定播期?

当气温达到秧苗生育低限温度指标(气温稳定通过 5℃,置床温度 12℃)时即可播种,采用三膜覆盖技术或具备增温措施的大棚 4 月 8 日开始播种,最佳播期为 4 月 14～20 日。

771. 怎样确定播种量?

为确保水稻机插中苗的播种匀度和播种量,结合多年生产实践,改每盘按重量计量为粒数计量,提高了水稻播种的准确性。根据秧盘和秧苗用途的不同，制定了播种标准。常规机插中苗每盘（58 厘米×28 厘米）播芽种 4 400 粒左右，即每 100 厘米^2 播芽种 271 粒；种子田机插中苗每盘（58 厘米×28 厘米）播芽种 4 200 粒左右，即每 100 厘米^2 播芽种 259 粒；八行插秧机机插中苗（秧盘长 58.5 厘米、宽 22.5 厘米，面积 1 316 厘米^2）每盘播芽种 3 600 粒，即每 100 厘米^2 播芽种 274 粒。

772. 怎样给秧盘覆土？

摆盘播种后，覆土厚度 0.5～0.7 厘米，厚薄一致。钵育苗时，钵体装土 3/4 深度，浇水后播种覆土，覆土厚度不能超过钵体的上端，严防覆土过厚。

773. 做置床需要注意什么？

做置床时要求旱整地旱做床。秋季粗做床使床土平整细碎，床面平整，土质疏松，有利于部分根系通过盘孔，扎入置床吸收养分和水分。春季做床使床面达到：一是平，每 10 米^2 内高低差不超过 0.5 厘米；二是直，置床边缘整齐一致，每 10 延长米误差不超过 1 厘米；三是实，置床上实下松、松实适度一致。大棚内置床中间应设一条宽度 24 厘米的步道，步道上用红砖整齐铺成，以便各项作业。

774. 置床处理要注意什么？

摆盘前先测定置床酸碱度，然后每 100 米^2 用 77.2% 固体硫酸 2～3 千克，拌过筛细土后均匀撒施在置床表面，然后耙入土中 0～5 厘米，使置床 pH 达 4.5～5.5；调酸同时每 100 米^2 施尿素 2 千克，磷酸二铵 5 千克，硫酸钾 2.5 千克，肥料粉碎均匀施在置床上，并耙入土中 0～5 厘米；调酸施肥 5 小时后再用 3% 甲霜·噁霉灵水剂 15～20 毫升/米^2，每 100 米^2 对水 5～10 千克喷于置床上进行消毒。为防治地下害虫，在摆盘前每 100 米^2 置床用 2.5% 溴氰菊酯乳油 2 毫升对水 6 千克均匀喷洒在床面上。

775. 如何配制床土？

（1）常规床土配制 将过筛的床土 3 份与 1 份腐熟有机肥或 4 份床土与 1 份炭化稻壳混拌均匀，然后用壮秧剂调酸、消毒、施肥。按照水稻壮秧剂使用说明将床土与壮秧剂充分混拌均匀后堆放待用，要堆好盖严，防止遇雨和挥发。混拌方法：每 100 米^2 置床可摆放的秧盘数量为 600 盘，每盘用混好的床土（标准盘长 58.5 厘米、宽 27.5 厘米，盘土厚 2 厘米，每盘 3 217.5 厘米^3）3 千克，每 100 米^2 用床土数量为 1 800 千克。先将 100 米^2 壮秧剂用量与床土用量的 1/4 左右混拌均匀做成小样，再用小样与剩余床土充分混拌均匀。测定床土 pH，如 pH 未达到 4.5～5.5，可再用 77.2％固体硫酸调至规定标准。

（2）种衣剂配套肥床土配制 种子包衣后育苗时，可以使用种衣剂配套肥，不再使用其他壮秧剂。种衣剂配套肥每袋 20 千克，机插中苗每袋使用面积 90 米²，可与 1 620 千克过筛的床土（含有机肥或炭化稻壳）混拌均匀，装540 盘。配置方法是：过筛床土 3 份，先与腐熟有机肥 1 份（炭化稻壳 0.75份）混拌均匀，再与配套肥混拌均匀后装盘。钵育大苗每袋（20 千克）使用面积 130 米²，可与 1 200 千克床土混拌均匀后装钵盘 600 盘，每盘床土重约 2千克。使用配套肥可以起到药效互补的作用，还可以避免使用壮秧剂可能带来的药效重叠出现药害或因拮抗作用而导致药效降低防病效果不佳。

（3）液施壮秧剂的应用 液施壮秧剂是将壮秧剂溶解配成水溶液使用，既安全又方便。省去了壮秧剂必须均匀混拌床土的作业程序，降低了劳动强度。用法是：将备用过筛的床土直接装入已摆置的子盘 2 厘米厚，如果床土较干，可在施用肥溶液前一天，先浇足量清水或弱酸水。播种前将液施壮秧剂基肥袋内包装物全部倒入容器里，注入适量清水溶解后，按每袋（6 千克）用不少于250 千克的水稀释，充分搅拌后均匀浇入 500 盘（83 米²）。然后播种、压种、覆土、盖膜。当水稻幼苗长出 1.5 叶龄时，及时追肥。即将液施壮秧剂追肥袋内包装物全部倒入容器里，注入适量清水溶解后，按每袋（5.5 千克）用不少于 250 千克的水稀释，充分搅拌后均匀浇入 500 盘（83 米²）的幼苗上作追肥。如果床土 pH 达不到 4.5～5.5 时可用适量硫酸兑入溶液中一并浇入。在正常情况下也无须再增施其他肥料。

776. 如何摆水稻育秧盘？

（1）机插中苗摆盘标准 在播种前 3～5 天进行摆盘，摆盘时将四周折好的子盘用模具整齐摆好，要求秧盘摆放横平竖直，子盘折起的四周与子盘底部垂直，盘与盘间衔接紧密，边盘用细土挤紧。边摆盘边装土，盘内装土厚度 2厘米，盘土厚薄一致，误差不超过 1 毫米。摆盘后浇水时要在秧盘上铺一层编织袋或草袋，严防浇水后盘内床土厚度不一致，水分渗干后等待播种。要一次浇透底水，标准是置床 15～20 厘米土层内无干土。

（2）钵育苗摆盘标准 摆盘时在做好的置床上浇足底水，趁湿摆盘，将多张钵盘摆在一起，用木板将钵盘钵体的 2/3 压入泥土中，再将多余钵盘取出，依次摆盘压平。种土混播时，亦可先播种，再将播种的钵盘整齐压摆在置床泥土中。也可以在置床上先铺一层 2 厘米厚经过调酸、消毒、施肥处理后的细土，再将钵体压入土中后装土播种。

777. 如何管理秧田温度？

秧田温度管理可分为 4 个关键时期。第一个关键时期：种子根发育期主要是指播种后到不完全叶抽出的时间，需 7～9 天，要求棚内温度不超过 32℃，超过此温度时即打开大棚两头开始通风，下午 4～5 时关闭通风口。第二个关键时期：第一完全叶伸长期，从第一完全叶露尖到叶枕露出，叶片完全展开，需 5～7 天时间，棚温控制在 22～25℃，最高温度不超过 28℃，最低温度不低于 10℃，及时通风炼苗，晴好天气自早 8 时至下午 3 时，要打开棚头和通风口，炼苗控长。如遇冻害，早晨提早通风，缓解冻叶枯萎。第三个关键时期：离乳期，从第二叶露尖到第三叶展开，需 10～14 天。棚温控制在 2 叶期 22～25℃，最高不超过 25℃；3 叶期 20～22℃，最高温度不超过 25℃，最低温度不低于 10℃。在秧苗 2.5 叶期根据温度情况，逐步加大通风量，最低气温高于 7℃时可昼夜通风。第四个关键时期：为移栽前准备期，时间 3～4 天，以昼夜通风为主。

778. 如何进行秧田水分管理？

在种子根发育期一般不浇水，如秧田湿度过大或局部过湿时白天撤膜散墒，晚上再覆地膜，露种处要适当覆土。在第一完全叶伸长期水分管理除苗床过干处补水外，一般少浇或不浇水，使苗床保持旱育状态。在离乳期水分管理做到"三看"浇水，即一看土面是否发白和根系生长情况，二看早晚叶尖是否吐水，三看午间心叶是否卷曲，如床土发白、根系发育良好、早晚心叶叶尖不吐水或午间心叶卷曲，则在早晨 8 时左右浇水，一次浇透。在移栽前准备期水分管理重点是在保证秧苗不萎蔫的情况下不浇水，控水蹲苗壮根，使秧苗处于饥渴状态，以利于移栽后发根好、返青快。

779. 如何进行秧田防病？

秧苗离乳期（2.5 叶前后）及时防治水稻立枯病。喷施 3％甲霜·噁霉灵水剂等杀菌剂防病。

780. 如何进行秧田灭草？

采用苗期茎叶处理灭草。在稗草 2～3 叶期，用 10％氰氟草酯乳油 40～60 毫升/亩对水 4～5 升茎叶喷雾；如秧田阔叶杂草较多时选用 48％苯达松水剂 160～180 毫升/亩茎叶喷雾，防除阔叶杂草。

781. 如何给秧田调酸？

为防治立枯病，确保秧苗健壮生长，培育壮苗，在秧苗 1.5 叶期前后普浇一遍 pH 为 4 的酸水，以保证秧田的 pH 在 5 左右。具体做法是：每个大棚选用 0.3 千克 77.2％固体硫酸对水 1 000 千克，均匀地浇在苗床上。

782. 如何给秧田追肥?

盘土底肥不能满足秧苗生长需要,为了保证秧苗健壮生长,分别在秧苗 1.5 叶期、2.5 叶期各追肥一次,每次追纯氮 1 克/盘,即硫酸铵 5 克/盘或尿素 2 克/盘。

783. 全程生产机械化技术要点是什么?

全程生产机械化技术要点是实现播种、本田整地、插秧、收获等实现全程机械化。

784. 全程生产机械化包括几部分?

全程生产机械化包括育秧机械化、本田管理机械化、收获机械化。育秧机械化指种子加工机械化、浸种催芽机械化、苗床土生产机械化、精量播种机械化、秧田管理机械化。本田管理机械化指水田耕整地机械化、水稻插秧机械化和水肥管理、田间植保机械化。

785. 什么是产品品质优质化技术要点?

产品品质优质化技术要点是以优质品种为前提,以栽培模式化、技术规范化、种植规范化、生产标准化、全程机械化、加工标准化为保证,以生产出符合国家优质粳稻三级以上标准的优质稻米。

786. 什么是叶龄指标计划管理?

叶龄指标计划管理是以器官同伸理论和叶龄模式理论为基础,以水稻主茎叶龄的生育进程、长势长相为指标,从而进行田间的肥、水、植保的管理,使水稻生长发育按高产的轨道和各期指标达到安全抽穗、安全成熟与稳产高产。叶龄指标计划管理分为分蘖期叶龄诊断、生育转换期叶龄诊断、长穗期叶龄诊断、剑叶期叶龄诊断及结实期叶龄诊断。

787. 分蘖期叶龄诊断要点有哪些?

分蘖期叶龄诊断要注意以下要点。

(1)基本苗数 100~120 株/米^2,25~30 穴/米^2。

(2)4 叶期诊断 机插中苗返青即出生 4 叶,因此也叫返青叶片。返青后立即施分蘖肥。如分两次追施蘖肥,第二次蘖肥最晚在 6 叶期前施用。追施氮肥量为全生育期氮肥总量的 30%。

(3)5 叶期诊断 最晚出叶日期为 6 月 10 日,叶长 16 厘米左右,5 叶龄

（12 片叶品种为 6 叶龄）田间茎数达计划茎数的 30%左右（160～180 个茎）。

（4）6 叶期诊断 最晚出叶期为 6 月 15 日，叶长 21 厘米左右。此叶期要注意对高岗田、漏水田的后期大龄稻稗进行防治，方法是：在稻稗 2～3 叶期用 10%氰氟草酯乳油 80 毫升/亩、稻稗 3～4 叶期用 10%氰氟草酯乳油 100 毫升/亩、稻稗 4～5 叶期用 10%氰氟草酯乳油 120 毫升/亩对水后茎叶喷雾。

788. 生育转换期叶龄诊断要点有哪些？

生育转换期是以幼穗分化为中心的前后一个叶龄期，即以倒 4 叶为中心的前后 1 个叶龄期，在出穗前的 20～40 天，11 叶品种为 7、8、9 期，12 叶品种为 8、9、10 叶期。

（1）7 叶期诊断 最晚出叶日期为 6 月 20 日，叶长 26 厘米左右，叶色比 6 叶期略淡，叶态以弯叶为主，茎数 7 叶龄（12 片叶品种为 8 叶龄）达计划茎数的 80%（每平方米 450～480 个茎）。

（2）8 叶期诊断 最晚出叶日期 6 月 25 日，叶长 31 厘米左右，叶色平稳略降但不可过淡，叶态以弯、挺叶为主，11 叶品种 7.5 叶龄时达到计划茎数，并开始幼穗分化。12 片叶品种为 8.1～9.0 叶龄，根据功能叶片颜色酌施调节肥，防止中期脱氮，施肥量不超过全生育期施氮量的 10%。

（3）9 叶期诊断 最晚出叶日期 7 月 2 日，叶长 36 厘米左右，12 叶品种 8.5 叶龄应达到计划茎数并开始幼穗分化。注意预防稻瘟病，此期是细菌性褐斑病、胡麻叶斑病的高发期。可用 30%苯甲·丙环唑乳油 15 毫升/亩、25%咪鲜胺乳油 75～100 毫升/亩防治。

789. 长穗期叶龄诊断要点有哪些？

幼穗分化完成后进入长穗期，11 叶水稻品种的长穗期为 10 叶期。10 叶期诊断：最晚出叶日期 7 月 9 日，11 叶品种叶长 31 厘米左右（12 叶品种叶长 41 厘米左右），叶色叶鞘色应深于叶片色，叶态挺叶为主，茎数应达到最高分蘖，无效分蘖开始死亡，此期进入拔节期，基部节间开始拔长，株高迅速增长。11 叶品种 10 叶前半叶为施穗肥的好时期，用尿素总量的 20%及硫酸钾总量的 30%～40%。在孕穗到齐穗期，为健身防病、促熟，可喷施叶面肥磷酸二氢钾加米醋及防病药剂惠满丰等，可提高结实率和粒重。

790. 剑叶期叶龄诊断要点有哪些？

水稻最后一片叶伸出的时期，称为剑叶期。此后进入孕穗、出穗期。11 叶品种 7 月 15～16 日叶龄达 11 叶，7 月 25 日达到出穗期（12 叶品种 7 月 23 日）。倒一叶与倒二叶叶耳间距在 10 厘米左右期间为减数分裂期，叶耳间距 5

厘米左右时为小孢子初期，为水稻一生中对低温最敏感时期。减数分裂期特别是小孢子初期若遇到17℃以下气温，会影响颖花育性，形成障碍型冷害，空壳率增加。7月16日剑叶叶枕露出开始进入孕穗期，约经9天，即7月25日（12叶品种8月1日）达到抽穗期。要注意防治水稻叶部、穗部病害。稻瘟病防治选用2％春雷霉素水剂80～100毫升/亩，或25％咪鲜胺乳油75～100毫升/亩，使用时期为叶龄9.1～9.5叶（7月5日）、孕穗期（7月16日）、齐穗期（8月2日）。叶鞘腐败病可用2％春雷霉素水剂80毫升/亩＋50％多菌灵可湿性粉剂80克/亩，或25％咪鲜胺乳油70～80毫升/亩，或70％甲基硫菌灵可湿性粉剂100克/亩，或40％多菌灵悬浮剂100克/亩＋酿造醋100克/亩。

791. 结实期叶龄诊断要点有哪些?

结实期叶长与叶态都已定型，正常的叶色为绿而不浓。功能叶为剑叶。要防止叶片衰老，保持活叶成熟。乳熟期要间歇灌溉，即灌3～5厘米浅水，自然落干至地表无水再补水；蜡熟期也要间歇灌溉，灌3～5厘米浅水自然落干，脚窝无水再补水，如此反复，直至蜡熟末期停灌，黄熟初期排干。

（编写人员：杨庆）

八、寒地粳稻节水种稻技术

792. 节水种稻的意义是什么?

(1) 节水种稻是为了节约水资源 黑龙江省农业用水占全省用水量的70%以上,水稻生产又是农业用水的大户,用水量占全省用水量约46%,占农业用水的65%以上,北方粳稻米质好、口感醇厚备受国人喜爱,但由于东北地区十年九旱,水资源分布不均且严重不足,节水种稻尤为重要。

(2) 节水种稻是水稻高产稳产的需要。

793. 如何节约用水种植水稻?

黑龙江省水资源分布不均,节约用水种植水稻是黑龙江省面对粳稻大面积发展所面临的严峻问题。针对这一问题农业科研人员总结出了节水种稻的方法,即硬化灌溉渠道实施工程节水;采取旱育稀植育秧、大苗晚栽、后期控制灌溉的农艺节水;筛选选育抗旱品种实施生物节水;利用化学保湿抗旱剂进行化学节水等。其原理是:①减少渗漏;②科学生态用水;③利用水稻生物学习性。生产实践中应当因地制宜、各有侧重、综合运用,以达到节水高产的目的。

794. 黑龙江省有哪些节水栽培技术?

黑龙江省节水种稻技术有水稻旱作、旱种水管、控制灌溉等多种种植方式。水稻旱作及旱种水管主要存在于一些直播稻田及前期无水、后期多水的低洼地。控制灌溉技术是近年来结合水稻生育特点节水栽培技术的新方向,其中浅干湿灌溉及干湿交替间歇灌溉均属于控制灌溉范畴。

795. 适合旱种的水稻品种有哪些特点?

针对旱地种植而进行特定选育的品种或者经过耐旱性试验筛选后的品种,这些品种一般根系发达,根的数量和质量有明显优势。一般旱稻品种比常规稻品种根多30%～40%,且根粗、长,根毛多、分布广、入土深,吸水、肥能力强,早生快发,生长旺盛,植株高大,茎秆粗壮,分蘖力强,中穗大粒,米质较好等。

796. 水稻旱种怎样进行种子处理？

选择无风、晴朗天气将种子平铺在地上晒 2～3 天，促进种子内酶活性，增强种皮透气性，提高种子活力，使种子干燥一致。然后依次进行风选、筛选、比重选种（1∶1 盐水）。将种子放入干净的大容器中，倒入 15℃左右的清水，泡种 48 小时后，捞出摊开晾种，待种子表面潮湿无明水就可以拌种衣剂，包衣后立即播种；未经包衣的种子应该浸种，捞出控净水后即可播种，切勿催芽。

797. 旱种水稻播种要注意哪些事项？

旱种水稻必须在温度稳定在 10℃以上后开始播种，播种前进行种子包衣。采用人工条播或机械条播，行距 25～30 厘米，沟深 7 厘米、施入底肥后覆土 4 厘米，剩余 2～3 厘米播种，每公顷用种量 75～125 千克，播种后覆土 1.5～2.5 厘米，特别注意的是需要镇压。

798. 旱种本田怎么除草？

"旱种稻，难除草"指的是草害对旱种直播稻的威胁严重，利用化学药剂除草是大面积直播旱种稻的主要措施。化学除草以封闭为主，茎叶处理和人工除草为辅。最好在雨后地表潮湿时喷施封闭药剂，有利于土壤表面形成药膜，达到除草的最佳效果。如果地表较干要加大对水量，以将地表喷湿为止。喷雾一定要均匀，喷药时间选择在播种后 3～5 天晴天时进行，施药后 1 个月之内除草尽量人工拔草，不能用锄头，避免破坏药膜。1 个月后如需防治禾本科、莎草科及阔叶杂草可人工拔草或者化学除草。当秧苗长到 4 叶期以后，田间草荒严重时，防治 2～3 叶稗草，每公顷用 25％二氯喹啉酸可湿性粉剂 100 克，对水 75 千克喷施；如稗草、阔叶草（或莎草科杂草）同时出现时，每公顷用 60％丁草胺乳油 150 毫升＋10％苄嘧磺隆可湿性粉剂 20 克＋50％禾草丹乳油 300 毫升，对水 75 千克喷施。

799. 水稻旱种施肥技术要点是什么？

水稻旱种必须施足底肥，施用种肥，分期追肥。底肥最好多施用农家肥，能提高土壤保墒、保肥以及供给能力。一般每公顷施农家肥 37 500～45 000 千克。化肥最好施用生理酸性肥料。施肥量依据本地土壤基础肥力而定，但是必须坚持前重后轻的原则。第一次追肥在 5 叶 1 心时雨前施入；第二次追肥在第一次追肥后 10 天，水稻拔节前施入，追肥应根据田间长势长相酌情增减。

800. 水稻旱种应该如何灌水?

水稻旱种必须满足稻株的生理需求,一般以自然降水为主,灌水为辅,节省了生态需水和耕作需水。田间持水量高于 75% 可以不浇水,反之浇底水后播种,播后结合喷药、施肥、适期浇水。在水稻生育关键时期——分蘖期、拔节期、孕穗期、抽穗期、扬花期、灌浆期等对水分敏感时期,土壤墒情低于最大持水量的 65% 时不能满足稻株生长发育对水分的需求,必须适当灌水,才能保证其高产。田间持水量大于 80% 时,土壤水分基本可以满足稻株生长需求,可以不灌水。灌水时应以早晨为宜,水流要缓,水分慢慢渗入土层使土壤含水量达到饱和状态即可。灌水原则是头水早、二水紧、三水饱,以后看天看地必须巧。

801. 水稻旱种主要病虫害如何进行防治?

水稻旱种时的主要病虫害是苗期蝼蛄和穗颈瘟。防治苗期蝼蛄等地下害虫,每亩可用 50% 辛硫磷乳油 100 克拌细土 20 千克施于播种沟内。穗颈瘟的防治可在孕穗末期至破口期(抽穗前 7~10 天)每亩可用 20% 三环唑可湿性粉剂 50~100 克对水 20~30 千克喷施,或用 40% 稻瘟灵可湿性粉剂 100 克对水 30 千克喷施。

802. 怎样节省灌溉用水?

节省灌溉用水,应主要抓好两个技术环节:①精细整地环节。水耙地时必须形成泥浆,形成泥浆沉淀后保水性会很好。若耙地不到位,后期灌一次水只能保 2~3 天,导致地块不保水,增加灌水次数,从而增加灌水量。②根据水稻生长发育规律灌水。插秧后到返青期处于春季干旱少雨、秧苗耐旱能力差的时期,应建立水层;适当增加灌水次数,一般每次灌水 5 厘米促进返青和分蘖。进入幼穗分化期后植株代谢旺盛、叶面积迅速增大、温度高蒸发量大是水稻生理需水最多的时期,应适当增加灌水量,其他生育阶段可以控制灌水,实行浅、干、湿交替灌溉。特别是在幼穗分化前半个月可以充分控水晒田。

803. 无水层栽培技术指的是什么?

无水层栽培技术是指在水稻整个生育期内不建立水层,只保持脚窝水或者田间最大持水量的 80%。要进行无水层栽培,一是要选择耐旱、耐盐碱品种;二是必须精细整地,增加土壤的保水性。

无水层栽培技术的另外一种方式是覆盖栽培,即地膜覆盖或者稻草覆盖,是相对于传统水稻栽培技术均在田间建立水层而言的。无水层栽培技术除了节省水资源外，还有利于减轻病虫害，保持土壤养分。

804. 什么是生物节水技术？

生物节水技术是指利用水稻自身的生理和遗传潜力，在少量供水的条件下，获得更多的产量。主要包括两方面：一是培育筛选耐旱新品种；二是培育耐旱的壮秧。

805. 什么是化学节水技术？

化学节水技术就是定量使用农业化学制剂应用于水稻、土壤和水面，对水分实行有效的控制，以达到节水的目的。原理是：有机高分子物质与水的亲和作用下形成膜物质，利用成膜物质对水稻和环境进行调节和控制，达到吸水保水、抑制蒸发、减少蒸腾、防治渗漏、蓄水保水和有效供水的目的。目前生产的抗旱剂有黄腐酸（FA）。

806. 寒地粳稻晒田标准是什么？

水稻生长正常的高产田土壤肥力高、通透性好，晒田目的是控制无效分蘖，当分蘖达到预计穗数前 2～3 天开始排水晒田，直到田面硬实，出现小裂纹时可灌一次浅水，待自然落干后继续晒田直到幼穗分化期。地势低洼、地下水位高、排水不良的田块要早晒、重晒，使田土沉实，达到进人不陷脚的程度。同时，采取排水措施，降低地下水位，改善土壤环境。前期施氮肥过多，秧苗生长过旺，有倒伏危险的稻田要早晒、重晒。一般当茎数达到预期 80％时开始晒田，达到田面出现小龟裂，下田不陷脚，使苗色逐渐落黄，中间可过一两次水，以延长晒田时间，使田面不至于干裂过重影响水稻正常生长。前期肥力不佳、生育不良、茎数不足、漏水地块一般不必晒田。

807. 什么是浅、干、湿灌溉技术？

浅、干、湿灌溉技术是保证水稻高产稳产所采用的适时适量灌溉方法，即花达水插秧、浅水返青、分蘖前期湿润、分蘖后期晒田、抽穗开花保持薄水、乳熟湿润、黄熟湿润、落干。浅、干、湿间歇灌溉技术的特点是灌溉与湿润相结合，并适时晒田，构成浅、湿交替，浅、干、湿灵活调节的灌溉方式。浅、干、湿灌溉技术区别于传统的淹水灌溉模式，克服了淹水灌溉的缺点，在保证水稻正常发育且不减少产量和影响米质的前提下减少了对水资源的浪费。可使田间积温增加 70～160℃；创造了大气直接向土壤供氧的条件；改善水稻生长形态、促进生育期适时转化；调节生理生态需水，实现节水增产。

808. 什么是浅湿灌溉技术？

浅湿灌溉技术即在田间建立水层后，待其渗降至一定田间土壤持水量后进行灌水，这样周而复始地进行。与浅、干、湿灌溉技术的区别在于其缺少了晒田阶段，且不用根据水稻生长规律灵活控制。

809. 什么是控制灌溉技术？

水稻控制灌溉技术是指在秧苗本田移栽后的各个生育阶段，田面不需要长时间保留水层，而是通过观测稻田土壤含水量多少判断灌溉与否的一种水稻节水灌溉新技术。

控制灌溉技术既不属于充分灌溉，也不属于非充分灌溉范畴，人为在水稻生长发育过程中，适度进行水分胁迫，会使水稻产生一定的耐旱性，而且不会导致减产。其基本原理是：基于作物的生理生化作用受到遗传特性和生长激素的影响，人为在其生长发育某些阶段主动施加一定程度的水分胁迫，可以发挥水稻自身调节机能和适应能力，同时能够引起同化物在不同器官间的重新分配，降低营养器官的生长冗余，提高作物的经济系数，并可通过对其内部生化作用的影响，改善作物的品质，起到节水、优质、高效的作用。

这种灌溉新技术能使水稻在生长发育过程中，得到适度的干旱锻炼，会使水稻产生一定的耐旱性，不但不会导致减产，还能起到增产、抗倒伏、抗稻瘟病和提高米质的作用，并可在一定程度上节水、省油、省电。

810. 控制灌溉与常规灌溉技术有什么区别？

与常规灌溉技术相比，控制灌溉技术在操作上有四点不同：

(1) 灌溉依据不同　常规灌溉依据水层多少判断是否需要灌溉，控制灌溉依据土壤含水量大小是否达到控制标准判断是否需要灌溉。

(2) 灌水方法不同　常规灌溉采取浅、深、浅，浅、晒、深、浅或浅、湿等模式灌溉，而控制灌溉采取浅、湿、干循环交替法。"浅"指灌溉水层上限30 毫米，"湿"指水层为 0，"干"指土壤含水量控制下限值（一般为 70%～100%土壤饱和含水量）。

(3) 灌水程度不同　常规灌溉属于充分灌溉，适时保证充足供水，不允许水稻受旱；控制灌溉则实行人为调控，根据水稻不同生育期的生理特性，在分蘖等需水非敏感期实施人为胁迫，造成适度干旱，而在拔节孕穗和抽穗开花等需水敏感期又保证供水，使水稻后期呈现生长的补偿效应；是一种充分供水与非充分供水相结合的灌溉方式。

(4) 田间水层不同　常规灌溉长时间保留水层，仅在水稻分蘖末期晒田时和黄熟期不保留水层；控制灌溉则是长时间不保留水层。

811. 控制灌溉技术有哪些优点？

水稻节水控制灌溉有以下方面的优点。

(1) 增产效果明显 控制灌溉技术对水稻的根系生长、株型及群体结构形成具有良好的促控作用，实现了水稻高产基础上的再增产，控灌比常规灌平均增产 5%～10%。

(2) 节水效果显著 全生育期平均节水 30% 以上。由于长时间不保留水层，蒸发少、渗漏少、排水少，自然省水。全生育期少灌 2～5 茬水。

(3) 减少了面源污染和温室气体排放 控制灌溉减少了温室气体排放，根据试验研究表明，深水灌氨挥发是 27.6 千克（尿素）/公顷，控制灌溉是 8.0 千克（尿素）/公顷。控灌排水少、渗漏少，减少了农药化肥对地下水和河流的污染。稻田还是 CO_2（二氧化碳）、CH_4（甲烷）和 N_2O（氧化亚氮）等温室气体的主要排放源。通过适时的水分调控，控晒结合，使稻田土壤 Eh 值迅速上升，促进毒害物质的分解，降低了甲烷细菌的活性，最终降低稻田甲烷排放速率和甲烷排放量。

(4) 抗倒伏能力增强 控制灌溉水稻根深、节短、秆粗、壁厚，底部节间壁厚比常规灌水稻提高了 30%，基部节间距比常规灌缩短 21%，所以抗倒伏能力大大提高。

(5) 抗病能力大大提高 控制灌溉水稻由于缩短了水稻倒三叶的叶片，增加了透光性能，形成了上挺下披的理想株型，使各层叶片都能接受到阳光照射，降低了水稻底部湿度，从而形成不利于病菌存活发展的条件，有效抑制了水稻的发病率。

(6) 控制了无效分蘖，巩固了有效分蘖，提高了成穗率 由于水分亏缺造成幼小分蘖（根系不健全）易脱水而死。这些分蘖在死亡的过程中尚有部分养分回流转入主茎，被主茎的大部分蘖所吸收利用，因而巩固了有效分蘖，提高了成穗率。由于减少了无效分蘖的发生和抑制了叶片徒长，增加了田间的通风通光性能，并建立了良好的大田群体结构，群体协调生长形成高产株型，为水稻生殖生长孕大穗、积累碳水化合物打下坚实基础，有利于水稻高产稳产。

812. 怎么应用控制灌溉技术？

水稻控制灌溉技术操作不复杂，只要能分清水稻各生育期节点，了解本地水稻不同生育期土壤含水量的控制下限指标及相应的土壤表相（如土壤裂缝宽度、脚印深浅等），就可按不同生育期土壤水分控制指标要求进行灌溉操作。

控制灌溉操作比较简单，笼统地讲，就是"灌一茬水露几天田""前水不见后水，见到裂缝再灌水"。这种灌溉方法只是在过去浅、湿灌溉模式的基础上，再加上一个"干"的环节，即浅、湿、干。操作上基本按照浅、湿、干循环交替的方式进行灌溉。其操作要领主要在这个"干"的环节，不同生育期"干"的程度不同，不同土壤"干"的要求不同。到底应该"干"到什么程度，按照本地不同生育期要求的土壤含水量下限值控制即可。"浅"指灌溉水层上限为 30 毫米；"湿"指水层为 0，土壤含水量 100%；"干"指各生育期土壤含水量要求的下限值，可通过仪器测试，或依据不同下限值对应的土壤裂缝宽度、脚印深度等经验值判断。一般不到土壤含水量下限值不灌溉。何时灌水依据土壤含水量而定。除了大量降水超过规定的蓄雨上限和盐碱地排碱要求外，一般不排水。

控制灌溉技术的关键在于没有测定仪器的情况下，如何判断土壤含水量有多少。多数地方没有土壤水分测定仪器，因此，操作人员需要靠经验判断土壤水分。主要方法是通过对比不同土壤含水量对应的土壤裂缝宽度或脚印深度等土壤表相，确定是否需要灌水。

813. 控制灌溉技术适于在哪些地方推广？

推广控制灌溉技术要求水源保障程度要高，需要水时能及时补灌。因此，建议各地优先在井灌区推广，其次是提水灌区和水库灌区，最后是自流灌区推广。井灌区、水库灌区和提水灌区水源可控能力强，需要水时能及时放水，适合推广控灌。特别是井灌区和提水灌区，省水、省油、省电。自流灌区要视河流来水情况择时灌溉，水少时不到下限值也应补水，否则需灌水时河水蓄水不足会出现干旱问题。

814. 土壤肥力低、保水能力差，能否推行水稻控制灌溉技术？

"肥田靠发、瘦田靠插"，这是栽培水稻获得高产的成功经验，是确定栽培密度的一项重要措施。实际上是如何充分发挥分蘖在水稻生产上的作用的问题。

一般情况下，肥力大的地块可控得重些，肥力低的地块可控得轻些。水稻栽培应主蘖并重，肥力差的田块应该多发挥主穗的作用，缩行增穴，适当增加基本苗数来确保高产。

沙壤土等保水能力差的地块土壤水分可控得轻些，适当把土壤水分控制下限提高，要少灌、浅灌、勤灌。要多加施一些基肥来增加有效分蘖，以保高产稳产。

815. 控制灌溉技术如何处理灌水与降水之间的关系？

降水中含有大量养分，有效利用降雨对水稻灌溉十分重要。特别是 7 月以后，黑龙江省降雨增多，利用雨水能大大减少灌溉水量，起到省工、节油、节电的作用。多数情况下不用灌溉土壤含水量就能满足水稻生长要求。但蓄雨不可过深（一般不超过 50 毫米），时间不可过长（一般不超过 7 天）。否则长时间田间保留水层，会出现烂根、根层积累有毒物质等问题，达不到控制灌溉的目的。平时要注意收听天气预报，把降雨与灌溉有机结合起来。

816. 控制灌溉技术对土地平整有哪些要求？

控制灌溉技术整地要上糊下松，要求格田要平整，高差不能太大，单个田块内土壤高差控制在 2 厘米左右。如果土地不平，高岗处地在控制时就会超过土壤水分下限值，而低洼处达不到土壤水分下限值，造成高岗处地干旱、低洼处没控好的现象，使高岗处出现分蘖少而低洼处却出现漂苗和虫害的现象等。

817. 如何处理控制灌溉与生产性用水的关系？

要处理好生产性用水与控制灌溉的关系。生产性用水指打药、施肥用水，生产性用水要求必须有水层才行，特别是分蘖前期封闭灭草时一般要保留水层 10 天左右。控制灌溉的水层管理要服从生产性用水要求，什么时候需要生产性用水就什么时候建立水层，但施肥用水要与控制灌溉用水结合起来，以减少水层保留时间。

818. 怎么把握水稻不同生育时期的控制灌溉技术？

水稻不同生育期对水分的敏感程度是不同的。掌握关键生育期的用水管理十分重要。返青至分蘖末期（一般是 5 月 20 日至 7 月 5 日）是水稻需水非敏感期，也是控制灌溉的关键期，是最需要节水的时期，要严格控制。拔节孕穗期和抽穗开花期是需水敏感期，不能控得太重。

819. 控制灌溉技术对秧苗素质有什么要求？

控灌技术要求育壮秧，带蘖插秧。提高秧苗素质必须稀播旱育秧，预防以湿代旱。早晚看秧苗是否有顶上露珠，发现有露珠就不需要灌水。秧龄从出苗到移栽必须要达到 35 天，以确保移栽后秧苗扎根和返青快。

820. 采用控制灌溉技术怎样控制草荒？

推行控制灌溉技术要注意抑制草荒。采用控制灌溉提倡两次用药，第一次是水耙地后施药进行封闭灭草，使用丁草胺、农思它、稻思达等（按农药的说明使用）。第二次是插后 8～10 天水稻充分返青后及时灭草。二次封闭灭草时必须有水层，水层保留天数在 10～15 天。要根据稗草的叶龄选择杀稗剂的种类，在稗草 1 叶期前使用 30％丙草胺乳油 1 500 毫升/公顷；在稗草 1.5 叶期前使用 60％丁草胺乳油 1 600 毫升，或者 30％莎稗磷乳油 900 毫升/公顷；在稗草 3 叶期前使用 50％禾草丹乳油 3 000 毫升/公顷；在稗草 3～4 叶期使用 90.9％环草丹乳油 3 000 毫升/公顷；稗草超过 4 叶期以后只能用 50％二氯喹啉酸可湿性粉剂或 2.5％五氟磺草胺油悬浮剂做茎叶喷雾处理。

821. 采用控制灌溉技术发生障碍性冷害时怎么办？

第一、第二积温带一般不用特殊处理，正常控制管理即可。第三、第四、第五积温带和山地冷凉等地区可通过加深水层防止冷害。低温过后应及时排水。

从根本上讲，防止冷害应从水稻植株自身抗寒能力上抓起。通过水稻的中期重控和拔节孕穗期的干干湿湿管理改善土壤环境，提高土壤通气供氧能力，排出有毒物质，防止烂根并促进根系发育，增加碳氮比，使植株体内蓄积大量的碳水化合物，增加植株体内的干物质，对预防外界低温与冷害起到了决定性的作用。

822. 分蘖期不建立水层，分蘖不足怎么办？

分蘖不足是有效分蘖期土壤水分控制太重造成的，分蘖前期要封闭灭草，需建立水层。分蘖中期的土壤水分控制下限不能低于土壤饱和含水量的 85％～90％，如果低于这个下限就会造成分蘖不足现象。分蘖期不建立水层是为了增大黑白温差来刺激生长点，促进分蘖早生快发，提高成穗率，减少无效分蘖，使水稻成熟时向整齐一致方向发展。

823. 采用控制灌溉技术不同生育阶段怎样施肥？

控制灌溉的施肥方法是"前促、中控、后调节"。前促，促分蘖早生快发；中控，控制无效分蘖；后调节，调节水稻的后期光合作用和促进根系发育，保证后期有较多的绿叶面积，为后期干物质的积累打下坚实的基础。

如果全生育期氮、磷、钾施肥量按 100％计算，各期施肥量可参照如下标准：基肥为氮肥 45％＋磷肥 100％＋钾肥 50％；分蘖肥为氮肥 30％；幼穗分化期施钾肥 50％；出穗前 15 天施氮肥 25％。

824. 控制灌溉技术怎样施氮肥？

为了减少氮素的挥发和渗漏，提高氮肥的利用率，施氮肥时必须使田面出现裂缝后，灌浅水层 20～25 毫米施入，然后等其自然落干 1～2 天后，再复水正常管理，这样可提高氮肥利用率。

825. 什么叫生育转换期?

生育转换期是指水稻由营养生长向生殖生长转换的时期。即幼穗分化为中心的前后一段时间,其叶龄指标以倒 4 叶为中心前后 1 个叶龄期为生育转换期。11 叶品种为 7~9 叶期间为转换期,12 叶品种为 8~10 叶期间为转换期。

826. 为什么生育转换期要提前晒田并要求重控?

生育转换期前要求提前晒田重控,主要目的是控制无效分蘖,增加碳水化合物。生育转换期是水稻生育中的一大转折,是由营养生长转向生殖生长,由氮代谢为主转向碳代谢为主,由茎叶生长为主转向穗粒生长为主的时期。通过重控实现生育期转换至关重要。重控时间一般从田间总茎数达到 80% 时开始,或在有效分蘖期结束前 7~10 天开始。

在生育期转换问题上,提出"时到不等苗,苗到不等时"的调控方法。"时到不等苗",即不管水稻处于哪个生育期(分蘖末期除外),土壤水分到了土壤控制下限则灌水至上限,土壤水分未达到控制下限则不灌水;"苗到不等时",即水稻生长发育到分蘖末期,不管土壤水分是否控制到下限,都要及时排水晒田重控。过了分蘖末期,到了拔节孕穗期(需水敏感期)则必须灌水至土壤水分上限。

827. 推广控制灌溉技术为什么有时大米会出现垩白现象?

大米出现垩白现象往往是分蘖后期控田太晚造成的。控得太晚,会使生育期拖后。当分蘖达到总苗数的 80%,或在有效分蘖期结束前 7~10 天就要开始控田(在 6 月 20 日左右),如果进入 7 月再控田就会使生育期拖后,出现垩白现象。

828. 为什么要提倡旱整地、旱耙地、泡田插秧一茬水?

因为春季干旱时常发生,泡田用水时常紧张,旱整地、旱耙地和泡田插秧一茬水,使泡田时间缩短,减少了灌水次数,不仅可以缓解春季水资源短缺(可省泡田用水 30~50 米^3/亩),还提高了基肥的氮素利用率。

829. 为什么插秧前要求秧苗要充分落黄?

通过提前通风和有效肥水管理,可使秧苗落黄,其好处是能使秧苗更多的积累碳水化合物,增加秧苗的干物重,使插到地里的秧苗增加抗旱与抗寒能力,从而加速秧苗返青与分蘖速度。

830. 盐碱地种稻如何合理用水?

盐碱地种稻,排碱很重要。管好本田水,协调土壤水、盐、气三者关系,促使稻苗移入本田后全苗早发是关键。一般 pH 8.0 以下不用特殊处理,正常控制灌溉即可。pH 超过 8.0 要重视洗碱排碱。可以采取浅—湿交替、浅灌勤换、适时深灌洗碱的办法进行灌溉。盐碱地种稻要通过看天、看苗、看水质灵活掌握。即大风烈日灌深水,多云天暖灌浅水,无风阴天可排水,雨天排碱灌淡水;苗势旺、灌浅水,苗势弱、灌深水,水质咸时要换水,水质淡时正常灌。分蘖末期要适当控田 5 天左右,控制无效分蘖,促进生育期转换。

831. 盐碱地种稻应注意哪些关键性技术措施?

要注意以下几个环节:一是建立完整的灌排系统,最好单灌单排;二是泡田洗盐,淡化耕层;三是种植绿肥,增施有机肥;四是浅湿交替,掌握田间排灌技术是盐碱地种好水稻的重要环节。

(编写人员:杜晓东)

九、寒地优质粳稻生产技术及稻田养殖技术

（一）优质稻生产技术

832. 什么是优质稻?

达到国家规定的优质稻标准的稻谷，称为优质稻。优质稻除具有优良的加工品质外，在外观品质、蒸煮和食味品质、卫生品质等方面，都必须达到国家优质米生产标准。优质稻是指相对一般水稻品种而言，表现出来的特征主要是腹白小甚至没有腹白，角质率高，米色清亮，有些带有特殊香味，煮出的饭也甘香，软而不黏，适口性好等。优质稻是一个相对的概念，可能一个品种当时表现很优越，但后来有更好的品种取代它；原来的品种也可能会因为品种退化、气候条件反常、种植管理不当等原因而产生一些变异，从而影响其原有优质特性。总之，优质稻是比出来的、相对的，是经过人们的实践得到大家一致认可的，并且是不断变化发展的。

833. 如何选择优质稻品种?

生产优质稻谷的前提是正确选择优质稻品种，即综合考虑适应性、丰产性、抗逆性和优质性四条原则。选择外观品质、碾米品质、食味品质和营养品质都符合优质米标准，以及产量高、抗性强的品种。此外还必须注意以下几点：品种的生育期必须适宜；生产不同的优质米应选择不同类型品种；要考虑地域特征；要选择通过国家或地方审定的品种。

834. 什么是优质稻米?

优质稻米是指以优质稻品种种植生产的优质稻谷为原料通过精制加工，质量符合相应国家质量卫生标准的大米。简言之，就是指具有良好的外观、蒸煮、食用以及营养品质较高的商品大米。食味好的粳米一般具有以下特点：米饭外观透明有光泽，粒形完整；无异味，具有米饭的特殊香味；咀嚼饭粒有软、滑、黏及弹力感，咀嚼不变味，微带甜味。

835. 优质稻米的评价标准是什么？

稻米品质是一个综合性状，包括碾米品质、外观品质、蒸煮与食味品质、营养品质和卫生品质。碾米品质又称加工品质，主要包括糙米率、精米率和整精米率；外观品质包括粒形、透明度、垩白粒率、垩白大小、垩白度等；蒸煮和食味品质包括糊化温度、直链淀粉含量、胶稠度和米饭食味等；营养品质主要包括蛋白质含量、氨基酸组成、矿物质含量等；卫生品质主要包括农药残留、重金属和化学肥料的污染程度等。按目前我国现有优质稻谷国家标准（GB/T 17891—2017），优质稻谷分为优质籼稻谷和优质粳稻谷两类：以整精米率、垩白度、食味品质为定级指标，直链淀粉含量为限制指标。优质粳稻谷分一级、二级、三级 3 个等级，直链淀粉含量（干基）为 14.0%～20.0%，水分≤14.5%，整精米率分别为≥67.0%、≥61.0%、≥55.0%，垩白度分别为≤2.0%、≤4.0%、≤6.0%，食味品质评分分别为≥90 分、≥80 分、≥70 分；依据大米国家标准（GB/T1354—2018），按食用品质可分为大米和优质大米，优质大米分为优质籼米和优质粳米两类，优质大米质量指标中碎米（总量及其中小碎米含量）、加工精度、垩白度和品尝评分值为定等指标。优质粳米分为一级、二级、三级 3 个等级，质量指标碎米总量分别≤5.0、≤7.5、≤10.0，小碎米含量分别≤0.1、≤0.3、≤0.5，垩白度分别为≤2.0%、≤4.0%、≤6.0%，品尝评分分别为≥90 分、≥80 分、≥70 分，直链淀粉含量（干基）为 13.0%～20.0%，水分≤15.5%，色泽气味正常。

836. 优质稻米品质主要包括哪几个方面？

优质稻米品质主要包括五个方面：碾米品质、外观品质、蒸煮与食味品质、营养品质和卫生品质。

837. 什么是碾米品质？

碾米品质指稻谷在砻谷出糙、碾米出精等加工过程中所表现出的特征特性，通常指的是稻米的出糙率、精米率及整精米率。出糙率是一个稳定的性状，主要受遗传因子控制，但是也与熟期温湿度、收割及储藏条件有关，受稻米加工企业的关注。

838. 怎样计算出糙率、精米率和整精米率？

糙米率：净稻谷试样脱壳后的糙米（其中不完善粒质量折半计算）占试样的质量分数。

从净稻谷试样中称取 20～25 克试样（m_0），精确至 0.01 克，先拣出生芽粒，单独剥壳，称量生芽粒糙米质量（m_1）。然后将剩余试样用砻谷机脱壳，除去谷壳，称量砻谷机脱壳后的糙米质量（m_2），感官检验拣出糙米中的不完善粒，称量不完善糙米质量（m_3）。按公式计算：出糙率＝〔$(m_1+m_2)-(m_1+m_3)/2$〕$m_0 \times 100\%$。

精米率：根据实验碾米机的最佳碾米量，从测试样品中称取一定量的净稻谷试样（m_0），用经过调整的实验砻谷机砻谷脱壳，从糙米中拣出稻谷粒放入砻谷机中再次脱壳（或手工脱壳），直至全部脱净，将所得糙米全部置于经过调整的实验碾米机内，碾磨至最佳时间，使加工精度达到国家标准三级大米，除去糠粉后的精米并称量（m_1）。按公式计算：精米率＝$m_1/m_0 \times 100\%$。

整精米率：整精米占净稻谷试样的质量分数。

根据实验碾米机的最佳碾米量，从测试样品中称取一定量的净稻谷试样（m_0），用经过调整的实验砻谷机砻谷脱壳，从糙米中拣出稻谷粒放入砻谷机中再次脱壳（或手工脱壳），直至全部脱净，将所得糙米全部置于经过调整的实验碾米机内，碾磨至最佳时间，使加工精度达到国家标准三级大米，除去糠粉后，分拣整精米并称量（m）。按公式计算：整精米率＝$m/m_0 \times 100\%$。

839. 什么是外观品质？

稻米的外观品质是指糙米籽粒或精米籽粒的外表物理特性。具体是指稻米的大小、形状及外观色泽。稻米的大小主要相对稻米的千粒重而言，形状则指稻米的长度、宽度及长宽比。稻米的外观主要指稻米的垩白有无及胚乳的透明度，垩白包括心白、背白和腹白。稻米的外观品质是稻米一个十分重要的商品性状。

840. 稻米的垩白对稻米品质有什么影响？

稻米的垩白是稻米的外观品质和稻米的商品价值中十分重要的经济性状，垩白是由于稻谷在灌浆成熟阶段胚乳中淀粉和蛋白质积累较快，填塞疏松所造成的。垩白的大小用垩白率表示。垩白率是稻米的垩白面积占稻米总面积的比率，比率越大，在碾米时易产出较多的碎米，从而影响稻米的整精米率及商品价值。腹白的大小直接影响稻米胚乳的透明度，从而影响稻米的外观。腹白除由品种本身的性状决定外，影响其产生的主要环境因子是外界温度，灌浆期如果温度增加较快，稻米的腹白也会增加，温度降低则腹白减少，胚乳的透明度也较好。垩白度和胚乳的透明度属遗传性状，但环境也有一定的影响。育种工作者在较早世代中有目的地选择无垩白和半胚乳的稻米品种，能有效地改善大米的外观品质，这对提高稻米的商品价值起十分重要的作用。

841. 什么是垩白度？怎样计算垩白度？

垩白度是米粒中垩白部位投影面积占米粒投影面积的百分比。

垩白度＝米粒中垩白部位投影面积/米粒投影面积×100％

垩白粒率＝垩白米粒数/总粒数×100％

垩白米粒数是指有垩白的米粒数量，在国家标准中，垩白度的计算需要取30 粒米粒的平均值作为整个样本空间的米粒垩百度的最终结果。

842. 稻米理化指标与蒸煮品质、食味品质有哪些相关性？

稻米的蒸煮与食味品质指稻米在蒸煮和食用时所表现出的各种理化及感官特性，如吸水性、溶解性、延伸性、糊化性、膨胀性、柔软性等。蒸煮与食味品质是稻米品质的核心，但通过直接品尝鉴定往往不易量化并受主观意识影响较大，现多采用测定稻米理化性质来表示。稻米中含有 90％的淀粉物质，而淀粉包括直链淀粉和支链淀粉两种，淀粉的比例不同直接影响稻米的蒸煮品质，直链淀粉黏性小，支链淀粉黏性大，稻米的蒸煮与食味品质主要从稻米的直链淀粉含量、糊化温度、胶稠度、米粒延伸度等几个方面来综合评定。

（1）直链淀粉含量较高的大米，蒸煮时需水量较大，米粒的膨胀性较好，即通常所说的饭多。同时，由于支链淀粉含量相对较少，使蒸煮的米饭黏性减小，因而柔软性差，光泽少，饭冷却后质地生硬。糯米中几乎不含有直链淀粉（含量在 2％以下），因而在蒸煮时体积不发生膨胀，蒸煮的饭有光泽且富极强的黏性。普通大米的直链淀粉含量可分为三种类型，即高含量（25％以上）、中等含量（20％～25％）和低含量（10％～20％）。目前，国际和国内市场上中等直链淀粉含量的大米普遍受到欢迎，主要是由于这种类型的大米蒸、煮的米饭滋润柔软，质地适中，饭冷却后不回生。在泰国和老挝部分地区，人们喜爱吃糯米，在中国北方，以直链淀粉含量相对较低的粳稻为主食大米，而中国南方居民喜爱吃直链淀粉含量中等的大米，广东、广西及海南等部分地区则是直链淀粉含量相对较高的大米更受欢迎。

（2）糊化温度是大米中淀粉的一种物理性状，指淀粉粒在热水中吸收水分开始不可逆性膨胀时的温度。糊化温度过低的稻米，蒸煮时所需的温度低，糊化温度高的所需蒸煮温度较高，吸水量较大且蒸煮时间长。中等糊化温度的大米介于两者之间，普遍受到消费者的喜爱。糊化温度受稻谷成熟时的环境因素影响较大。

（3）胶稠度是稻米淀粉胶体的一种流体特性，是稻米胚乳中直链淀粉含量以及直链淀粉和支链淀粉分子性质综合作用的反映，是用来衡量米饭软硬的指标。一般低直链淀粉含量和中等直链淀粉含量的品种胶稠度大，做出的米饭柔软。一般优质米胶稠度要达到 60 毫米以上，越高表示米质越好。

843. 什么是储藏加工品质?

生产的稻谷或者大米除了直接供给消费者外，大部分需要储藏起来，有的储藏时间长达几年，短的也有几个月。因为储藏条件不同，稻米经过一段时间的储藏后，胚乳中的一些化学成分发生变化，游离脂肪酸会增加，淀粉组成细胞膜发生硬化，米粒的组织结构随之发生变化，使稻米在外观及蒸煮食味等方面发生质变，即所谓陈化。稻米的储藏品质优良，是指在同一储藏条件下，不容易发生"陈化"，也就是我们通常所说的耐储藏。稻米的储藏品质与稻米本身的性质、化学成分、淀粉细胞结构、水分特性以及酶的活性有关。这些特性之间的差异，就造成了稻米耐储藏性能之间的差异。另外，稻谷收割时的打、晒、运等方法及机械对稻谷果皮的伤害也影响稻米的耐储藏性能，当然，储藏时，环境的温度及湿度等都对稻米有一定影响。此外，稻米有硬质和软质之分，硬质稻米比软质稻米更耐储藏。大米的加工品质主要是指稻谷中因有异品种的含量而影响稻米的品质。因为不同品种，其加工产生的精米率及整精米率不同，而且在米粒大小、形状上也不一致，这就严重影响了稻米的外观品质，优质稻米必须是利用纯种生产出的稻谷加工而成的。因此，应尽量避免混杂。显然，稻米的加工品质不是由水稻本身的性状决定的，但这一品质往往被人们所忽视。

844. 什么是营养品质和卫生品质?

评价稻米的营养品质主要依靠稻米中蛋白质和氨基酸的含量及组成来衡量。大米中蛋白质的含量一般在 7% 左右时，食味较好，蛋白质含量高，表示营养价值高，但大米的食味变差，适口性不好。蛋白质含量除受大米本身的遗传因子影响外，受环境因素和栽培技术影响也很大。米糠中蛋白质的含量高达 13%～14%，另外，米胚中含有多种维生素和优质蛋白、脂肪，因而糙米的营养价值较普通大米高。不同品种的大米，其氨基酸的组成及含量各不相同，但主要含有赖氨酸及苏氨酸，另外还有少量色氨酸、亮氨酸、异亮氨酸、苯丙氨酸、缬氨酸等人体必需氨基酸。

稻米的卫生品质主要是指稻米中有无残留有毒物及其含量的高低，有无生霉变质等情况，必须符合国家食品卫生标准。

845. 什么是食味品质? 影响食味的因素有哪些?

稻米食味品质是指在一定条件下将稻米蒸煮成米饭后，人们通过视觉、嗅觉、味觉、触觉等器官对米饭的色泽（白度、光泽等）、籽粒形态（长度、宽度、厚度等）、气味（甜香味）、适口性（咀嚼性、黏性、弹性、爽滑度、软硬度）等进行的综合评价。而通俗来讲稻米食味品质即米饭蒸煮之后是否"好吃"，是否有"软、弹、香、滑"的感觉。

影响食味的因素有：水稻品种本身的遗传因素，生产阶段中环境条件因素（光照、温度）和栽培管理技术因素（肥料的种类、比例、施肥时期，种植密度等），收获因素（收获时期、干燥时的初始含水量、干燥温度和干燥速度），储藏因素（储藏时的温度、水分含量和透气性、时间等），蒸煮因素（水洗次数、浸米时间、加水量、水质和蒸煮方法、蒸煮器具）等影响。

846. 怎样进行稻米食味品质评分？

GB/T 15682—2008《粮油检验稻谷、大米蒸煮食用品质感官评价方法》，该标准由国家粮食局提出，河南工业大学、湖北国家粮食质量监测中心、农业部谷物及制品质量监督检验测试中心（哈尔滨）、国家粮食储备局成都粮食储藏科学研究所起草，是国内内容最详尽、被引用最广泛的大米蒸煮食味评价方法。该标准的要点如下。

(1) 参照样品 由评价员进行 2～3 次品评，色、香、味正常且综合评分在 75 以上的新鲜大米样品。

(2) 试样加工精度 如试样为稻谷，需精碾至 3 级。

(3) 试样的制备 如分析小量试样，则称取每份 10 克倒入 CQ16 沥水筛，将沥水筛置于盆中快速加入 300 毫升水，顺时针搅拌 10 圈，逆时针搅拌 10 圈，快速换水重复上述操作 1 次，再用 200 毫升蒸馏水淋洗 1 次（洗米时间控制在 3～5 分钟），沥干水倒入容量 60 毫升以上带盖的铝制（或不锈钢）蒸饭皿中。然后加蒸馏水浸泡，籼米加水量为米样的 1.6 倍，粳米加水量为米样的 1.3 倍（加水量可依据米饭软硬适当增减），浸泡水温 25℃左右，浸泡时间 30 分钟。蒸锅选择直径 26～28 厘米单屉铝（或不锈钢）锅，加入适量水后置于 2 千瓦的电炉上加热至沸腾，然后将蒸饭皿放入屉中继续加热 40 分钟，停止加热，焖制 20 分钟。将制好的试样放入直径 20 厘米的白瓷盘中，每个瓷盘可放 4 份试样（1 份参照样品，3 份待分析样品），由评价员趁热品尝。如分析大量试样，则将大米量换成每份 500 克，水量换成 1 500 毫升，将蒸锅换成 3 升，500 瓦的直热式电饭煲，煮熟后焖制 20 分钟，再搅拌米饭使之与锅壁分离并蒸发水分，再继续焖制 10 分钟，其余步骤与小量试样的制备相同。

(4) 评价员 应由不同性别、不同年龄段的人员组成，人数为 5～10 名优选评价员（经挑选、培训，具有较高感官分析能力和较丰富感官分析经验的人员）或 18～24 名初级评价员（经挑选、培训，具有一定感官分析能力和一定感官分析经验的人员），被随机分成若干组。评价员在品尝前 1 小时内，不能吃东西、吸烟，但可以喝水，具有正常的生理状态，不使用化妆品和其他具有明显气味的用品。同一评价员每天品评不得超过 2 次，品评时间应安排在饭前 1 小时或饭后 2 小时，每次品评前用温开水漱口，去除口腔残留物。

（5）品评环境 应符合 GB/T 10220 和 GB/T 13868 的规定。

（6）品尝顺序 每组评价员的组内和组间品尝顺序尽可能保持一致。

（7）评价指标 共 5 个指标，气味 20 分、外观结构 20 分、适口性 30 分、滋味 25 分、冷饭质地 5 分，满分 100 分。

（8）评分方法 有两种：第一种采用百分制，根据描述性规则并对比参照样品，对试样的 5 项指标分别进行评分，最后计算总分并求平均值（个别评价员误差超过平均值 10 分以上的予以舍弃，然后重新计算平均值）。总分 50 分以下为很差，51～60 分为差，61～70 分为一般，71～80 分为较好，81～90 分为好，90 分以上为优。第二种采用标度法，以参照样品为基准点，根据好坏程度，以"稍""较""最""与对照相同"7 个等级进行评分，最后计算总分并求平均值（个别评价员误差与平均值相差 2 个等级以上或正负情况不一致时予以舍弃，然后重新计算平均值）。

▌847. 影响稻米品质的主要因素有哪些？

（1）品种 品种是影响稻谷品质和产量的决定性因素，是内因；发展优质稻米生产，品种是关键。不同的水稻品种的遗传基因不同，决定了稻米的粒形、淀粉性质、食味品质、营养品质的差异及对栽培技术措施的要求。

（2）环境因素 环境因素中对米质影响最大的是温度和光照，特别是灌浆期的温度和光照。一般灌浆期光照强，昼夜温差大，温度适宜，有利于提高稻米品质；如果在这段时间阴雨天气过多、光照不足，或温度过高、昼夜温差小，将会增加垩白粒率和垩白度，降低整精米率，降低稻米品质。

（3）栽培技术 不同的栽培措施对同一品种在同一生态条件下的米质有一定的影响，其中影响最大的是施肥、栽植密度和水管理。施肥技术对米质影响的研究结果表明，只施氮肥的米质最差，配施钾肥和磷肥都可以提高米质和产量，并随钾肥和磷肥施量的增加效果越显著；同时，增施有机肥也可提高米质。

（4）收获与晾晒 水稻收获过早，未成熟的青粒较多，既影响产量又影响加工品质和外观品质。收获过晚，成熟粒反复吸水干燥，米粒会出现裂痕，加工时易断裂，影响加工品质。因此，优质稻的最佳收获时期是谷粒 90%～95% 黄熟，具体根据品种的落粒性、穗型大小、田间密度、抽穗整齐度而定。优质稻的晾晒要求循序渐进，防止在晾晒过程中受雨淋。

（5）储藏与加工 稻谷的储藏措施也会影响加工品质和食味品质，一般稻谷收获后要求储藏 3 个月后再加工。储藏的目的是完成后熟，使谷粒的水分扩散均匀，从而提高整精米率。加工设备和工艺也会影响加工和外观品质，因而加工企业必须选择合适的加工设备和工艺。

848. 多施氮肥对稻米食味有什么影响？

影响稻米食味品质有两个重要因素，一个是直链淀粉含量，另一个是蛋白质含量。而稻米的蛋白质含量与施肥量及施肥时期关系密切。一般情况下，随氮肥施用量的增加，稻米蛋白质含量也增加。特别是穗肥、粒肥等生育后期追施氮肥会明显提高稻米的蛋白质含量。由于蛋白质含量越高，往往食味越差，因此，多施氮肥会降低稻米食味。

849. 灌浆成熟期气象条件对稻米米质有什么影响？

如果灌浆成熟期气温高、日照多，则乳白米、背白米、裂纹米等发生多，尤其是出穗后 25 天和出穗期至成熟期的平均气温高时，乳白米、背白米等比率显著提高。抽穗期前 30 天日照时间长，抽穗后 25 天内或至成熟期日照时间多，则整精米率降低。

850. 如何进行优质水稻生产？

（1）选择优质品种 选用熟期适宜，外观品质好，直链淀粉含量低，蒸煮食味品质佳，产量潜力高，抗病抗逆性强的优质品种。

（2）大棚稀播，培育壮秧，适时早播早插 只有培育出壮苗，才能培育出健壮的群体，才能生产出优质稻谷，所谓"秧好半年稻"，育秧是关键。同时，适时早播早插，使水稻在适宜的温光条件下灌浆充实，也有利于优质米的形成。

（3）平衡施肥 施肥种类、施肥时期和施肥量均对稻米品质有很大影响，优质稻生产要求多施农肥，以限氮、增磷、保钾、补硅为原则，平衡施肥。特别是氮肥的施用量和施用时期，一定要严格控制。一般情况下，施氮总量越大，后期施氮比率越高，稻米的食味品质越差。

（4）科学管水 水质是影响稻米品质的重要因素之一。优质稻生产严格禁止用污水灌溉。应选择井水或无污染的库、河水为灌溉源，按照水稻生长发育需要，科学合理地灌溉，一般应采用浅、湿、干相结合的灌水方式，注意后期水分管理，不宜断水过早。

（5）以农业防治为主、化学防治为辅，综合防治病虫草害 在选用抗病、虫品种的基础上，加强对病虫草害的农艺措施防治，如结合整地泡田打捞纹枯病菌核,减少病原菌数量,合理控制群体大小,减少中后期施肥量以控制稻瘟病发生;利用黑光灯诱杀稻水象甲等。在化控方面,应选择高效低毒农药,并注意施药时间和施药量,尽量避免农药残留污染环境。

(6)适时收获防止暴晒也是优质水稻生产的关键技术环节之一 一般情况下,水稻齐穗后40天左右收获,稻米的食味最佳。有些灌浆速度慢、灌浆期长的品种,过早收获会对产量有一定影响,可以适当延晚收获,但生产优质水稻应尽可能适期收获。过期不收常会导致裂纹米和断米率增加,整精米率下降,食味变差。

851. 如何确定优质稻收获时间?

水稻齐穗至成熟所需活动积温在 1 000～1 100℃,从稻穗外部形态观测,95％以上颖壳变黄或90％二次枝梗籽粒变黄,谷粒定型变硬、米呈透明状,达到优质成熟标准时收获。同时,要考虑品种熟期类型设定相对的成熟期,控制收获时稻谷水分在18％～19％为宜,水分过高或过低都会增加裂纹米。适时收获有利于提高整精米率和食味品质。未完全成熟时收割,穗下部弱势花灌浆不足,青粒米等米粒增多,造成减产和品质下降。

852. 优质米加工时应注意哪些问题?

有了优质稻谷也不一定就能生产出真正的优质米,稻米加工工艺会对成品稻米的加工精度和质量产生影响。精米的加工工艺就是利用铁辊碾米机的擦离作用和砂辊碾米机的碾削作用进行混合碾白,将碾米的压力系统和速度系统优化组合的技术。要达到整精米率较高、碎米少、米粒表面基本无糠粉、光亮,在加工方面应该注意以下几点。

(1)严格选择原料稻谷 选择容重大、籽粒饱满、成熟度好的稻谷。

(2)精米率保持在73％左右为宜 由于稻米的营养和香味成分主要分布在糊粉层,精碾过度的米饭香气变弱、营养流失。而加工精度不足的米,皮层残留过多,蒸煮时淀粉不易糊化,硬度增加,口感不好,色泽差。

(3)严格控制碎米率 碎米率控制在4％左右时,口感最佳。碎米是大米分级的重要指标,碎米多不利于大米的储藏,使商品等级下降。

(4)严格控制稻谷含水量 稻谷含水量在15％～16％为宜,同时碾白时应用糙米加湿调制技术,可提高出米率和降低碎米率。

(5)调整大米水分含量 调整大米的水分含量为15％～16％,既可满足安全储藏要求,又可较好地改善米饭的新性和食味。如果水分过高,酶活性增加,呼吸作用增强,营养成分消耗过多,微生物生长旺盛,会导致出现陈米味。

853. 优质稻谷和大米应如何储藏？

(1) 常规储藏 常规储藏的主要措施是：①控制水分。稻谷的安全水分是储藏的关键，储藏水分不超过 14.5%。②清杂。稻谷中含有的有机杂质含水量高、吸湿性强、载菌多，呼吸强度大，特别是进仓时由于自动分级现象而易形成杂质区，糠灰等杂质使粮堆孔隙度减小，湿热积聚堆内不易散发，这些都是储藏的不安全因素。因此，入仓前进行风扬或过筛，把杂质降低到 0.5% 左右可大大提高储藏稳定性。③秋后通风降温。秋凉以后及时通风降温，将粮温迅速降至 15℃ 以下。

(2) 低温密闭 利用秋末初冬季低温，将粮温降到 0～10℃，冷冻降温后，入库密闭储藏，可有效地保持低温。

(3) 低温储藏 稻谷低温储藏可以减少虫害，少用或不用化学药剂，延缓稻谷品质下降，通常稻谷水分在 15% 以下，温度在 0～15℃ 的条件下储藏为好。取得低温的方法应根据各地条件采用自然低温或机械制冷。

(4) 气调储藏 采用人工气调储藏能有效地延缓稻谷陈化，解决稻谷后熟期短、呼吸强度小、难以自然缺氧的困难。目前，国内外应用较广泛的是充二氧化碳和充氮气调储藏。

854. 稻谷生产过程中水污染有哪些？

水稻灌溉水污染主要包括重金属污染和水体的富营养化。灌溉污水来源于工厂污水和城市生活污水。重金属可抑制植株根系、叶片和其他器官生长发育。过多的氮、磷进入水体造成水体富营养化，过剩的各种形态氮会在土壤中还原生成亚硝酸盐物质，造成地下水污染，并使水稻徒长倒伏。

855. 什么是原产地域大米？

原产地域大米，就是在特定的地域内，用特定地域的原材料，按照特定的种植方式进行生产的大米。它的质量特色或者声誉主要取决于其产地的地理特性。这种产品要依照规定进行审核批准，才能以原产地域命名，如辽宁省盘锦大米，黑龙江省的五常大米、响水大米和佳木斯大米等。

856. 什么是无公害食品大米？

无公害食品大米是指产地环境、生产过程、产品质量符合国家有关标准和规范的要求，大米加工质量和卫生指标达到无公害食用大米要求，并经专门机构认证，允许使用无公害标志的稻米产品。

857. 什么是无公害稻米生产?

无公害稻米生产应符合以下基本要求。

(1) 产地环境要求 无公害稻米生产地环境质量应符合国家、地方标准，否则不能作为无公害稻米生产地。①土壤质量。符合地方土壤环境质量标准，土壤中重金属（如汞、铅、铬等）含量不超标，且稻田附近无化工厂、电镀厂等污染源的水稻良田。②水源质量。要有独立灌溉的水源，源头清洁无污染，没有造纸厂、染料厂等企业。③空气质量。空气清洁，无污染，附近无砖瓦厂、化工厂等。

(2) 品种要求 选择无公害稻米生产的品种应本着因地制宜、高效的原则。选择经国家或地方审定，并在当地示范成功的优质、高产、具有良好的抗病虫害特性的品种。

(3) 肥料使用原则 ①禁止使用未经国家或省级农业部门登记的化学和生物肥料。②控制或减少化学肥料的使用量，大力种植绿肥。③实施平衡施肥，有机、无机肥料配合使用，多施农家肥，提倡秸秆还田，推广测土配方施肥，防止氮肥偏重、偏迟。④禁止使用重金属含量超标的肥料（有机肥料及矿质肥料等）。

(4) 农药使用原则 ①正确制定农药防治策略，防治适期。②优先使用生物农药。③严格控制农药施用次数、用量和安全间隔期。④禁止在水稻生长季节内多次重复使用同一种农药。⑤限制使用化学农药，禁止使用高毒、高残留、具有"三致"（致癌、致畸、致突变）作用、影响稻米质量的农药，及含有上述农药的混配制剂。⑥合理混用、轮换交替使用不同作用机制或具有负交互抗性的药剂，克服和推迟病虫害抗药性的产生和发展。

(5) 有害生物防治原则 贯彻"预防为主，综合防治"的植保方针，从稻田生态系统的稳定性出发，协调农业防治、生物防治、物理防治和化学防治等措施，获取最佳的经济、社会和生态效益。①加强病虫监测和预报，及时、准确开展病虫害防治工作。②选用抗性品种，品种定期轮换，保持品种抗性，减轻病虫害的发生。③采用合理的农艺方法，实施健身栽培，并采取轮作倒茬、种养（稻鸭、稻鱼、稻蟹）结合等措施减轻或控制有害生物的为害，减少农药使用量。④通过选择对自然天敌杀伤力小的化学农药、避开自然天敌对农药的敏感时期、创造适宜自然天敌繁殖的环境等措施，保护天敌，充分利用天敌对有害生物的控制作用。⑤提倡生物防治和使用生物生化农药防治，严格控制使用化学农药和植物生长调节剂。⑥草害的防治尽量不用或少用化学除草剂。⑦病虫害防治后期选用生物农药，尽量少用药，以及采取超低容量、低容量喷雾技术，减少农药残留，最后一次用药要在收获前30天，确保稻米卫生品质，达到无公害标准要求。

（6）收获后要求 稻田病虫害发生严重，水稻生长不良，稻谷有明显病斑、霉斑、虫斑等的不能作为无公害稻米收获。无公害稻谷和稻米在储藏、运输、加工、包装过程中必须与普通稻谷和稻米分开，严防污染、霉变等，其安全卫生条件必须符合国家有关标准规定，无公害稻米在加工过程中不提倡使用食品添加剂。

（7）产品质量检验及标志标签 稻米加工生产，在上市前须做好抽样送检工作，由技术监督局负责进行。稻谷要求新鲜，色泽金黄，形状整齐一致，无破损，无杂谷、秕粒、泥土、石子等，谷粒表面清洁无斑点、污垢，符合无公害农产品质量标准。经有关专门机构认证、颁证后，可使用无公害食品标志，并在产品包装上注明品种名称、品质级别、净含量、生产日期、保存期、执行标准、产地及生产者等。

858. 什么是绿色食品大米?

绿色食品大米是遵循可持续发展的原则，按照特定生产方式生产，经专门机构认定，许可使用绿色食品商标标志的无污染、安全、优质的大米。农业农村部还根据我国国情规定，绿色稻米不仅要符合国家规定一般稻米的营养和卫生标准，还必须同时符合以下标准：①稻谷产地经农业农村部指定的监测部门检测审定具有良好的生态环境，符合"绿色食品"的生态标准。②稻谷的生产操作规程符合"绿色食品"的无公害控制标准。③稻米加工及包装、储运过程符合《中华人民共和国食品卫生法》的要求，最终稻米由农业农村部指定的食品监测部门检测合格。④稻米外包装必须符合国家"绿色食品"特定的包装、标签规定。根据其认证要求，分为 A 级和 AA 级。

859. 什么是 A 级绿色食品大米?

生产 A 级绿色食品大米的稻谷，其产地的环境质量符合 NY/T391 绿色食品产地环境质量标准的要求，在生产过程中严格按照绿色食品生产资料使用准则和生产操作规程要求，限量使用限定的化学合成生产资料，产品质量符合绿色食品产品标准，经专门机构认定，许可使用 A 级绿色食品标志的大米。

860. 什么是 AA 级绿色食品大米?

生产 AA 级绿色食品大米的稻谷，其产地的环境质量除符合 NY/T391 绿色食品产地环境质量标准的要求，在生产过程中不能使用化学合成的肥料、农药、兽药、饲料添加剂、食品添加剂和其他有害于环境和身体健康的物质。按有机生产方式生产，产品质量符合绿色食品产品标准，经专门机构认定，许可使用 AA 级绿色食品标志的大米。

861. A 级和 AA 级绿色食品大米的区别是什么？

A 级和 AA 级绿色食品大米的主要区别：①A 级绿色食品大米在生产中允许限量使用限定的化学合成物质，而 AA 级绿色食品大米生产操作规程上禁止使用任何化学合成物质；②A 级绿色食品大米包装上是绿底印白色标志，其防伪标签的底色为绿色，而 AA 级绿色食品大米包装上是白底印绿色标志，防伪标签的底色为蓝色；③AA 级绿色食品大米符合国际有机食品大米的基本要求。

862. 什么是有机大米？

有机大米，是指来自有机农业生产体系，按照可持续发展原则和有机农业或有机食品相关标准要求进行生产、加工，生产过程中不使用化学合成的农药、肥料、生长调节剂、食品添加剂等物质，不采用基因工程获得的产物，产品质量卫生等符合国家有关质量标准要求，并经国家专管机构依法批准的独立认证机构认证的、许可使用有机食品统一标志的食用大米（包括稻谷和成品米）。其产地环境所有指标都符合 AA 级绿色食品环境标准（即完全符合 NY/T391—2000《绿色食品产地环境技术条件》的要求），包括育秧在内使用的有机肥料必须符合 NY/T394—2000《绿色食品肥料使用准则》的有关规定。在农药的使用上，提倡生物防治手段，如需用农药则必须符合 NY/T393—2000《绿色食品农药使用准则》的规定。

863. 绿色食品水稻对产地环境有哪些要求？

绿色食品水稻生产基地应选择在无污染和生态条件好的地区。基地应选择远离工矿区和公路、铁路干线和城市，选择水域上游，减少污染源对产地构成的污染威胁。该地区的大气、水质、土壤应符合绿色食品产地环境技术条件，确保该区域在今后生产过程中环境质量不下降，具有可持续生产能力。并要求对产地环境进行调查和监测。

864. 无公害食品大米、绿色食品大米和有机大米有哪些区别与联系？

（1）无公害食品大米、绿色食品大米、有机大米都是经质量认证的安全农产品。

（2）无公害食品大米是绿色食品大米和有机大米发展的基础，绿色食品大米和有机大米是在无公害食品大米基础上的进一步提高。

（3）无公害食品大米、绿色食品大米、有机大米都注重生产过程的管理，无公害食品大米和绿色食品大米侧重对影响产品质量因素的控制，有机大米则侧重对影响环境质量因素的控制。

865. 绿色食品大米与其他大米相比有哪些特点？

第一，绿色食品大米强调产品出自良好生态环境，即产地经监测，其土壤、大气、水质符合《绿色食品产地环境技术条件》要求。

第二，对产品实行"从土地到餐桌"全程质量控制，生产过程中的投入品符合绿色食品大米相关生产资料使用准则规定，生产操作符合绿色食品大米生产技术规程要求。

第三，对产品依法实行统一的标志与管理。绿色食品标志认证一次有效许可使用期限为三年，三年期满后可申请续期，通过认证审核后方可继续使用绿色食品标志。

第四，绿色食品大米的生产是为了满足人民生活水平日益提高的需求，增加产品的市场竞争力。其质量安全水平等同于发达国家普通安全标准食品。

第五，绿色食品大米运作方式为政府推动、市场运作，质量认证与商标转让相结合。

866. 有机大米与其他大米相比有哪些特点？

第一，有机大米在生产加工过程中绝对禁止使用农药、化肥、激素等人工合成物质，并且不允许使用基因工程技术；无公害大米和绿色大米则允许有限使用这些物质，并且不禁止使用基因工程技术。

第二，有机大米对土地生产转型方面有严格规定，考虑到某些物质在环境中会残留相当一段时间，土地从生产其他食品到生产有机大米需要 2～3 年的转换期，而生产无公害大米和绿色大米则没有转换期的要求。

第三，有机大米在数量上控制严格，要求定地块、定产量，生产其他大米没有如此严格的要求。

第四，按照国际惯例，有机食品标志认证一次有效许可期为一年，一年期满后可申请"保持认证"，通过检查、审核合格后方可继续使用有机食品标志。

第五，有机大米运作方式为社会化的经营性认证行为，生产、销售为因地制宜的市场运作。

867. 怎样申请绿色食品大米认证？

（1）申请人向中国绿色食品发展中心（以下简称中心）及其所在省（自治区、直辖市）绿色食品认证办公室、绿色食品发展中心（以下简称省绿办）领取《绿色食品标志使用申请书》《企业及生产情况调查表》及有关资料，或从中心网站下载。

（2）申请人填写并向所在省绿办递交《绿色食品标志使用申请书》《企业及生产情况调查表》及以下材料：

①保证执行绿色食品标准和规范的声明。

②生产操作规程（种植规程、养殖规程、加工规程）。

③公司对"基地＋农户"的质量控制体系（包括合同、基地图、基地和农户清单、管理制度）。

④产品执行标准。

⑤产品注册商标文本（复印件）。

⑥企业营业执照（复印件）。

⑦企业质量管理手册。

⑧要求提供的其他材料（通过体系认证的，附证书复印件）。

（3）省绿办收到上述申请材料后，进行登记、编号，5个工作日内完成对申请认证材料的审查工作，并向申请人发出《文审意见通知单》，同时抄送中心认证处。

（4）申请认证材料不齐全的，要求申请人收到《文审意见通知单》后10个工作日提交补充材料。

（5）申请认证材料不合格的，通知申请人本生长周期不再受理其申请。

（6）申请认证材料合格的，省绿办应在《文审意见通知单》中明确现场检查计划，并在计划得到申请人确认后委派2名或2名以上检查员进行现场检查。

（7）检查员根据《绿色食品检查员工作手册》（试行）和《绿色食品产地环境质量现状调查技术规范》（试行）中规定的有关项目进行逐项检查。每位检查员单独填写现场检查表和检查意见。现场检查和环境质量现状调查工作在5个工作日内完成，完成后5个工作日内向省绿办递交现场检查评估报告和环境质量现状调查报告及有关调查资料。

（8）现场检查合格，可以安排产品抽样。凡申请人提供了近一年内绿色食品定点产品监测机构出具的产品质量检测报告，并经检查员确认，符合绿色食品产品检测项目和质量要求的，免产品抽样检测。

（9）现场检查合格，需要抽样检测的产品安排产品抽样：

①当时可以抽到适抽产品的，检查员依据《绿色食品产品抽样技术规范》进行产品抽样，并填写《绿色食品产品抽样单》，同时将抽样单抄送中心认证处。特殊产品（如动物性产品等）另行规定。

②当时无适抽产品的，检查员与申请人当场确定抽样计划，同时将抽样计

划抄送中心认证处。

③申请人将样品、产品执行标准、《绿色食品产品抽样单》和检测费寄送绿色食品定点产品监测机构。

(10) 现场检查不合格，不安排产品抽样。

(11) 绿色食品产地环境质量现状调查由检查员在现场检查时同步完成。

(12) 经调查确认，产地环境质量符合《绿色食品 产地环境质量现状调查技术规范》规定的免测条件，免做环境监测。

(13) 根据《绿色食品 产地环境质量现状调查技术规范》的有关规定，经调查确认，必要进行环境监测的，省绿办自收到调查报告 2 个工作日内以书面形式通知绿色食品定点环境监测机构进行环境监测，同时将通知单抄送中心认证处。

(14) 定点环境监测机构收到通知单后，40 个工作日内出具环境监测报告，连同填写的《绿色食品环境监测情况表》，直接报送中心认证处，同时抄送省绿办。

(15) 绿色食品定点产品监测机构自收到样品、产品执行标准、《绿色食品产品抽样单》、检测费后，20 个工作日内完成检测工作，出具产品检测报告，连同填写的《绿色食品产品检测情况表》，报送中心认证处，同时抄送省绿办。

(16) 省绿办收到检查员现场检查评估报告和环境质量现状调查报告后，3 个工作日内签署审查意见，并将认证申请材料、检查员现场检查评估报告、环境质量现状调查报告及《省绿办绿色食品认证情况表》等材料报送中心认证处。

(17) 中心认证处收到省绿办报送材料、环境监测报告、产品检测报告及申请人直接寄送的《申请绿色食品认证基本情况调查表》后，进行登记、编号，在确认收到最后一份材料后 2 个工作日内下发受理通知书，书面通知申请人，并抄送省绿办。

(18) 中心认证处组织审查人员及有关专家对上述材料进行审核，20 个工作日内做出审核结论。

(19) 审核结论为"有疑问，需现场检查"的，中心认证处在 2 个工作日内完成现场检查计划，书面通知申请人，并抄送省绿办。得到申请人确认后，5 个工作日内派检查员再次进行现场检查。

(20) 审核结论为"材料不完整或需要补充说明"的，中心认证处向申请人发送《绿色食品认证审核通知单》，同时抄送省绿办。申请人需在 20 个工作日内将补充材料报送中心认证处，并抄送省绿办。

(21) 审核结论为"合格"或"不合格"的，中心认证处将认证材料、认证审核意见报送绿色食品评审委员会。

（22）绿色食品评审委员会自收到认证材料、认证处审核意见后 10 个工作日内进行全面评审，并做出认证终审结论。

（23）认证终审结论分为两种情况：

①认证合格。中心在 5 个工作日内将办证的有关文件寄送"认证合格"申请人，并抄送省绿办。申请人在 60 个工作日内与中心签定《绿色食品标志商标使用许可合同》。中心主任签发证书。

②认证不合格。评审委员会秘书处再做出终审结论。

2 个工作日内，将《认证结论通知单》发送申请人，并抄送省绿办。本生产周期不再受理其申请。

868. 怎样申请有机大米认证?

(1) 申请 申请者向中心（分中心）提出正式申请，填写申请表和交纳申请费。申请者填写有机食品认证申请书，领取检查合同、有机食品认证调查表、有机食品认证的基本要求、有机认证书面资料清单、申请者承诺书等文件。申请者按《有机食品认证技术准则》要求建立：质量管理体系、生产过程控制体系、追踪体系。

(2) 认证中心核定费用预算并制定初步的检查计划 认证中心根据申请者提供的项目情况，估算检查时间，一般需要 2 次检查：生产过程一次、加工一次，并据此估算认证费用和制定初步检查计划。

(3) 签订认证检查合同 申请者与认证中心签订认证检查合同，一式三份；交纳估算认证费用的 50%；填写有关情况调查表并准备相关材料；指定内部检查员（生产、加工各至少 1 人）；所有材料均使用文件、电子文档各一份，邮寄或 E-mail 给分中心。

(4) 初审 分中心对申请者材料进行初审；对申请者进行综合审查；分中心将初审意见反馈认证中心；分中心将申请者提交的电子文档 E-mail 至认证中心。

(5) 实地检查评估 认证中心在确认申请者交纳颁证所需的各项费用；派出经认证中心认可的检查员；检查员从分中心取得申请者相关资料，依据《有机食品认证技术准则》，对申请者的质量管理体系、生产过程控制体系、追踪体系以及产地、生产、加工、仓储、运输、贸易等进行实地检查评估，必要时需对土壤、产品取样检测。

(6) 编写检查报告 检查员完成检查后，按认证中心要求编写检查报告；该报告在检查完成 2 周内将文档、电子文本交认证中心；分中心将申请者文本资料交认证中心。

(7) 综合审查评估意见 认证中心根据申请者提供的调查表、相关材料和检查员的检查报告进行综合审查评估，编制颁证评估表，提出评估意见提交颁证委员会审议。

(8) 颁证委员会决议 颁证委员会定期召开颁证委员会工作会议，对申请者的基本情况调查表、检查员的检查报告和认证中心的评估意见等材料进行全面审查，做出是否颁发有机证书的决定。

(9) 颁发证书 根据颁证委员会决议，向符合条件的申请者颁发证书。申请者交纳认证费剩余部分，认证中心向获证申请者颁发证书；获有条件颁证申请者要按认证中心提出的意见进行改进做出书面承诺。

(10) 有机食品标志的使用 根据证书和《有机食（产）品标志使用章程》的要求，签订《有机食（产）品标志使用许可合同》，并办理有机/有机转换标志的使用手续。

(11) 保持认证 有机食品认证证书有效期为 1 年，在新的年度里，COF-CC 会向获证企业发出《保持认证通知》。获证企业在收到《保持认证通知》后，应按照要求提交认证材料、与联系人沟通确定实地检查时间并及时缴纳相关费用。保持认证的文件审核、实地检查、综合评审、颁证决定的程序同初次认证。

（二）稻田养殖种稻技术

869. 什么是稻田的立体开发？

立体开发稻田的生物共生技术，也称作"稻田的立体开发""稻田养殖"等，是指在稻田内既种稻收粮，又养殖水产品，从而提高稻田的整体经济效益。

870. 寒地稻田的立体开发有哪几种形式？

按照所养殖的水产品种的不同，寒地稻田的立体开发有稻田养鱼、稻田养鸭、稻田养蟹等形式。

871. 稻田为什么能进行养殖业生产？

稻田是一个比较小的人工生态系统，主要由非生物因子和生物因子两部分组成，并通过能量流动和物质循环把两者联成一个统一的整体。稻田生态系统中的生产者、消费者和组成者比较复杂，各具自己的机能，发挥不同的作用。各成分之间互相影响、互相依托，通过复杂的营养关系结合为一个整体，使物质循环、能量转化正常地进行，使稻田生态系统处于协调的动态平衡的理想状态之中。在稻田中进行人工养殖水产品，可增加初级消费者数量，控制水稻天敌生物，保证水稻生产高效。

872. 稻田的立体开发需要什么样的地块？

稻田立体开发，要做到科学种养，一定要注意因地制宜、合理选用资源及自然条件。低洼、低产的地块，应以养殖为主，种植水稻为辅。稻田淤泥及腐殖质含量高的地块，其呈富营养状态，不宜养殖河蟹，而宜养殖鱼类。对于地势较高、高产地块，应以种植水稻为主、养殖水产品为辅。养殖地块的基本条件是既能满足水稻生长又能满足养殖水体，还要有防止养殖水产品逃跑的保护设施，为水产品创造一个良好的生态环境，达到种植和养殖增产增收的目的。

873. 什么是稻田养鸭模式？

稻田养鸭模式是指将雏鸭放入稻田，利用雏鸭旺盛的杂食性，吃掉稻田内的杂草和害虫；利用鸭不间断的活动刺激水稻生长，产生中耕浑水效果；同时鸭的粪便除作为肥料，鸭本身也可以食用，在稻田内形成稻鸭优势互补，生产出无药物残留的绿色大米和鸭产品。

874. 稻田养鸭应怎样选择地块和水稻品种？

稻田养鸭的地块应满足水源充足，水质纯净，土壤有机质含量高，无污染，周边有良好的植被，外界隔离条件好，历年病虫草害发生较少，便于机械化作业等条件。品种选择上应考虑生产出的稻米销售的地域性以及饮食习惯要因地制宜，选择抗病虫、抗逆性强、优质、稳产的水稻品种。

875. 稻田养鸭需要哪些设施？

稻田养鸭基本不改变稻田的原貌，为管理方便，在稻田四周围网以防止鸭的跑失及有害天敌的入侵。需在空地上建一个鸭子休息及避雨的小鸭棚，鸭棚三面和顶部须围盖好，防止进雨水，但不能过于严密，否则棚内不通风、气温高，鸭不进棚。

876. 稻鸭共栖绿色稻米生产技术中鸭子的管理要点有哪些？

（1）**鸭品种选择** 根据实际情况选择合适体型的鸭品种，选择生活力、适应力、抗逆性均强的中小型的鸭品种。如家鸭和专用鸭。

（2）**放鸭前的准备** 鸭孵出的时间应早于放鸭时间 30 天以上。在鸭孵出至放养前这段时间，应对鸭雏进行下水和放牧的调教，可从 5 日龄开始让鸭雏自由下水，每次入水和出水时，都应有哨声加以驯化，以便日后管理。下水时间开始可短一些，随着鸭龄增长，逐渐延长下水时间。每次下水后，要把鸭雏赶到有阳光的地方让鸭雏梳理羽毛，使身上的羽毛尽快干燥再进入鸭舍。

(3) 放鸭密度 放鸭密度要根据杂草数量进行确定，一般每亩 10~15 只。

(4) 放鸭时间 寒地稻作区春季气温较低、变化大，因此放鸭时间不宜过早，应在稻苗返青后，田间有少量稗草长出，气温稳定，连续 2~3 天晴天时，于上午 10 点左右进行放鸭才好。

(5) 收鸭时间 在水稻抽穗后灌浆初期进行收鸭，以防鸭吃稻穗影响产量。

877. 稻田养鸭时水稻的田间管理要注意什么？

进行稻田养鸭的水稻田，在水层管理上应以浅水灌溉为主，不能采取烤田等极端的控水方式。在施肥上最好采取不施化肥和农药的有机水稻种植方法，如要按常规方法施用化肥，应减少 10% 以上的氮肥。

878. 稻田养鸭的优点有哪些？

稻田养鸭可增加单位面积经济效益；除草效果明显；防虫效果好；增加土壤肥力，改善土壤结构；改善土壤环境；减少环境污染。

879. 稻田养蟹应怎样选择地块？

稻田养蟹宜选择靠近水源、水质清新、无污染、保水保肥性能良好、土壤盐碱含量低的田块。地块四周离田埂 3~5 米处开一条宽 0.8~1 米深的环沟；稻田养蟹的进、排水渠道必须单独设置，互不干扰，进、排水口可分别挖在稻田斜对角处，以便稻田进排水流畅通，确保稻、蟹安全生长。

880. 稻田养蟹应怎样进行肥水管理？

稻田养蟹对水质要求非常严格，要经常换水、补水，保持水层。水温要控制在 15~30℃，注入的新水与田内水温度差小于 3℃，盐度≥0.3%。稻蟹共生期保持水层稳定，不能排干水晒田。施肥禁用碳酸氢铵和氨水追肥。

881. 稻田养蟹应怎样进行田间除草？

养蟹稻田除草一般是在插秧前用低毒高效农药封闭，在稻蟹共生期尽量减少田间农事活动，一般不再打药，田间大草采用人工拔除。

882. 稻田养鱼应怎样选择品种?

稻田养鱼,水稻品种要选择抗病害、抗倒伏、稻米口感好、产量适宜、适应性强的中早熟品种。

883. 稻田养鱼田间管理有哪些注意事项?

稻田养鱼地块农药要选用高效低毒农药,结合整地进行田间封闭除草,插秧前排水晒田,使药分解,然后插秧。水稻生长期内防治病虫害使用农药时,要选用生物制剂农药,化学农药要严格按照规定的剂量和稀释比例使用,施药时要提高田内水位,降低水中药物浓度。施肥宜选用肥效较长的基肥,如尿素、磷酸二铵或农家肥。前期施肥要量少次多,水层保持 8 厘米,不能施氨水或绿肥。

(编写人员:马文东)

十、逆境条件下水稻生产技术

（一）盐碱地种稻技术

884. 寒地早粳稻作区盐碱地土壤有几种类型？分布在什么区域？有多少面积？

寒地早粳稻作区盐碱地土壤主要有碳酸盐草甸土和盐渍土（草甸盐土、碱土，盐化草甸土，碱化草甸土）。主要分布在黑龙江省的松嫩平原的中西部地区（龙江县、杜蒙县、大庆市、安达市、肇源县、肇州县等），三江平原也有零星分布。总面积达248.31万公顷，占全省土地总面积的5.6%，其中，碳酸盐草甸土总面积为155.23万公顷，占全省土地面积的3.5%，苏打盐渍土总面积98.03万公顷，占全省土地面积的2.1%。

885. 什么是寒地盐碱地土壤？主要特点是什么？

寒地盐碱地土壤是在寒地生物气候及成土母质等因素作用下，形成了具有季节性冻土层的含有不同程度盐碱危害的土壤。

寒地盐碱地地势低平，地下水位1～3米。土壤主要特点是矿化度0.5～2.0克/升，多为HCO_3—Na质水，冻土层在1年中可长存6～8个月，土壤冷浆，供肥力弱，盐碱危害，单产不高。因开发种稻时间短，尚未形成水稻土的形态特征和生产特性。

886. 寒地盐碱地土壤类型及其盐分特性是什么？

盐碱地土壤中盐分由几种盐类组成，即：$NaCl$（食盐）、Na_2SO_4（芒硝）、Na_2CO_3（苏打）、$MgCl_2$（氯化镁）、$MgSO_4$（泻盐）、$NaHCO_3$（小苏打）、$CaCl_2$（氯化钙），以及$CaSO_4$（石膏）、$MgCO_3$（碳酸镁）、$Mg(HCO_3)_2$（碳酸氢镁）、$CaCO_3$（石灰）和$Ca(HCO_3)_2$（碳酸氢钙）。前7种盐类对水稻生长发育有毒害作用，后5种盐类无毒害作用。有盐害类对水稻危害程度也不同，其顺序是：$Na_2CO_3 > NaCl > CaCl_2 > MgSO_4 > Na_2SO_4$。

887. 何为苏打盐渍土？何为碳酸盐草甸土？

土壤淹水后土壤中的盐分都不同程度地溶解成离子状态。其中离子组成以

阴离子 HCO_3^- 为主,阳离子以 Na^+ 占绝对优势。pH 8~10,全盐量>0.1% 的,即苏打(Na_2CO_3、$NaHCO_3$)盐渍土,是世界上改良难度较大的低产土壤。以 CO_3^{2-}、Ca^{2+} 占优势,全盐量<0.1%,pH 7.5~8.0 的,即碳酸盐草甸土。

888. 苏打盐碱地种植水稻的障碍因素有哪些?

(1) 土壤含盐多 水稻的耐盐性属中等,苗期抵抗力更弱。土壤含盐过多,妨碍水分进入稻株内,甚至倒流,以致使水稻生理缺水,出现"渴死"现象。另外过多的盐分进入稻株内,使细胞组织遭到破坏,失去正常功能。尤其含苏打(Na_2CO_3)、小苏打($NaHCO_3$)多的盐渍土,对水稻毒害作用更大。

(2) 碱性强 苏打盐碱土的酸碱度高达 8.0 以上,属于碱性或强碱性土,其危害是降低土壤养分的有效性,妨碍正常的转化作用,使水稻不能吸收;能使有效养分转化为无效状态。土壤的强碱性能直接危害稻株,腐蚀破坏稻株组织。

(3) 代换性钠含量高 苏打盐渍土在 1 米土层内碱化度多为 10%~60%,碱化度越高,钙素变为无效状态越多。水稻吸钙不足,相反吸收了过多的钠会危害稻株。钠是强分散剂,能使土壤在淹水条件下高度分散,通透性变差,阻碍根系正常生长发育。因此,降低碱化度在 10% 以下,改善苏打盐渍型水稻土的通气性能,是水稻高产的重要措施。

(4) 土壤内涝 平原洼地排水不畅,土壤易遭涝害,涝有两种形式:一是高地地表径流水集中在低洼地,造成地表涝灾;二是由于地下水位高及春季高地冻层土融冻水侧渗到低洼地融冻土层内,造成土壤内涝。"涝碱相随",因而不仅土温降低,还加重盐碱危害。涝害的症状表现最明显的是水稻新根及根端生长点的细胞先遭受破坏,而后遍及全根,使根系失去生机,植株生长缓慢,叶尖枯黄卷缩,基部叶片枯死,最后心叶枯死。

889. 哪些时期是水稻对盐碱反应的敏感期?

水稻不同生育期对盐碱的反应不同。1~2 叶期对盐碱反应比较敏感,土壤含盐量 0.2% 以下时,生育正常;全盐量达 0.32%、pH 为 8.5 时,则产生抑制。分蘖以后,耐盐碱能力不断增强,全盐量在 0.25% 以下,pH 为 7.6 以下时,生育正常;当全盐量超过 0.38%,pH 为 8.8 时,则产生抑制。从幼穗形成至开花期,又进入比较敏感期,孕穗期全盐量在 0.3% 以下,pH 在 7.9 以下,生长发育良好;当全盐量超过 0.42%,pH 超过 9.1 时,则生长受抑制。抽穗开花期全盐量在 0.38% 以下,pH 在 8.2 以下时,生育正常;当全盐量超过 0.5%,pH 超过 8.7 时,生长发育受到抑制。

890. 盐碱地上种稻应注意哪些技术环节？

盐碱地种稻的主要问题是土质盐、板、薄、瘠。根据这些特点，应采取的相应措施是：

（1）开沟排水，降低地下水位，降低稻田盐分；在种植水稻以前，必须进行平整土地和淡水泡田洗盐，使 0～20 厘米土层内含盐量降到 0.2% 以下。通过上述措施，基本可保证水稻的正常生长。

（2）在盐的问题初步解决以后，还要解决板和薄的问题，尤其是沙壤土等保肥能力差，有机质贫乏，水稻生育后期容易脱肥的田块。同时，灌水种稻后，长期泡水，土壤容易打浆板结，插秧困难，返青慢，分蘖差。解决的办法是客土改良土质，并通过增施有机肥、秸秆还田等措施增加土壤有机质。

（3）掌握田间排灌技术，是盐碱地种好水稻的重要环节。水稻秧苗期抗盐能力较弱，可用灌深水的办法防止盐害，灌水深度可在 8 厘米左右。以后可根据不同生育期调节水层深度。一般分蘖期水层可浅些，孕穗期深些。灌水压盐要做到勤灌勤换，防止水中盐分浓度提高。同时，还可调节土壤通透状况。一般可采取日灌夜排，即每天上午灌水，傍晚排水，以薄水层过夜，次日排干后再灌上深水，就能有效地控制盐害，促进稻苗生长。阴雨天可少灌或不灌，以利通气发根。

891. 水稻品种间耐盐碱性有无差异？

在盐碱地种水稻首先应选用耐盐碱、耐干旱、高产优质、生育期适宜的品种。育苗移栽水稻的耐盐碱性差异主要表现在育苗过程中秧苗素质和插秧返青速度及成活率上。生育后期因多次灌水淋溶盐分和覆盖率增加，盐害表现并不明显。耐盐碱品种在旱育壮秧的情况下，插秧后 3 天便有 3～4 条白根长出，1 周后产生新的分蘖，在 pH8.5～9 的情况下，基本能正常生长。

不耐盐碱的品种，插秧后叶色浅，从叶片尖端变成黄褐色，自下向上枯萎。盐碱害严重时叶片呈红褐色或有赤枯斑点，根系生长受阻，不分蘖，死亡率可超过 20%。

892. 如何鉴别水稻品种耐盐碱性的强弱？

一是在实验室将幼苗放在不同盐分的溶液（常用氯化钠）中进行培养，观察不同品种的成活情况。二是将不同品种水稻种在盐碱地上，在生产实践中进行鉴定。

893. 盐碱地种稻怎样选择和改良苗床地？

应尽量选择盐碱较轻、地下水位相对较低、排灌水良好、土壤肥沃的旱田地或菜园地。并要常年固定，连年培肥。当 pH 超过 7.5 时，要进行客土改良，在苗床 10～15 厘米土层中加入山地腐殖土、草炭土等。客土量约占育苗土层的 30%，pH 达到 8 时，客土量要达到 50% 以上，pH 达到 8.5 时要全部换成客土，并最好在客土下面垫铺塑料膜，隔离地下盐分。无山地腐殖土、草炭土的地方，可多施腐熟的农家肥或有机肥，农家肥以偏酸性的猪粪等为佳。

894. 盐碱地种稻怎样整地做床？

提倡秋施肥、秋翻地、秋做床，春天做床的要早翻地，并在翻地前施入充分腐熟的有机肥料。一般耕深 10～15 厘米，耙碎土块，清除根茬，整平床面，修好灌排水渠道。苗床规格为：小棚床宽 1.2～1.3 米，中棚床宽 3.5～4 米，床长 15～20 米。盐碱地宜做低位床而不宜做高位床，即床面低于地平面 5～10 厘米，以防止盐分向高处聚集，减少盐分对秧苗的危害，并且便于床面上水。

895. 盐碱地种稻秧田施肥应注意哪些问题？

苗床施肥应尽量选择偏酸性肥料，除每平方米施农家肥 5～10 千克外，一般每平方米还要施硫酸铵或硝酸铵 40～60 克，磷酸二铵 80～100 克。在有条件的地方最好再施入硫酸亚铁 7～10 克，硫酸锌 5 克，用于防止缺铁型黄化苗。将这些肥料反复均匀地混拌在 15 厘米土层中，混合不匀会造成伤苗。

896. 盐碱地种稻如何浇好底墒水？

施肥后整平床面，于播种前一天灌足底墒水，使床土水分达到充分饱和状态。盐碱较重的秧田可连续多次灌水，进行洗盐排盐。灌水方法可采取用流水畦灌，灌水后局部出现坑洼不平时用过筛的有机细土填平，以防调酸和消毒时产生的药害。

897. 盐碱地种稻床土怎样调酸？

旱育苗最适土壤 pH 为 4.5～5.5，但盐碱地土壤 pH 难以调到最适程度并容易回升。因此，一般要求 pH 大于 7 时进行调酸。每平方米用 25～50 克浓度 98% 的工业硫酸，稀释成 200 倍液，在播种前一天或当天用喷壶均匀地喷洒于床面，一般可使 pH 下降 1～1.5，也可使用调酸剂或硫黄粉调酸。硫黄粉调酸效果优于硫酸，但必须在秋季做床时施入土中，春季做床的至少应在播前 15 天施入，施后保持土壤湿润，促使土壤中硫黄菌将硫黄转化为硫酸。pH 大于 7 时，硫黄粉施用量为每平方米苗床 100～150 克，施入后与土壤反复混合，防止产生药害。

898. 盐碱地种稻床土应如何进行消毒?

床土消毒主要是防治苗期立枯病。盐碱地旱育苗较易感染立枯病,故必须进行床土消毒。在苗床灌足底墒水并调酸以后,每平方米用 2.5 克敌克松稀释为 600 倍液,均匀喷洒在苗床上。消毒后,床土含水量未达饱和程度时,还要补洒一次清水,床面不平时,再用过筛细土填平坑洼,彻底整平床面,等待播种。

随着种稻科技水平的提高,现在已研究出很多水稻旱育苗床土调制剂、壮秧剂。直接用床土调制剂、壮秧剂育苗,基本可以解决床土消毒和调酸问题。

899. 盐碱地种稻整地时应注意哪些问题?

一般稻田提倡秋翻地,盐碱地更需要秋翻地。一是增加土壤的通透性,促进养分的转化;二是减少土壤表面水分的蒸发,减少表层返盐及次生盐渍化。翻起的土垡经冻融交替,利于春天碎土整地。翻地时最好施入农家肥或酸性速效肥,耕深以 15~20 厘米为宜。

春整地前有条件的地方应尽早灌水泡田,压碱洗盐,并诱发杂草出土。在缺少水源或盐碱危害轻的地块,可采用旱整地、水整平,以达到节约用水的目的。沙壤土在插秧前一天,轻壤土在插秧前 2~3 天,黏土在插秧前 3~4 天,用旋耕机或水耙整平田面。使用旋耕机整地的至少要 2~3 遍。水耙地更要多次,要耙成泥浆状,同时降低渗漏系数,节水增温。在此基础上采用节水灌溉法,干旱、盐碱地区每亩全生育期用水量控制在 600~700 米^3,比常规管理方法每亩节水 200 米^3。整地后田面高差不超过 3~5 厘米,保持浅水层等待插秧。

900. 什么是"盐随水来,盐随水去"?

盐碱地的水盐动态,除受气候、地形、土壤母质、生物作用外,土壤存在季节性冻土层,形成了特殊的土壤水文状况,对土壤内部水盐的再分配起着巨大的作用。"盐随水来"就是指在春季土壤开始解冻,冻层上的融冻水属于盐碱性水。随着春季气温的升高,按照"盐随水来,水随气散,气散盐存"的水盐动态规律,在泡田前融冻水携盐上升到地表,使稻田表土出现轻度的盐渍化。同时又随着温度的逐渐升高,土壤中溶解的盐分也逐渐增加,水溶液也迅速浓缩,因而冻层上水的矿化度高于冻层下。"盐随水去"是指夏季土壤化通后,地下水与融冻水和灌溉水下渗混合为一体,在稻田淹水条件下,处于脱盐阶段,能减轻或消除对水稻生长的影响。

901. 盐碱地种稻本田管理要点是什么?

盐碱地田间管理的要点是在建立良好的排灌渠系基础上,实行单排单灌,防止串灌,以利于洗盐压盐。同时,采取增施农家肥、稻草还田、施入酸性肥料等综合管理措施,为水稻生长创造良好的环境。

902. 盐碱地种稻本田怎样施肥?

在选用高产品种和早育壮秧、稀植早插的基础上,以合理的肥水运筹来达到预期的调控效果,是夺取水稻高产的关键。盐碱地施肥宜采用"早促蘖、中壮苗、后攻粒"的原则。

盐碱地区水稻施肥量的确定,要考虑土壤肥力、土壤酸碱度、气候、品种、栽培技术等因素。根据各地生产实践经验,一般地力条件下,每公顷产量7 500~9 000千克,需氮(N)量110~150千克,需磷(P_2O_5)量50~60千克,需钾(K_2O)量25~30千克。底肥每公顷施农家肥50 000千克,磷酸二铵100千克,氮肥(尿素)约100千克。蘖肥插秧后7~10天施尿素60~70千克,20~35天再施分蘖肥一次,施尿素40~50千克。穗肥抽穗前15~18天施尿素20~30千克。粒肥视后期长势而定,有脱肥现象者,可在破口或抽穗后施少量氮肥,一般以10~20千克为宜。

对盐碱较重的地块,每次追肥量不宜过多,以每公顷施尿素60千克为宜。超过100千克时易造成肥害。对稻田施肥还要看天、看地、看苗,灵活掌握。

903. 盐碱地怎样进行泡田洗盐碱?

盐碱地泡田洗盐碱具体做法:一是在渠系布置上要单灌单排,不泡老汤,不串灌;二是春季泡田要早,每次水层要没过垡块,泡田2~3天后,搅水洗盐,然后迅速排水,不留尾水,再换新水泡田,反复2~3次,最后一次提倡用大功率的拖拉机进行水耕地;三是洗盐碱后复水要充足,防止田面落干,以防盐碱复升。一般应施用生理酸性肥料后带水插秧,深水缓苗,压盐压碱。同时,要注意田间定期换新水,不泡老汤。

904. 盐碱地种稻怎样管理水层?

盐碱地种稻水层管理一是要满足水稻各生育阶段对水分的生理需求;二是要以水调肥、以水调气、以水调温,在盐碱地上还有以水压碱、以水洗盐的作用。在满足水稻生理需水的同时,既要合理地节约用水,又要避免土壤返盐,根据当地水源条件,对不同生育时期采用不同的措施。如河水灌溉田可利用夏季丰水期增加灌水量,集中洗盐排盐,枯水期尽量节水灌溉;井灌区和库水灌区则重点在插秧前后洗盐。各生育阶段具体措施如下。

分蘖期：灌浅水 3～4 厘米，增温促蘖，防止干田返盐。盐碱较重的地块，此期要经常换新水，实行活水浅灌。分蘖末期，当田间茎数达到计划穗数的 80％时，适时晒田。晒田不宜过重，过重后会返盐，表土裂缝大会增加渗漏，浪费水并降低土壤温度。

长穗期：以浅灌或间歇灌水为主。此期叶片覆盖田面，蒸发量减少，可以间歇灌水或湿润灌水。一般 6～7 天灌水一次，以田间持水量不低于 80％，表土不裂口为宜。抽穗前 12～15 天灌浅水 3～5 厘米，防止低温造成花粉败育以及空秕率增加等。

抽穗至灌浆结实期：以浅水灌溉为主，乳熟至黄熟期以间歇灌溉为主，增加土壤的通透性，增强根系活力，确保活秆成熟。停水时间视土壤状况，一般在蜡熟末期停水。

905. 如何解决稻田土壤次生盐渍化问题？

水田土壤次生盐渍化主要是由于不合理的耕作技术造成。解决这个问题的办法，第一，通过农田基本建设，合理布置灌排渠系，特别是排水系统，降低地下水位，增加土壤的渗透能力。第二，要平整土地，防止高处返碱，低处窝碱的现象。第三，提倡秋耕，防止和减少水分散发，增加溶盐的排渗。秋季有积碱过程，要做到早翻晒垡，只翻不耙。第四，严把灌溉水质关。稻田灌溉用水一定要符合国家灌溉水标准，防止把盐源引进灌渠。第五，增施有机肥料，增加土壤溶液的缓冲能力，通过土壤代换方式转化有毒盐害而达到消除和减轻有毒盐类聚集的目的。第六，经济合理施肥，做到化肥深施，适当增施磷、钾、锌肥。

（二）水稻低温冷害和高温防御技术

906. 什么是延迟型冷害？其症状表现是什么？

延迟型冷害主要是指水稻营养生长期有时也包括生殖生长期，在较长时间内遭遇较低温度危害。这种危害削弱稻株生理活性导致生长发育拖后，抽穗开花延迟；虽能正常受精，但不能充分灌浆成熟而显著减产。也有前期气温正常，抽穗并未延迟，而是后期由于异常低温导致延迟开花、授粉、受精、灌浆、成熟，以致受害。水稻遭受延迟型冷害，秕谷增加，千粒重下降，不但产量锐减，而且青米多，米质差。尤其是种植晚熟品种，抽穗期延迟，减产更为严重。

907. 什么是障碍型冷害？其症状表现是什么？

在水稻生殖生长期即颖花分化期到抽穗开花期间，遭受短时间异常的相对强低温，使花器生理机制受到破坏，造成颖花不育，形成大量空壳而严重减产，称为障碍型冷害。根据低温危害的时期又分为孕穗期和抽穗开花期冷害。在孕穗期遇到低温而发生的障碍型冷害的特征是穗顶部不孕粒多，穗基部少，不育颖花都是空壳。抽穗开花期遇低温冷害会发生颖壳不开，花药不裂，散不出花粉或花粉发芽率大幅度下降导致不育，造成严重减产。

908. 什么是稻瘟病型冷害？其表现怎样？

由于延迟型和障碍型冷害的发生导致水稻对稻瘟病的抵抗力下降，从而出现稻瘟病和冷害同时发生的现象称为稻瘟病型冷害。其主要表现就是稻瘟病和不孕粒同时发生。当发生障碍型冷害时，低温除了直接影响水稻的生理变化外，还引起不孕粒的发生，导致水稻叶色变浓，叶片氮素含量增加，抗稻瘟病能力下降。延迟型冷害由于延迟了生育，在低温条件下水稻的抵抗力同时也下降，也易发生稻瘟病。

909. 什么是混合型冷害？其表现怎样？

混合型冷害是指延迟型冷害和障碍型冷害在同一年份中发生。生育初期遇低温延迟生育和抽穗，孕穗、抽穗、开花期又遇低温，造成不育，既有部分颖花不育，又延迟成熟，发生大量空秕籽粒。

910. 水稻哪几个时期容易发生低温冷害？

水稻一生中有四个时期最易发生冷害。一是芽期，此期的耐寒性直接影响水稻的成苗率；二是苗期，此期的耐寒性直接影响水稻根、茎、叶的生长和分蘖的多少及早晚，幼穗分化期的早晚，抽穗期的早晚以及最终的产量，这是水稻延迟型冷害的关键期；三是孕穗期，此期是影响水稻结实率的关键时期；四是开花灌浆期，此期是直接影响水稻空秕粒的关键时期。

911. 低温冷害能给水稻生产带来多大的危害？

在寒地稻作区水稻生长期短，气温低，从播种到秋季成熟各生育阶段，随时都可能遭受低温危害。2002年，黑龙江省东部三江平原遭受历史上70年未遇的混合型低温冷害，造成80万公顷水稻平均减产40%左右，严重的地块几乎绝产。2003年，黑龙江省南部和西部稻区遭受了低温冷害，减产幅度多在30%左右，严重的地块接近绝产。2009年黑龙江省东部地区遭受了低温冷害，很多地块亩产只有 100 多千克。近年来普遍流传着一种说法，认为随着全球气温的升高，今后将进入暖期，冷害将不会成为问题。可是近年来寒地稻作区连续发生的延迟型和障碍型冷害的事实说明，寒地稻作区的冷害还是会经常发生。未来的气候变化是难以预测的，因此，在现实生产中，应充分做好低温冷害的防御工作。

912. 低温冷害的发生有什么规律？

水稻冷害在年际间的发生是有一定规律的。研究指出，水稻年成指数与 8 月份平均气温及 8 月份积温的相关性很大。8 月份平均气温在 20℃以下，积温在 600℃以下时，年成指数多在 80 以下。寒地稻作区每 3～4 年一遇冷害，而较大范围的低温冷害则大约 6 年一遇，特别是近年来主要是障碍型冷害频发。东部和北部地区冷害出现的频率最大，中部和南部次之。

913. 寒地稻区哪种类型的冷害发生频率高？

水稻冷害的类型主要有三种：一是延迟型冷害，二是障碍型冷害，三是两种冷害类型在同一年份发生的混合型冷害。寒地稻区在过去 50 年中发生的主要是延迟型冷害，对水稻生产危害较重。近些年来，随着栽培技术水平的提高，对防御延迟型冷害的能力也大幅度提高。但是近年随着气候的改变，特别是 7～8 月份常常出现阶段性低温，障碍型冷害成为今后相当一段时间内的主要冷害类型，也是今后生产上应特别关注的问题。

914. 为什么水稻开花不结实形成空粒？

水稻在正常条件下都可开花结实。如果开花后不结实形成空粒，主要是由于未受精所致。其原因一是生殖器官发育不全，较多的花粉发育不正常；二是由于外界条件不良，影响开花受精，或受精后子房停止伸长。空粒可分为两种：未受精空粒和受精空粒。两者可用碘—碘化钾染色法区分，不染色者为受精空粒。空粒产生的原因主要是花粉母细胞减数分裂期受低温危害，使雄性不育和开花期遇低温危害影响受精而造成的。水稻花粉母细胞减数分裂期受低温冷害除因低温强度和持续时间长短外，还因品种和栽培条件的不同而有差异。出现不育的临界温度，耐冷性强的品种是 15～17℃，耐冷性弱的品种是 17～19℃。此外，高温、多湿、大风雨、氮肥偏多等也能增加空粒。

915. 为什么水稻抽穗开花期低温多雨空粒增多？

水稻在开花期遇到低温造成大量空壳的发生，影响水稻安全齐穗和产量。水稻在开花授粉时的最适合温度为 30～32℃，最低温度为 15℃。如果平均气温低于 20℃，日最高气温低于 23℃，开花就会减少，或虽开花而不授粉，形成空壳。水分对抽穗开花影响也很大，一般空气相对湿度为 70%～80% 时对抽穗开花最为适宜，如低于 50%，花药就会干枯，花丝不能伸长，甚至遇到阴雨连绵，空气湿度接近 100%，则花丝不伸长，花药不裂开，花粉黏性大，就会出现大量的空壳，甚至还会发生褐变粒等病害。

916. 为什么插秧后秧苗迟迟不分蘖?

影响水稻分蘖发生的因素很多，概括起来可分为内因和外因两个方面。内因主要包括品种的分蘖特性，秧苗素质即秧龄大小、干重多少、充实度高低及含氮水平等。外因主要是指温度、光照、水分、栽插深度及营养条件等。一般来说，温度高、光照强、养分足、秧苗壮、插得浅，则分蘖节位低，分蘖发生早而多，穗大粒多；否则，分蘖发生时间延迟，分蘖节位较高，秆细穗小。但是在生产上除了内因和水分、栽插深度和营养条件外，主要是受温度的影响，特别是受低温寡照的影响更大。水稻分蘖发生的最适气温为 30～32℃，最适水温为 32～34℃。气温低于 20℃、水温低于 22℃，分蘖缓慢；气温低于 15～16℃，水温低于 16～17℃或气温超过 38～40℃、水温超过 40～42℃，分蘖停止发生。在寒地稻作区，分蘖迟迟不发生的主要原因是受低温的影响。此外，光照也是影响分蘖的主要原因之一。在水稻分蘖期间如阴雨寡照，则分蘖迟发，分蘖数减少。光照强度越低，对分蘖的抑制越严重，光照低至自然光强的 5% 时，分蘖停止发生。

917. 为什么低温年施肥量大空壳多? 施肥量少则空壳也少?

水稻栽培条件与耐冷性关系很大。过量施氮肥，植株生长繁茂，孕穗期叶片含氮量过高，组织细嫩，抗御低温冷害能力就会下降。一旦遇到低温，就会增加不育率造成空壳。因此，在低温年份，施肥量大的地块水稻空壳率明显比施肥量少的地块高。

918. 低温年为什么水深空壳相对少? 水浅空壳相对多?

在水稻遇到障碍型冷害时，正处于花粉母细胞减数分裂期，此时水稻幼穗所处位置一般距地表 15 厘米。水深的地块，特别是水深超过 20 厘米时，水温高于气温，起到了深水护胎的作用，从而避免了水稻障碍型冷害的发生，因此空壳较少，而水浅的地块，由于幼穗裸露在地表，没有水层的保护，因此空壳就较多。

919. 为什么有的水稻品种苗期生长势非常强，抽穗后空壳却特别多?

水稻的耐寒性品种间差异很大，有的品种苗期耐寒性强，有的品种孕穗期耐寒性强，有的品种抽穗开花期耐寒性都强，有的品种灌浆结实期耐寒性强，有的品种同时几个时期耐寒性都强。水稻品种苗期生长势强，说明该品种苗期耐寒性强，但是抽穗后空壳又特别多，说明该品种孕穗期和抽穗开花期的耐寒性弱。这样的品种在花粉母细胞减数分裂期一旦遇到低于 17℃的气温，就会发生空壳。

920. 为什么有的年份有些水稻品种不能正常成熟？

水稻品种在一定的适宜区内正常年份均可安全成熟，但有的年份却不能正常成熟。原因一是越区种植。种植的品种所要求的积温超过本地区常年积温，造成品种贪青，不能正常成熟。二是遇到了延迟型冷害，特别是生育前期遇到低温，水稻迟迟不分蘖，幼穗分化期和抽穗期明显延迟；抽穗灌浆期遇到低温，空秕粒增加，千粒重下降，不能正常成熟，导致产量降低。三是种植的品种是积温"满贯"品种，在正常栽培条件下可以安全成熟，但是由于施肥量大或者造成药害导致贪青晚熟而不能正常成熟。

921. 水稻收获时秕粒和青米特别多是什么缘故？

水稻秕粒是开花受精后，在籽粒形成过程中停止发育的半实粒，一般在 5% 左右，严重时可达 30% 以上。造成水稻秕粒的原因是养料供应不足，但其根本原因是气象因素和栽培因素造成养料供应不上。在气象条件方面，温度是重要的因素之一。水稻灌浆最适宜温度为 25～30℃，低于这个温度灌浆就变慢，每降低 1℃成熟过程就会推迟 0.5～1 天。日平均温度下降到 13℃以下，就不可能灌浆，籽粒就不能充实，就会形成秕粒或青米。此外，在开花结实期阴雨连绵或大风造成倒伏等，对同化物的制造和运输有明显影响，也会造成大量的秕粒和青粒。在栽培方面，如密度过大、封行过早、氮肥偏多、根叶早衰、病虫危害等，也都有可能降低光合能力，使秕粒、青粒增多。

922. 水稻品种间的耐寒差异大吗？

水稻耐寒性品种间差异很大。因此，在同等条件下，耐寒性强弱关键取决于品种的耐寒性。水稻低温发芽性品种间差异也很大。试验结果表明，高纬度早熟品种低温发芽性高于低纬度晚熟品种，陆稻高于水稻，农家品种高于改良品种，糯稻高于粳稻，粳稻高于籼稻。在寒地稻作区，宜选择苗期、孕穗期和抽穗开花期耐寒性强的品种。

923. 水稻冷害受气温影响大还是受水温影响大？

水稻冷害受气温影响大还是受水温影响大，主要看冷害的发生时期。一般来讲，如果是在苗期发生低温冷害，主要是受水温影响大。因为水稻生育前期是营养生长期，气温高水温随之也可提高，气温降低水层尚有调温的作用。孕穗期水温和气温同等重要，水温和气温低，都可造成不孕粒的发生。抽穗开花期气温比水温重要，因为此时穗已完全从剑叶抽出，花粉已完全暴露在大气中，因而气温低容易造成低温冷害。

924. 水稻冷害的发生会影响大米品质吗?

水稻冷害的发生对大米品质的影响较大，特别是延迟型冷害的发生导致秕粒增多，千粒重下降，成熟度差，都会严重地影响大米的外观品质、碾米品质和食味品质。具体表现在糙米率、精米率和整精米率降低，垩白粒率提高，垩白度加大，透明度差，直链淀粉含量高，蛋白质含量高，食味差。

925. 如何进行苗期和分蘖期冷害诊断?

苗期与分蘖期低温冷害主要表现为延迟型冷害，生育拖后。该期可参考临界温度来进行诊断，通常苗期的临界温度为日平均13℃，分蘖期的临界温度为日平均16℃。如果该时段内满足不了上述指标要求，可认为是发生了冷害。

926. 营养生长期冷害怎样诊断?

营养生长期（播种至幼穗分化始期）遇低温将发生延迟型冷害。研究结果表明，该期的平均温度与抽穗期迟早关系密切，可用以诊断延迟型冷害的程度。其中6月份的温度指标与抽穗期有如下的关系：

$$y = 83.54 - 0.117 \sum t (r = -0.734, a = 0.01)$$
$$y = 126.4 - 0.343T (r = -0.787, a = 0.01)$$
$$y = 127.2 - 5.14T_m (r = -0.718, a = 0.01)$$

式中：r 代表相关系数，$\sum t$ 代表 6 月份 ≥ 13℃的有效积温，T 代表 6 月份平均气温，T_m 代表 6 月份平均最低气温。由此可见，6 月份有效积温每减少 10℃，抽穗期会相应延迟 1.2 天；平均气温每降低 1℃，抽穗延迟 3.4 天；平均最低气温降低 1℃，抽穗期延迟 5.1 天。

927. 怎样确认障碍型冷害敏感期?

水稻障碍型冷害的最大敏感期，通常是在花粉母细胞减数分裂期。准确掌握这一时期，对诊断和防御冷害都有重要的意义。生产上比较适用的办法是以叶耳间距为指标来判断这一时期。一般认为剑叶与下一叶的叶耳间距为－13～5 厘米时，为花粉母细胞减数分裂期。

928. 怎样防止水稻延迟型冷害的发生?

一是选用耐冷性强的早熟、优质、稳产的水稻品种。这是预防延迟型冷害的关键。标准是芽期和苗期有较强的耐冷性,在低温条件下发芽性能强,田间成苗率高,能早生快发,并能保证一定的分蘖数;抽穗开花后灌浆成熟快,结实率高。实行计划栽培,培育壮秧,采用保护性栽培技术,确定安全齐穗期。

二是提高水温和地温。水稻生育前期主要是受水温的影响,生育中期受水温和气温的共同影响,生育后期主要受气温的影响。试验证明,设晒水池,加宽和延长水路,加宽垫高进水口及采用回灌等措施,均可使白天田间水温和地温升高,对促进水稻前期生长发育有良好的效果。

三是增施磷肥,控制氮肥的施用量。磷能提高水稻体内可溶性糖的含量,从而提高水稻的抗寒能力。同时,磷还有促进早熟的作用。因此,磷肥应作基肥一次施入到根系密集的土层中,便于水稻吸收,并可防御低温冷害。

在冷害年份,通常应将氮肥总量减少 20%~30%。研究结果表明,在寒地稻作区的冷害年,切忌在水稻二次枝梗分化期施用氮肥。这是因为在寒地稻作区水稻幼穗分化始期处于最高分蘖期之前,这时施用氮肥,会增加后期分蘖,延迟生长发育,使抽穗开花期延迟且参差不齐,降低结实率和千粒重从而造成减产。

929. 怎样防止水稻障碍型冷害的发生?

一是选用耐障碍型冷害性强的早熟、优质、稳产的水稻品种,实行计划栽培,确定安全齐穗期。计划栽培就是按当地的热量条件选定栽培品种,并根据品种安全生育期所需积温合理安排安全播种期、安全抽穗期和安全成熟期等适宜时期,使水稻生长发育的各个阶段,均能在充分利用本地热量资源的条件下完成。水稻花粉母细胞减数分裂后期的小孢子形成初期,对低温极为敏感,必须保证气温稳定在 17℃以上。另外,为了给水稻的成熟留有充足的时间(40~45 天),就必须限定一个安全的齐穗期。

二是在减数分裂期灌深水护胎。防止障碍型冷害造成的水稻不育,当前唯一的有效办法是在障碍型冷害敏感期进行深水灌溉。冷害危险期幼穗所处位置一般距地表 15 厘米,灌深水 15~20 厘米基本可防止障碍型冷害。

三是控制氮肥的施用量。低温年少施氮肥可以减轻冷害,高温年增施氮肥可以获得增产。因此,要根据气象条件决定施肥量的多少。

四是多施有机肥。由于有机肥营养全,能有效地维持水稻体内氮营养的平衡,减少障碍型冷害的发生。

930. 水稻直播对品种的耐寒性有何要求?

寒地水稻直播播种后,极易遇到持续低温天气条件,影响发芽出苗。因此,水稻直播要选用芽期和苗期耐寒性强的品种,确保一次播种保全苗,提高成苗率。

931. 水稻插秧栽培对品种的耐寒性有何要求?

水稻插秧栽培苗期采用保温栽培技术,因而与水稻芽期和苗期的品种耐寒性关系不大。3叶期以后移栽到大田,因此,插秧栽培选用的耐寒水稻品种关键是在分蘖期、孕穗期和开花灌浆期的耐寒性要强。

932. 喷施叶面肥对预防水稻冷害有作用吗?

喷施叶面肥等可以较快地使水稻茎叶吸收利用,及时矫正缺素症状,促进水稻生长发育,加快水稻生育进程,在水稻需肥而又供应不足时见效快,同时可以避免养分被土壤固定及"脱氮"等损失。在水稻齐穗至灌浆期进行叶面施肥,能延长生育后期功能叶片的成活率,加速籽粒的灌浆速度,减少空秕率,提高千粒重,因而对预防延迟型冷害有一定的作用。

933. 长期寡照对水稻生育有什么影响? 如何预防?

水稻是短日照作物,长期寡照会缩短营养生长期,使生育期缩短,产量降低。不同时期的寡照,对水稻生长发育的影响也不相同。苗期如果光照不足,秧苗容易徒长;在水稻分蘖期间如阴雨寡照,则分蘖迟发,分蘖数减少,光照强度越低,对分蘖的抑制越严重,光强低至自然光强的5%时,分蘖停止发生;在幼穗分化期间如光照减弱,水稻生殖细胞不能形成或延迟形成;颖花分化期光照不足,则颖花数减少;减数分裂期和花粉充实期光照不足,会引起颖花退化、不孕花增多。

为了减少寡照对水稻的影响,一是要培育壮秧;二是建立一个合理的群体结构,保证通风透光,充分利用光能;三是合理运用肥水,保证水稻正常生长发育所需的养分和水分。

934. 防止苗期热害的技术措施是什么?

水稻苗期特别是在采用保温栽培技术的条件下,为了防止高温热害发生,一定要严格按照育苗的技术操作规程操作,及时通风炼苗,防止烧苗。对于抽穗开花期和灌浆期的高温热害,一是从品种熟期上进行调整,使水稻的抽穗期避过高温危害期;二是在出现高温时采用灌深水及日灌夜排等降温措施,有喷灌条件的，也可以在高温出现时进行喷灌；三是喷施一些对水稻叶绿素有保护作用的物质，如维生素 C、生长素等，对减轻高温的危害也有一定的作用。

（三）旱、涝、风灾和霜冻防御技术

█ 935. 水稻哪几个生育时期易受到干旱的威胁？

在水稻各生育期中，最易受旱害首先是在孕穗期和抽穗开花期，其次是灌浆期和幼穗形成期。插秧后幼苗返青期抗旱能力弱，水分不足就不能返青而枯死。水稻孕穗期受旱减产可达 47% 左右，抽穗期受旱减产 14%～33%，灌浆期受旱严重且连续 14 天以上时，也可减产 23% 左右。当土壤含水量为田间持水量的 70%～80% 时，对水稻秧苗的生育影响不大；持水量降到 60% 以下时，生育就会受影响，产量降低；再降到 40% 以下时，叶片的水孔就会停止吐水，产量就会剧减；再降到 30% 时，叶片就开始萎蔫；如果再降到 20% 时，稻叶整片向内卷缩成针状，并从叶尖开始干枯。

█ 936. 水稻长时间淹水是否会受到危害？

水稻植株虽有较发达的通气组织，有一定的耐淹能力，但是长时间淹水对水稻也是不利的。在水稻的不同生育期，只要淹水 4 天，产量都会有不同程度的损失。如开花期会减产 64%，孕穗期减产 78%，分蘖末期到拔节盛期减产 20%，移栽后 2 周减产 11%，移栽后 1 周减产 7%。

█ 937. 水稻为什么能够耐受一定程度的淹水？

水稻是半水生沼泽作物，体内有发达的通气组织。空气中的氧气和光合作用产生的氧气，可通过通气组织进入根部。因此，它与旱田作物不同，能在淹水条件下生长。但除浮稻和深水稻外，它又不同于长期淹水的水生植物。普通水稻品种只能耐淹 4～5 天，多数水稻品种被水淹 7 天就会死亡。

水稻能在淹水条件下生长，也与水稻根的解剖结构和生理功能有关，即水稻具有较强的氧化能力以及适应低氧环境的代谢途径和酶系统。

从解剖结构上看，稻根的外皮与旱田作物不同，有着高度木质化的结构，以阻止土壤中还原性物质侵入根内细胞。另外，稻根的皮层细胞与茎的皮层细胞一样，大量崩溃形成细胞间隙，并与地上部器官的通气组织相连，接受从地上部运送来的氧气。而且稻根的皮层细胞呈柱状排列，更有利于氧气向根部的输送。

从生理上看，水稻的根系具有很强的氧化能力。水稻根系不仅能从地上部接受氧气，还可以通过乙醛酸氧化途径，将氧变成强氧化剂过氧化氢，并在过氧化氢酶的作用下放出新生态氧，增强氧化能力。稻根通过泌氧，使周围形成较大的根际氧化圈，抵制还原物质的侵害，维持根系的正常生理功能。同时，水稻体内具有一套很强的无氧呼吸系统，适于在低氧环境条件下进行呼吸代谢。由于水稻根系具有上述的结构与生理特点，因而能在淹水条件下生长。

938. 怎样防止水稻涝害？

稻田修建防涝水利工程是防止涝害发生的根本措施。如发生了涝害，则应及时排水，争取秧苗顶部及早露出水面，防止窒息而死。及时清洗沾在茎叶上的污泥，以减轻机械损伤，保证叶片的光合作用，以及早恢复正常生长。适当追施叶面肥，以促进生长及增强水稻的抵抗能力。由于叶片损伤，伤口极易感染，抵抗病菌的能力也下降，因此，应及时做好防病工作。

939. 水稻涝害的主要症状有哪些？

水稻虽然是耐涝作物，但是，淹水深度也不能超过穗部，而且淹水时间越长危害也越重。在各生育中期，如幼穗形成期到孕穗中期受涝，危害最重。其次是开花期。其他生育时期一般受影响较轻。孕穗期是花粉母细胞及胚囊母细胞减数分裂的时候，是水稻一生中对环境条件最敏感的时期。此期淹水，可使小穗不生长，生殖细胞不能形成，或花粉的发育受阻，出现烂穗或畸形穗。未死亡的幼穗颖花与枝梗也严重退化，抽白穗，甚至只有穗轴，无小穗。即使能抽穗，成熟期也推迟5～15天，每穗的粒数减少，空秕粒增多。

940. 大风对水稻有什么危害？

大风可使水稻倒伏、落粒、茎秆折断及叶片擦伤，还间接地引起病菌侵入和蔓延，如白叶枯病、细菌性褐斑病和稻瘟病的病菌就很容易从茎叶伤口侵入，加重病害的发生。风害程度与风力大小、持续时间、水稻品种的抗风能力及生育时期都有密切关系。在大风危害时，高秆品种比矮秆品种受害重；抽穗开花期、灌浆成熟期比幼苗期、分蘖期受害重。

水稻在抽穗前受风的影响比较小，主要是叶片擦伤，叶尖产生纵裂，最后呈灰白色干枯，病健部分界限混杂不清，但病部不会扩展。如果大风吹断剑叶就会影响抽穗。抽穗开花期与灌浆乳熟期最忌大风，风害使水稻开花授粉不正常，结实不良，秕谷增多。而且谷粒受风损伤，常常发生黑色的斑点，严重时还会出现白穗。抽穗期如果遇风发生倒伏，减产更严重。成熟期遇大风，稻秆倒伏，造成落粒、谷粒发芽、霉烂，既损失产量，又会降低品质。

█941. 如何预防风害?

兴修农田水利,种植防风林是防止风害的有效措施。此外,选用植株矮、茎秆强韧、株型紧凑、不易倒伏及不易落粒的水稻品种;加强田间管理,提高水稻的抗倒能力,也有利于抗御风灾。栽培上重视磷、钾肥的施用,不要偏施和晚施氮肥,并且做好晒田、烤田工作,以增强水稻的抗倒能力。

(编写人员:周雪松、刘乃生、王桂玲、宋成艳、陆文静)

十一、寒地粳稻生产机械应用技术

（一）耕、整地机械应用技术

942. 耕、整地应用机械主要有哪些？

（1）激光平地机　一般每隔 4～5 年平整一下水田，以保证整地质量。

（2）打浆平地机　可以把碎稻草均匀混入耕层，使田面平坦光滑，田表无稻秸、稻茬，保证稻草还田质量和插秧质量。

（3）牵引式液压五铧犁　适当调节耕层深度。

943. 使用牵引式液压五铧犁耕地作业前应做哪些准备？

（1）调整定位卡箍调耕层深度　通过调整定位卡箍控制活塞杆的行程来改变耕深。

（2）转动水平手轮调平衡　转动水平调节手轮进行水平调节，顺时针转动前铧变深，逆时针转动前铧变浅。

（3）调牵引装置防"跑偏"　将犁的某一连接点与拖拉机中心线连好，试耕一段，如犁的尾部偏左，可将主拉杆和副拉杆在横拉杆的水平调节孔上向右移动，反之则向左移动。

944. 什么时间旱耙地较为适宜？

旱耙地时间应根据早春土壤水分及冻层深浅而定。一般早春顶凌耙地，缓冻层 10 厘米左右，土壤水分不宜过大，以表土不粘镇压器为宜（土壤含水率约 18%）。

945. 稻田秋翻的质量标准有哪些？

秋翻是整地作业的基础，整地质量的好坏直接影响作物的产量。具体的质量标准是：①一般耕深 15～18 厘米，深浅要一致，地面平整。②犁底要平，扣垡要严。③不漏耕，不跑茬，不得有立垡。④尽量减少开闭垄。⑤地头、地边、地角都要耕到。水田秋翻整地要求比较高，插秧前需将土地整平，做到"寸水不露泥"。

946. 使用旋耕机作业时应注意什么?

（1）拖拉机和旋耕机配套时，液压悬挂机构尺寸、动力输出轴花键尺寸和转速等要与旋耕机相符。

（2）对称配置的旋耕机组旋耕时，可从地块的任一方向进入；偏置（一般是向右侧偏置）的旋耕机组应从地块的右侧进入，以避免拖拉机轮子碾压耕地。

（3）旋耕机检查、保养及排除故障时，必须停车熄火，并将旋耕机降到地面后才能进行。如需更换零部件，则要将旋耕机垫高后进行。

（4）田间转移或过田埂时，应将旋耕机升到最高运动位置，同时切断动力输出轴的动力。路途较远，机组需长距离转移时，必须用锁紧机构将旋耕机固定在运输的位置，或拆下动力输出轴一端的万向节。在旋耕机上禁止坐人或堆放重物，并严禁高速行驶。

（5）停车时，应将旋耕机着地，不能悬挂停放。

（6）作业前应检查万向节和刀片的安装是否牢固，以防飞出伤人。

（7）旋耕作业时，旋耕机后方禁止跟人。机组起步时，必须将旋耕机提升，使刀尖离开地面，挂上动力输出轴的低速挡，使旋耕机在原地空转 1～2 分钟。待运转正常后，再挂拖拉机前进挡，并缓慢地松开离合器踏板，同时操作液压悬挂升降手柄，使旋耕机刀片缓慢入土，随之加大油门，直到正常耕深为止。使用中严禁将旋耕机速降入土，防止旋耕机超负荷工作，否则会造成发动机熄灭，甚至会损坏机件。

（8）机组转弯时，必须将旋耕机升离地面，但不宜升得过高，以免旋耕机刀片和万向节变形、损坏。

（9）机组倒退时，也须将旋耕机升起，否则会使旋耕机拖板倒卷入土而损坏机件。旋耕机作业时，应将操纵手柄置于"浮动"挡（分离式）。每次下降或提升旋耕机后，手柄应迅速放到"浮动"挡，不要在"压降"和"中立"挡上停留。下降旋耕机时，不可使用"压降"挡，以免损坏机具。

（10）分置式液压机构的最大耕深由固定油缸定位卡箍挡块的位置来限制。旋耕的正确作业速度，一般旱地旋耕机的前进速度宜 2～3 千米/小时，耙地时宜 3～5 千米/小时。土壤比阻大的，前进速度选小些，比阻小时选大些，目前大多数拖拉机的 I 挡适用于土壤比阻大的旱耕，II 挡适用于一般土地的旱耕。

947. 用手扶拖拉机水耙地作业要领有哪些?

（1）手扶拖拉机要根据机车的动力配置相应的铁脚耙，切忌配备过大的铁脚，过大会影响机车的使用寿命，要与同种机车进行比较配备合理的铁脚耙。

（2）在铁脚耙制作好，新车已完成磨合后要对整车进行一次认真的保养，如更换机油、齿轮油，清洗机油滤清器，检查调整气门间隙，查密封圈是否完好等。

（3）机车进地前要仔细观察作业地块的土质、地势与形状，土质要区分好，做到心中有数，作业时才能达到低耗、高效的目的。

948. 使用水泵过程中常遇到的故障及解决途径有哪些?

常见故障	产生原因	解决途径
启动时水泵不转	填料太紧或叶轮与泵体之间被杂物卡住；泵轴严重弯曲	放松填料，疏通引水槽；拆开泵体清除杂物或铁锈；校正弯曲的泵轴或更换新泵轴
启动后水泵不出水	泵内有空气或进水管积气；底阀关闭不严，灌水不满，真空泵填料严重漏气；闸阀或拍门关闭不严	清除杂物，更换已损坏的橡皮垫；改变阀片方向，压紧或更换新的填料，关闭闸阀或拍门；加大灌水量直到放气螺塞处不冒气泡；更换有裂纹的水管；降低扬程将水泵的管口压入水面0.5米以下
流量不足，水泵实际扬程超过允许扬程	转速不配套或皮带打滑，转速偏低；轴流泵叶片安装角太小；吸程过高；底阀、管路及叶轮局部堵塞或叶轮缺损；出水管漏水严重	降低扬程，恢复额定转速，清除皮带污垢并调整好皮带松紧度；调整好叶片安装角度；降低水泵安装位置；拧紧压盖，密封水泵漏水处，压紧填料或更换填料；清除堵塞物，更换叶轮；更换泄漏环，堵塞漏水处
流量由大变小	滤网或喇叭口逐渐被杂物堵塞；进水位降低，进水管淹没水深不够	清除杂物，加大底阀入水深度
运行中出水突然中断	管路或进水处有杂物堵塞；填料磨损，松动，水封管堵塞；叶轮被打坏或松脱；进水位剧降	清除堵塞物，更换填料，疏通引水管沟槽，正确安装水封环；紧固或更换叶轮；降低水泵安装位置或待水位上升后再开机
功率消耗过大	转速过高；泵轴弯曲；叶片上绕有杂物；扬程过高	调整合适的转速；校正泵轴；清除杂物；设法降低扬程

949. 稻田打药机启动时应该注意什么?

（1）禁止发动后无水空转。

（2）动力机一般都是反冲式启动方式，且都有易启动设计，新机启动时都能轻松顺利启动，如果已经达到一定使用时间，由于机械汽缸及气门的磨损，不能轻松启动时，要适当增加启动时的力度和速度，以便顺利启动机械。

（3）启动动力机时水泵的泄水阀需位于打开状态。

（4）水枪的出水口阀门也应开启，紧握水枪，注意安全！

启动方式不当（如泵油过多或关闭风门缓拉次数太多）容易产生淹缸故障，此时应拆下火花塞，加力快速拉动启动绳数次，排除多余进油后再次启动。

950. 稻田打药机正确启动方法是什么？

打开电路油路开关，关闭阻风门，油门放在中速位置，用左手固定汽油机，右手拉启动轮手柄，稍微拉动拉绳，当感到启动爪已经旋出接触到启动盘并同轴旋转时，则用力平滑而快速向水平方向拉动启动轮手柄，连续数次直到汽油机启动为止。启动后，打开阻风门，调节油门到合适位置。关闭水泵泄水阀，调节压力（一般工作压力长枪为 15～20 兆帕，短枪为 10～15 兆帕）后即可工作。

（二）插秧、抛秧机械应用技术

951. 插秧机的主要结构有哪些？

水稻插秧机是比较复杂的田间水稻种植作业机械，其主要结构有发动机、行走箱、水耙轮、工作箱、秧箱、链箱、分插机构、船板等。其中，分插机构是水稻插秧机的核心工作部件，其性能直接影响插秧质量、工作可靠性和效率，决定插秧机的整体水平和竞争力。

952. 当前生产中插秧机核心部分分插机构主要有哪几种形式？

（1）传统分插机构　传统分插机构主要有曲柄摇杆分插机构、摇臂导杆分插机构和转臂滑道分插机构。

（2）高速分插机构　高速分插机构主要有旋转滑道式分插机构、齿轮（偏心、椭圆）行星系分插机构、差速式分插机构、非圆齿轮行星系分插机构、偏心链轮式分插机构和正齿行星系分插机构。为满足插秧轨迹和姿态的要求，高速插秧机采用的变速比传动构件主要有偏心齿轮、椭圆齿轮和非圆齿轮 3 种形式。

953. 机插前要做好哪些准备工作？

（1）插秧深度的调整　插秧机的插秧深度可通过改变升降杆与升降螺母的结合位置来实现。升降螺母固定在链箱上的升降杆一端，与秧船连接。当转动升降杆时，链箱高度相对改变，栽植部分与秧船的相对高度也随之改变，这样就可以达到调节插秧深浅的目的。待达到所需要的插深后，再用旋转固定钢丝卡住升降杆。

（2）分离针进入秧门深度的调整　调整水稻插秧机的取秧量实际上是通过调整分离针进入秧门的深度来实现的。具体调整方法是：将分离针旋转到秧门的上方，然后松开摆杆固定在链箱后盖上的螺母，调整株数调节手扭，用取秧量标准块校正分离针尖进入秧门的深度，分离针调节到取秧量标准块上限值时就是最大取秧量，反之取秧量会减少，调整好后拧紧摆杆上的锁紧螺母。

（3）分离针与秧箱两侧壁间隙的调整　当秧箱位于两端的极限位置时，分离针与秧箱板头的间隙应最小不少于 1 毫米，且距离均等。在水稻插秧机作业期间，应每半天检查一次。如果间隙过小时，应及时调整。具体调整方法是：首先将秧箱移动到一端极限位置，松开移箱轴两端的驱动臂夹紧螺母，在移箱轴上串动秧箱位置直至两边间隙一致，然后拧紧螺母。如果调整有误，在作业中将会损坏秧箱。调整完后，要用手使秧箱移动超过一个往复以上，以确保调整准确无误。此时，方可启动机器。

（4）分离针与秧门侧间隙的调整　分离针与秧门侧间隙以 1.25～1.75 毫米为宜，且两侧间隙均等。在插秧作业期间，应当每半天检查一次。如果一侧间隙过小，应及时调整。具体调整方法是：首先松开栽植部分曲柄上的夹紧螺栓和摆杆与栽植臂的固定螺母，然后左右移动栽植臂调整分离针与秧门两侧的间隙。当两侧间隙均匀时，重新增减摆杆与栽植臂连接处的插垫，以使栽植臂与机器前进方向呈平行状态。待运动灵活自如后，再拧紧摆杆固定螺栓和曲柄夹紧螺栓。需要注意的是，由于摆杆与栽植臂的连接处是长孔，摆杆轴固定位置变化会改变分离针尖端进入秧门的深度，影响取秧量。

954. 插秧机插秧操作要点有哪些？

插秧机操作有主离合器、插植离合器、液压控制、左右转向离合器五个控制手柄，通过拉线进行相应的控制。其中插植离合器手柄还具备定位离合器的功能，液压控制手柄控制液压泵阀臂的升、降。①机器作业时，随时查看秧苗情况。当插秧机在第一次装秧或空苗箱补给秧苗时，务必将苗箱移到最左或者最右侧，否则会造成秧门堵塞。放置秧苗时注意不要使秧苗翘出、拱起。补给秧苗时，注意剩余苗与补给苗面对齐。②在操作过程中，要经常注意机子的技术状态，阻力大，插秧质量下降或各部位工作不正常，应停机检查，找出原因后，进行调整修复。每工作 4～6 小时，要按要求向各转动部位注油润滑。③启动发动机时要把主离合器手柄和栽植离合器手柄放到分离位置，摇动启动手柄时要向内侧推紧，防止发生碰伤。调整取秧量时必须停机熄火，做其他调整、清理秧门或分离针时必须切断主离合器。④插秧作业时船板上要保持清洁，防止秧盘或其他杂物缠绕传动轴。⑤陆地行走时，要避免碰撞，以免分离针、秧门以及其他部件碰坏或变形，过田埂时要注意秧门不被碰撞。⑥在插秧作业中发生陷车时，不要抬传动总成两端的弯管和链轮箱等传动部件，应抬起船板，使插秧机自行爬出。

955. 插秧机操作人员注意事项有哪些?

（1）机手不得用脚去清理行走地轮与行走传动箱间的杂草和泥土。

（2）操作人员在装秧或整理秧苗时，手要远离秧门，防止被分离针刺伤。

956. 插秧机插秧时出现连续漏插可能的原因有哪些?

插秧机插秧时如出现连续漏插，可能的原因：①加苗、补苗不规范，造成插植臂取不到苗；②取苗口有杂物；③秧针变形；④育秧时播种不均匀，秧块秧苗不齐；⑤秧块缺水，造成秧块自由下滑不畅。

957. 插秧机使用后如何保养?

（1）检查曲轴箱润滑油，若不能继续使用应清洗更换。

（2）检查燃油箱，放净箱内剩余汽油后关闭油开关。

（3）检查液压油是否充足、液压传动带的磨损情况、液压部位的活动件是否灵活、润滑处是否注油、液压仿形的浮板动作是否灵敏，根据具体情况进行维护保养。仔细检查插植传动箱、插植臂等部位是否加注黄油或机油。

（4）检查行走轮运转是否正常、左右转向拉线是否灵敏有效、变速杆是否可靠有效等，若不符合要求应调整。

（5）每天作业结束后，要将机身擦洗干净，并检查机身各部位有无损坏、变形，螺丝是否有松脱现象，并注好机油。

（6）应季作业完毕后，要将机身洗净擦干，涂油防锈，存放于室内干燥处。在机身上不准存放杂物，以免变形或损坏。

958. 机械化插秧有什么好处?

（1）具有明显的增产优势　由于采用标准化育秧、机械化插秧作业，采用定行、定穴、定苗栽插，具有"直、匀、浅、稳"的特点，通风性好，能充分利用温光资源，集中了人工栽插和抛秧的优点，能实现高产稳产。

（2）减少水稻生产中的成本，大大缩短农忙时间，争抢农时。

（3）机械化在农村的推广，可以解决农村青壮年劳动力缺乏的劳动力不足的问题。

959. 当前水稻机械化生产的瓶颈是什么?

（1）家庭承包经营制度下的"一家一户"生产方式，土地过于分散，不具备实行机械化作业的条件。

（2）农田水利基本建设落后，对机械化插秧后的田间管理不利。

（3）无论是政策还是农村合作社，相关机制不够完善。

960. 未来水稻机械化插秧的发展方向是什么?

近年，日本等发达国家加大了研制"插秧机器人"的力度，计算机技术和全球卫星定位系统等的应用，使"农业机器人"更加智能化、自动化。目前已经可以在实验室、试验田里让机器人在没有任何人力的协助下从事插秧劳动。机器人能够根据指令很精确地在稻田行走，即使在没有人工监视的情况下，移动误差也可小于 10 厘米，碰到田埂还能自行做 180°大转弯后继续劳作。而且插秧的速度也相当快：每个机器人每 20 分钟可种植约 1 000 米^2 的稻田，而中途无须作任何停顿。另外，机器人有望在无土栽培这一新技术领域得以应用，如把水稻秧苗放在一个长宽各约 2 米的栽培垫上，由机器人推动插秧机，把稻苗栽进稻田里。

961. 水稻机插育秧前要做好哪些准备工作?

（1）秧田的准备 选择向阳背风、地势高、灌水方便、送秧便利、土质疏松、肥力足、便于管理的田块。秧田与大田面积的比例为 1∶80 或 1∶100。对于二晚的秧田，应选择坐西朝东、避西晒的田块。

（2）床土的准备 床土可采用菜园土、田泥土、塘泥等，但不能使用打过除草剂的土。床土按每亩大田细床土 100 千克备足。

（3）种子的准备 好种出好苗，好苗增产有希望。因此应选择适合当地种植的优质、高产、稳产的水稻品种。

（4）软盘及其他材料的准备 软盘按每亩大田 30 张，同时准备相应的塑料薄膜等覆盖物。

962. 机插秧大田生长发育有什么特点?

机插秧苗与人工手栽秧苗有很大区别，表现为秧龄短，苗小、苗弱，生育期推迟，大田可塑性强。因此，在大田管理上，要根据机插水稻的生长发育规律，采取相应的肥水管理技术措施（促进秧苗的早发稳长，发挥机插优势，稳定低节位分蘖，促进群体协调生长，提高分蘖成穗率），争取足穗、大穗，实现机插水稻的高产稳产。

963. 机插秧大田管理的关键时期及注意事项有哪些?

机插水稻的大田管理,可分为以下三个主要时期。

(1) 活棵分蘗期 即从移栽到分蘗高峰前后的一段时间。这个时期的秧苗主要是长根、长叶和分蘗。栽培目标是创造有利于早返青、早分蘗的环境条件,培育足够的壮株大蘗,为争取足穗、大穗奠定基础。浅水移栽,水层宜为 0.5～1.5 厘米,栽后及时灌浅水护苗活棵,栽后 2～7 天间歇灌溉,适当晾田,扎根立苗。

注意事项:水的管理。切忌长时间深水,造成根系、秧心缺氧,形成水僵苗甚至烂秧。活棵后应浅水勤灌,水层以 3 厘米为宜,待自然落干后再上水。如此反复,促使分蘗早生快发,植株健壮,根系发达。

(2) 分蘗期 是增加穗数的主要时期,在施好基肥的基础上分次施用分蘗肥,有利于攻大穗、争足穗。

注意事项:肥的管理。如果大田肥力水平高,则适当减少用肥数量,以免造成高峰苗数过多,而成穗率低、穗变小。一般在栽插后 7～8 天,施一次返青分蘗肥,每亩大田施用尿素 5～7 千克并结合使用小苗除草剂进行化除。但对栽前已进行药剂封杀除草处理的田块,不可再用除草剂,以防连续使用而产生药害;栽后 10～15 天施尿素 7～9 千克,以满足机插水稻早分蘗的需要;栽后 16～18 天视苗情再施一次平衡肥,一般每亩施尿素 3～4 千克或 45% 氮、磷、钾复合肥 9～12 千克。分蘗期应以氮肥为主,具体用量应按地力和基肥水平而定,一般掌握在有效分蘗叶龄期以后能及时褪色为宜。

(3) 拔节长穗期 指从分蘗高峰前后,开始拔节至抽穗前这段时间。这是壮秆大穗的关键时期。

注意事项:搁田或烤田。通过水分控制,达到对水稻群体发展和个体发育实行控制和调节。

964. 如何使用水稻抛秧机? 使用时应注意什么?

(1) 首先要计算好每个水田地块的面积、需要多少钵苗,然后把钵苗放到四周池埂上,以利于方便抛秧。

(2) 抛秧作业前应仔细检查机具装备是否正确,各紧固件是否松动。

(3) 进行作业时,调整手油门开关在正常工作状态。操作中应做到喂秧适量、均匀、连续。掌握好一定面积内的抛秧量,根据抛秧距离来确定供油量,当抛射距离远时加大供油量,且抛射角度在 45°左右,距离较近时减少供油量,相应改变抛射角(大于 45°)或侧势抛射,使用中注意风向。

(4) 抛秧田尽量平整,土要细,水层要浅(水位过深,秧苗会上浮),刚耕整后的田块应经沉淀后作业，抛秧完成 3 天后再灌水。

（5）掌握好秧苗状况，要生长适宜，根部带土，根系互相绞缠，水分适度，最好用塑料秧盘育苗。

注意事项：①应尽量注意在没风、少风的天气进行。②顺抛逆补。③先远后近。④左右兼顾。⑤少拨快送。

（三）植保、收获、脱谷机械应用技术

965. 普通喷雾器常见的故障有哪些？如何排除？

夏季是病虫害最猖獗的时候，也是喷雾器使用最频繁的时期。及时排除喷雾器故障，保证喷雾器喷雾良好，是保证农作物免遭病虫为害的关键。常见的喷雾器故障主要有以下几种。

（1）手杆不着力　手杆压气的时候，如果打气筒冒水或不着力，多为皮碗干缩、变硬或损坏，应拆下浸油或更换新皮碗。

（2）雾化不良　喷雾时断时续，水气同时喷出。原因是桶内出水管焊接脱焊，可拆下用锡焊补。若喷出的雾不是圆锥形，原因是喷孔堵塞，喷头片孔不圆，可清除喷头内杂物，更换喷头片。

（3）多方漏水　喷杆漏水，其原因是焊接处脱焊或裂缝，应修焊或更换。各接头处漏水，可拧紧螺纹或将垫圈油浸更换。如开关处漏水，是开关帽松动；密封圈损坏，开关芯粘住，可采取拧紧、更换、清洗、加油处理。

966. 弥雾机常见的故障有哪些？如何排除？

（1）启动困难　浮子室因机械长时间搁置不用而导致机油积蓄不畅，使用前应清洗干净，确保油路通畅。

（2）启动后即停止　原因大多是点火系统的白金触点松动、有污渍或烧蚀，可用零号砂纸或什锦锉刀，将白金铺面污渍锉平擦净，并调整好白金点间隙。

（3）汽缸压力不足　因磨损较大，可更换新的活塞环、活塞或缸体等。

967. 超低容量喷雾器有哪些常见故障？如何排除？

超低容量喷雾器，是近年来推出的一种具有许多优点的新型喷雾器，因其有射程远、定向喷雾好、使作物叶子背面喷量多、杀虫防病效果好、省水、省药、对操作者无损害等优点，而深受农民欢迎。其经常出现的故障包括以下几种。

（1）**雾化盘旋转方向与盘上箭头不一致**　原因是电源的正负极接错，只要交换电机引出线连接，故障即可排除。

（2）**雾化盘旋转时发出噪声**　这是由于雾化盘与喷头体碰击，可调整雾化盘的位置。

（3）**雾化盘旋转缓慢**　原因是电池电量不足，或者是电刷接触不良，可换新电池，或调整电刷，改善接触。

（4）**滴漏药液**　原因是未启动电机就翻转了药瓶，或是瓶盖未旋紧，或是喷头使用角度不对，药液未滴在雾化盘上。排除方法：按操作程序操作，先启动电机后再翻转药瓶，旋紧药瓶盖，调整喷头使用角度，使药液正好滴在雾化盘上。

（5）**喷头无雾或出雾不正常**　原因是流量器阻塞，或进气孔阻塞，或雾化盘边缘与喷头体相碰导致转速降低。排除方法：用农药溶剂清洗流量器，用细铁丝穿通进气孔，将雾化盘向外轴方向拨动，使其不与喷头体相碰。

（6）**雾化盘不旋转**　原因是导线与接线柱松脱，开关接触不良，或电池容量不足，或电刷脱落及电刷压簧折断，或农药粘住轴承，或焊头脱焊等。排除方法：重新将导线接在接线柱上，改善开关接触状况，更换新电池，换装新电刷及电刷压簧，清洗轴承上的药垢，重新焊接整流子焊头等。

968. 喷雾器使用之后应如何保养与存放？

喷雾器使用完毕后都要及时清洁保养。每次使用结束后，应立即加入少量清水继续喷洒干净，用水清洗各个部件。对于喷施类似苯磺隆、吡氟氯禾灵、乙阿合剂、苯达松、二氯喹磷酸等除草剂的药械，使用后可用清水反复冲洗各个部件，再将药桶盛满水浸泡半天或一天。对于喷施克无踪等除草剂的药械，立即用泥浆水反复清洗，再用清水冲洗。对于喷施丁酯类除草剂的药械，需用硫酸亚铁溶液浸泡后再反复清洗。每次清洗后都应放到通风的地方倒置晾干，切忌在强光下暴晒，晾干后置于室内通风干燥处存放。

969. 水稻的机械化收获方法有哪些？

水稻机械化收获主要分为联合收获和分段收获两种，生产上以联合收获为主。联合收获主要有全喂入联合收割机和半喂入联合收割机，在全喂入收获机中按照行走部件又分为轮式和履带式两种。根据当地的农业特点和经济条件选择合适的机型。一般情况下，半喂入联合收割机是收获水稻的首选机型。对于倒伏较严重的水稻，不宜用全喂入联合收割机进行收获。提前放水晒田，以适合收获机具下田行走的要求。对于轮式联合收割机，泥脚深度不超过 5 厘米；对于履带式联合收割机，泥脚深度不超过 10 厘米为宜。在保证下茬作物的播种和生长的前提下，留茬高度在 20 厘米以内为宜。秸秆还田，要求收割时直接将秸秆切碎并均匀抛撒于田间；不需秸秆还田，采用半喂入联合收割机，稻草铺放整齐。推广应用稻田秸秆还田腐熟技术地区，留茬和秸秆处理要结合《稻田秸秆还田技术模式概要》要求。联合收割机的长距离转移要严格遵守道路交通法；履带式收割机上下运输车辆要严格按照使用说明书规定的程序进行。

970. 水稻收割机械种类及其特点有哪些?

水稻收割机械主要有以下几种：①收割机（割晒机），主要是将水稻割倒，成条铺放在田间。这种机具结构简单，机身轻巧，转移方便，使用和维修简便，但工效低，劳动强度大，损失也较大。②半喂入联合收割机，将割下的水稻用夹持链夹持着茎秆基部，仅使穗部进入脱粒装置脱粒。因此，脱粒时消耗的功率少，并可保持茎秆的完整。但是这种机型生产率不够高。③全喂入联合收割机，将割下的水稻穗部连同茎秆全部喂入脱粒装置中，这类机型生产率较高，对作物的适应性强。联合收割机都或多或少采用了自动调节装置、监视仪表以及液压装置，提高了机器作业性能，改善了驾驶员劳动条件。由于联合收割机把切割、脱粒、清粮等项作业在田间一次完成，机械化程度高，作业质量好，可以提高劳动生产率，在农时紧迫的季节可以及时收获，确保增产增收。然而，联合收割机的构造比较复杂，造价也比较高，使用和维修需要较高的技术水平，因此应根据当地经济和技术水平来选择不同机械使用。

971. 收割作业前应做哪些准备?

(1) 机器准备 做好机器各部分零件的清洗、检查、紧固、润滑和安装调整。经保养或修理后的水稻联合收割机要认真做好试运转，最好先试局部（割台部分、脱粒部分要分别进行），便于集中精力发现问题，最后再进行全面运转。在试运转过程中，要认真检查各机构的运转、传动、操作、调整等情况，发生问题应及时解决。

(2) 地块准备 收割前除了做好机器准备工作之外，还应仔细查看地块。根据作物生长情况和成熟程度，适时进行收获；填平地块横向渠埂、深沟、凹坑，清除田间障碍物，若不能及时清除的，应插上标记；改善田间通道，便于联合收割机通过；同时应准备好两块 30～35 厘米宽、200～300 厘米长的牢固桥板，以便收割机转移时用。

(3) 试割 正式收割前，选择有代表性的地块进行试割。试割中，可以实际检查并解决在试运转过程中未发现的问题，同时也可以取得调整的依据。

972. 收割作业中应注意哪些事项?

为保证人身和机器安全，驾驶联合收割机在作业时应注意以下安全事项。

（1）禁止非驾驶人员驾驶联合收割机。

（2）按规定启动发动机，并预先检查变速杆挡位，卸粮手柄是否放在分离位置。

（3）在发动机启动、接合脱粒离合器和行走离合器前，必须给信号，以保证安全。

（4）收割机运转时，不允许用手或脚触碰机器的工作部件，各种调整和保养只有在发动机停止运转后才能进行。

（5）收割机工作时，地面允许最大坡度不超过 15°，上下坡时不宜停车或停车换挡。在斜坡上作业必须停车时，应先踩离合器踏板，后踩刹车踏板，不要摘挡（车熄火后）。

（6）经常检查刹车机构和转向机构的性能可靠性，发现问题，及时解决。

（7）卸粮时，禁止用铁器推送箱里的粮食，更不允许人跳进粮箱里用脚推送粮食。

（8）机器停止运转后，应将变速杆置于空挡位置，切断脱粒离合器，在割台未放到可靠的支承物之前，禁止人到割台下工作。

（9）及时清理残留在发动机和散热器护罩上的茎秆杂物。

（10）及时排除发动机燃油以及液压系统的漏油现象。

（11）经常检查电线的连接和绝缘情况，电路导线上不应沾有油污。

（12）不许在正在收割的地块内加油，严禁在机器和作物旁边吸烟。

（13）收割开始前，应在收割机上装一个状态良好的灭火器。

（14）联合收割机行驶转向时不能操纵液压提升和行走无级变速控制，防止转向失灵出现意外。

（15）修理割台和在割台倾斜输送器下工作时一定要将油缸锁定装置锁住。

973. 输送皮带为什么经常掉带？

输送皮带掉带通常可能由两种原因所致：第一种原因是被动轮的两个调节螺栓的调整长度不同，使皮带倾斜，从而输送皮带经常出现掉带的现象，要调整被动皮带轮，使之达到正确位置，水平运转；第二种原因是皮带轮变形所致，就要校正或更换新的皮带轮。

974. 怎样选择脱粒机械？

（1）先查清所购机型中有无优质名牌产品，挑选时应先从获奖最高的产品开始，获奖越高的产品，一般来说质量也就越高。

（2）详细检查机器内外各焊接部位有无开焊和不牢固的地方，各部件有无变形或断裂损坏等问题。

（3）检查机器各连接部位的螺栓是否安装完好，各传动轮、张紧轮及各轮端固定螺帽和轮内键销安装是否完整、牢靠。

（4）转动脱粒滚筒及其他运动部件，检查有无卡滞、碰撞现象，运转是否平稳、灵活，轴承内有无异常响声。

（5）查看机器各部位防锈漆是否均匀光滑，有无剥落和严重划伤的地方，有无因油漆质量不高使机件生锈的现象。

（6）翻开随机说明书，打开附件包装箱，认真核实随机附件是否齐全、完好，如有问题应及时向销售单位声明。

（7）脱粒机买回后须先进行试运转和试脱，然后再正式投入作业。进行试运转和试脱时，应仔细观察各部位工作情况，发现问题应及时停机检查，如属产品质量问题，应通过销售单位向生产厂家联系，如经修理质量仍达不到要求，应予更换或退货。

975. 机械脱粒作业前应做好哪些准备?

（1）安全检查 拧紧松动的螺母，如皮带轮、机架、紧固螺丝、滚筒间隙调整螺母，滚筒纹杆或钉齿紧固螺母等，以防发生机械或人身伤亡事故。检查滚筒、皮带轮、轴承座等部件有无裂缝、断开或其他损坏情况。

（2）试运转 首先在各运转部门加注润滑油，装好传动皮带，先用人力带动脱粒机转动，查看有无卡滞、碰撞和其他异常现象，若有应及时排除。然后接上动力，进行空运转试验，正常后即可试脱，若无问题，就可转入正式使用。

（3） 脱粒机作业场地要选平坦开阔的地方，并注意自然风向，草和麦糠出口尽量与自然风向一致，以利于草和麦糠的顺利推出。当用手扶拖拉机作动力配套时，应注意排气管的方向，不要面向出草和麦糠出口，也不要朝下安装以免引起火灾。

（4） 操作人员衣着要紧凑，女同志要将发辫包起，防止衣服或头发卷入滚筒或传动皮带造成意外人身伤亡事故。严禁儿童在机器周围玩耍。

976. 用机械脱粒作业时应注意哪些安全事项?

一忌保管不善。当每年夏、秋粮收获结束，脱粒机不再使用时，应对脱粒机做全面擦洗，置于室内保管，不能扔在地头、场边，任凭风吹雨淋，使机件锈蚀、损坏，留下隐患。

二忌用前不检修。在夏、秋粮收割前，需对脱粒机进行认真检查、修理，查看螺栓是否松动、纹杆是否完好、传动部件等是否有问题。找出不安全因素并加以排除，切不可带"病"运转。

三忌超负荷工作。不论是用电动机还是柴油机做动力，工作时均不能超负荷，否则很不安全。

四忌随意移动和安装。脱粒机及其动力机的移动与安装，均需由熟练的专业技术人员操作，不可自己动手。移动电动脱粒机时，必须先关掉电源，绝缘电线不可在地面拖拉，以防磨破绝缘层，造成漏电伤人。柴油机的停机和启动，均应由专业人员检查安全后再操作。

五忌安全装置不全。脱粒机及其动力机上的安全装置必须齐全。如传动带一定要有安全防护罩，电动机一定要接地线等，以确保人身安全。

六忌临时拼凑脱粒人员。使用脱粒机的人应懂得一些机械操作和安全知识，要有实践经验。切忌临时拼凑人员，否则很容易发生事故。

七忌秸秆喂入不均匀。在脱粒机中脱粒时，应注意均匀喂入，喂入量适当，不可将秸秆成捆喂入，更不能将夹杂的异物与秸秆一起喂入，否则易损坏机件和伤害人身。人的手臂绝不能伸进喂料口，以防被高速旋转的纹杆打伤，甚至打断手臂。

八忌人多手杂。参加脱粒的人数要适当，并非越多越好。人多了，不仅浪费人力，也容易引发意想不到的事故。

九忌连续作业时间过长。夏、秋粮收获脱粒时，往往需日夜奋战，但是，连续作业的时间不宜过长，一般工作 5～6 小时后要停机休息一下，并对脱粒机及其动力机进行安全检查，使人得到休息、机械得到保养，否则容易发生事故。

十忌用自制和淘汰的脱粒机。有的人为了节省开支，自制脱粒机或使用淘汰的旧脱粒机。这类脱粒机与经过严格检验后出厂的脱粒机相比，安全性能很差，故不能使用。

（四）其他机械

▌977. 如何进行种子机械精选？

种子机械精选可以提高种子质量，节省选种劳动力，减少播种量，增加粮食产量。种子机械精选，就是用种子加工处理机械，将从种子繁育基地生产出来的种子，经过机械初清、干燥、精选分级及其他处理的过程，使种子达到国家规定的等级标准，以满足农业生产技术要求，充分发挥良种在农业生产上的增产作用。

（1）初清 也叫预清。这是在收获脱粒过程之后，一般是种子加工的第一道工序。目的是从种子粮中剔除宽度或厚度过大、过小等不符合要求的籽粒及掺杂物，以便于干燥、精选等作业。一般是用风、筛选或滚筒式初清机来进行。

(2) 干燥 农作物种子收获时，一般含水率都在18%以上，这时种子的生活力和发芽能力都是最高的。为了便于精选分级和储藏，无论是在高温多雨的南方还是低温早霜的北方地区，为了防止种子的发芽霉变和低温冻伤，需要对种子及时进行干燥处理，使种子含水率达到储存时的安全水分 [13%（籼）～14.5%（粳）]。

(3) 精选分级 利用主要的种子加工设备，按种子形状、长、宽、厚度和重量等特性进行有目的的选择分级，使选出的种子达到规定的质量和等级标准。这是种子加工机械的主要环节。

(4) 其他处理 包括用拌药机对种子进行消毒处理。还有包装、运输储藏等处理过程。

种子机械精选对种子加工机械的特殊要求：

（1）首先要求保证种子的生活力和发芽率。按国家标准，常规种发芽率不低于85%。因此，要求在脱粒、干燥、精选、运输等环节，种子不允许有破碎、破壳、爆腰、变质等内伤。

（2）要求干燥、精选等加工机械便于清理残留种子，以防止混种。

（3）防止油腻对种子的污染，以免品种变异。

（4）严格控制干燥温度和贮存安全水分。如稻种干燥温度不得超过42℃；粮食作物种子的贮存含水率要控制在13%～14.5%范围内。

978. 水稻机械育秧需要哪些机具和设备？

(1) 土壤处理设备 育秧用的土壤应细碎肥沃，酸碱度适当，并经消毒处理。常用的设备有碎土筛土机和土肥混合机。碎土筛土机的碎土部分包括碎土滚筒和栅状凹板，筛土部分为往复振动筛。碎土滚筒的结构类似旋耕机的旋耕刀滚，土壤在碎土滚筒上的刀片打击和凹板的挤压、搓碾作用下破碎，落到往复振动筛上，碎土通过筛孔落到滑土板上排出，较大的土块则由筛面送出机外。土肥混合机用于将土粒同化肥均匀混合。通常使用间歇作业的立轴式土肥混合机，由圆形土肥混合筒和绕立轴旋转的搅拌器组成，搅拌器有铲式、螺旋叶片式等类型，每批土肥的混合时间2～3分钟。

(2) 种子处理设备 育秧用的水稻种子需经精选、脱芒、盐水浸种、清水漂洗和催芽等处理过程，常用的设备有种子清洗机械、脱芒机、催芽设备和种子消毒设备等。

(3) 育秧盘播种联合作业机 由机架、自动送盘机构、秧盘输送带、铺床土装置、播种装置、覆土装置、喷水装置、传动装置和控制台等构成。作业时，将一定数量的秧盘放到自动送盘机构上，使之逐个地被连续推送到秧盘输送带上，依次地通过铺床土、播种、覆土和喷水等装置，完成各项作业后由末端排出。各工作装置由各自的电动机通过三角胶带传动，并由控制台控制其运转或停歇。铺床土、播种和覆土 3 种装置的结构基本相同，一般均采用外槽轮排播机构，只是排播量大小不同。有的机型在铺床土装置后面增设一个长条毛刷或旋转毛刷轮，用以刷平秧盘内的床土。一台育秧盘播种联合作业机的生产率通常为每小时 300～600 盘。

（4）育苗设备 在育秧盘内培育健壮秧苗的设备。为此需将育秧盘置于能自动控制温度和湿度的环境中。常用的设备有育秧架、发芽台车、塑料大棚、供水设备和加温控温设备等。

（5）物料运送设备 包括床土、种子、肥料、育秧盘等物料的输送机。育秧盘在整个育秧过程中都需使用，插 1 亩水稻约需 30 个育秧盘，按每套育秧设备负担面积 500 亩计算，共需育秧盘 1.5 万个，其投资额（以塑料育秧盘为例）约占全部设备总投资的 40%。我国有些地区在育秧盘内加装钙塑纸或塑料薄膜衬套，待发芽后脱盘育秧，育秧盘数量可减少约 80%。

979. 怎样用好苗床播种机具？

（1）水稻秧田播种机的作业条件要求

①前置床。前置床表面要保持均匀、平整，滑道摆放坡度不得大于 1：50（前后高度差不得大于一块砖的厚度）。

②苗床土。床土要使用 8 毫米精度筛子过滤。

③摆盘。秧盘的 4 个折起立边尺寸要保证一致，保证床土均匀平整。

④浇水。秧盘内底土采用微喷技术浇水，播种前保证秧盘内底土湿润，避免发生种子位移。

⑤稻种。A. 应选用脱芒的稻种，去除稻种中的垃圾、芒草、枝梗等杂物（芒占播种轮凹槽内空间，芒长会造成播种断空）。B. 种子芽长以刚露白为宜，一般不超过 3 毫米，芽过长会使种子连在一起，影响播种精准度。C. 种子的湿度决定种子之间的黏度，黏度过大不利于种子有效地落入播种轮凹槽内。种子含水率标准在 22% 左右，手感以不黏手为宜（将种子攥在手里 3～5 秒，以放开后种子不粘连，并且手上没有水珠为宜）。D. 播种环境温度宜在 12℃ 左右，湿度 80% 左右。

⑥覆土。用水稻大棚半自动覆土机覆土，覆土厚度为 0.5～0.8 厘米。

⑦大棚。大棚内纵向中心线和大棚边要用强化材料铺设。

（2）调试操作步骤 每次播种前在大棚外将机具进行调试后，方可进入大棚进行播种。

①速度调整。将播种机种箱内加满种子，速度设定在 5～7 的位置，连接电源、打开电源开关，启动机器，观察播量大小。

②磁铁调试。磁铁是控制半自动播种机返回和停止的感应定位装置。安装方法：将停止磁铁放置在右滑道内侧的后端，距后连接板 40～100 厘米处，高度要与机器的感应开关相平；将返回磁铁放置在左滑道内侧的前端，距前连接板 30～70 厘米处，高度要与机器的感应开关相平。

③播量调整。播种后，根据观察播种量的大小，按实际需要调整挡种板两端的播量调整螺栓。播量调整方法：按照播量调整指示贴调整播量，需增加播量时，顺时针调整，需减少时逆时针调整，两端调整必须一致，保证播种均匀（调整一圈每盘增减 5～10 克）。

（3）日常维护及播种期结束后的储藏

①日常维护。为增加播种机使用寿命，保证播种机的播种精度，需要做好以下几点：A. 在播种机每次工作前，检查排种箱内是否干净，保证播种质量；B. 为保证播种质量，必须定期清理种箱，一般为每播完半栋大棚清理一次；C. 每天播种结束后，必须清理机器内残留种子和杂质。

②播种期结束后的储藏。

A. 将机器内剩余种子排除干净，播种机不要放在潮湿处，要保证机器干燥；B. 应放在室内储存，并要注意防止鼠害；C. 防止强光直接照射机器，避免机器塑料零件老化。

980. 谷物烘干机有哪些种类？各自的性能如何？

按谷物与气流相对运动方向，烘干机可分为横流、混流、顺流、逆流及顺逆流、混逆流、顺混流等类型。

（1）横流烘干机 横流烘干机是我国最先引进的一种机型，多为圆柱形筛孔式或方塔形筛孔式结构，目前国内仍有很多厂家生产。该机的优点是：制造工艺简单，安装方便，成本低，生产率高；缺点是谷物干燥均匀性差，单位热耗偏高，一机烘干多种谷物受限，烘后部分粮食品质较难达到要求，内外筛孔需经常清理等。但小型的循环式烘干机可以避免上述的一些不足。

（2）混流烘干机 混流烘干机多由三角或五角盒交错（叉）排列组成的塔式结构。国内生产此机型的厂家比横流的多，与横流相比它的优点是：①热风供给均匀，烘后粮食含水率较均匀；②单位热耗低 5%～15%；③相同条件下所需风机动力小，干燥介质单位消耗量也小；④烘干谷物品种广，既能烘粮食，又能烘种子；⑤便于清理，不易混种。缺点是：①结构复杂，相同生产率条件下制造成本略高；②烘干机四个角处的一小部分谷物水分下降偏慢。

（3）顺流烘干机 顺流烘干机多为漏斗式进气道与角状盒排气道相结合的塔式结构，它不同于混流烘干机由一个主风管供热风，而是由多个（级）热风管供给不同或部分相同的热风，国内生产厂家数量少于混流烘干机厂家。其优点是：①使用热风温度高，一般一级高温段温度可达 150～250℃；②单位热耗低，能保证烘后粮食品质；③三级顺流以上的烘干机具有降高含水量谷物的优势，并能获得较高的生产率；④连续烘干时一次性降水幅度大，一般可达 10％～15％；⑤最适合烘干含水量高的粮食作物和种子。缺点是：①结构比较复杂，制造成本接近或略高于混流烘干机；②粮层厚度大，所需高压风机功率大，价格高。

（4）顺逆流、混逆流和顺混流烘干机 纯逆流烘干机生产和使用的很少，它多数与其他气流的烘干机配合使用，即用于顺流或混流烘干机的冷却段，形成顺逆流和混逆流烘干机。逆流冷却的优点是使自然冷风能与谷物充分接触，可增加冷却速度，适当降低机械的冷却段高度。顺逆流、混逆流和顺混流烘干机是分别利用了各自的优点，以达到高温快速烘干，提高烘干能力，不增加单位热耗，保证谷物品质和含水率均匀的目的。

981．农用柴油机在使用中应注意什么？

（1）新车走合 ①新车不要马上带负荷作业，应按照说明书的要求对其进行试运转磨合。磨合结束后，清洗该机机油滤网及清除机油中的残留杂质，有必要的还要对其机油进行更换，并清洗油底壳。②新机进行作业时，要严格按照厂家说明书的要求去做，不超载，不超速，不超喂入，不长期超负荷工作，不能随意对新机车进行改装和随意调高发动机转速。

（2）日常保养 ①使用规定牌号的燃油，用前要充分沉淀与过滤，加油器要保持清洁。②润滑油要保持清洁，加进数量要足够，并定期更换，使用牌号要与规定的相符。③空气滤清器要经常注意保养。④要注意添加冷却水，特别是不要使发动机在缺水的状态下工作。⑤要经常注意检查，紧固有关的螺栓、螺母，特别是连杆螺栓、传动轴上的螺栓和飞轮上的锁紧螺母、车轮的紧固螺母等。

（3）新机用后维护保养 ①把机车外表清洗干净，包括农机具。②把机车放在通风干燥处。③把机体水管及水箱的冷却水全部排放干净。④启动机车运转约 20 秒钟，以便把机体内的残留水分挥发掉。⑤摇转曲轴，置机车在压缩行程开始位置（此时，进排气门处于关闭状态，高压油泵的滚轮又不受凸轮轴的凸轮紧压），保持此位置不动，把进排气管口包扎起来（目的是不让昆虫及尘埃、杂质进到里面）。⑥对农机具及机车外表容易生锈的部位，涂抹一层新鲜机油。⑦每停置两个月左右，解开进排气管口的包扎物，启动机车运转十几秒钟（不用加冷却水），再置机车于原来的停放位置，并重新包扎好进排气管口。

982. 怎样保管好稻田农机具？

（1）机具在使用完毕后，应在保存之前将机身上泥土油污等杂质清理干净，将机器内冷水放出，同时涂上防锈油脂。

（2）农机具保存场地划分出不同区域，分别管理，每台机器间应保留适当的距离，保证机器便于出入、保养及检修。

（3）拖拉机、农机具及其他机械工具应保证其行走装置及接触地面部分避免直接接触地面，延长使用寿命。放松拖拉机上的减压及链轨紧度，农具上的拉紧弹簧、伸缩弹簧及起落杆等部件均放松。

（4）卸下拖拉机等农机具上的蓄电池，集中保管，注意电量。

（5）提高相关工作人员的专业知识，认真完成农机具的保养工作，注重加强个人责任意识。

983. 怎样通过农机社会化服务实现水稻生产机械化？

在市场经济条件下，农机具发挥作用的大小受政府部门对其社会化服务重视程度的影响。应紧扣水稻生产的三大作业环节（机耕、机种、机收），以稳固机械化耕整率为基础，以提高机械化收割率为工作重点，以突破机械化种植技术为研究方向，并按照市场化的运作方式，全面深化农机社会化服务。通过大力发展水稻生产全程机械化，促进农业生产机械化整体水平的提高。

（1）开展多种形式的农机化技术培训，通过采取理论学习与实地操作相结合的培训办法，使农机手全面掌握农机具的操作使用、简单维修保养等方面的技能。

（2）组建农机服务队，通过组织机手与农户签订作业合同，实行合同作业，全面提高机具的使用率。

（3）建立高性能水稻机械维修服务网络，为保障农机具正常作业做好维修工作，切实解决农机手修机难的问题。

（4）鼓励开展跨区作业、承包作业，提高水稻农机具的使用效率和农机户主的经营效益。

水稻全程机械化生产：

（1）完善耕地权属体制 农户之间建立一定规模"互助组""合作社"或农田承包与种田大户，整村推进，实现集约化、规模化水稻生产。

（2）完善农机配套技术，促进农机农艺融合 水稻种植区土地的适度规整，便于水稻机械化作业；推进农村机耕道路、沟渠、排灌系统建设；形成规模化软盘育秧或钵体育秧；选育与机械化作业相适应的抗倒伏、高产优质水稻新品种。

（3）完善农机工艺　对现有的机械工艺加以完善，提升农机质量，保障机械无故障作业和提高农机工作效率；创新出多样化农机品种，适应不同地域水稻生产需要；农机设计需要进一步智能化和节能化，以达到高效、灵活、节约能源并减少环境污染；设计时要注意一机多用性以适应农业生产的多样性，耐用性要强从而增加农机使用率。

（4）继续采取有效措施推进劳动力向非农转移、土地向种粮大户流转，充分利用社会化服务带来的先进技术及经验，在保证水稻种植面积的前提下，通过提高土地产出率和劳动生产率增加水稻产出。

（编写人员：郭俊祥、郭震华、宋宁）

十二、寒地粳稻良种繁育技术

984. 什么是优良水稻品种?

优良水稻品种是人类在生产实践中采用一定的育种手段,经过选择、培育和繁殖而成的栽培水稻群体。同一群体内个体的形态特征和生物学特性整齐一致,具有高产、优质、抗病和适应性好等特点。生产实践中品种的优劣与否是相对的,但以下几点是必须具备的:

首先,一个品种的各种特性必须是经过科学规范的检验检测程序测定出来的,比如米质是经过具有品质测定资质的有关检测中心测定的,抗性是经过专门的植保部门鉴定的等。

其次,各种农艺性状必须稳定,充分体现出一致性和整齐性,稳定的含义包括不同地点、不同时间的时空稳定。优良性状必须符合生产者的特定要求,在相应地区和栽培条件下可以种植,在产量、抗性和米质等方面都能符合水稻生产需求。

985. 寒地粳稻优良品种应具备哪些特点?

寒地粳稻优良品种应具有以下几方面特点。

(1) 产量高 高产是对优良品种最基本的要求,在同等的栽培管理条件下可以充分挖掘出产量潜力,并且年际间表现稳定。

(2) 品质好 一要加工出米率高,二要外观好看,三要食味好。在评价米质优劣的诸多指标中,整精米率、垩白粒率、垩白度、直链淀粉含量、胶稠度和食味为重要的测定指标。

(3) 抗逆性强 一要抗稻瘟病性强,稻瘟病是世界性水稻病害,也是寒地稻区的主要病害,寒地粳稻品种稻瘟病抗性应达中抗以上。二是耐冷性强,寒地稻作区夏季常有阶段性低温,秋季降温速度快,因此育成品种必须具有较强的耐冷性,在抽穗前15天的花粉母细胞形成和减数分裂时期要耐17℃以下的低温冷害,同时还要具有低温灌浆结实速度快的特点。三是抗倒性强,以适应机械化收获的需要。

(4) 适应性广 在不同的土壤、气候和栽培条件下,以及同一地区不同年份栽培,大面积生产都能生长良好并获高产。

986. 一个优良品种是怎样选育出来的?

优良品种的选育是根据育种目标,应用各种不同的育种方法如杂交育种、系统育种、生物技术育种、辐射育种等创造新类型后代,从中选择符合育种目标的植株,经过连续多年的鉴定筛选,选育出稳定的优良品系。再通过品比试验、国家或省级区域试验和生产试验,经过反复与生产上大面积推广应用的品种对照比较,证明比已经大面积推广应用的品种在某些特性上更有推广价值,经各级品种审定委员会审定命名,最终成为生产上推广应用的优良新品种。

987. 水稻品种和品系有什么不同?

水稻品系是水稻育种工作者采用一定的育种手段育成的性状基本整齐、稳定,表现优良而尚待生产鉴定的水稻群体。品系没有或正在参加国家或省级区域试验和生产试验,还没有正式审定命名,其生产利用价值尚未肯定,仅允许小面积试验示范,不允许大面积推广。

水稻品种是人类在生产实践中采用一定的育种手段,经过选择、培育和繁殖而成的、个体形态特征和生物学特性整齐一致的栽培群体,同一群体内的不同植株具有相同的基因型。品种是育种过程的终极产品,是具有合法"身份"的"品系"。品种已通过国家或省级区域试验和生产试验,得到正式审定命名并允许在适宜区大面积推广。

品种是经过多年区域试验和生产试验检验,经省级以上种子部门审定通过的,是经得起特殊考验的,可以大面积推广种植的,而品系则是正在试验或没有通过审定而淘汰下来的,在特殊年份不一定经得起考验,所以只能试种。

988. 原原种、原种和大田用种有何不同?

水稻种子可以分为原原种、原种和大田用种三种级别,三者的主要区别是生产权和纯度不同。

原原种是育种家的种子,由育种家掌握并生产,它是生产原种的主要种子来源,其纯度为 100%。

原种是指用原原种繁殖而来,按原种生产技术规程生产的达到原种质量标准的种子,其纯度在 99.9% 以上。

大田用种指用原种繁殖而来,按大田用种生产技术规程生产的达到大田用种质量标准的种子,其纯度在 99.0% 以上,良种直接应用于生产田。

989. 水稻品种退化的原因是什么?

在水稻生产实践中,随着种植年限的增加,水稻优良品种的一些特性出现退化现象，退化的主要原因有以下几个方面。

（1）机械混杂 在播种、插秧、收获、脱谷、装运、储藏等一系列过程中，不按或不认真执行种子生产操作规程，使繁育的品种混入了其他品种的种子，造成机械混杂。

（2）生物学混杂 水稻通常存在 $0.2\%\sim0.3\%$ 的天然异交率。不同品种相邻种植，相邻部分植株的异交率可提高到 1% 以上。特别在低温和过湿的气候条件下，花药开裂不畅，散粉时间拉长，天然异交率更高，以致群体出现生物学混杂，破坏了原品种的纯一性。

（3）基因突变、分离 就单一性状而言，基因突变的频率通常是很低的。但基因数量很多时，从整体看毕竟还是会出现少数的变异。分离主要是指微效基因的分离。目前生产上推广的水稻品种大多数是杂交育成的品种，表面上看其纯度已符合要求，但还可能存在某些细微的分离。经过几个世代的种植，因微效基因的分离而出现性状表现不同的个体。此外，从外地新引进的品种，由于生态条件的改变，导致品种内个体间表型的差异，引起品种混杂退化。

（4）选种留种方法不正确 留种时没有按照优良品种的各种典型性状去杂去劣。例如，仅仅考虑单株优势、分蘖力强、穗大粒多等，而这些恰恰在此时又可能是具有杂种优势的杂合株，多代之后，品种的丰产性就会退化变劣。

990. 如何保证优良品种不退化？

为了确保优良品种不退化，延长使用年限，应针对品种退化的原因做好防杂保纯工作。包括：

（1）冷藏储存原原种 冷藏储存原原种，分年度使用，可以减少种子的生产世代，以确保品种的纯度和种性，是防止品种退化最有效的方法之一。

（2）建立良种专繁田 良种专繁田是生产单位常年繁殖种子的基地，能够最大限度地避免机械混杂和天然杂交，不断提高良种种性和纯度，提高繁殖系数。良种繁育的全过程均要建立严格的操作程序。播种时做到品种清、用具清、秧田清。生长期间，特别是在性状表现明显的抽穗期和成熟期，应严格多次去杂去劣，剔除异株。

991. 怎样防止水稻品种混杂？

防止水稻品种混杂的最根本技术措施就是要建立和完善原原种、原种到大田用种的繁育体系，确保每个技术环节的科学化、规范化。

（1）原原种的繁育 原原种即育种家生产的种子，是由育种单位生产和保存的。一般是在育种基地内，采用田间种植保种圃和低世代低温低湿储藏两种方法进行生产和保存。

（2）原种的繁育 是由育种家提供育种家种子，采用精量稀播、单株插秧、单收单打的方式，快速扩大繁殖系数生产出的原原种，再进行单株稀播繁殖，生产得到的种子。因为原种只能利用一次，因此需要重复上述相同的繁育过程，不断供应原种。在繁育的整个过程中都有严格的防杂保纯措施和检测制度，把混杂概率降到最低程度。除了必要的去杂去劣外，不进行选择，以保证群体不断扩大，避免造成群体基因的流失。同时也可以使品种的优良种性长期得到保持。

（3）大田用种的繁育 为方便指导和检查，繁种田尽量落实在交通方便、栽培管理水平高的国有农场或具有较大水田面积的单位和科技示范大户，要做到品种科学布局，合理搭配，从而最大限度地减少混杂的概率，有利于提高繁殖系数。繁种田落实后分门别类登记造册，定期检查指导。

992. 怎样调查种子的田间纯度？

进行田间纯度检验首先要熟悉被检验品种的形态特征，比如株高、叶形、籽粒特征等，这样才能准确地区别杂株。检验时间一般在蜡熟期进行。在确定检验地块后，因地制宜采用适当的取样方法，样点数目依检验区面积而定，一般占检验区面积的 5％左右。每点调查 100～500 株，统计杂株数。

品种田间纯度＝（取样总株数－杂株数）/取样总株数×100％

993. 农民自己引种应注意什么？

水稻的区域适应性是十分明显的。也就是说一个品种有它一定的适宜种植区域，越区种植是很危险的。水稻品种的这一特性是由其本身所固有的感光性和感温性决定的。水稻属于短日照植物，在它生长发育过程中，缩短白天的光照时间，延长晚间的黑暗时间，它的生长发育就将加快，生育期变短，植株变矮，穗子变小，产量降低。反过来，延长白天的光照时间，缩短夜间的黑暗时间，则水稻品种的生育期就将延长，甚至不出穗，成为大青棵而无收成。温度对水稻生长发育也有相同的影响，高温使生育期缩短，低温使生育期延长。由于水稻品种的光温反应十分复杂，农民朋友最好不要自己盲目从外地引种，免得引入不适宜的品种造成损失。如果确有条件引入品种，也要注意以下几点：

（1）引入的品种原先种植地区的光照和温度要与本地区相近。一般纬度相近地区间互相引种较容易获得成功。

（2）引入的品种最好是对光温反应不敏感的品种。

（3）引入的品种一定要先经过小区试验种植，观察鉴定引进品种在本地的生育期、产量、品质及抗性等。如果准备大面积引种推广，则必须将通过引种试验择优选择的品种提供参加本省或本地区组织的品种多点区域试验，报当地农作物品种审定机关审（认）定通过，才能依法进行推广。

（4）引入的品种要进行检疫与检验。按照国家有关法律条例规定，为了防止区域性危险性病虫害和杂草种子随着新品种引入而传播蔓延，必须进行严格检疫，对于新引进的品种，必须先隔离种植于特设检疫苗圃，如在鉴定中发现有新的危险性病虫和杂草，就要马上采取焚烧等措施，否则会发生新的危险性病虫和杂草流行，造成严重损失，引种单位与个人将承担法律责任。

994. 为什么良种必须与良法配套？

农民为了高产，在生产实践中特别注意选择优良品种，优良品种的作用也确实在生产中占主导地位。但是，同一个优良品种，种植方法不同，实际产量与其产量潜力往往有几十千克甚至上百千克的差异，这就是栽培方法问题。所以说良种只有与相应的良法相配套，才能真正发挥出良种的作用。对于一个品种来说，应根据其分蘖能力的强弱、株型的紧散、穗子的大小、生育期的长短等性状，来确定其相应的栽培方法。就栽培密度而言，分蘖力弱的、株型紧凑的、穗型小的宜密植，反之可以稀植。就施肥而言，大穗型的品种要注意采取"前重中控后保"的方法；小穗型品种则要少吃多餐，平稳促进。此外，还应该依据不同的土壤、水分条件因地制宜地采取相应的综合配套技术，才能充分发挥出品种的优良特性。

995. 为什么一个品种不宜在一地连续多年种植？为什么品种要搭配种植？

品种的更换交替与搭配种植的目的是为了减少病虫的为害，延长使用寿命。水稻病虫害的发生由三方面的因素决定：一是品种本身抗病性的强弱；二是病虫的来源与致病为害强度；三是环境条件是否有利于病虫害的发生。一个新育成的品种在刚刚投入生产应用时其抗性是没有问题的，但是随着种植年限的增多，伴随该品种的各种病虫害来源也在不断地扩大，这样该品种如果连续大面积单一种植，往往容易导致大面积的病虫害大发生，造成灾难性的损失。为了避免这个问题，必须采取品种轮换种植和品种搭配种植。

996. 怎样储藏和保管好水稻种子？

稻种收获后到播种要经历 7～8 个月的时间，有的农民朋友由于不重视稻种的储藏与保管，以致出现了种子含水量高、被老鼠偷食、混杂等现象，给水稻生产造成了诸多不利。因此，一定要做好种子储藏保管工作。

种子是有生命的有机体，当它脱离植株之后，仍进行着呼吸作用等生理代谢活动。当含水量高时，种子的呼吸作用强，可加速种子内储藏物质的消耗，使种子的生活力减退。同时，由于呼吸作用强，放出的热量多，致使种子表面的微生物也活跃起来，产生更多的热量，使种子继续升温，引起发霉变质。根据种子的上述特点，在储藏和保管水稻种子时必须注意两点：一是含水量越小越好；二是温度越低越好，农民可以按此原则将种子存放在低温干燥处。

要严防混杂。储藏时，种子袋内外应有种子标签，注明品种名称、种子来源、数量、纯度等。在一个仓库同时储藏几个品种时，品种之间要保持一定距离，以防搞错。同时要特别注意不要将种子袋弄破，以防种子混杂。此外水稻种子不宜与大豆、肥料、农药、油类等有腐蚀性、易受潮、易挥发的物品混放在一起。

997. 什么是水稻航天育种？

航天育种也称为空间技术育种或太空育种，是指利用返回式卫星或其他可回收空间飞行器把普通水稻种子送往太空，使其处于太空的独特环境下，利用太空中的空间宇宙射线、微重力、高真空、交变磁场等各种特殊因素对种子进行处理，使水稻种子产生在地面上得不到的有益变异，经过地面种植鉴定、筛选、试种，最终培育出优良新品种的育种方法。具体步骤如下：

(1) 种子筛选　种子筛选是航天育种的第一步，这一程序非常严格，需要专业技术。带上太空的种子必须是遗传性稳定、综合性状好的种子，这样才能保证太空育种的意义。

(2) 天上诱变　利用卫星和飞船等太空飞行器将种子带上太空，利用其特有的太空环境条件，诱导产生各种基因变异，再返回地面种植选育出的新种质或新品种。航天育种不是每粒种子都会发生基因诱变，其诱变率一般为百分之几甚至千分之几，而有益的基因变异仅是千分之三左右。即便是同一种作物，不同的品种，搭载同一颗卫星或不同卫星，其结果也可能有所不同。航天育种是一个育种研究过程，种子搭载只是走完万里长征一小步，不是一上去就"变大"，整个研究最繁重和最重要的工作是在后续的地面上完成的。

(3) 地下攻坚　由于这些种子的变化是分子层面的，想分清哪些是我们需要的，必须先将它们全部播种下去，一般从第二代开始筛选突变单株，然后将选出的种子再播种、筛选，让它们自交繁殖，如此繁育三四代后，才有可能获得遗传性状稳定的优良突变系，其间还要进行品系鉴定、区域试验等。每次太空遨游过的种子都要经过连续几年的筛选鉴定，最后通过国家或省级农作物品种审定委员会的审定才能推广应用。

998. 什么是基因?

基因是每一种生物有机体内部含有的遗传物质,是生物及其特性可以一代一代延续下去的基本单位。我们人类以及动物、植物和微生物体内都有成千上万的基因。俗话说"种瓜得瓜,种豆得豆",这种生物的特性之所以能够一代一代地传递下去,就是靠基因来控制完成的。

一种生物体内基因的组成和含量通常是稳定的,但是也可以发生改变。如果基因本身或基因的组合方式发生了变化,那么这些由基因控制的生物特性也会发生变化。如水稻的株高可能由于基因的变化而由原来的高秆变成矮秆,红色玫瑰也可以由于基因的改变而变成黄色的玫瑰。这种基因的改变在自然界每时每刻都在不同生物体上发生,只不过发生的频率很低,而且大多数的改变不为我们所关注罢了。人类正是利用了基因这种改变和组合的特点来进行品种改良,提高农作物产量、品质、抗性等。

999. 什么是转基因品种?

人类为了提高农作物的产量、改善品质和增强抗病虫害及抗逆能力,常常采用人工杂交、远缘杂交等方法来培育新品种,希望将不同品种,甚至野生近缘种间的有益基因转移到推广品种中去。但是用人工杂交的方法导入有益基因仍有许多局限,例如:不能在亲缘关系较远物种之间导入基因,已导入的基因中仍有大量不需要的基因,甚至是有害的基因等。为了解决上述问题,科学家利用现代生物技术的方法,将我们所需要的基因进行定位,分离复制,然后再将这个目的基因通过载体转移至我们的目标生物品种中去。这种以生物技术的手段来转移基因的过程就是我们现在常常提到的转基因。现代的转基因技术还可以将亲缘关系较远的生物中的基因,甚至是人工合成的基因转移到我们需要的品种中,扩大了可利用的种质资源。

我们目前所说的转基因品种就是利用转基因技术将从某种植物或动物中分离复制出的单个或一组基因,转移到另一种植物或动物中培育成的新品种。这样的品种被称为转基因品种,由这些转基因品种生产加工成的食品就称之为转基因食品,如转基因大豆制成的豆油、豆腐、酱油、豆豉等豆制品都是转基因食品。

1000. 杂交育种与杂交种有什么不同?

杂交育种通常是指把不同遗传类型的动物或植物进行交配,使优良性状结合于杂种后代中,通过培育和选择,创造出新品种的方法。它是动植物育种工作的基本方法之一。在杂交育种中应用最为普遍的是品种间杂交(两个或多个品种间的杂交），其次是远缘杂交（种间以上的杂交）。杂交育种过程就是要在杂交后代众多类型中选留符合育种目标的个体进一步培育，直至获得优良性状稳定的新品种。杂交育种不仅要求性状整齐，而且要求培育的品种在遗传上比较稳定。品种一旦育成，其优良性状即可相对稳定地遗传下去。

杂交种则是一种栽培用种，首先由育种者培育两个稳定的亲本系，母本不育系和父本恢复系，种子生产部门利用两个亲本系生产出杂种一代提供给稻农在生产上种植。杂交种只能种植一代，二代以后要发生各种特性分离，在生产上种植会影响产量。杂交种则主要是利用杂种 F_1 代的杂种优势的优良性状，而并不要求遗传上的稳定。

1001. 稻农自己能否培育水稻新品种？

只要掌握正确的方法，稻农自己也可以培育出新的水稻品种。稻农自己培育新品种最简单的方法是系统选育法。水稻虽然是自花授粉作物，但也有一定的变异。也就是说任何一个品种的"纯"都是相对的，变异分离而不纯是绝对的。有变异、有分离就有可能选择出新的品种来。水稻系统选种又叫"一穗传"或"一粒传"。系统选育法的主要技术是在大面积种植的某个优良品种中，选择与原来品种有明显差异的异型优良单株育成新的品种，或结合提纯复壮选育好的品系。一般程序是：

第一年选择优良单株。系选的关键是要选到好的变异植株，一旦发现要定期观察，精选出综合性状好的单株进行试验。

第二年进行株行试验。每个单株（穗）种植一定的群体，严格选择表现优良的品系，进入下年试验。

第三年进行产量试验。与原品种对照比较产量，继续研究品系的各种特性，选择优良品系进入多点试验。

第四年进行多点试验。继续观察新品系的各种特性，边试验、边示范、边繁殖，如果新品系大面积种植表现稳定整齐一致，再通过国家或省级区域试验和生产试验，经审定就可以成为一个新的品种。

1002. 什么是水稻品种比较试验和区域试验？

农民朋友在阅读品种说明书时经常会看到品种比较试验和区域试验的概念。那什么叫品种比较试验和区域试验呢？品种比较试验简称品比试验，是育种单位在一系列育种工作中最后的一个重要环节。它要对所选育的品种做最后的全面评价，鉴定新品种在当地的适应性和应用价值，选出显著优于对照品种的优良新品种，以便进一步参加区域试验。

区域试验是由种子管理部门组织的，在一定自然区域内进行的多点、多年的品种比较试验，以进一步鉴定新品种的主要特征特性和区域适应性，确定其是否有推广价值，为优良品种划定最适宜的推广地区，同时研究新品种的适宜栽培技术，便于做到良种良法相结合。

区域试验方法基本与品种比较试验相类似，但要密切结合各地的主要栽培条件进行。对试验的要求：一是试验田要有代表性。不论在气候、地形、土壤类型、土壤肥力、生产条件等方面，都要尽可能地代表试验所在地的大田生产水平，尽可能要求地势平坦、形状整齐，土壤肥力均匀一致，以减少试验误差。二是试验地耕作方法、施肥水平、播种方式、种植密度及栽培管理技术接近或相同于当地的生产田条件，并注意做到全田管理措施一致。三是试验期间要严格进行系统观察记载，结合成熟期的最后鉴定、产量结果和室内考种，对试验品种做出综合评价。区域试验一般需要进行 2 年，小区面积大于 20 米^2，3 次重复。

1003. 什么是水稻品种生产试验？

水稻生产试验是由种子管理部门组织的。一般承担区域试验的各试验点同时也承担生产试验任务。将在两年区域试验中表现优良的新品系放大试验面积，生产试验小区面积 200 米^2 以上，不设重复，种植管理方法与大田生产相同，进一步检验其丰产性、抗性、品质及适应性。在生产试验中各方面表现都比对照品种优良的新品系才能通过审定推广。生产试验一般需要进行一年。

（编写人员：王瑞英）

十三、寒地粳稻品种选择技术

1004. 选择水稻品种的原则是什么？

选择水稻品种第一要考虑品种的熟期，熟期不适宜，水稻将不能正常生长，甚至不能抽穗开花，再优异的性状也发挥不了作用。比如南方的品种在寒地稻区种植，有的穗都抽不出来，更谈不上产量了；再比如哈尔滨的品种拿到同江去种，抽穗期将延迟一周以上，成熟度达不到 70%。第二是品种的产量潜力，除特种稻如糯稻、黑稻、香稻等外，高产是选择水稻品种的第二个原则。寒地水稻品种的产量与环境条件、栽培水平都有很大的关系，但是本身的产量潜力是其内因，起重要作用。水稻品种的产量潜力有较大差异。第三是品种的品质，品质是效益的保证。目前市场上收稻谷，以质论价，最主要的是看出米率。出米率越高，稻谷价格越高。第四是品种的抗逆性，包括抗病性、抗倒性、耐冷性等。在寒地稻区主要病害是稻瘟病。如空育 131 曾经是黑龙江省的主栽品种，种植面积达到 50%，因稻瘟病大发生，造成大量减产，甚至绝产，致使种植面积陡然下降。只有种植抗稻瘟病的品种才是防治稻瘟病的最有效方法。倒伏是限制水稻发展的一大障碍，在灌浆前期倒伏将严重影响水稻产量，在灌浆后期倒伏，增加收获难度，提高成本，还将降低品质，增加损失。目前寒地稻区 99% 以上都是采用机械收获，要求品种要有较好的抗倒性。冷害是我国北方水稻生产的重要限制因子，尤其是东北地区更为严重。在黑龙江省，冷害具有危害大、周期性、突发性和群发性等特点，每 3～5 年就发生一次大的冷害，小的冷害频繁发生，从而严重影响水稻生产的稳定与发展。2002 年黑龙江省三江稻区发生低温冷害，造成水稻减产高达 30% 以上；2003 年黑龙江省南部和西部稻区亦遭受低温冷害；2009 年黑龙江省东部亦遭遇较重的低温冷害。此外，冷害还严重影响稻米的品质。所以必须选择耐冷性要好的品种。

1005. 为什么一定要选择经过审定的品种？

品种审定有利于产量、品质、抗性等的提高与协调，有利于适应市场和生活消费需要的品种的推广，也是生产安全和保证国家粮食安全的需要。《中华人民共和国种子法》对此有明确要求：如"第九十二条（三）主要农作物是指稻、小麦、玉米、棉花、大豆。……第十五条国家对主要农作物和主要林木实行品种审定制度。主要农作物品种和主要林木品种在推广前应当通过国家级或者省级审定"，表明作为我国主要农作物的水稻在推广应用前必须经过审定。我国的品种审定包括国家级审定和省级审定两种。"申请审定的品种应当符合特异性、一致性、稳定性要求。""水稻品种审定按照《水稻品种审定办法》的规定，要在适宜区选择多个试验点（7～9 个）多年（2～3 年）试验试种，对于品种的适应性、熟期、产量、抗逆性等进行严格的筛选"，通过审定的品种既有好的种性，又使用安全，因此我们一定要选择经过审定的品种。

1006. 如何选择适合当地种植的品种？品种熟期怎样把握？

看一个品种是否适应当地种植，主要就是看熟期是否适合当地的生长条件，也就是在当地能否安全成熟。品种的熟期要从下面几个方面把握。品种的熟期指标有：叶片数、生育日数、活动积温等。首先根据当地的自然条件进行选择，包括活动积温、日平均温度、7 月份最低温度、终霜期、初霜期、水源情况等是否适合所要种植的品种。要同当地主栽品种做比较，认真咨询，切忌片面追求产量而选用熟期偏晚的品种，造成不能安全成熟，如遇低温年则严重减产。另外还要注意品种选育地所在的生态区和当地的差异程度，将品种的生育期天数、叶片数、所需活动积温、其对照品种等综合考虑，确保安全成熟。因此，提倡品种熟期选择宁早勿晚。尤其井水种稻地区，由于天冷、水冷、地冷，与同纬度江河水灌溉的稻区相比，要少 200℃ 的积温，更应合理地选用熟期适宜的水稻品种。如佳木斯市多属黑龙江省第三积温带，主栽品种应为积温在 2 350℃ 以内，主茎叶片 11 片，生育日数 125～130 天，熟期不晚于龙粳 31 的品种。

1007. 各积温带的安全抽穗期指标是什么？怎样把握？

黑龙江省按照活动积温的不同共分为 6 个积温带，第一积温带 ≥2 700℃，第二积温带 2 500～2 700℃，每个积温带相差 200℃，以此类推。其中有 5 个积温带能种植水稻，即第一积温带、第二积温带、第三积温带、第四积温带和第五积温带。水稻的一生可分为营养生长期和生殖生长期，营养生长期变化较大，而生殖生长期基本不发生变化。适合不同积温带种植的水稻品种生育期不同，主要是营养生长期不同。安全齐穗期指抽穗后在早霜来之前能够正常成熟的最迟齐穗日期。一般为：第一积温带为 8 月 10 日，第二积温带为 8 月 5 日，第三积温带为 7 月 31 日，第四积温带为 7 月 25 日，第五积温带为 7 月 20 日。确保水稻安全成熟。应从以下两方面把握：首先要保证抽穗后有 35～40 天的正常生长期，也就是抽穗后，在早霜来之前，能够灌浆成熟的最低温度 15℃ 以上的生育日数要至少有 40 天。第二要保证抽穗后有 1 000℃ 的活动积温。水稻灌浆的最适温度是 25～32℃，15℃以下灌浆很缓慢，13℃以下灌浆停止。抽穗后要保证有 15℃以上的活动积温 1 000℃，才能安全成熟。黑龙江省有效积温少，生长期短，所以要种植早熟且后熟快的品种，以防遇到早霜积温不够，水稻灌浆不足导致空秕粒增加，也就是我们常说的"上不来"，造成减产。

1008. 怎样正确认识品种的丰产性？穗越大越高产吗？

通常情况下，品种的熟期越长，产量越高。有人为追求高产，一味地选用熟期偏晚的品种，从而导致贪青晚熟，甚至灌浆不足，空秕粒增加，无法正常成熟（俗称"上不来"）不仅产量降低而且品质下降。就黑龙江省而言，水稻主产区的第一、二、三、四积温带的温度资源差异很大，因而，不同积温带的水稻产量也具有很大的差异。这也是有些人则一味地选用熟期偏晚的品种追求高产从而导致贪青晚熟，品质下降的原因。水稻的产量由每平方米穗数、每穗粒数、结实率和千粒重构成，这四个因素是一个整体，不能分开来看。对水稻品种的丰产性要客观全面地评价。不以穗头大小来判断品种丰产性，目前，寒地早熟水稻的平均穗粒数大都在 80～90 粒，不是穗子越大越好，穗子大了，易倒伏和穗下部的结实率降低都很大程度地影响着产量，甚至品质。不以分蘖多少来衡量品种丰产性，目前寒地早熟水稻生产是以合理密植创高产，一般生产田中每穴插 5～6 棵苗，每个主茎只分 3～4 个蘖。不以粒型粒重来判断。片面强调某一方面，某一个点都是不正确的，要在科学合理的栽培条件下，把每平方米穗数、每穗粒数、结实率、千粒重进行综合分析，才能比较准确地确定一个品种的丰产性如何，盲目追求过高产量可能适得其反。

1009. 优质水稻品种的指标是什么？怎样选择优质水稻品种？

优质水稻品种是生产优质米的内在因素和先决条件，没有优质水稻品种，再好的栽培技术、再好的生态条件、再好的加工技术，也生产不出来一流的优质米，也就没有市场，就没有高效益。黑龙江省作为重要的商品粮生产基地，拥有得天独厚的自然资源优势，十分有利于绿色优质大米的生产，更应重视稻米的品质。一般稻农习惯将优质水稻理解为出米率高的水稻。其实，优质水稻有许多指标，最新国标《优质稻谷》（GB/T 17891—2017）规定，优质稻谷分为优质籼稻谷和优质粳稻谷两类。黑龙江省的稻谷全是粳稻。优质稻谷的质量指标包括：整精米率、垩白度、食味品质、不完善粒含量、水分含量、直链淀粉含量（干基）、异品种率、杂质含量、谷外糙米含量、黄粒米含量和色泽气味等。其中整精米率、垩白度、食味品质是定级指标，直链淀粉含量是限制指标。优质粳稻谷一级、二级、三级的整精米率、垩白度、食味品质指标分别是：≥67.0%、≤2.0%、≥90 分，≥61.0%、≤4.0%、≥80 分，≥55.0%、

≤6.0%、≥70分，直链淀粉含量是14.0%～20.0%。目前，黑龙江省的所说优质水稻品种通常指达到国标二级以上的水稻品种，如稻花香2号、松粳22、绥粳18、龙粳30、龙粳20、龙粳25、龙粳香1号、龙粳46、龙粳31等。龙粳31为生产上推广应用面积最大的优质米品种，整精米率为71.7%，超过国标一级4.7个百分点，2012—2017年成为我国第一大水稻品种，年最大种植面积1 692.3万亩，是2001年以来全国水稻年种植面积最大的品种，创粳稻品种年种植面积历史纪录，占全国粳稻面积的15.1%。选择优质水稻品种时在首先考虑熟期适宜的前提下再根据市场需求结合优质稻谷的质量指标选择合适的优质水稻品种。

1010. 抗病性强的水稻品种主要有哪些？

几十年来，稻瘟病一直是黑龙江省水稻生产中第一大病害，轻者减产，重者绝产。经多年研究认为，黑龙江省稻瘟病菌有7群15个小种，而且菌群消长变化极快，小种的变化速度超过了水稻品种的更新速度，品种种植单一化较重等原因，导致了该省稻瘟病发生严重，如空育131，给农业生产和稻农带来了较重的损失，必须引起足够重视。近年来一些新的病害也逐渐加重，如纹枯病、叶鞘腐败病等，对产量及品质影响很大。因此，选用抗病品种是防病的关键，因为不同的品种对病害的抗性不同。而品种的抗性又是相对的，一个品种表现抗病只是对某个或某几个致病菌小种表现抗。当品种种植结构发生改变，特别是品种过度单一化，而致使适应该品种的致病菌群大量繁殖，而使原来的劣势菌群变为优势菌群，使原来的抗病品种变为感病品种，如空育131等。没有对所有致病小种都抗的绝对抗病品种。所以，选择抗病品种时，要选择目前在生产中表现抗的品种，或生产中虽然每年都感点病，但没有大面积发生，即田间抗性好的品种。比如，现在生产应用的龙粳31、绥粳18、龙稻18、龙粳29、垦稻12、龙粳46、龙粳39等。除选择抗病性强的品种外，还应注意种植的品种不可过分单一，应合理搭配，确保高产稳产。

1011. 怎样选择抗冷性强的水稻品种？

黑龙江省低温冷害频发，平均每4～5年就有一次大的冷害发生。2002年黑龙江省东部遭受历史上70年未遇的混合型低温冷害，造成40万公顷水稻平均减产40%左右，严重的地块几乎绝产；2001—2015年，每年不同地区都有不同程度的低温冷害发生，所以必须选用抗冷性强的品种，否则，一旦遭受低温冷害，损失是惨重的。冷害分为延迟型冷害、障碍型冷害和混合型冷害。近年黑龙江省发生的主要是障碍型冷害，即在减数分裂期遭受敏感低温，致使花粉败育，出现大量空壳。现在品种审定都对品种进行耐冷性鉴定，人工低温鉴定空壳率在 20％以下的品种，耐冷性均较强，在生产中应选用这样的品种。

1012. 品种抗倒性与产量相关吗？应选择什么品种？

水稻的倒伏分为斜、倒和伏 3 种。斜一般不影响产量。倒伏发生在生育前期将造成严重减产，倒伏发生在灌浆成熟后期虽不明显影响产量，但增加收获难度，加重机械损失，大大影响品质。随着施肥水平的提高，以及机械收获面积的扩大，收获时期较人工收获时相对较晚，对品种抗倒伏性的要求越来越高。品种的耐肥性和品种的抗倒性是不同的两个概念。品种耐肥是指品种对肥力作用不敏感，较高的肥力条件下，品种不会有太明显的变化，也不会严重倒伏。品种抗倒是指品种在较高肥力条件下，不易发生倒伏或倒伏不严重。因此，在生产中选择品种时，应在兼顾产量的同时选择抗倒性强的品种，而不是耐肥的品种。如龙粳 31、龙粳 29、龙粳 46、龙粳 21 等均是抗倒性较强的品种。尤其是龙粳 31 重塑了原来品种（如空育 131）的株型，发挥个体的作用增加抗倒能力。

1013. 水稻原种和良种产量有差异吗？

水稻种子一般分三个级别：原原种（也叫育种家种子）、原种和大田用种，水稻原种是用育种家种子繁殖的第一代到第三代种子纯度达到 99.9％的种子。大田用种（过去叫良种）是指由原种生产的，种子纯度达到 99.0％的种子。水稻原原种的典型性最强，纯度最高，增产效果最好，但种子量很少；原种的各项指标仅次于原原种，具有高产、优质、抗病、抗倒、整齐一致、适应性强等特点，是生产中应用的最高级别的种子。大田用种的种性要次于原种。种子每降低一个级别，种子典型性、一致性、抗病性等均有所降低。有关试验表明，种植大田用种比种植原种减产 5％左右。因此在同样的栽培管理条件下，为增加经济效益，应用原种是最理想的选择。

1014. 水稻种子应该到什么地方去购买？

种子是生产资料中最重要的要素。国家为了保护育种者的权益和农民的利益，规范种子市场，先后出台了《中华人民共和国种子法》《中华人民共和国植物新品种保护条例》《农作物种子生产经营许可管理办法》《农作物种子标签和使用说明管理办法》等法律法规。水稻种子市场是多渠道、多层次的。目前黑龙江省经营种子的部门有种业公司、个体经销店、农资商店等等，各种宣传广告到处都是，由于受市场监管力度、经销业主素质等多种因素影响，种子质量参差不齐。为保证购买到合格的优质水稻种子，应到大型种业公司或正规门店购买种子。他们的种子级别高，质量好，信誉度高。正规的种子经营部门必须有合法的营业执照、生产经营许可证或正式的委托代理手续，有带税检章的种子正式发票，如果手续齐全，选购的优良品种的种子质量是有保证的。购买种子时除要看种子质量外，还要看种子包装是否完好，包装袋是否印有种子标签和使用说明书，标签内容：作物种类、种子类别、品种名称、品种审定证书编号、种子生产经营者名称、种子生产经营许可证编号、注册地址和联系方式、质量指标、净含量、检测日期和质量保证期、品种适宜种植区域、种植季节、检疫证明编号和信息代码等。要购买审定品种、不买未审定品种，购买正规包装品种、不买"白包"品种，购买名副其实的品种、不买"套包"品种。

1015. 种植水稻年年换种有什么好处？

种植水稻如果每年换种优良品种的高质量种子，不仅不会因为增加成本减少收入，而且会明显增加经济效益。科学实验和生产实践经验证明，水稻年年换种的好处有以下几点：

（1）可以减少品种混杂退化现象 一个水稻品种经过多年的生产利用后，会产生混杂退化，降低纯度或在生物学性状上发生不良变化，降低产量、品质及抗灾能力，这就是品种混杂退化现象。其主要危害是降低水稻产量和品质，减产可能达到 10% 以上，优质米的米粒变形、垩白增加、食味变劣等。如果年年换种，就可以避免上述现象发生。

（2）可以减少病虫为害 实践证明，针对当地的病虫害发生情况，选用抗性强的品种栽培，可明显减轻病虫为害，提高产量和产品质量。特别是对水稻稻瘟病的抗性，品种之间差异很大，抗性较差的品种连续种植发病会更重。因此，每年必须选择抗性较强的品种种植，每户为了减轻稻瘟病的危害最好种植 2 个品种。对每一个乡和村来说，更不能品种单一，必须搞好品种搭配，否则不易控制和防治病虫害，也不利于对劳力和季节的安排。但品种不宜过多，过多会给栽培管理带来困难，而且易杂乱，导致良种退化。最好种植 2～3 个品种，方能保证每年稳产高产。

（3）有利于稳产高产，增加效益 进入 21 世纪的信息时代，必须及时准确地了解市场的需求和发展趋势，科研单位和教学单位已选育出很多优质高产抗性好的新品种供广大稻农选择。因此，只有选择市场需求的畅销品种，才能获得最大的经济效益和社会效益。

1016. 如何判断和选择优良品种？

优良品种应该具备高产、稳产、优质、抗逆、适应性广等特点。优良品种的产量不仅要比生产上主推品种高，而且不同年份变动的幅度要小。优质是指要达到国家颁布的优质稻谷标准。抗逆是指品种抗稻瘟病、耐冷、抗倒，适应不同的地区和年份。

一个品种的优劣一定要与原先种植的品种或生产中应用面积较大的品种进行比较来判断。任何品种的优点和缺点都是相对的，相比较而言，稻农对一个新品种可以通过与原先种植的品种进行比较试验来判断其优劣。通过比较试验，单打单收，比较新老品种在产量、抗性、品质等各方面的差异，评价新品种的综合表现是否优良。另外，也要注意新品种的特征特性和栽培技术要点，通过与之相适应的配套栽培方式，才能把一个品种的优良特性表现出来。

1017. 在基层代销点购种应注意什么？

一些大型种子经营单位大多在基层都设有代销点，选购稻种时要注意甄别，一定要做到"三查三看一防"。

"三查三看"即：一查品种审定情况，看该品种推广是否合法。新品种的推广，要通过所辖地省级以上农作物品种审定委员会的审定，才能进行大面积推广。

二查种子包装印刷内容情况，看种子来源和质量。种子包装印刷内容上，要有种子标签和使用说明，应标注作物种类、种子类别、品种名称、品种审定证书编号、种子生产经营者名称、种子生产经营许可证编号、注册地址和联系方式、质量指标、净含量、检测日期和质量保证期、品种适宜种植区域、种植季节、检疫证明编号和信息代码等内容，要选择可靠的种子经营单位购种，同时要开具发票，并妥善保存发票和种子包装袋，以便发现种子质量问题时，作责任追究依据。

三查品种试种示范情况，看是否适合当地种植。有些新品种虽然通过了审定，但其品种特性尚不清楚，同时有的品种存在缺点或弱点，推广的适应区域受到一定的限制。因此，新品种的推广一定要坚持"先试后推，先小后大"的原则，通过小面积试种示范，证明了该品种适应当地种植，同时在掌握了该品种特性的基础上，配套相应的栽培技术措施，通过良种良法，实现高产稳产。

"一防"就是谨防商家宣传误导。随着种子市场的放开，目前寒地稻区种子供应出现了品种"多、乱、杂"的局面，广大农民朋友们选购稻种时常常无所适从，一些商贩为追求高额利润，趁机大作虚假广告宣传，常吹嘘某品种如何高产、高抗、优质等等，而实际情况相差甚远。因此，在选购稻种时，不要轻信商家的一面之词，最好到当地农技部门咨询，然后再确定选购种植品种。

1018. 高产优质多抗超级稻品种龙粳 31 有什么特点？栽培上应注意什么？

超级稻龙粳 31 由黑龙江省农业科学院水稻研究所育成，原代号龙花 01 -

687，2011 年 4 月由黑龙江省品种审定委员会审定推广。该品种是 2009 年黑龙江省农业良种化工程中标品种，2012—2019 年黑龙江省第三积温带主栽品种，2013 年起为农业部主导品种，2013 年农业部确认为超级稻品种。2012—2017 年连续成为我国年种植面积最大水稻品种。2014 年获黑龙江省科技进步一等奖。该品种有以下突出特点：①产量高。超级稻专家组两次超级稻验收平均单产 11 196.0 千克/公顷，大面积种植一般 9 000～10 000 千克/公顷。②株型理想。株型收敛，叶片直立，窄且内卷，分蘖中等，非常适合密植栽培。③熟期早。主茎 11 片叶，出苗至成熟生育日数 130 天左右，所需≥10℃活动积温 2 350℃，而且后熟快，适合黑龙江省第三积温带插秧或直播栽培。④米质优。垩白度 0.1%，垩白粒率 1.0%，食味品质 81 分，整精米率 71.7%，超过国标一级 4.7 个百分点，商品性好。

龙粳 31 栽培上应注意两点：一是龙粳 31 较易感恶苗病，一定要浸好种，预防恶苗病的发生。首先要选择效果好的浸种药剂，包衣效果更好，如 25%氰烯菌酯（劲护）悬浮剂 3 000～4 000 倍液浸种防效较好；再就是要注意药剂使用浓度，药量要足，搅拌均匀，严格按药剂说明书使用；还要注意浸种温度和持续时间，以达到最佳防治效果。二是要合理密植。龙粳 31 分蘖中等，株型收敛，非常适合密植栽培。但要注意增加每平方米穴数，而不要过多增加每穴的苗数。结合黑龙江省生产实际，目前使用的插秧机行距是固定的，为 30 厘米，只有把株距缩短，12～13 厘米较好，根据实际情况具体调整。

1019. 寒地稻作区都审定了多少个香稻品种？在各地表现较好的品种有哪些？

黑龙江省正式审定香稻品种较晚，直到 1998 年黑龙江省农垦总局审定了垦鉴香粳 1 号，黑龙江省才有正式审定的香稻品种。黑龙江省审定香稻是从 1999 年开始的，截至 2019 年全省共审定了 50 个香稻品种，其中有 3 个是香糯品种。从年审定的数量看，2013 年以后每年审定较多，平均每年审定 5.3 个，其中 2019 年最多审定了 10 个。而前 15 年一共审定了 13 个。从熟期上看第二积温带最多 21 个，第一积温带 17 个，第三积温带 10 个，第四积温带 2 个。主要集中在第一、第二积温带。

香稻在各地的表现：第一积温带表现较好的品种有五优稻 4 号、松粳 22、松粳 19、松粳香 1 号、松粳香 2 号。其中 2009 年审定的五优稻 4 号，也叫稻花香 2 号，米质表现最好，全国闻名，价格较高，农民种植效益好。上述品种产量一般亩产 400～500 千克，五优稻 4 号相对略高些。上述这些香稻品种抗倒性中等，熟期晚，只能在第一积温带种植，适应区域狭窄，全省种植面积不大，五优稻 4 号年种植 120 万亩左右，其余品种几万亩到几十万亩。第二积温带表现比较好的主要有绥粳 18、三江 6 号、绥粳 28 和绥粳 4 号。绥粳 18 是香稻新秀，因其秆强抗倒，整精米率高，适应区域广，面积迅速扩大，2017 年以来年种植达到 900 万亩以上，2018 年为黑龙江省第一大品种。三江 6 号是 2015 年黑龙江省农垦总局审定的香稻，秆强、米质优，在垦区种植较多。绥粳 4 号是浓香型香稻，在 2014 年之前种植较普遍，后来在生产中还出现了早熟绥粳 4 号。绥粳 4 号现在仍有种植，每年种 100 万亩左右。第三积温带表现较好的有龙庆稻 3 号和龙洋 11。龙庆稻 3 号秆强，审定后面积迅速扩大，近年因有一部分改种绥粳 18 或其他香稻面积有所下降。第四积温带表现好的有龙庆稻 5 号和绥稻 4 号。

1020. 香稻品种产量高吗？种植香稻品种的经济效益好于普通品种吗？

目前黑龙江省审定的香稻品种产量一般没有同熟期生产中普通粳稻品种产量高。比如香稻五优稻 4 号一般亩产 450 千克左右，而同熟期的普通粳稻松粳 9 号、松粳 16 等一般亩产 650 千克左右；香稻绥粳 18 生产中一般亩产 550 千克左右，龙粳 31 等产量一般 650 千克左右。种植香稻品种的经济效益是否好于普通品种，不单取决于产量，要把产量和稻谷价格结合起来综合看，主要看香稻稻谷的价格，如果价格高到能弥补或超过因产量不如普通粳稻的部分，就有效益，就可以种植。这就要求对市场要有提前预测。因市场受多种因素影响，一般稻农很难估计，所以最好有订单，并且订单要写明价格，按照订单价格和上述产量差计算，结果效益明显，种植香稻品种的经济效益可能好于普通品种，否则不一定高于普通品种。

1021. 种植长粒品种与种植圆粒品种哪个经济效益好？

多年看黑龙江省的稻谷市场圆粒品种的价格相对较稳定，长粒品种的价格波动较大。比如 2017 年、2018 年长粒品种与圆粒品种价格差异较小，每千克不到 0.1 元，而 2019 年长粒品种价格较高与圆粒品种每千克差 0.3 元。而目前黑龙江省生产中应用的长粒品种产量一般没有圆粒品种高，一般每公顷相差 500 千克左右，如果长粒品种的价格不高或高的不足以弥补产量差的损失，种植长粒品种的效益就不如圆粒品种。因此要对市场有预测，如果价格高，就可以种。最好能有订单，并且订单要写明价格，能计算出比圆粒品种明显效益高，以保证有较好的效益。

1022. 大面积种植糯稻是否可行？市场前景如何？

糯稻属于特种稻，富含蛋白质和脂肪，营养价值较高。糯稻谷脱壳后称糯米，又名"江米"，外观为不透明的白色，因其所含的淀粉中以支链淀粉为主，达95%～100%，因而具有黏性，是制造黏性小吃如粽子、八宝粥、各式甜品和酿造黄酒、甜米酒的主要原料。糯稻不是主粮，主要用于加工上述食品或酿酒，每年用量相对固定，如果大面积种植，超过市场需要量，则很难卖出。比如2018年秋季，糯稻价格仅每千克2.4元左右，低于普通水稻价格0.3元左右。糯稻加工的是传统食品或酒类，虽然市场每年都需要糯稻，但数量相对稳定，所以不可盲目大面积种植糯稻，最好有订单，按订单生产才可保证效益。

1023. 高产优质多抗综合性状好的品种有哪些？怎样选择？

水稻品种高产优质多抗综合性状好是指品种的高产性、优质性、抗性等各单一性状不一定最好，但没有致命的缺点，结合到一块表现非常好，这样的品种往往适应性好，在生产中利用价值大。生产中的大品种一般都是综合性状好的品种，如龙粳31、绥粳18、龙粳46、龙粳21、垦稻12、龙稻5号、龙稻18、松粳9号、松粳16、龙粳57等。

选择综合性状好的品种要从以下几个方面把握。

首先熟期要适宜。选熟期是选品种的先决条件，必须满足，再好的综合性状，如果熟期不合适，都将是零。

其次是高产，综合性状好品种必须产量性状好，有高产的架子，而且品种后熟要快。这是由寒地稻区生育期短，秋季降温快，初霜来得早的生态条件决定的。

再次品质要达到国标二级以上，尤其整精米率要达到一级以上，垩白粒率要少，达到国标一级以上。这是对综合性状好的品种的基本要求。

最后抗逆性要好，这是综合性状好的品种基本保证。品种的抗病性要好，尤其田间抗性要好，能耐病。要有较好的耐冷性，黑龙江省冷害发生频繁，品种耐低温，低温年不至于发生大面积空壳。抗倒性好，既能适合高肥栽培，又能适合机械化收割。

1024. 近几年新审定了哪些品种？

2013年以后黑龙江省年种植水稻都在6 000万亩以上，随着水稻面积的扩大，原来水稻品种的数量远远满足不了生产需求。所以从2017年开始黑龙江省品种审定委员会将水稻品种审定改为达标审定，致使每年审定的品种数量大增，从以前的几个十几个到2017年一下增为39个，2018年为43个，2019年达到65个，2020年加上联合体审定预计达100多个。笔者统计2015—2019年一共审定了188个水稻品种（黑龙江省农业农村厅通告数据），其中黑龙江省农垦审定27个，良食味审定7个，香稻19个，糯稻10个，软米1个。

在 188 个审定的品种中，尤其近年长粒形品种和香稻等品种的数量明显增多，这与省委省政府的政策引导有直接关系。食味分 85 分以上的有 42 个，其中长粒形的 27 个，圆或椭圆粒的 15 个。龙稻 28、龙洋 16、龙稻 27、松粳 28、绥稻 9 号食味分达到 90 分。2019 年良食味组首次审定 7 个品种：松粳 28、吉源香 1 号（香稻）、龙盾 513、鸿源香 1 号（香稻）、初香粳 1 号（香稻）、龙稻 1602 和龙粳 1437，食味分全在 85 分以上。其中松粳 28 各项指标达到国标一级。在这 42 个优质米中整精米率达到国标一级以上的有 31 个：莲育 124、田友 518、齐粳 2 号、龙稻 27、莲汇 9 号、龙粳 1437、佳田 1 号、绥稻 9 号、垦稻 51、通梅 892、吉宏 6 号、哈粳稻 3 号、龙稻 28、龙稻 26、龙稻 25、田友 9865、牡丹江 35、龙稻 20、松粳 22、龙稻 102、绥粳 28、龙稻 201、龙洋 11、吉源香 1 号、龙粳 3007、龙稻 1602、建航 1715、松粳 29、绥稻 616、龙稻 29、松粳 28，其中前 10 个整精米率达到 70%以上。

2015 年以来审定的品种中出现了一批高产品种，区域生产试验平均每公顷产量在 9 000 千克以上的有 23 个：莲汇 631、莲育 1013、莲汇 9 号、田友 518、莲育 124、龙粳 3047、龙粳 63、垦稻 34、龙粳 64、田友 9865、龙庆稻 8 号、创优 31、龙粳 3100、垦稻 51、龙粳 47、佳田 1 号、龙粳 65、建航 1715、龙粳 57、龙粳 3033、龙粳 3007、龙粳 2401 和龙洋 11。

其中龙粳 46 和龙粳 47 是黑龙江省两个对照品种。龙洋 16、松粳 22、龙稻 21、龙庆稻 21、盛誉 1 号、绥粳 28、绥粳 22、绥粳 27、田裕 9861、龙洋 11、龙粳 46、龙粳 57、龙粳 47、龙庆稻 5 号列为 2019 年黑龙江省不同积温带的主栽品种。

龙粳 46：2015 年审定，是黑龙江省第三积温带早熟组对照品种。该品种秆特强，圆粒，株高 91.6 厘米左右，穗长 15.8 厘米左右，每穗粒数 108 粒左右，千粒重 26.9 克左右。品质优，整精米率 69.1%～69.5%，垩白度 0.6%～1.8%，食味品质 81 分，达到国家标准《优质稻谷》（GB T 17891—2017）二级。2017 年黑龙江省首届优质粳稻品种品评会上被评为二等优品种。该品种株型收敛，分蘖力中等，后熟快，活秆成熟，大面积生产每公顷产量 9 000 千克以上。

龙粳 47：2015 年审定，是黑龙江省第四积温带对照品种。株高 83.9 厘米左右，穗长 14.5 厘米左右，粒形椭圆，每穗粒数 77 粒左右，千粒重 25.7 克左右。米质优，整精米率 63.0%～68.5%，食味品质 80 分。抗稻瘟病，接种鉴定，叶瘟 3～5 级，穗颈瘟 1～5 级；耐冷性强。株型收敛，分蘖力强，着粒密度适中，成熟转色快，大面积生产每公顷产量 9 000 千克以上。

龙粳 57：2017 年审定，11 片叶，糯稻品种。整精米率高 71.4%～72.1%，糯性好，胶稠度 100 毫米，达到国家标准《优质稻谷》（GB/T

17891—2017）糯稻标准。米粒变白（俗称归圆）快，深受稻农喜爱。

松粳 22：2016 年审定，14 片叶，长粒型，千粒重 27 克左右，整精米率 63.0%～69.5%，垩白粒率 1.0%～7.0%，食味品质 86～87 分，达到国家标准《优质稻谷》（GB/T 17891—2017）二级。2018 年 5 月首届全国优质稻（粳稻）品种食味品质鉴评会上获得金奖。

其间首次审定了 2 个杂交粳稻品种：桦优 1 号和创优 31，米质都达到了国家《优质稻谷》标准二级。

1025. 联合体审定的品种与省品种审定委员会安排试验审定的品种一样吗？

这两种方式审定的品种是一样的。两种方式审定程序是一样的，只是试验安排方式不同。联合体审定是由联合体负责安排试验，省审由省品种审定委员会安排试验。由相同的专家在相同的时间、地点，按同一标准进行审定。2017 年由黑龙江省品种审定委员会批准设立黑龙江省联合体试验审定方式，要求联合体成员单位必须 5 家以上，每个成员单位必须有参试品种，在黑龙江省品种审定委员会指定的全省相同积温带 20 个试验点中任选 10 个作为试验点，需经两年区域试验、一年生产试验。每年由省品种审定委员会或联合体全体成员单位对各试验点进行田间鉴评，对存在明显缺点的品种及时淘汰。试验结束后由联合体牵头单位汇总试验数据。最后由黑龙江省品种审定委员会根据试验数据对联合体参试品种进行审定，其中 2020 年对第一批联合体参试品种进行了审定。

1026. 黑龙江省已经审定了 2 个杂交稻品种，生产表现怎么样？可以大面积种植吗？

桦优 1 号和创优 31 是 2018 年黑龙江省审定的 2 个杂交稻，也是黑龙江省首次审定的杂交稻品种。这 2 个杂交稻品种米质较好，都达到了国家优质稻二级标准。生产中表现略有不同。桦优 1 号适合第一积温带上限种植，品质优，食味分 83 分，秆强抗倒，长粒但短于五优稻 4 号，钵育栽插增产效果好，一般每公顷用秧 600～620 盘。与常规稻相比，制种产量相对较低，种子价格较高，每千克 50 元左右。目前生产中应用面积不大。创优 31 适合第三积温带种植，分蘖力强，米质优，结实率高，耐冷性好，产量高。制种产量高，能达到亩产 150 千克。因分蘖力强，栽培技术要求高，需稀播稀植控蘖，要早施肥早晒田，以减少无效分蘖和防止后期倒伏。种子价格每千克 50 元左右，2019 年黑龙江省种植约 1.5 万亩。

综上，2 个杂交稻品种米质优、产量好，在适应区表现较好，配套适宜的栽培技术，理论上是可以大面积种植的。

1027. 目前审定的品种中哪些品种食味好？

优质米国标规定，三级以上为优质米。食味分 90 分以上为一级，80 分以上为二级。笔者认为一般食味分 85 分以上食味就非常好了，2015 年以来黑龙江省审定的水稻品种有 42 个食味分达到了 85 分以上，其中龙稻 18、绥粳 9 号、松粳 28、龙稻 28、龙洋 16、龙粳 21、龙稻 27 等品种达到 90 分以上。2017 年黑龙江省农委举办"黑龙江省首届优质粳稻品种品评会"，评出了"五优稻 4 号"等 10 个优质米品种。品评会首先向省内科研院所、育种单位、企业征集了 76 个优质水稻品种，并通过整精米率、直链淀粉、蛋白质、食味评价等指标从碾磨品质、外观品质、理化品质、食味品质等方面初步评选出 20 个品质优良的水稻品种。再于 6 月 21～23 日，邀请了省内外知名水稻育种单位、大专院校、水稻加工企业、新型农民合作组织等相关领导、专家、学者及科研工作人员 30 余人，从气味、外观结构、适口性、滋味、冷饭质地等进行现场品评，最终评选出特优品种"五优稻 4 号""龙稻 18""松粳 22"3 个；优质一级品种"龙稻 16""绥粳 15""龙粳 21"3 个；优质二级品种"龙稻 21""龙粳 52""龙粳 46""绥粳 18"4 个。其中龙稻 18、五优稻 4 号、松粳 22 和松粳 28 于 2018 年 5 月 3 日在"首届全国优质稻（粳稻）品种食味品质鉴评会"上获得金奖，获金奖粳稻品种一共 10 个，再一次证明黑龙江省优质品种的实力。这些优质品种的评选和应用，对优化黑龙江省种植业结构、发展优质水稻产业、促进优质稻米产业化、增加优质稻米附加值、促进农民增收发挥了重要作用。

1028. 在审定的品种中哪些品种抗倒伏性好？

随着水稻生产的发展和效益的拉动，稻农对产量的要求越来越高，除了选择高产品种外，主要就靠多施肥来实现高产量。肥量一大，如果品种的秆不强，就易发生倒伏。而且随着机械化收割的普及，也要求品种抗倒伏性要好。因此现在品种审定对抗倒伏性有严格要求：品种审定试验要求，在正常条件下，参加区域试验、生产试验的品种有两个以上（含两个）试验点倒伏 3 级、面积 30% 以上或有一个试验点倒伏 4 级、面积 30% 以上均停试停审。从多年生产看龙粳 46、龙粳 21、龙粳 31、绥粳 18、龙粳 63、龙粳 64、松粳 16、松粳 21、龙稻 21、绥粳 15、龙庆稻 3 号、龙稻 5 号、龙粳 29 等抗倒伏性好。

（编写人员：张兰民）

十四、寒地粳稻收获、储藏、加工技术

1029. 如何确定水稻的最佳收获时期?

水稻适时收获是确保稻谷产量、稻米品质、提高整精米率的重要措施。收获太早,籽粒不饱满,千粒重降低,青米率增多,产量降低、品质变差。收割过晚,掉粒断穗增多,撒落损失过重,稻谷水分含量下降,加工整精米率偏低,稻谷的外观品质下降,商品性能降低,丰产不丰收。

水稻收获的最佳时期是稻谷的蜡熟末期至完熟初期,全田有95%谷粒黄熟,仅剩基部少数谷粒带青,穗上部1/3枝梗已经干枯。从抽穗到适宜收获需要40~50天,所需活动积温900~1 000℃。此时稻谷植株大部分叶片由绿变黄,稻穗失去绿色,穗中部变成黄色,稻粒饱满,籽粒坚硬并变成黄色。当日平均气温稳定在13℃以下,即每年10月5日左右为最佳收获时期,种植面积大的农户一定等下枯霜后收获,最好要在10月15日前后完成,以防下雪。

1030. 稻谷收获原则是什么?

目前收获有多种方法,以下是应该注意的原则。

成熟一块收一块:种植多个品种时,早熟品种和易落粒品种要先收获,注意不同品种要单收单放,种子繁殖田优先收获。

单收受灾地块:发生倒伏、病害和成熟度差的地块需要单独收获,单独存放,避免混收混脱影响稻米品质及种子质量。

降低留茬高度:收割时降低稻茬有利于下一年春季整地作业,有利于下年减轻病虫害的发生。

收割时间:每天收割水稻的开始时间,要在露水消失后进行,雨后收获也要等晴天、水稻植株表面的雨水晒干后进行,避免稻谷湿度过大影响后期脱水。

1031. 稻谷收获的方法有哪些?

稻谷收获主要有以下4种不同的收获方式。

人工割捆机脱:采用此种收获方式用工量大,劳动强度大,收获时间长,稻谷上市晚,价格受到制约。

半喂入式直收：此方式对水稻秸秆水分要求不严格，可进行活秆收获，所以，稻谷早上市，价格好。该收获方式的机型脱粒性能好，无破碎，损失小，最适于种子收获。

机割机拾：此方式对割晒放铺要求严格，水稻收获采用机割机拾成本最低，损失小，产品上市早，品质好。

全喂入式直收：收获期是在下枯霜后，最适时期是在下枯霜 3～5 天后开始，一周内收获效果最佳。如果延长收获期，自然落粒、落穗，木翻轮在拨禾时掉粒、掉穗，损失较大。

1032. 稻谷机械收获需要注意些什么？

首先提前检查机械，保证收割机能正常运行，不误农时。

其次收割机收获效率高，收获的稻谷通常含水量大、杂质多，需要及时晾晒和清选，必要时用烘干设备，保证水分降到 15％～16％入库保存。

最后及时观察收割机，看是否正常输送和脱粒，为了确保稻谷的破碎率和清洁度达到指标，减少稻谷损失，收割时应注意以下事项：早晨等露水干了后开始收割，雨天最好不收割；收割作业中尽量减少停机，合理掌握收割机作业速度，遇故障时应及时切断收割机动力；收割机应迎着稻穗收获，不要顺着倾斜的方向收获；收割机尽量走直线，避免边收割边转弯，压倒水稻；收割机应采用中大油门工作，当到田头或离开割区时，继续运转 30 秒，以确保机器内水稻脱粒清选干净；接粮员要注意避免接与放粮过程中漏、撒等浪费现象。

1033. 稻谷储藏具有哪些特性？

稻谷储藏特性主要包括以下几方面。

稃壳的保护性：水稻的内外稃坚硬且勾合紧密，对气候的变化及虫霉的危害起到保护作用，水分相对地比较稳定，当稃壳受到机械损伤，则吸湿性显著增加。

通气性好：由于种子形态特征，孔隙度大，在 50％～65％之间，因此储藏期间通气性较好。

耐热性差：稻谷在干燥和储藏过程中耐高温的特性比较差，如用人工机械干燥或利用日光曝晒，都须勤翻动，如对温度控制不当，局部受温偏高，均增加爆腰率，引起变色，损害发芽率，降低种用价值和食用品质。

稻谷易结露：新谷入仓不久，遇气温下降，在粮堆的表面出现一层露水，使表层粮食水分增高，形成粮堆表面结露。

稻谷易受虫害感染。

1034. 稻谷储藏时堆放的形式分几种?

稻谷储藏入库时，按种子类别和级别分别堆放，堆放的形式可分袋装堆放和散装堆放两种：袋装堆放法分实垛法、非字形及半非字形堆垛法、通风垛，散装堆放分全仓散堆及单间散堆、围包散堆、围囤散堆。

1035. 稻谷的储藏方法有哪些?

收获后的稻谷含水量往往偏高，为防止发热、霉变，应及时将稻谷摊于晒场上或水泥地上晾晒 2～4 天，使其含水量降到 14%，然后入仓。稻谷的储藏方法有两种：一是常规储藏法，是指稻谷从入库到出库在一个储藏周期内，通过提高入库质量，根据季节变化采取适当的管理措施和防治虫害，在干燥、通风、低温的情况下，稻谷可以长期保存不变质；二是缺氧储藏法，是利用某些惰性气体置换出粮堆内原有气体，密闭储藏，从而达到抑制粮食生理活动，将储藏稻谷进行干燥，使干燥的谷粒处于与外界环境条件相隔绝的情况下进行保存。

1036. 稻谷存储对粮仓的要求有哪些?

（1）储粮的粮仓要具有很好的防水防潮性能，密封性好，通风良好，以便散热，降低粮温。

（2）要求粮仓能隔热保温，修建粮仓应选择隔热良好的材料建仓或加厚仓壁。

（3）粮仓要坚固牢实，粮食堆装后，四壁能承受粮堆压力。粮堆越高，则压力越大，因此，粮仓地基要牢固。仓库四壁要结实，以防止发生倒塌等事故。

1037. 稻谷在储藏过程中容易出现什么问题?

容易变黄霉变：收割后若未及时晾晒或干燥，谷堆温度升高会产生黄粒米。因为谷粒内出现还原糖后，与游离氨基酸化合，形成棕黄化产物，使大米变黄、变褐，引起稻谷品质变劣。含水量是影响稻谷常温储藏的一个决定性因素，水分高局部发热会发生霉变。稻谷发热的部位，一般先从水分高、温度高、杂质多或害虫聚集的部位开始。因此，稻谷在入仓库储藏时，要控制水分含量在 14.0% 左右，温度控制在 25℃ 以下。

容易陈化变质：稻谷储藏过程中，随着储藏时间的延长，食用品质劣变，这种由新到陈的现象称为粮食的陈化变质。导致稻谷陈化变质的关键因素是脂肪氧化酶。脂肪酶活性高低直接影响稻谷的衰老，脂肪酶活性低可明显延缓稻谷的衰老过程。因此，降低脂肪酶活性可以减缓脂质的过氧化过程和储藏粮食氧化变质的速度，保持清新气味，并可提高水稻的耐储藏性。

容易生虫：稻谷储藏过程中容易生虫，虫害不仅损伤大量的粮食，影响粮食的营养价值，而且使粮食带有不良气味，降低品质，减少重量，容易使粮食发热和微生物的进一步作用，造成粮食腐败变质。

容易发芽：新收获的稻谷在储藏开始的一段时间，仓库内如遇结露、受潮、雨淋等，在含水量合适的情况下，就可能发芽。

1038. 稻谷在储藏期间品质有什么变化？

稻谷的耐储藏性差，稻米在储藏期间的总直链淀粉含量没有显著变化，但所有稻谷品种的可溶性直链淀粉含量随着储藏时间延长而降低，而不溶性直链淀粉逐渐增高，涨性增加，米汤或淀粉糊的固形物减少，碘蓝值明显下降，而糊化温度增高，使米饭黏性下降。大米淀粉最终黏度值和回生后黏度增加值的增大，意味着大米有陈化的倾向。因此，稻谷经过一段时间的储藏后，加工易碎，出米率低，黏性降低，酸度增加，色泽不良，食味不好，失去固有的香气。

1039. 什么是免淘米？其优缺点是什么？

免淘米又称清洁米，是指卫生指标合格、不经淘洗就可直接蒸煮的大米，该米粒表面光洁、不含杂质，一般为真空包装，保质期较长。制作工艺上比普通大米多了一步，即在成品米抛光后去掉表面残留糠粉，因此米粒表面更洁净、光亮，水分也得到了控制。国际上通常的免淘米标准是洁净度应小于 100毫克/千克，即杂质在米中的比例应小于万分之一。但我国现阶段的生产工艺还达不到上述国际通行的免洗标准。只有地方标准、企业标准，各种指标参照特等大米制定。其优缺点为：

(1) 食用时营养损失小 可以避免在淘洗过程中的浪费，可保留大米中的维生素和矿物质等营养成分。

(2) 免淘米的加工精度比特级米还高 达到了"四断"，即断石、断谷、断糠、断稗，它的表面光亮、污染少、含杂质少。

(3) 清洁卫生 免淘米在生产过程中要经过仔细清洗，大米中的细菌和微生物在清洗中被大量洗去，减少了大米的带菌量。

(4) 保质期长 免淘米需要在无污染的环境下进行加工和包装，在保质期内不易受环境污染的影响，它的储藏性能相对稳定，保质期大幅延长。

(5) 保持鲜味久 经过加工的米粒上没有糠，即使进行保温处理也不会发出异味及变黄，可长时间保持鲜味。

营养成分与一般大米相仿，有些营养成分如钙、磷、铁等微量元素以及 B 族维生素却要少些。

1040. 免淘米与抛光米有什么区别？

抛光米的生产主要是加工出的大米经过湿式抛光机进行 1～2 次抛光，抛光后的工序同非免淘米的工序相同，环境也一样，抛光后的大米即使达到卫生指标，也还会出现再污染的现象，最终很难达到食品卫生要求，其包装、储藏、运输与普通大米区别不大。因此，抛光米在加工工艺、质量、卫生和包装要求方面都不如免淘米。真正的免淘米表面光亮洁净，浸泡后不会使水变浑浊。因为免淘米的加工成本和工艺要求都高于普通大米，建议购买时认准大品牌的小包装产品。不能将免淘米和抛光米混为一谈。

1041. 什么是留胚米？有什么营养价值？

留胚米也称胚芽米，即保留全部或大部分米胚的大米，一般留胚率在 80% 以上。其营养价值为：谷物种子的胚芽与糊粉层是营养成分聚集的地方，也被世界营养学家公认为天赐营养源。留胚米使稻谷里无食用价值的壳、种皮、果皮以及外胚乳等食用价值不大、且可能对人体有危害作用的保护层全部除尽，而使胚与糊粉层得以最大限度地留存，保全稻米营养。留胚米中含有丰富而优质的脂肪、蛋白质、维生素 B_1、维生素 B_2 和维生素 E 等多种维生素以及微量元素钙、镁和锌等多种矿物质，因此，比普通大米营养价值高，食用留胚米有助于人体健康。

1042. 什么是配制米？分几种类型？

配制米是指不同的品种、质量和不同特性的大米（含碎米）按一定比例混合配制而成，以满足市场各种需求的大米，又称配合米、调制米等。据其特性分为以下几大类。

常规型配制米：按成品米含碎比例，对成品大米进行配制，目前市场上主要有全整米（含总碎 1% 以下），一级整米（含总碎 5% 以下），二级整米（含总碎 10% 以下），三级整米（含总碎 15% 以下）。

口感型配制米：根据大米的黏性及蒸煮时需水量多少将不同品质大米配制在一起的，以满足消费者口感需求的米饭软硬各异、黏性不同的成品大米。

香型配制米：借助香稻或高浓度增香大米与普通精制大米，按科学配比调制出适合于中国消费者口味的配制米。

营养型配制米：采用高浓缩营养强化米，按科学配方与普通精制大米配制在一起的大米，目前主要有高蛋白大米、加碘大米、加锌大米、富钙大米等。

专用型配制米：依据不同制作要求的专用大米，如米粉（米线）专用米、方便米饭专用米、营养米糊专用米、米酒专用米等。

1043. 什么是发芽糙米？有什么营养功效？

发芽糙米，按字面上来说就是发了芽的糙米。糙米的最大特色是含有胚芽，是一颗完整、有生命活力的种子。将糙米在一定温度、湿度下进行培养，待糙米发芽到一定程度时将其干燥，所得到的由幼芽和带糠层的胚乳组成的制品即称为发芽糙米。其功效为：

一是发芽糙米富含的 γ-氨基丁酸是糙米的 2 倍，白米的 9 倍。γ-氨基丁酸是一种非蛋白质氨基酸，人体神经营养素，可改善大脑血流、增加氧的供给，改善大脑的代谢，有助于治疗因脑中风、头部外伤后遗症、脑动脉硬化后遗症等产生的头痛、耳鸣、意识模糊等病症。对改善肝脏、肾脏的功能有作用。有促进乙醇代谢的作用，改善高脂血症、防止肥胖、消除体臭的效果。

二是发芽糙米含有较多的生育酚、三烯生育酚，可防止皮肤氧化损伤，保持皮肤细胞中维生素 E 的正常水平，抗血管硬化，还对抑制癌细胞增殖有协同作用。

三是发芽糙米含有更多的食物纤维，比糙米多 0～15％，比白米多 2.7 倍，能增加肠胃的蠕动，并改善消化道有益菌群的环境，加大体内毒素的排出与排泄量，对改善便秘有效。

四是发芽糙米含有丰富的抗脂质氧化的物质，能促进皮肤的新陈代谢，预防和减轻老人斑的出现。

五是发芽糙米含有丰富的微量元素镁、钾、钙、锌、铁等。镁有预防心脏病的作用，钾有降低血压的作用，钙是壮骨所必需的成分，锌有防止生殖功能低下、动脉硬化的作用，铁可防止贫血。成为游离态的微量元素更容易被人体所吸收，有利于保持营养平衡。

1044. 什么是发芽白米？有什么营养功效？

以发芽糙米为原料，碾磨制成的白米，称为发芽白米。加工出的发芽白米不仅 γ-氨基丁酸含量，其他的诸如肌醇、植酸、维生素、矿物质等功能性成分的含量也比普通的白米高。

发芽白米主要的营养功效在于 γ-氨基丁酸含量的增加，具有健脑、降血压、改善脂肪代谢、减肥、防止动脉硬化、醒酒、防皮肤老化等功能；另外，还有活化肝、肾功能，促进生长激素分泌，防止肥胖，消除体臭等生理功能。

1045. 什么是方便米饭？目前有哪几种产品？

方便米饭是指由工业化大规模生产的，在食用前只需做简单烹调或者直接可食用，风味、口感、外形与普通米饭一致的主食食品。方便米饭主要由主食大米、佐餐菜料、调味料三部分组成，食用方便、携带方便，有天然大米饭香味。目前有以下几种产品。

开水冲泡型：如千石谷等，便于携带、储藏，米粒香糯，五谷米饭种类多，细分可分为速煮米和纤维餐。

罐头型：如梅林等，优点是开罐即可食用，缺点是不能加热不利于携带。

冷冻型：包括冷藏型、无菌包装型、速冻型。煮好的米饭在低温中储藏，优点口感好，缺点价格高，不便携带，如三全牌等。

脱水干燥型：经过脱水干燥的米饭颗粒，在食用时复水（加开水浸泡）数分钟即可食用，如厨师牌、得益牌。

（编写人员：孙淑红、孙海正、赵凤民、王立楠、薛菁芳、张希瑞）

十五、附　　表

附表1　黑龙江稻区水稻品种活动积温、生育日数及叶片数对应表

积温带	≥10℃活动积温（℃）	生育日数（天）	品种叶数
第一积温带晚熟组	2 750	146	14
第一积温带早熟组	2 650	142	13
第二积温带晚熟组	2 550	138	12
第二积温带早熟组	2 450	134	12
第三积温带晚熟组	2 350	130	11
第三积温带早熟组	2 250	127	11
第四积温带	2 150	123	10
第五积温带	2 050	119	9

附表2　水稻主要生育阶段临界温度

生育阶段	临界温度（℃）		
	最低温度	最适温度	最高温度
幼苗期	10～12	25～30	36～40
分蘖期	17～18	30～32	38～39
开花期	15～21	26～30	38
灌浆期	15	20～25	30

附表3　水稻主要生育阶段临界耐盐浓度

生育阶段	生育状况	pH	总盐含量（%）
幼苗期	正常	7.9	0.19
	受抑制	8.7	0.32
分蘖期	正常	7.6	0.25
	受抑制	8.8	0.38
孕穗期	正常	7.9	0.30
	受抑制	9.1	0.42
开花期	正常	8.2	0.38

（续）

生育阶段	生育状况	pH	总盐含量（％）
	受抑制	8.7	0.50
成熟期	正常	7.9	0.38
	受抑制	8.5	0.40

附表 4　水稻不同产量水平对氮、磷、钾三要素的需求量

单位：千克

元素	有效成分	每亩产量				
		400	500	600	700	800
氮	N	8	10	12	14	16
磷	P_2O_5	4	5	6	7	8
钾	K_2O	9.6	12	14.4	16.8	19.2

附表 5　常用氮肥有效成分含量与施用量互换表

氮肥品种	有效成分含量（％）	施用量（千克）								
硫酸铵	21	1	5	10	15	20	25	30	35	40
硝酸铵	34	0.62	3.09	6.18	9.26	12.35	15.44	18.53	21.62	24.71
氯化铵	25	0.84	4.20	8.40	12.60	16.80	21.00	25.20	29.40	33.60
尿素	46	0.46	2.28	4.57	6.85	9.13	11.41	13.70	15.98	18.26
碳酸氢铵	17	1.24	6.18	12.35	18.53	24.71	30.88	37.06	43.24	49.41

附表 6　优质稻谷质量标准（GB/T 17891—2017）

类别	等级	整精米率（％）			垩白度（％）	食味品质（分）	不完善粒含量（％）	水分含量（％）	直链淀粉含量（干基）（％）	异品种率（％）	杂质含量（％）	谷外糙米含量（％）	黄粒米含量（％）	色泽气味
		长粒	中粒	短粒										
籼稻谷	1	≥56.0	≥58.0	≥60.0	≤2.0	≥90	≤2.0		14.0～24.0					
	2	≥50.0	≥52.0	≥54.0	≤5.0	≥80	≤3.0	≤13.5						
	3	≥44.0	≥46.0	≥48.0	≤8.0	≥70	≤5.0			≤3.0	≤1.0	≤2.0	≤1.0	正常
粳稻谷	1	≥67.0			≤2.0	≥90	≤2.0		14.0～20.0					
	2	≥61.0			≤4.0	≥80	≤3.0	≤14.5						
	3	≥55.0			≤6.0	≥70	≤5.0							

注：摘自《中华人民共和国国家标准　优质稻谷》（GB/T 17891—2017）。整精米率、垩白度、食味品质为定级指标。直链淀粉含量为限制指标。

附表 7　大米质量标准（GB/T 1354—2018）

品种			籼米			粳米			籼糯米		粳糯米	
等级			1	2	3	1	2	3	1	2	1	2
碎米	总量（%）	≤	15.0	20.0	30.0	10.0	15.0	20.0	15.0	25.0	10.0	15.0
	其中：小碎米含量（%）	≤	1.0	1.5	2.0	1.0	1.5	2.0	2.0	2.5	1.5	2.0
加工精度			精碾	精碾	适碾	精碾	精碾	适碾	精碾	适碾	精碾	适碾
不完善粒含量（%）		≤	3.0	4.0	6.0	3.0	4.0	6.0	4.0	6.0	4.0	6.0
水分含量（%）		≤		14.5			15.5			14.5		15.5	
杂质	总量（%）	≤						0.25					
	其中：无机杂质含量（%）	≤						0.02					
黄粒米含量（%）		≤						1.0					
互混率（%）		≤						5.0					
色泽、气味								正常					

注：摘自《中华人民共和国国家标准　大米》（GB/T 1354—2018）。碎米（总量和其中小碎米含量）、加工精度和不完善粒含量为定等指标。

附表 8　优质大米质量标准（GB/T 1354—2018）

品种			优质籼米			优质粳米		
等级			1	2	3	1	2	3
碎米	总量（%）	≤	10.0	12.5	15.0	5.0	7.5	10.0
	其中小碎米含量（%）	≤	0.2	0.5	1.0	0.1	0.3	0.5
加工精度			精碾	精碾	适碾	精碾	精碾	适碾
垩白度（%）		≤	2.0	5.0	8.0	2.0	4.0	6.0
品尝评分值（分）		≥	90	80	70	90	80	70
直链淀粉含量（%）				13.0～22.0			13.0～20.0	
水分含量（%）				14.5			15.5	
不完善粒含量（%）		≤			3.0			
杂质	总量（%）	≤			0.25			
限量	其中：无机杂质含量（%）	≤			0.02			
黄粒米含量（%）		≤			0.5			
互混率（%）		≤			5.0			
色泽、气味					正常			

注：摘自《中华人民共和国国家标准　大米》（GB/T 1354—2018）。碎米（总量和其中小碎米含量）、加工精度、垩白度和品尝评分值为定等指标。

（编写人员：王翠、周通）

主 要 参 考 文 献

苍安平，2014. 寒地水稻潜叶蝇的发生与防治 ［J］. 北方水稻，1：54 - 69.

陈诚，卢代华，伏荣桃，等，2018. 水稻稻粒黑粉病发生与防治技术要点 ［J］. 四川农业
科技，8：27 - 28.

陈温福，等，2010. 北方水稻生产技术问答 ［M］. 北京：中国农业出版社.

戴雷，张道环，于立繁，等，2011. 水稻粒黑粉病研究进展 ［J］. 中国农学通报，27
（12）：261 - 265.

戴权，2006. 农药水乳剂的研究 ［J］. 安徽化工，32 （1）：48 - 49.

邓秀成，姜贵生，潘永亮，等，2005. 稻李氏禾的发生及防治 ［J］. 现代化农业，312
（7）：7 - 8.

董轶伟，2015. 四种药剂防治稻瘟病田间药效试验 ［J］. 现代农村科技，9：59 - 60.

范玉宝，杜新东，张子军，等，2012. 不同药剂对水稻褐变穗的防治效果 ［J］. 现代化农
业，4：67 - 68.

费有春，徐映明，1998. 农药问答 ［M］. 北京：化学工业出版社.

冯国惠，冯国良，2017. 30％稻安醇悬浮剂防治水稻稻瘟病试验 ［J］. 现代化农业，3：
17 - 18.

冯天佑，齐英艳，2015. 10％井冈·蜡芽菌防治水稻纹枯病药效试验 ［J］. 北方水稻，1：
63 - 64.

付玉，2011. 水田恶性杂草的识别、危害与防治 ［J］. 农民致富之友，18：57.

高洪喜，赵岩，2009. 稻秆腐菌核病的防治技术 ［J］. 农村实用科技信息，1：34.

郭彪，张国明，宋宏伟，等，2004. 水稻细菌性褐斑病的发生及防治 ［J］. 现代化农业，
6：5 - 6.

韩崇文，程宝军，梁桂荣，2008. 寒地水稻白叶枯病发生特点与综合防控技术 ［J］. 北方
水稻，3：125 - 126.

何海军，2012. 寒地水稻潜叶蝇综合防治技术 ［J］. 北方水稻，5：55 - 63.

何建卫，褚孝莹，张金艳，2015. 4 种药剂对水稻纹枯病的防治效果研究 ［J］. 安徽农学通
报，21 （2）：57 - 60.

何忠全，张志涛，陈志谊，2004. 我国水稻病虫害防治技术研究现状及发展策略 ［J］. 西
南农业学报，17 （1）：110 - 114.

华南农业大学，1990. 植物化学保护 ［M］. 北京：农业出版社.

黄金友，2003. 中国农药剂型及表面活性剂的发展趋势 ［J］. 精细化工中间体，33 （1）：
11 - 13.

季宏平，张匀华，王芊，等，2002. 黑龙江省稻曲病发生规律与防治技术研究 ［J］. 植物
保护，6 （3）：24 - 26.

姜秀彬，2013. 浅谈水稻细菌性褐斑病综合防治技术 [J]. 现代农业，12：37.

金瑞，2014. 禾技 75％戊唑·嘧菌酯水分散粒剂对水稻病害防效显著 [J]. 农药市场信息，24：42.

李贵臣，2012. 寒地水稻纹枯病的发生与防治 [J]. 北方水稻，6：59-66.

李海波，2016. 不同药剂对水稻褐变穗防治效果研究 [J]. 农民致富之友，1：63.

李海静，穆娟微，2014. 75％嘧菌酯·戊唑醇 WG 防治寒地水稻稻瘟病田间试验 [J]. 黑龙江八一农垦大学学报，26（5）：15-17.

李洪林，宋伟，吴亚晶，2011. 不同药剂对稻瘟病的防治效果 [J]. 黑龙江农业科学，3：56-57.

李洪志，马秀凤，2012. 75％拿敌稳水分散粒剂防治水稻纹枯病田间试验 [J]. 植物医生，25（3）：32-33.

李敏，2013. 3％噁·甲·咪鲜胺悬浮种衣剂防治水稻立枯病及恶苗病田间药效试验 [J]. 黑龙江农业科学，3：38-41.

梁书宝，2017. 绥化市水稻秆腐菌核病发生规律及防治对策 [J]. 现代农业科技，3：112-115.

林成，2013. 寒地水稻三代黏虫的发生与防治 [J]. 北方水稻，1：44-45.

林丽娟，董国志，2011. 寒地水稻褐变穗防治药剂效果研究 [J]. 北方水稻，1：36-38.

林志伟，刘洋，辛惠普，2004. 寒地稻田灰飞虱生物学特性初步研究 [J]. 黑龙江八一农垦大学学报，16（2）：15-18.

林志伟，南山，孙庆德，等，2000. 寒地水稻中华稻蝗发生规律及为害损失的研究 [J]. 黑龙江农业科学，4：12-13.

刘波，关成宏，王险峰，等，2006. 我国东北地区常见除草剂药害原因分析与解决方法 [J]. 农药，45（6）：365-373.

刘美玲，王宏磊，2015. 满穗防治水稻纹枯病示范试验总结 [J]. 现代化农业，5：5-6.

刘绍友，1990. 农业昆虫学 [M]. 杨凌：天则出版社.

刘淑梅，王伯伦，赵凤艳，等，2008. 粳稻产量与品质性状间关系的研究 [J]. 安徽农业科学，36（18）：7605-7607，7877.

刘晓华，2014. 水稻赤枯病的防治方法 [J]. 北京农业，12：129.

刘修园，2018. 九种稻田常用除草剂对烟草生长的影响及其残留降解规律研究 [D]. 泰安：山东农业大学.

刘延，刘波，王险峰，等，2005. 中国化学除草问题与对策 [J]. 农药，44（7）：289-305.

吕贵山，宋丽芬，渠美红，2012. 寒地水稻叶鞘腐败病的发生规律与防治技术研究 [J]. 现代化农业，1：15-16.

马汇泉，孔祥清，吴总江，2000. 寒地水稻叶鞘腐败病的药剂防治 [J]. 植保技术与推广，20（5）：14-15.

马淑芬，2007. 寒地水稻幼苗期生理性病害发生的原因及预防措施 [J]. 现代化农业，1：44-45.

穆娟微，李德萍，李鹏，等，2015. 寒地水稻恶苗病防治配套技术 [C] //陈万权. 病虫害绿色防控与农产品质量安全：中国植物保护学会 2015 年学术年会论文集. 北京：中国农业科学技术出版社：161-164.

穆娟微，孙伟海，杜金岭，2003. 寒地水田难治杂草稻稗及匍茎剪股颖的防治技术 [J]. 现代化农业，3：15.

宁岩，龚如团，张亚玲，2016. 建三江地区稻瘟病常用防治药剂对比试验 [J]. 现代化农业，3：5-6.

潘国君，2014. 寒地粳稻育种 [M]. 北京：中国农业出版社.

潘国君，陈书强，宋成艳，等，2009. 寒地早粳品种稻瘟病抗性与产量性状的关系 [J]. 中国农学通报，25（19）：236-238.

潘国君，陈温福，冯稚舒，等，2005. 寒地早粳品种稻瘟病抗性与品质的关系 [J]. 中国农学通报，21（1）：160-162，267.

彭炜，2012. 水稻病害种类分类研究 [C] //郭泽建，李宝笃. 中国植物病理学会 2012 年学术年会论文集. 北京：中国农业科学技术出版社：423-429.

石春敏，2012. 水稻稻粒黑粉病的识别与防治 [J]. 农机服务，29：1297.

宋成艳，2000. 水稻旱育苗蝼蛄的发生与防治 [J]. 中国农学通报，16（3）：80-81.

宋成艳，王桂玲，周雪松，等，2013. 枯草芽孢杆菌等生物农药对寒地水稻稻瘟病的防治效果 [J]. 农药，23：132-135.

宋泽，2013. 寒地水稻恶苗病的发生与防治 [J]. 农业开发与装备，6：92.

孙桂芳，沈巧梅，萧长亮，等，2013. 黑龙江省建三江管局水稻田常见杂草种类及近年发生趋势与防治 [J]. 科技视界，7：182.

孙纪峰，2011. 水稻应用不同药剂对稻瘟病防治效果分析 [J]. 北方水稻，3：25-27.

孙兴涛，2003. 水稻田防治蝼蛄最新技术 [J]. 农民致富之友，5：12.

佟立杰，王凤莲，金龙日，等，2015. 水稻细菌性褐斑病的发生及防治 [J]. 北方水稻，5：47-48.

万树青，1992. 病虫草害的抗药性及其治理措施 [J]. 农药科学与管理，3：11-14.

王才林，张亚东，朱镇，等，2012. 水稻优质抗病高产育种的研究与实践 [J]. 江苏农业学报，28（5）：921-927.

王丹，孙奇男，刘永江，等，2015. 前进农场水稻褐变穗的防治及发病规律研究 [J]. 现代化农业，9：6-7.

王德顺，张忠俊，2008. 寒地水稻苗床常见病发生原因及防治方法 [J]. 农村实用科技信息，12：31.

王桂玲，2008. 寒地稻区几种杀菌剂对稻瘟病的防效研究初报 [J]. 黑龙江农业科学，3：72-73.

王险峰，关成宏，2001. 黑龙江省垦区移栽稻田杂草防除策略 [J]. 垦殖与稻作，4：26-27.

王彦华，王鸣华，张久双，2007. 农药剂型发展概况 [J]. 农药，46（5）：300-304.

王勇，孔宪滨，张文革，等，2004. 农药新剂型—水分散片剂 [C] //绿色农药论坛：254-

256.

王勇，张文革，张宗俭，2003. 水基性农药新剂型技术的进展及展望［J］. 湖北植保，5：36-38.

王玉坤，1999. 水稻谷枯病的发生与防治［J］. 安徽农业，5：19.

王玉巧，王春红，张安存，2010. 寒地水稻赤枯病的发生与防治［J］. 黑龙江农业科学，10：176-177.

王远征，王晓菁，李源，等，2015. 北方粳稻产量与品质性状及其相互关系分析［J］. 作物学报，41（6）：910-918.

王哲，戎俊，卢宝荣，等，2015. 杂草稻的发生、危害与我国水稻生产面临的挑战［J］. 杂草科学，33（1）：1-9.

夏广安，2007. 高效杀虫剂阿克泰 25% 水分散粒剂的应用［J］. 农药市场信息，9：30.

辛惠普，台莲梅，郑雯，等，2005. 寒地水稻病虫害发生与防治［J］. 现代化农业，11：4-5.

辛惠普，郑雯，范文艳，等，2003. 寒地水稻病害调查研究［J］. 黑龙江八一农垦大学学报，15（3）：1-5.

解保胜，2017. 寒地水稻生育智慧调控技术［M］. 哈尔滨：黑龙江科学技术出版社.

徐一戎，邱丽莹，1996. 寒地水稻旱育稀植三化栽培技术图历［M］. 哈尔滨：黑龙江科学技术出版社.

杨丽敏，2010. 寒地水稻赤枯病的发生与防治［J］. 黑龙江农业科学，10：176-177.

杨许召，王军，2006. 农药新剂型——微乳剂［J］. 化工时刊，20（5）：43-46.

姚成月，周翔俊，陈晓来，等，2008. 艾美乐防治稻飞虱田间药效示范试验初报［J］. 安徽农学通报，14（2）：43-44.

张春霞，乔亚莉，2011. 芦苇草的发生与防治［J］. 农村科技，10：12.

张瑞，王欢，2015. 不同药剂对寒地水稻病害防治的效果分析［J］. 农技服务，12：21-22.

张矢，1998. 黑龙江水稻［M］. 哈尔滨：黑龙江科学技术出版社.

张矢，徐一戎，1990. 寒地稻作［M］. 哈尔滨：黑龙江科学技术出版社.

张宪政，1992. 作物生理研究法［M］. 北京：农业出版社.

张云江，马文东，赵镛洛，等，2005. 水稻细菌性褐斑病的发生与防治［J］. 黑龙江农业科学，3：59-60.

钟国洪，陈业荣，陈峰，等，2001. 25% 阿克泰水分散粒剂防治稻飞虱试验初报［J］. 广东农业科学，2：42-43.

周本新，1999. 浅谈日本农药剂型及施用技术新动向［J］. 农药，4：40-42.

周洪进，周利平，2008. 水稻叶鞘腐败病的发生与防治［J］. 现代农业科技（16）：141.

周群，2014. 稻曲病的发生与防治［J］. 现代农业，4：48.

朱莹，2010. 黑龙江寒地水稻负泥虫可持续控制技术研究［D］. 大庆：黑龙江八一农垦大学.